高等学校工程材料及机械制造基础系列教程

机械制造基础

（非机类、近机类）

江苏省高校金属工艺教学研究会组编

主　编　赵小东　潘一凡

副主编　顾卫标　黄星路

编　者　赵小东　潘一凡　黄星路　顾卫标　於明亮

主　审　王辰宝

东南大学出版社

内容提要

本教材是由江苏省高校金属工艺教学研究会组编的高等学校《工程材料及机械制造基础》系列教材之三。根据“高等学校工科本科金工实习(非机械类专业)教学基本要求”和国家教育部提出的改革教学内容、课程体系和加强学生素质及能力培养的要求而编写的,本次是在2000年版的基础上修订的。除绪论外未作大的改动,因为本教材基本符合教育部高教司课程指导委员会2004年《机械制造工程训练教学基本要求(讨论稿)》的有关内容。

本教材共8章,内容主要有工程材料、铸造、锻压、焊接、切削加工、钳工、典型零件的制造和现代制造技术等。每章后附有复习思考题。为了便于教师指导学生实习和组织课堂教学,每章内容分为实习部分和讲课部分。本教材具有基础性、科学性、实践性、启发性和先进性的特点,期望在培养学生创新意识、工程能力和素质方面有所帮助。

本书是高等工科院校近机械类、非机械类专业的基本教材,也可供机械类、管理类以及高等工业专科学校、职业技术学院、职工大学、电视大学、成人高等学校、中等职业学校等相关专业选用。

图书在版编目(CIP)数据

机械制造基础. 非机类、近机类/赵小东,潘一凡主编.
—2版(修订本). —南京:东南大学出版社,2005.1
(高等学校工程材料及机械制造基础系列课程)
ISBN 978-7-81050-307-5

Ⅰ. 机… Ⅱ. ①赵…②潘… Ⅲ. 机械制造-高等学校-教材 Ⅳ. TH16

中国版本图书馆CIP数据核字(2004)第139136号

机械制造基础(非机类、近机类)

出版发行 东南大学出版社(南京市四牌楼2号 邮编210096)
网 址 http://press.seu.edu.cn
电 话 (025)83795801(发行);57711295(传真)
出 版 人 江建中
责任编辑 施 恩
经 销 江苏新华集团股份有限公司
排 版 江苏省地质测绘院
印 刷 江苏省地质测绘院
版 次 2017年7月第2版修订本第13次印刷
开 本 787mm×1092mm 1/16
印 张 14.25
字 数 380千
印 数 53501-55500
书 号 ISBN 978-7-81050-307-5/TH·22
定 价 19.00元

修 订 前 言

本书2000版是根据国家教育部高教司颁布的“高等学校工科本科金工实习(非机械类专业)教学基本要求”和国家教育部新的专业目录对专业建设提出的新要求,以1994年骆志斌主编的《金属工艺学》(非机械类专业)和1997年赵小东主编的《金工实习》(非机械类专业)为基础,结合近年来高等学校工科机械制造基础课程改革的实际而编写的。

本书自2000年8月出版至今,年年重印,反响较好。这次修订除绪论外未作大的改动,原因是本教材基本符合教育部高教司课程指导委员会2004年《机械制造工程训练教学基本要求(讨论稿)》的有关内容。

《机械制造基础》是一门实践性的技术基础课,是非机械类有关专业教学计划中重要的实践教学环节之一。本课程应以实践教学为主,安排学生进行独立操作,并辅以专题讲授。学生通过《机械制造基础》的学习和训练,获得机械制造的基本知识,建立机械制造生产过程的概念;培养一定的操作技能;在劳动观点、创新意识、理论联系实际的科学作风等工程技术人员的基本素质方面受到培养和锻炼;为后续课程的学习和今后的工作打下一定的实践基础。

本书有如下特点:

1.每章的内容分为实习部分和讲课部分,这样便于教师指导学生实习和组织课堂教学,也有利于学生结合实习学习有关机械制造的基础理论。

2.根据新的本科专业目录提出的拓宽和加强基础，提高学生的创新精神和实践能力的要求，精选教学内容，注重培养学生的工艺实践、工程意识和终生学习的能力。

3.在介绍传统工艺的基础上，适当反映生产现场正在使用和近期可能推广的新材料、新工艺、新技术。

本书由江苏省高校金属工艺教学研究会组编，参加编写与修订的人员有东南大学赵小东，南京林业大学潘一凡、於明亮，南京工业大学黄星路，南通大学顾卫标。由赵小东、潘一凡任主编，顾卫标、黄星路任副主编。

本书承南京林业大学王辰宝主审。

在编写过程中，得到江苏省高校金属工艺教学研究会、金工信息交流站和金工同行的大力支持与热忱帮助，在此深表谢意。

由于编者水平有限，书中难免有错误和不妥之处，敬请读者批评指正。

编　者

2005年1月

目　录

0 绪　　论

机械制造基础是一门研究有关制造机械零件的工艺方法的综合性技术基础课，是近机类、非机械类有关专业教学计划中一门重要的实践性课程，是一般工程教育的必修课程。

任何一台机械产品都是由若干个具有不同几何形状和尺寸的零件按照一定的方式装配而成的。由于使用要求不同，各种机械零件需选用不同的材料制成，并具有不同的精度和表面质量。因此要加工出各种零件，应采用不同的加工方法。但是各种工艺方法本身具有一定的规律性，它们之间又有着一定的相互联系。简单的机械制造生产过程如图 0-1 所示。

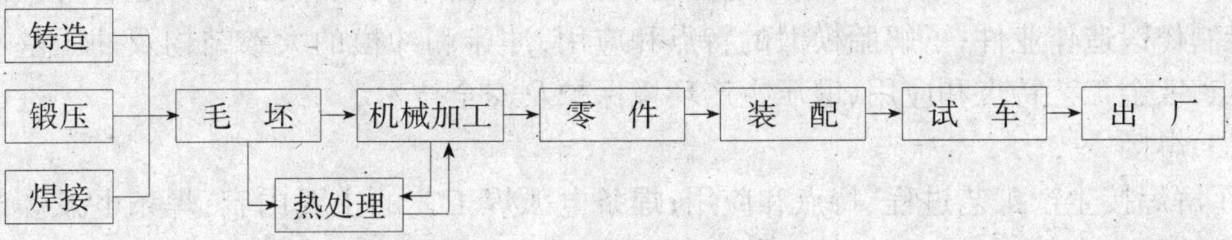

图 0-1　机械制造生产过程简图

机械制造生产中，根据产品零件的生产数量可以分为三种不同的生产类型。

(1) 单件生产　是指单件地制造某一种零件或者数量很少，且很少重复制造的生产。例如重型机械制造、专用设备制造、新产品试制以及机械修造厂或车间的个别零件的制造。

(2) 成批生产　是指一次性成批地制造相同的零件，每隔一定时间又重复进行的生产。每一次制造的相同零件的数量称为批量。根据批量的大小，又可将成批生产分为小批生产、中批生产和大批生产。

(3) 大量生产　每年制造相同的产品，产品数量很多，大多数工位经常重复地进行某一个零件的某一道工序的加工生产。例如，汽车、拖拉机和轴承的制造等通常属于大量生产。

小批生产在工艺特点上接近于单件生产，大批生产接近于大量生产。所以从工艺特点上谈，也可将生产类型分为单件小批生产、成批生产和大批大量生产。成批生产通常是指中批生产，一般机床制造多属于成批生产。

为了用最少的投入获得最大的产出，实现高质量、高效率、高效益生产，应该综合考虑产品的使用性能要求，根据零件的形状和大小以及生产类型，优选毛坯制造方法、加工工艺方法、机床设备、工模夹量具以及生产的组织准备。

金属机械零件的制造工艺方法有如下几种：铸造、锻压、焊接、切削加工和热处理。在机械制造过程中，通常是先用铸造、锻压和焊接等方法制成毛坯，再进行切削加工，才能得到所需的零件。当然，铸造、锻压、焊接等工艺方法，也可以直接生产零部件。此外，为了改善零件的某些性能，常要进行热处理，最后将制成的零件加以装配，成为机器。

机械制造基础这门课程与生产实际联系密切，因此课程内容的学习采取实习与课堂教学相结合的方式进行。实习是这门课程的主要教学环节。实习的内容基本上是按照上述机械制造生产过程分成铸造、锻压、焊接、车削、铣削、刨削、磨削、钳工、塑料成形、特种加工及热处理等十二大工种进行。学习则通过实际操作、现场教学、专题讲座、电化教学、课堂讨论、实习报告或作业以及考核等方式和手段，获得工程材料和机械制造工艺的基本知识，建立机械制造生产过程的基本概念，在操作技能上受到一定的培训，在工程实践能力、创新能力和现代工程意识、科学意识、经济意识、质量意识、社会意识以及劳动观念方面受到培养和锻炼。

教学基本要求如下：

(1)铸造

了解铸造生产工艺过程、特点和应用；砂型铸造工艺的主要内容：铸件分型面的选择，两箱造型(整模、分模、挖砂等)的特点和应用，常见铸造缺陷；能独立完成简单铸件的两箱造型；了解常用特种铸造方法的特点和应用，铸造生产环境保护及安全技术。

(2)锻压

了解锻压生产工艺过程、特点和应用；自由锻工艺的主要内容：坯料加热、碳素结构钢的锻造温度范围，空气锤的大致结构，主要基本工序(镦粗、拔长、冲孔)的特点和常见锻造缺陷；能制作锻造作业件；了解胎模锻的特点和应用，冲床和冲模的大致结构及冲压基本工序的特点，钣金工艺特点和应用，锻压生产环境保护及安全技术。

(3)焊接

了解焊接生产工艺过程、特点和应用；焊条电弧焊工艺的主要内容：焊条电弧焊机的种类和主要技术参数，电焊条、焊接工艺参数和常见焊接缺陷；能进行焊条电弧焊的平焊操作；了解气焊、气割设备和气焊火焰，能进行气焊操作；了解气割过程及金属气割条件，等离子弧切割的特点和应用；了解其他焊接方法的特点和应用，焊接生产环境保护及安全技术。

(4)热处理

了解常用钢铁材料的种类、牌号、性能特点及选用；了解热处理的作用及钢的常用热处理方法。

(5)机械加工

熟悉卧式车床的组成、运动和用途；了解车床主要附件的大致结构和用途，常用车刀的种类和材料；熟悉常用量具及其使用方法；熟悉车外圆、车端面、钻孔和车孔的方法；了解切槽、车断和锥面、成形面、螺纹的车削特点；能独立完成简单零件的车削加工；了解铣削、刨削、磨削加工的特点和应用，能在1~2种机床上加工零件或作业件；了解常用特种加工方法的特点和应用，数控机床的组成和加工特点，机械加工的安全技术。

(6)钳工

了解钳工工作在机械制造和维修中的作用；钻床的大致结构和操作方法；掌握锯削、锉削和钻孔的基本技能；了解划线、攻螺纹、套螺纹、扩孔和绞孔的方法；了解装配的基本知识，钳工工作的安全技术。

为了保证实习能正常进行，以达到预期的要求，学生在实习中必须遵守如下规则：

(1) 实习时按规定穿戴好劳动防护用品，不带与实习无关的书刊报纸、随身听等进厂，不穿拖鞋、凉鞋、高跟鞋等进厂。

(2) 遵守劳动纪律，不串岗、不迟到、不早退，有事请假。

(3) 尊重老师和工人师傅，搞好师生、师徒关系。

(4) 爱护国家财产，注意节约水、电、油、气和原材料。

(5) 实习应做到专心听讲，仔细观察，做好笔记，认真操作，不怕苦、不怕累、不怕脏。

(6) 严格遵守各实习工种的安全技术要求，文明实习，并保持良好的环境卫生风貌。

1 工程材料

材料是人类一切生产活动和生活活动的物质基础。历史学家根据制造生产工具的材料将人类的历史划分为石器时代、青铜器时代和铁器时代，这表明材料是人类发展和进步的标志。在当今社会，能源、信息和材料已成为现代技术的三大支柱，而能源和信息的发展又离不开材料。因此，世界各国都把材料的研究、开发放在突出的地位。我国1986年制定的“高技术研究发展计划纲要”(即“863”计划)，把新材料列为七个优先发展的领域之一。

工程材料是指制造工程结构和机器零件使用的材料。按化学成分、结合键的特点，工程材料可分为金属材料、非金属材料和复合材料三大类。

金属材料包括钢铁材料、有色金属及其合金。由于金属材料具有良好的力学性能、物理性能、化学性能及工艺性能，能采用比较简便和经济的工艺方法来做成零件，因此金属材料是目前应用最广泛的材料。

非金属材料包括有机高分子材料(如塑料、橡胶等)和陶瓷材料。有机高分子材料因其原料丰富、成本低、加工方便等优点，发展极其迅速，目前已在工业上得到广泛应用，并将越来越多地被采用。

复合材料既保持了组成材料各自的最佳特性，又具有组成后的新特性，因此复合材料越来越引起人们的重视。

1.1 金属材料的性能

金属材料的性能包括力学、物理、化学和工艺性能。

1.1.1 力学性能

金属材料的力学性能是指金属材料在外力作用下所表现出来的特性，如强度、硬度、弹性、塑性、韧性等。

1) 强度

强度是指金属材料在外力作用下抵抗塑性变形和断裂的能力。材料的强度越高，所能承受的外力也越大。按照外力作用的性质不同，强度可分为抗拉强度、抗压强度和抗弯强度。工程上常用来表示金属材料强度的指标有屈服点和抗拉强度。

金属材料的屈服点和抗拉强度是通过拉伸试验测定的。首先将被测金属材料做成标准试样(如图1-1-1a))，把它装夹在拉力试验机的两个夹头上，并缓慢地对试样施加载荷(外力)，使试样受轴向拉力。随着拉力的增加，试样逐渐变形伸长，直至拉断为止。在拉伸过程中，拉力试验机自动记录了每一瞬间的载荷 P 和变形量(伸长量)ΔL，并绘出它们之间的关系曲线(图1-1-2)，通常称为拉伸曲线。

拉伸曲线中，OE 是直线，即外力不超过 P_e 时，外力与变形成正比，这时试样只产生弹性变形，而外力去除后，试样将恢复到原来的长度。过 E 点后，即外力超过 P_e 时，试样除发生弹性变形外，还发生部分塑性变形(永久变形)。此时外力去除后，弹性变形部分消失，塑性变形部分保留，因此试样不能完全恢复到原有的长度。如继续增加拉力至 P_s 后，虽然外力不再增加，但试样继续伸长，这种现象称为"屈服"。屈服后试样开始明显的塑性变形。外力继续增加到最大值 P_b 后，试样发生局部变细的"缩颈"现象，如图 1-1-1b) 所示。以后变形集中在"缩颈"附近。由于截面缩小，为了继续变形所需外力下降。外力达到 P_k 时，试样在"缩颈"处断裂。

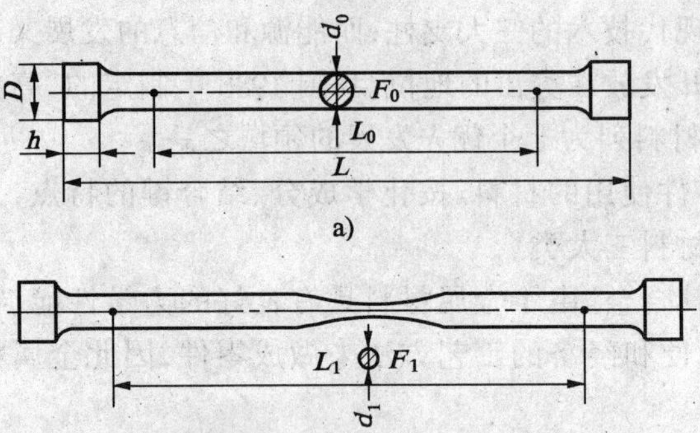

图 1-1-1　拉伸试样

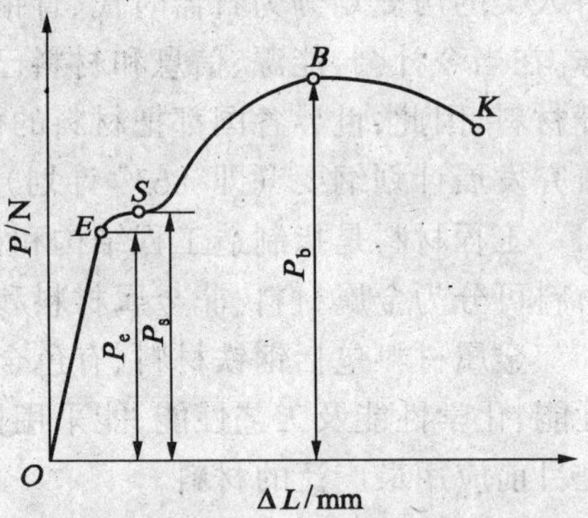

图 1-1-2　低碳钢的拉伸曲线

金属材料受外力作用时，其内部也产生了抵抗力，单位横截面上的抵抗力就称为应力，以 σ 表示：

$$\sigma = \frac{P}{F} \quad (\text{MPa})$$

式中　σ—— 应力，MPa；

P—— 外力，N；

F—— 横截面积，mm^2。

根据拉伸曲线可以求得材料的强度指标。常用的强度指标有弹性极限、屈服点和抗拉强度。

(1) 弹性极限　材料能保持弹性变形的最大应力，以 σ_e 表示。

$$\sigma_e = \frac{P_e}{F_0} \quad (\text{MPa})$$

式中　P_e—— 试样保持弹性变形的最大拉力，N；

F_0—— 试样的初始截面积，mm^2。

(2) 屈服点　材料开始产生屈服时的应力，以 σ_s 表示。

$$\sigma_s = \frac{P_s}{F_0} \quad (\text{MPa})$$

式中　P_s—— 试样产生屈服现象时的拉力，N。

除低碳钢和中碳钢等少数合金有屈服现象外，大多数金属材料没有明显的屈服点，因此对这些材料，规定以产生 0.2% 塑性变形时的应力作为屈服点，以 $\sigma_{0.2}$ 表示。$\sigma_{0.2}$ 习惯上称为屈服强度。

脆性材料(如灰口铸铁)拉伸时几乎不发生塑性变形,它不仅没有屈服现象,也不产生缩颈,断裂是突然发生的,最大载荷即是断裂载荷。

(3) 抗拉强度　材料能承受最大载荷时的应力,以 σ_b 表示。

$$\sigma_b = \frac{P_b}{F_0} \quad (\text{MPa})$$

式中　P_b—— 试样在拉断前的最大拉力,N。

屈服点和抗拉强度是一般机器零件及构件设计和选材的主要依据。

2) 塑性

塑性是指材料在外力作用下产生塑性变形而不破坏的能力。塑性指标用延伸率 δ 与断面收缩率 ψ 来表示。

$$\delta = \frac{L_1 - L_0}{L_0} \times 100\%$$

$$\psi = \frac{F_0 - F_1}{F_0} \times 100\%$$

式中　L_0—— 试样的原始标距长度,mm;

L_1—— 试样拉断后的标距长度,mm;

F_0—— 试样的原始截面积,mm^2;

F_1—— 试样拉断后断口处的截面积,mm^2。

δ、ψ 愈大,表示材料的塑性愈好。良好的塑性是顺利地进行压力加工的重要条件,机械零件必须具有一定的塑性。

3) 冲击韧度

材料抵抗冲击载荷的能力称为冲击韧度,简称韧性。

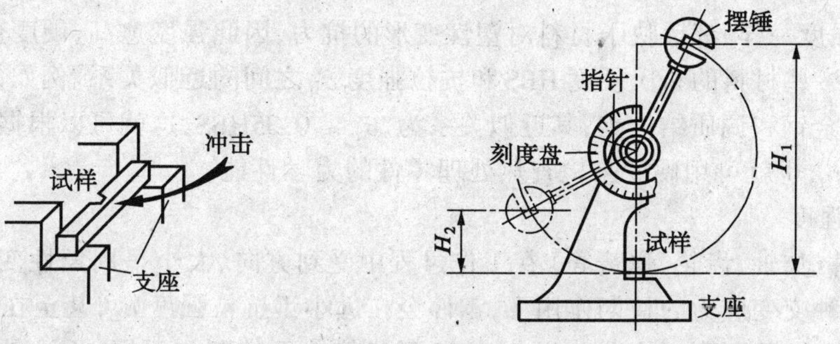

图 1-1-3　冲击试验示意图

冲击韧度指标是以材料受冲击断裂时单位面积上所消耗的能量来表示的。通常用一次性摆锤弯曲冲击试验来测定材料的冲击韧度,其原理如图 1-1-3 所示。

试验时,将标准试样放在试验机的支座上,试样缺口背向摆锤冲击方向,将质量 G(单位为 N) 的摆锤放至规定高度 H_1(此时摆锤位能为 GH_1),然后使其下落将试样冲断,并摆过支承点升至高度 H_2(m),则摆锤冲断试样后剩余的能量为 GH_2,摆锤对试样所做的功 $A_k = G(H_1 - H_2)$,单位为J,此 A_k 值可在刻度盘上直接读出。A_k 除以试样缺口处的截面积 F(单位为 cm^2),即得冲击韧度 a_k。

$$a_k = \frac{A_k}{F} \quad J/cm^2$$

a_k 值越小，则表明材料的韧性越低，脆性越大。

4) 硬度

材料抵抗硬物体压入其表面的能力称为硬度。常用的硬度指标有布氏硬度和洛氏硬度。

(1) 布氏硬度　如图 1-1-4 所示，布氏硬度试验是以一定的载荷 P 把直径为 D 的淬火钢球或硬质合金球压入试样表面，保持规定的时间后卸载。以 P 与压痕表面积的比值作为布氏硬度值。压头为淬火钢球时用 HBS 表示，适用于布氏硬度值在 450 以下的材料；压头为硬质合金球时用 HBW 表示，适用于布氏硬度值在 650 以下的材料。由于 P 和 D 都是定值，所以一般是先测得压痕的直径 d，根据 d 查表确定 HB 的值。HBS(HBW) 值越大，则材料愈硬。

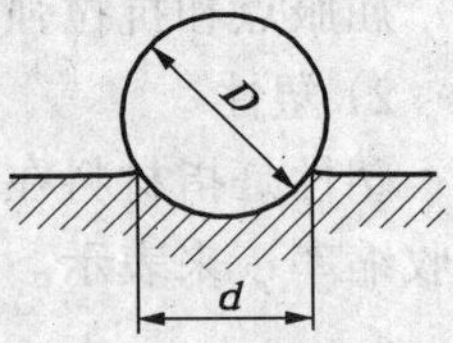

图 1-1-4　布氏硬度试验示意图

(2) 洛氏硬度　洛氏硬度试验是用一定的载荷将规定的钢球或顶角为 120° 的金刚石圆锥体压入试样表面，根据压痕的深度在洛氏硬度计上直接读出其硬度值。采用不同的压头和载荷相配合，洛氏硬度有 HRA、HRB、HRC 等几种不同的标度。洛氏硬度 HRC 是用顶角为 120° 的金刚石圆锥体为压头，载荷为 1471N，可以测定高硬材料的硬度，在钢的热处理检验中应用最多。

洛氏硬度试验测量简单、迅速，压痕较小，几乎不伤工件表面，采用不同标尺可测各种软硬不同的材料和厚薄不一的试样的硬度值，但不及布氏硬度实验准确。

布氏硬度和洛氏硬度可以采用特制的表格进行换算。调质钢、淬火钢的硬度范围约为 20 ~ 60HRC，相当于 230 ~ 700HBS。

硬度也是材料重要的力学性能指标，它影响到材料的耐磨性。一般说来，硬度高，耐磨性也好。

硬度和强度一样，都反映了材料对塑性变形的抗力，因此强度愈高，硬度也愈高。通过实验，还找出了一些材料的布氏硬度 HBS 和抗拉强度 σ_b 之间的近似关系。例如，对于普通碳素钢、普通低合金钢和调质结构钢，其近似关系为，$\sigma_b \approx 0.35$HBS。这就可以根据 HBS 粗略地估计出材料的 σ_b，也就可用硬度来检查热处理零件的力学性能。

5) 疲劳强度

有些零件(如轴、齿轮、弹簧等) 在工作过程中受到方向、大小呈周期性变化的交变应力的作用。在这种交变应力的长期作用下，零件会在远小于抗拉强度 σ_b，甚至在小于屈服点 σ_s 的应力下断裂，这些断裂叫疲劳断裂。疲劳断裂与静载下的断裂不同，无论是塑性材料还是脆性材料，断裂时都不产生明显的塑性变形而是突然发生的，因此具有很大的危险性。根据统计，在承受交变应力作用的零件中，大部分是由于疲劳而损坏，必须引起足够的重视。疲劳强度是材料在无数次交变应力作用下不发生疲劳断裂所能承受的最大应力。实际上不可能进行无数次试验，因而对各种材料分别规定有一定的应力循环基数。例如，对钢铁材料，如应力循环次数为 10^7，零件仍不断裂，就可以认为能经受无限次应力循环而不再断裂。对于有色金属，应力循环次数为 10^8。当应力循环对称时，疲劳强度以 σ_{-1} 表示。

1.1.2 物理性能和化学性能

金属材料的物理性能有密度、熔点、热膨胀性、导热性、导电性和磁性等。由于不同的机械零件有不同的用途，因此对其物理性能的要求也有所不同。例如，飞机零件为减轻自重，应选用密度小、强度高的铝合金制造。在柴油机汽缸中，一方面是允许活塞在汽缸套内自由往复运动，另一方面要保证气密性，因此活塞和汽缸套材料的膨胀性要相近，要求有高的耐热性的零件，要选用高熔点的合金来制造。制造散热器、热交换器和活塞等要选用导热性好的材料等。

金属材料的化学性能是指在室温或高温时抵抗各种化学作用的能力，主要有耐酸性、耐碱性、抗氧化性等。在腐蚀介质中或在高温下工作的零件，比在空气中或室温下的腐蚀更为强烈。在设计这类零件时，应特别注意材料的化学性能，如化工设备、医疗器械等可采用不锈钢。

1.1.3 工艺性能

制造机器零件时，金属材料要经过铸造、锻造、焊接及切削加工等工艺过程。工艺性能是指金属材料适应这些加工工艺要求的能力。按工艺方法不同有铸造性、锻压性、焊接性、热处理性和切削加工性等。显然，良好的工艺性能有利于零件的加工成形，并能达到保证质量和降低成本的目的。

1.2 金属的结晶与合金的结构

1.2.1 金属的晶体结构

一切固态物质按其原子排列的特征，可分为晶体和非晶体两种。晶体的特点是其原子在空间作有规律的排列。相反，非晶体内的原子是无规则的、紊乱的。玻璃、沥青、松香等都是非晶体。晶体和非晶体内部结构的不同导致两者的性能也不同。例如，晶体具有一定的熔点和凝固点，非晶体则没有；晶体在其不同方向测得的性能并不相同（各向异性），而非晶体则是各向同性的。

为了便于理解和描述晶体中原子排列的情况（图 1-2-1a)），常用一些假想的几何线条将晶体中各原子的振动中心连接起来所构成的空间格子称为晶格，如图 1-2-1b) 所示。一种晶格反映出一定的排列规律。为便于研究，通常是取晶格的一个基本单元 —— 晶胞（图 1-2-1c)）来描述晶体的结晶构造。

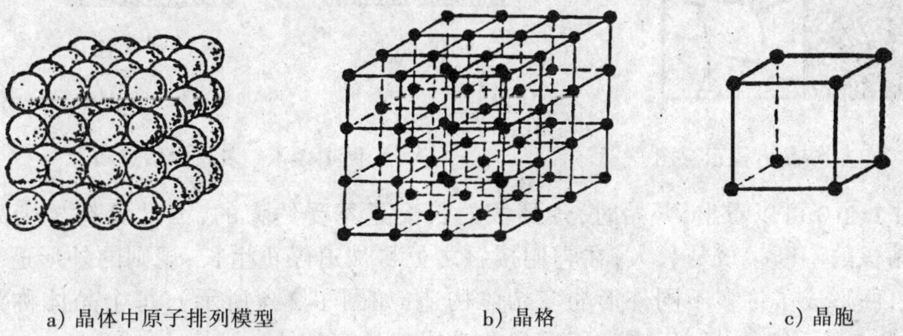

a) 晶体中原子排列模型　　b) 晶格　　c) 晶胞

图 1-2-1　晶体、晶格和晶胞的示意图

金属的晶格有各种不同的形式，最常见的有以下两种：

① 体心立方晶格　如图1-2-2a）所示，其晶胞是一个立方体。立方体的每个顶点和中心处各有一个原子。具有这种晶格的金属有铬、钼、钨、钒和912℃以下存在的 α 铁等。这类金属一般都具有相当高的强度和较好的塑性。

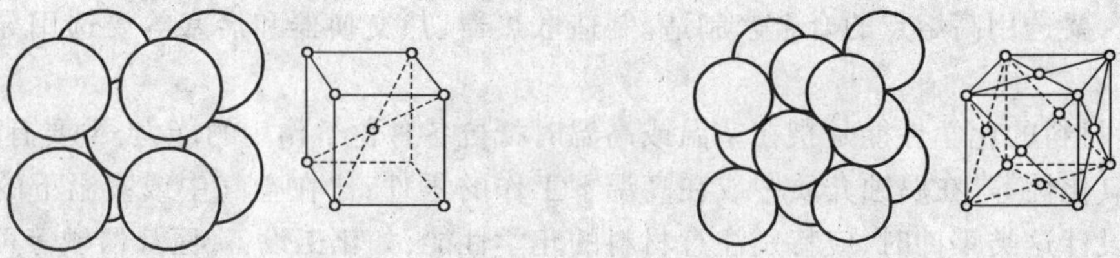

a）体心立方晶胞　　b）面心方立晶胞

图1-2-2　晶胞的形式

② 面心立方晶格　如图1-2-2b）所示，其晶胞也是立方体。立方体的每个顶点及每个面的中心处各有一个原子。具有这种晶格的金属有铝、铜、镍和912℃以上而低于1394℃的 γ 铁等。这类金属的塑性都很好。

1.2.2　金属的结晶

金属从液体状态转变成晶体状态（固态）的过程称为结晶。从原子排列的情况来看，结晶就是原子从不规则状态（液态）过渡到规则状态（固态）的过程。实验证明，结晶过程分为两个阶段，即晶核（结晶核心）的形成和晶核的成长。图1-2-3是金属结晶过程示意图。当晶核开始出现后，液态金属的原子就以它为中心，按一定的几何形状不断地排列起来，形成晶体。在晶体成长的同时，在液体中又产生新的晶核，并逐渐长大，直到液体完全消失为止。

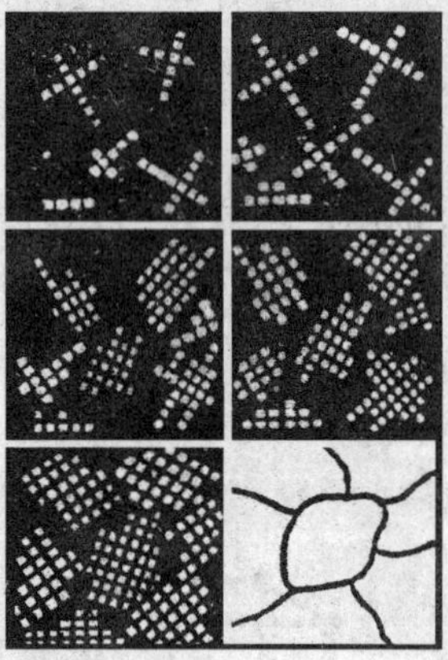

图1-2-3　结晶过程示意图

a）单晶体　　b）多晶体

图1-2-4　多晶体示意图

由图1-2-3可以看出，开始时，各晶核的长大是不受约束的，因此具有规则的外形。此后，由于晶核的不断生成与长大，在它们接触之处将被迫停止生长，规则的外形遭到破坏。全部凝固后，便形成了许多不同外形的多晶体构造（如图1-2-4所示），每个晶体称为晶粒，晶粒之间的分界面称为晶界。生产中所得到的金属都是多晶体。

由于结晶条件不同，晶粒大小差别很大。粗晶粒组织用眼睛就可以分辨出来，而细晶粒组织则必须通过金相显微镜才能分辨出来。金属的晶粒越细，力学性能愈好。因此通常总是希望得到细晶粒组织。这可用热处理方法来达到。

每一种金属结晶时，都存在一个平衡结晶温度(用 T_0 表示)。在平衡结晶温度时，液态与固态处于平衡状态，此时既不结晶，也不熔化。只有冷却到低于平衡结晶温度时才能有效地进行结晶。因此实际结晶温度(用 T_n 表示)总是低于平衡结晶温度的。两者之差($T_0 - T_n$)称为过冷度 ΔT。过冷度的大小与冷却速度有关，冷却速度越快，过冷度愈大。

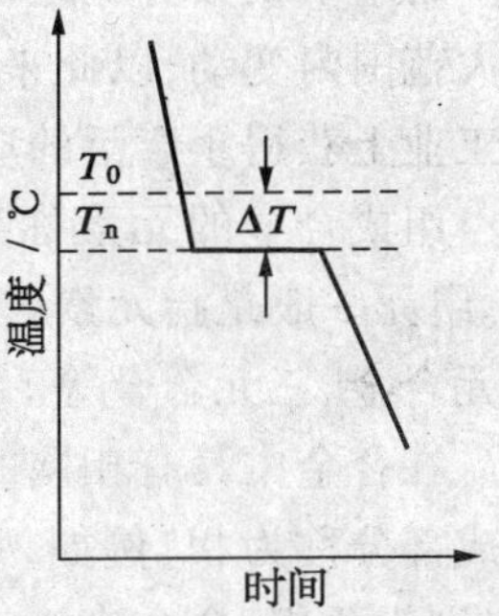

图 1-2-5　金属的冷却曲线

金属的结晶温度可用热分析法加以测定。将熔化的金属以极缓慢的速度冷却，同时记录下温度随时间的变化曲线，如图 1-2-5 所示，称为冷却曲线。从图中可以看到，冷却曲线有一水平线段，这就是实际结晶温度 T_n。由于结晶时放出结晶潜热，温度不再下降，所以线段是水平的。当散热无限慢即冷却无限慢时，实际结晶温度与平衡结晶温度可趋于一致。当冷却加快时，实际结晶温度下降，过冷度增大，并使晶粒细化。

1.2.3　同素异构转变

多数金属在结晶后的晶格类型都保持不变，但有些金属，例如铁、锰、锡等凝固后在不同的温度下，有着不同的晶格形式，这种由于温度改变而晶格也改变的现象称为同素异构转变。金属的同素异构转变与液态金属的结晶很相似。例如，转变过程也包括晶核的生成与长大；转变时也放出潜热，因而也是在恒温下进行的；也有过冷现象等。

图 1-2-6 为纯铁的冷却曲线。由曲线可知，从液体凝固后所得到的是体心立方晶格的铁，称为 δ-Fe。在 1394℃ 时发生同素异构转变，δ-Fe 转变为面心立方晶格的 γ-Fe。当温度降到 912℃ 时，面心立方晶格的 γ-Fe 又转变成体心立体晶格的 α-Fe。图中 768℃ 的温度停顿并非同素异构转变，而是磁性转变，768℃ 以下铁具有磁性，768℃ 以上无磁性。

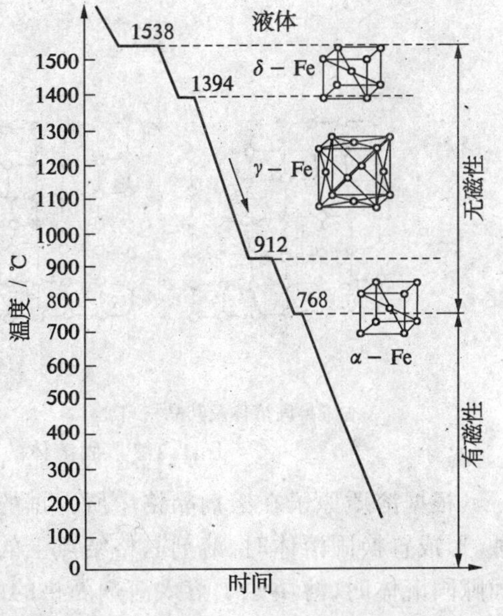

图 1-2-6　纯铁的冷却曲线

铁在同素异构转变时，体积也发生变化。这种体积的变化是热加工时产生内应力的原因之一。

铁的同素异构性质也影响到钢，钢在冷却时，γ-Fe 同样转变为 α-Fe。铁的同素异构转变是钢铁材料能够通过各种热处理工艺改变其组织和性能的内因和根据。

1.2.4　合金的结构

合金是由两种以上的金属元素或金属与非金属元素通过熔炼、烧结或其它方法结合生成的产物，并具有金属的性质。例如，钢与生铁就是铁和碳的合金，黄铜是铜与锌的合金。

合金不仅具有比组成该合金的元素要高的力学性能，而且组成元素的数量和比例能在较大范围内变动，以此来调节合金的性能，满足人们对金属材料提出的各种要求。因此合金在工业上获得了广泛的应用。

组成合金的元素称为组元。例如铁碳合金中铁和碳都是组元；黄铜中铜和锌也都是组元。组元一般是指元素，但稳定的化合物也可以看成是一个组元。合金按组元的数目可分为二元合金、三元合金等。

在合金中具有相同的化学成分、相同的晶格结构，并由明显的分界面隔开的各个均匀的组成部分称为相。例如，均匀的液体是单相。纯金属在结晶过程中，当液体与固体同时存在时，则为两相。合金在液态时，如果两个组元能相互溶解，则是一个相。在固态下，可能是单相，也可能是多相。

根据构成合金各组元相互作用的不同，合金的结构可分为以下三种：

1）固溶体

有些合金组元在凝固后仍然能保持溶解的状态而形成均匀的固相，例如碳的原子就能溶解到铁的晶格里，这时铁是溶剂，碳是溶质。这种溶质原子溶入溶剂晶格而形成的单一均匀的晶体称为固溶体。在固溶体中，溶剂原子仍然保持原来的晶格类型。大多数固溶体的溶解度是有限的，其饱和溶解度随温度的升降而增减。

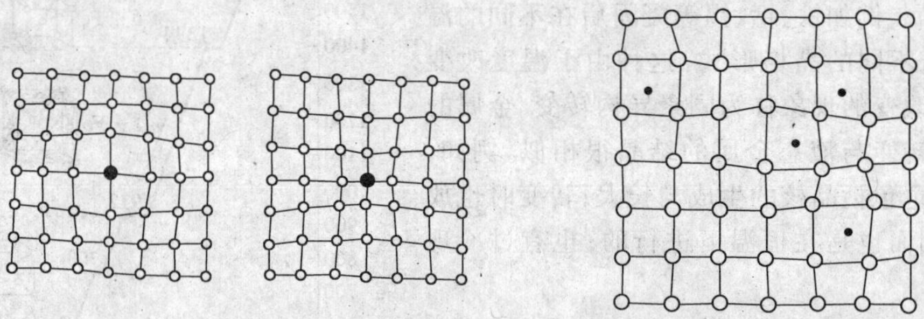

a）置换固溶体及其晶格畸变　　b）间隙固溶体及其晶格畸变

图 1-2-7　固溶体的两种类型及其晶格畸变示意图

根据溶质原子在溶剂晶格中所占据的位置，固溶体可分为置换固溶体和间隙固溶体两种。形成置换固溶体时，溶剂晶格结点上的原子被溶质原子所代替，如图 1-2-7a）所示；形成间隙固溶体时，溶质原子溶入溶剂晶格的间隙之中，如图 1-2-7b）所示。从图中也可以看到，无论是形成哪种固溶体，都会导致溶剂的晶格发生畸变，从而使固溶体的强度和硬度升高。溶质元素浓度增加，强度和硬度亦显著增加，这种现象称为固溶强化。固溶强化是提高合金力学性能的重要途径之一。

2）金属化合物

金属化合物是合金各组元相互化合而形成的一种新的物质。它具有明显的金属的性质，具有自己特殊的晶格，与各组元不同。金属化合物一般具有较高的熔点、较大的脆性和较高的硬度。因此合金中金属化合物的出现与分布对合金的性能将产生很大影响。例如，钢中的化合物 Fe_3C（渗碳体）可使钢的强度、硬度、耐磨性增高，韧性下降。

3）机械混合物

机械混合物是由两种以上的相混合而成的。混合物可以是纯金属、固溶体或化合物各自的混合，也可以是它们之间的混合。机械混合物的性能取决于各组成相的性能，以及它们各自的数量、形状、大小与分布状况。

1.3 铁碳合金的基本知识

碳钢和铸铁是工农业生产和国防建设应用最广、用量最大的金属材料，它们都是由铁和碳两种主要元素组成的合金，故统称为铁碳合金。

1.3.1 铁碳合金的基本组织

1）铁素体

碳溶于 α-Fe 中形成的固溶体称为铁素体，用符号 F 表示。

由于 α-Fe 原子间的空隙很小，所以碳在 α-Fe 中的溶解度很小，在室温时几乎为零。因此它的性能近似于纯铁，即强度、硬度低，塑性、韧性好。

2）奥氏体

碳溶于 γ-Fe 中形成的固溶体称为奥氏体，用符号 A 表示。

由于 γ-Fe 原子间的空隙较大，所以碳在 γ-Fe 中的溶解度要比在 α-Fe 中大得多，在1148℃时，碳在 γ-Fe 中的溶解度最大，可达2.11%。随着温度的降低，溶解的碳量逐渐减小，在727℃时为0.77%。奥氏体的强度、硬度并不高，但塑性很好，所以钢材在锻造时必须加热到奥氏体状态下进行。

3）渗碳体

铁和碳除了形成固溶体外，还可以互相结合成化合物，分子式为 Fe_3C。渗碳体具有复杂晶格，含碳量为6.69%，熔点约为1227℃，硬度很高，很耐磨，但又很脆，塑性、韧性几乎为零。渗碳体是钢中的主要强化相。Fe_3C 在一定条件下会发生分解，形成自由状态的石墨，即 $Fe_3C \rightarrow 3Fe + C_{(石墨)}$。

4）珠光体

含碳量为0.77%的奥氏体在727℃时同时析出铁素体和渗碳体的机械混合物称为珠光体，用符号 P 表示。珠光体的金相组织特征是片状铁素体与片状渗碳体一层一层地交替分布。珠光体具有较好的综合力学性能。

5）莱氏体

含碳量为4.3%的液态铁碳合金冷却到1148℃时，将从液态合金中同时结晶出奥氏体和渗碳体的机械混合物，称为莱氏体或高温莱氏体，用 L_d 表示，这种转变称为共晶转变。在727℃以下，共晶转变的产物，由珠光体和渗碳体组成，称为低温莱氏体，用 L_d' 表示。因莱氏体组织中含有大量硬而脆的渗碳体，所以硬度很高，但很脆。

碳钢和铸铁就是由以上这些基本组织组成的。由于它们的成分不同，其组织形式不同，因此，力学性能也不同。

1.3.2 铁碳合金状态图

铁碳合金状态图是表示在缓慢冷却（或加热）条件下，不同成分的钢和铸铁在不同温度下所具有的组织的一种图形，它是研究钢和铸铁的组织和性能的基础，是选择钢铁材料的依据，对制定铸、锻、焊、热处理等热加工工艺有重要的指导意义。

由于含碳量大于 6.69% 的铁碳合金脆性极大，没有实用价值，因此，我们研究的铁碳合金状态图实际上是 Fe－Fe_3C 状态图，如图 1-3-1 所示。需要指出的是，图中对 *A*、*P* 两处已经作了简化，因此图 1-3-1 是简化的铁碳合金状态图。

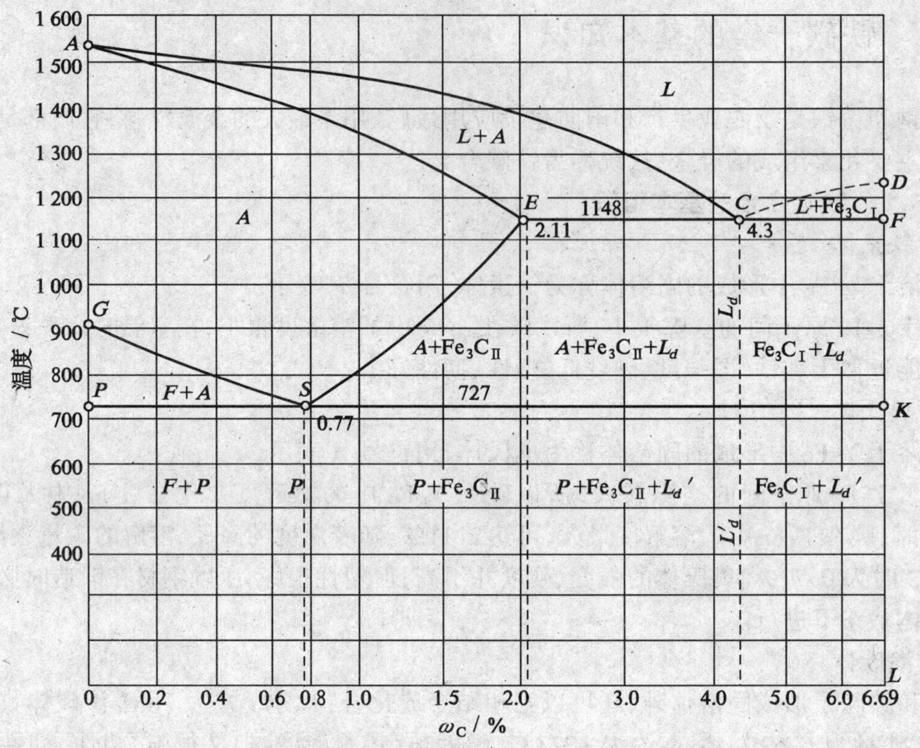

图 1-3-1　铁碳合金状态图

铁碳合金状态图主要特性点的含义见表 1-3-1。

表 1-3-1　Fe-Fe_3C 状态图中的主要特性点

特性点	温度 /℃	w_C/%	含　　义
A	1538	0	纯铁熔点
C	1148	4.30	共晶点
D	1227	6.69	渗碳体熔点
E	1148	2.11	碳在 γ-Fe 中的最大溶解度
G	912	0	α-Fe⇌γ-Fe 同素异构转变点
P	727	0.02	碳在 α-Fe 中最大溶解度
S	727	0.77	共析点

铁碳合金状态图中一些线的含义如下：

(1) *ACD* 线　这是液相线，液态合金冷却到此线时开始结晶。在此线以上的区域是液相区。

(2) *AECF* 线　这是固相线，合金冷却到该线时结晶完毕。在此线以下的区域是固相区。

(3) *ECF* 线　这是共晶线，合金在该线上发生共晶转变，形成莱氏体，其反应式为 $L_C \rightleftharpoons A_E + Fe_3C$。

碳的质量分数为 2.11% ~ 6.69% 的铁碳合金均发生共晶转变。

(4) *PSK* 线　这是共析线，习惯上用 A_1 表示，合金在该线上发生共析转变，形成珠光体，其反应式为 $A_S \rightleftharpoons F_P + Fe_3C$。

所有碳的质量分数超过 0.02% 的铁碳合金均发生共析转变。

(5) *ES* 线　这是从奥氏体中析出渗碳体的开始线，习惯上用 A_{cm} 表示。为了区别从液体中析出的一次渗碳体，把从奥氏体中析出的渗碳体称为二次渗碳体，用 Fe_3C_{II} 表示。

(6) *GS* 线　这是从奥氏体中析出铁素体的开始线，习惯上用 A_3 表示。

铁碳合金状态图上的各种合金，通常可按其碳的质量分数和组织的不同，分成下面三类：

(1) 工业纯铁（$w_C < 0.02\%$）。

(2) 钢（w_C 为 0.02% ~ 2.11%）　包括亚共析钢（$w_C < 0.77\%$）、共析钢（$w_C = 0.77\%$）和过共析钢（$w_C > 0.77\%$）。

(3) 白口铁（w_C 为 2.11% ~ 6.69%）　包括亚共晶白口铁（$w_C < 4.3\%$）、共晶白口铁（$w_C = 4.3\%$）和过共晶白口铁（$w_C > 4.3\%$）。

现以上述三种钢为例来讨论其在固态下的结晶过程和室温组织（参见图 1-3-2）。

1) 共析钢

碳的质量分数为 0.77% 的共析钢冷至 *S* 点时奥氏体发生共析转变，转变的结果全部变成珠光体，珠光体的显微组织如图 1-3-3a) 所示。

2) 亚共析钢

以合金 Ⅰ 为例（图 1-3-2），在 *GS* 线以上时，合金为单一奥氏体。当冷至 *GS* 线时，开始从奥氏体中析出铁素体。而铁素体的碳的质量分数是很少的，因此铁素体的析出，使得剩余奥氏体的碳的质量分数沿 *GS* 线向 *S* 点方向不断增加。当温度降至 *PSK* 线时，奥氏体的碳的质量分数增至共析成分 0.77%，这部分奥氏体发生共析转变形成珠光体。因此亚共析钢的室温组织由铁素体和珠光体组成。其显微组织如图 1-3-3b) 所示。

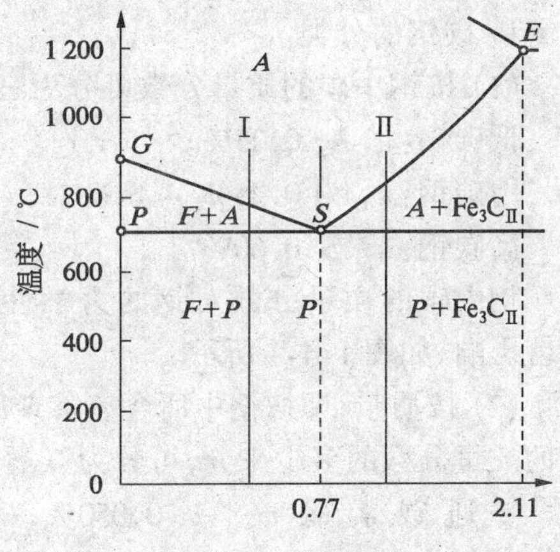

图 1-3-2　铁碳合金状态图中钢的部分

3) 过共析钢

以合金 Ⅱ 为例（图 1-3-2），在 *ES* 线以上时，合金为单一奥氏体。当温度降至 *ES* 线时，从奥氏体中开始析出二次渗碳体。由于渗碳体的碳的质量分数较高，因此随着二次渗碳体的析出，剩余奥氏体的碳的质量分数沿 *ES* 线向 *S* 点方向逐渐减少。当温度达到 *PSK* 线时，奥氏体的碳的质量分数降至共析成分 0.77%，这部分奥氏体便发生共析转变，形成珠光体。因此过共析钢的室温组织由珠光体和二次渗碳体组成。其显微组织如图 1-3-3c) 所示。

用同样的方法可以分析三种白口铁的结晶过程，其室温组织如下：

共晶白口铁由莱氏体组成。亚共晶白口铁由珠光体、二次渗碳体和莱氏体组成。过共晶

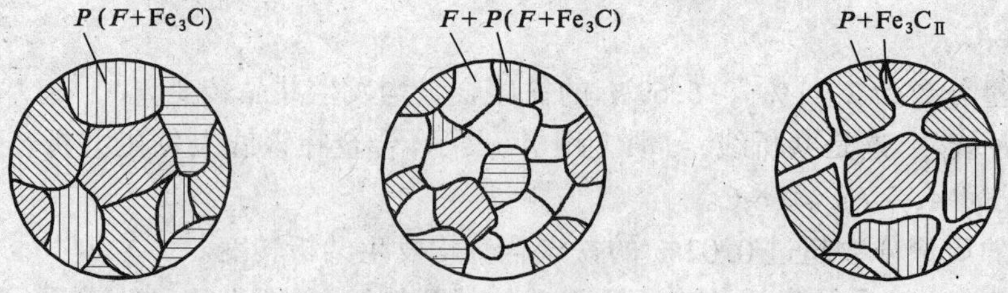

a) 共析钢　　b) 亚共析钢　　c) 过共析钢

图 1-3-3　钢的显微组织

白口铁由一次渗碳体和莱氏体组成。

1.4　常用金属材料

1.4.1　碳素钢

碳素钢简称碳钢，它是碳的质量分数低于 2.11%，并含有少量硅、锰、硫、磷等杂质元素的铁碳合金。碳钢价格低廉，工艺性能良好，是工业上应用最广泛的金属材料。

1) 碳钢的分类

(1) 按钢中碳的质量分数可分为三类：

低碳钢：$w_C \leqslant 0.25\%$；

中碳钢：w_C 为 $0.25\% \sim 0.60\%$；

高碳钢：$w_C > 0.60\%$。

钢中碳的质量分数对钢的力学性能有显著影响，如图 1-4-1 所示。

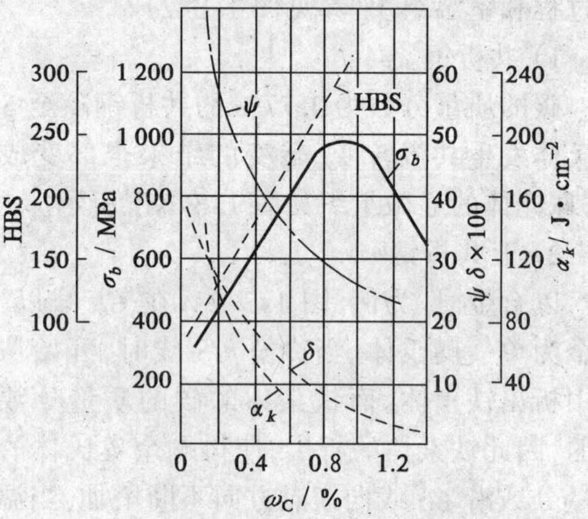

图 1-4-1　钢中碳的质量分数对力学性能的影响

(2) 按质量，即按钢中所含有害杂质 S、P 的质量分数的多少来分，可分为三类：

普通碳素钢：$w_s \leqslant 0.050\%$，$w_p \leqslant 0.045\%$；

优质碳素钢：$w_s \leqslant 0.035\%$，$w_p \leqslant 0.035\%$；

高级优质碳素钢：$w_s \leqslant 0.020\%$，$w_p \leqslant 0.030\%$。

(3) 按用途可分为两类：

碳素结构钢：主要用于制造各种工程构件如桥梁、船舶、建筑用钢和机械零件如齿轮、轴、螺栓、弹簧等。这类钢属于低碳钢和中碳钢。

碳素工具钢：主要用于制造各种刀具、模具、量具等。这类钢属于高碳钢。

2) 碳钢的编号方法(表 1-4-1)

表 1-4-1　碳钢的编号方法

分　类	编　号　方　法	
	举　例	说　明
碳素结构钢	Q235 – A・F	“Q”为“屈”字的汉语拼音字首，后面的数字为屈服点（MPa）；A、B、C、D 表示质量等级，从左至右，质量依次提高；F、b、Z、TZ 依次表示沸腾钢、半镇静钢、镇静钢、特殊镇静钢。Q235 – A・F 表示屈服点数值为 235MPa、质量为 A 级的沸腾钢
优质碳素结构钢	45	两位数字表示钢的平均含碳量的万分之几。如 45 钢，表示平均含碳量为 0.45% 的优质碳素结构钢
碳素工具钢	T8 T8A	“T”为碳字的汉语拼音字首，后面的数字表示钢的平均含碳量的千分之几。如 T8 表示平均含碳量为 0.8% 的碳素工具钢，“A”表示高级优质
一般工程用铸造碳钢	ZG200 – 400	“ZG”代表铸钢。其后面第一组数字为屈服强度（MPa）；第二组数字为抗拉强度（MPa）。如 ZG200 – 400 表示屈服强度为 200MPa、抗拉强度为 400MPa 的碳素铸钢

3）碳素结构钢的牌号、成分、性能和用途举例（表 1-4-2 及表 1-4-3）

表 1-4-2　碳素结构钢的牌号、成分和性能（GB700 – 88）

牌号	等级	化学成分的质量分数 /%					脱氧方法	抗拉强度 σ_b/MPa	伸长率 $\delta_5\times100$
		C	Mn	Si	S	P			
				不大于					
Q195	–	0.06 ~ 0.12	0.25 ~ 0.50	0.30	0.050	0.045	F、b、Z	315 ~ 390	32 ~ 33
Q215	A	0.09 ~ 0.15	0.25 ~ 0.55	0.30	0.050	0.045	F、b、Z	335 ~ 410	26 ~ 31
	B				0.45				
Q235	A	0.14 ~ 0.22	0.30 ~ 0.65	0.30	0.050	0.045	F、b、Z	375 ~ 400	21 ~ 26
	B	0.12 ~ 0.20	0.30 ~ 0.70		0.045				
	C	≤0.18	0.35 ~ 0.80		0.040	0.040	Z		
	D	0.17			0.035	0.035	TZ		
Q255	A	0.18 ~ 0.28	0.40 ~ 0.70	0.30	0.050	0.045	Z	410 ~ 510	19 ~ 24
	B				0.045				
Q275	–	0.28 ~ 0.38	0.50 ~ 0.80	0.35	0.050	0.045	Z	490 ~ 610	15 ~ 20

表 1-4-3　碳素结构钢用途举例

牌　　号	用　途　举　例
Q195、Q215A、Q215B	薄板、焊接钢管、铁丝、钉、屋面板、烟囱等
Q235A、Q235B、Q235C、Q235D	薄板、中板、钢筋、条钢、钢管、焊接件、铆钉、小轴、螺栓、连杆、拉杆、外壳、法兰等
Q255A、Q255B、Q275	拉杆、连杆、键、轴、销钉、要求较高强度的某些零件

4）优质碳素结构钢的牌号、成分、性能和用途举例（表 1-4-4 及表 1-4-5）

表 1-4-4　优质碳素结构钢的牌号、成分和性能（摘自 GB699-88）

牌号	化学成分的质量分数 /%			抗拉强度 σ_b/MPa	屈服点 σ_s/MPa	伸长率 $\delta_5 \times 100$	断面收缩率 $\psi \times 100$	冲击吸收功 A_k/J	钢材交货状态硬度 HBS	
	C	Si	Mn						末热处理	退火后
				不小于					不大于	
08F	0.05 ~ 0.11	≤0.03	0.25 ~ 0.50	295	175	35	60		131	
10F	0.07 ~ 0.14	≤0.07	0.25 ~ 0.50	315	185	33	55		137	
15F	0.12 ~ 0.19	≤0.07	0.25 ~ 0.50	355	205	29	55		143	
08	0.05 ~ 0.12	0.17 ~ 0.37	0.36 ~ 0.65	325	195	33	60		132	
10	0.07 ~ 0.14	0.17 ~ 0.37	0.35 ~ 0.65	335	205	31	55		137	
15	0.12 ~ 0.19	0.17 ~ 0.37	0.35 ~ 0.65	375	225	27	55		143	
20	0.17 ~ 0.24	0.17 ~ 0.37	0.35 ~ 0.65	410	245	25	55		156	
25	0.22 ~ 0.30	0.17 ~ 0.37	0.50 ~ 0.80	450	275	23	50	71	170	
30	0.27 ~ 0.35	0.17 ~ 0.37	0.50 ~ 0.80	490	295	21	50	63	179	
35	0.32 ~ 0.40	0.17 ~ 0.37	0.50 ~ 0.80	530	315	20	45	55	197	
40	0.37 ~ 0.45	0.17 ~ 0.37	0.50 ~ 0.80	570	335	19	45	47	217	187
45	0.42 ~ 0.50	0.17 ~ 0.37	0.50 ~ 0.80	600	335	16	40	39	229	197
50	0.47 ~ 0.55	0.17 ~ 0.37	0.50 ~ 0.80	630	375	14	40	31	241	207
55	0.52 ~ 0.60	0.17 ~ 0.37	0.50 ~ 0.80	645	380	13	35		255	217
60	0.57 ~ 0.65	0.17 ~ 0.37	0.50 ~ 0.80	675	400	12	35		255	229
65	0.62 ~ 0.70	0.17 ~ 0.37	0.50 ~ 0.80	695	410	10	30		255	229
70	0.67 ~ 0.75	0.17 ~ 0.37	0.50 ~ 0.80	715	420	9	30		269	229
75	0.72 ~ 0.80	0.17 ~ 0.37	0.50 ~ 0.80	1030	830	7	30		285	241
80	0.77 ~ 0.85	0.17 ~ 0.37	0.50 ~ 0.80	1030	930	6	30		285	241
85	0.82 ~ 0.90	0.17 ~ 0.37	0.50 ~ 0.80	1130	980	6	30		302	255

表 1-4-5　优质碳素结构钢的特性和用途举例

牌号	特性和用途举例
08 10	强度不高，塑性、韧性很好，焊接性优良，用于制造受力不大的冲压件、焊接件、拉杆、销钉、垫片等
20	强度较低，塑性、韧性、焊接性都很好，切削性能不好，用于中小型渗碳件、锻压件，如小轴、齿轮、吊环、吊钩等
35	强度、硬度均较高，且有较好的塑性，切削性能好，用于螺栓、螺母、转轴等
40 45	为高强度中碳钢，其特点是强度较高，塑性及韧性尚好，切削性优良，经调质处理后能获得较好的综合力学性能，焊接性不好。这两种钢中以 45 钢应用最广。用于较重要的零件，如曲轴、连杆、齿轮、传动轴等
60 65	强度、硬度和弹性都相当高，但冷变形时塑性低，切削性较差，焊接性也差。用于制造弹簧、弹簧垫圈等

5）碳素工具钢的牌号、成分、硬度和用途举例（表 1-4-6）

表 1-4-6　碳素工具钢的牌号、成分、硬度和用途（参照 GB1298－86）

牌号	化学成分的质量分数/%			硬度		用途
	C	Mn	Si	退火后 HBS 不大于	淬火后 HRC 不小于	
T7	0.65～0.74	0.20～0.40	0.15～0.35	187	62	用作受冲击工具，如凿子、锤、螺丝刀、镰刀等
T8	0.75～0.84	0.20～0.40	0.15～0.35	187	62	用作低速刀具，如锉刀、锯条、剪刀、木工刀具等
T8Mn	0.80～0.90	0.40～0.60	0.15～0.35	187	62	
T9	0.85～0.94	0.15～0.35	0.15～0.35	192	62	
T10	0.95～1.04	0.15～0.35	0.15～0.35	197	62	用作冷冲模、丝锥、板牙、铰刀及形状简单的量具，也适宜做凿石工具
T11	1.05～1.40	0.15～0.35	0.15～0.35	207	62	
T12	1.15～1.24	0.15～0.35	0.15～0.35	207	62	用作不受冲击的工具，如刮刀、剃刀、锉刀、量规等
T13	1.25～1.35	0.15～0.35	0.15～0.35	217	62	

6）一般工程用铸造碳钢的牌号、成分、性能和用途举例（表 1-4-7 及表 1-4-8）

表 1-4-7　一般工程用铸造碳钢的牌号、成分和性能（摘自 GB11352－89）

铸钢牌号		化学成分的质量分数/%					力学性能				
新牌号	原牌号	C	Si	Mn	P	S	屈服强度 σ_s/MPa	抗拉强度 σ_b/MPa	伸长率 $\delta_5\times100$	断面收缩率 $\psi\times100$	冲击吸收功 A_k/J
ZG200-400	ZG15	0.20	0.50	0.80	0.04		200	400	25	40	30
ZG230-450	ZG25	0.30	0.50	0.90	0.04		230	450	22	32	25
ZG270-500	ZG35	0.40	0.50	0.90	0.04		270	500	18	25	22
ZG310-570	ZG45	0.50	0.60	0.90	0.04		310	570	15	21	15
ZG340-640	ZG55	0.60	0.60	0.90	0.04		340	640	10	18	10

表 1-4-8　一般工程用铸造碳钢的特性和用途举例

铸钢牌号	特性和用途
ZG200-400	有良好的塑性、韧性和焊接性能。用于受力不大，要求韧性的各种机械零件，如机座、变速箱壳等
ZG230-450	有一定的强度和较好的塑性、韧性，焊接性能良好，可切削性尚可。用于受力不大、要求韧性的各种机械零件，如砧座、外壳、轴承盖、底板、阀体、犁柱等
ZG270-500	有较高的强度和较好的塑性，铸造性能良好，焊接性尚好，可切削性佳。用途广泛，用作轧钢机机架、轴承座、连杆、箱体、曲拐、缸体等
ZG310-570	有高的强度、硬度和耐磨性，可切削性中等，焊接性较差，流动性好，裂纹敏感性较大。用作齿轮、棘轮等
ZG340-640	有高的强度、硬度和耐磨性，可切削性中等，焊接性较差，流动性好，裂纹敏感性较大。用作齿轮、棘轮等

1.4.2　合金钢

合金钢是指在碳钢的基础上有意识地加入各种合金元素所得到的钢种。

常用的合金元素有 Si、Mn、Cr、Ni、Mo、W、V、Ti 等，它们加入到钢中，可提高钢的力学性能，改善钢的工艺性能或者使钢具备耐腐蚀、耐热、耐磨、高磁性等特殊的性能。

1) 合金钢的分类和编号方法

(1) 分类　合金钢按合金元素含量的多少，可分为低合金钢(含合金元素总量 ≤ 5%)、中合金钢(含合金元素总量为 5% ~ 10%)和高合金钢(含合金元素总量 ≥ 10%)。

按用途可分为如下三类：合金结构钢、合金工具钢、特殊性能钢。

合金结构钢包括低合金结构钢、渗碳钢、调质钢、弹簧钢、滚动轴承钢等。

合金工具钢包括刃具钢、模具钢和量具钢。

特殊性能钢包括不锈钢、耐热钢和耐磨钢等。

(2) 编号方法　见表 1-4-9。

表 1-4-9　合金钢的编号方法

分类	编号方法	举例
低合金高强度结构钢	钢号由代表屈服点的汉语拼音字母(Q)、屈服点数值、质量等级符号(A、B、C、D、E)三个部分按顺序排列	Q390A 390 — 屈服点 390MPa
合金结构钢	前面的数字表示钢的平均含碳量的万分之几，后面的数字表示合金元素平均含量的百分之几，含量少于 1.5% 时，一般不标明含量。若为高级优质钢，则在钢号的最后加“A”。滚动轴承钢号前面加“G”，铬含量用千分之几表示	60Si2Mn Mn — 平均含锰量 ≤ 1.5% Si2 — 平均含硅量 2% 60 — 平均含碳量 0.6% GCr15 Cr15 — 平均含铬量 1.5%
合金工具钢	平均含碳量 ≥ 1.0% 时不标出，< 1.0% 时以千分之几表示。高速钢例外，其平均含碳量 < 1.0% 时也不标出。合金元素含量的表示法同合金结构钢	5CrMnMo 5 — 平均含碳量 0.5% Cr12 Cr12 — 平均含铬量 12% 平均含碳量 ≥ 1.0%
特殊性能钢	平均含碳量以千分之几表示。当平均含碳量 ≤ 0.03% 时，钢号前以“00”表示，当平均含碳量 ≤ 0.08% 时，钢号前以“0”表示。合金元素含量表示方法与合金结构钢相同	2Cr13 2 — 平均含碳量 0.2%

2) 合金结构钢

(1) 低合金高强度结构钢　这类钢属低碳、低合金钢，Mn 是强化的基本元素。它的强度显著高于相同含碳量的碳钢，同时具有良好的塑性和韧性以及良好的焊接性、冷成形性和耐蚀性。这类钢主要用于制造桥梁、车辆、船舶、锅炉等。

常用的钢号有 Q345、Q390 等。

(2) 渗碳钢　含碳量为 0.10% ~ 0.25%，常加入的合金元素有 Cr、Mn、Ti、B 等。这类钢经表面渗碳、淬火和低温回火后,可获得表硬内韧的优良性能,主要用于制造要求表面硬而耐磨,同时承受一定冲击的重要零件,如汽车、拖拉机齿轮、凸轮轴、活塞等。

(3) 调质钢　这类钢为中碳钢,常加入 Cr、Ni、Mn、Si、B、Mo 等合金元素。调质钢经淬火+高温回火即调质处理后具有良好的综合力学性能,即强度高,塑性、韧性好,故它广泛用于制造各种重要的机器零件,如机床主轴、齿轮、连杆等。

常用的钢号有 40Cr、35CrMo 等。

(4) 弹簧钢　这类钢含碳量为 0.45% ~ 0.70%,常加入 Si、Mn、Cr、V 等合金元素。弹簧钢经淬火和中温回火后,具有高的抗拉强度、高的屈强比(σ_s/σ_b)、高的疲劳强度及一定的塑性和韧性。主要用于制造各种弹簧和弹性零件。

常用的钢号有 65Mn、60Si2Mn 等。

(5) 滚动轴承钢　这类钢为高碳铬钢,Cr 是强化的基本元素,目的是使钢具有高硬度和耐磨性、高的接触疲劳强度以及足够的韧性。主要用来制造滚动轴承元件,如内套圈、外套圈、滚珠、滚柱等。

常用的钢号有 GCr15、GCr15SiMn 等。

3) 合金工具钢

(1) 刃具钢　主要有以下两种:

低合金刃具钢　加入的合金元素主要有 Si、Cr、Mn 等,由于含量比较少,热硬性(高温下保持高硬度 ≥ 60HRC 的能力)比较低,刀具刃部受热温度不能超过 300℃。主要用来制造低速切削的薄刃刀具,如丝锥、板牙、铰刀等。

常用的钢号有 9SiCr、CrWMn 等。

高速钢　这类钢是高碳高合金钢,因含有大量的碳化物形成元素,如 W、Mo、Cr、V 等,热硬性高,可达 600℃。主要用于制造高速切削及形状复杂的刀具,如铣刀、车刀、钻头、滚齿刀等。

常用的钢号有 W18Cr4V、W6Mo5Cr4V2 等。

(2) 模具钢　按工作条件不同分为以下两种:

冷作模具钢　主要用来制造冷冲模、冷挤压模、拉丝模等。这类钢是高碳铬钢,如 Cr12、Cr12MoV 等。

热作模具钢　主要用来制造热锻模、压锻模等。常用的钢号有 5CrMnMo、3Cr2W8V 等。

(3) 量具钢　量具钢是用来制造各种测量工具的,如千分尺、塞规、块规等。量具钢并没有专用钢。低合金刃具钢 CrMn、CrWMn,滚动轴承钢 CCr15 等都可以用来制造量具。

4) 特殊性能钢

(1) 不锈钢　按组织可分为铁素体不锈钢、马氏体不锈钢和奥氏体不锈钢三类。

典型的铁素体不锈钢是 1Cr17,为单相铁素体组织,耐磨蚀性能好、塑性好、强度低。主要用于制造化工设备的容器、管道等。

典型马氏体不锈钢是 1Cr13、2Cr13、3Cr13 等,主要用来制造汽轮机叶片、阀体、手术刀等。

典型的奥氏体不锈钢是 18-8 型铬镍不锈钢,如 1Cr18Ni9 等,室温下具有单相奥氏体组织,故强度、硬度低,塑性、韧性好,具有良好的冷变形性能,广泛用于耐酸、碱、盐腐蚀的零件。

(2) 耐热钢　耐热钢既具有高温抗氧化性,同时又具有较高的高温强度。常用的耐热钢有珠光体耐热钢,典型钢号有 15CrMo、12CrMoV 等,用作锅炉材料,如锅炉管等;马氏体耐热钢,典型钢号有 1Cr12MoV、4Cr9Si2 等,多用来制造汽轮机叶片、发动机排气阀等;奥氏体耐热钢,典型钢号有 0Cr18Ni9 等,工作温度可高于 650℃,可用于锅炉和汽轮机过热管道、内燃机重负荷排气阀等。

1.4.3　铸铁

工业上广泛应用的铸铁,其碳不是以化合状态的 Fe_3C 形式存在的,而是以游离状的石墨形式存在的。由于铸铁的石墨强度、塑性、韧性极低,接近于零,相当于许多微裂纹分布在金属的基体上,因此铸铁的强度、塑性和韧性比钢低,不能进行锻造。但铸铁的铸造性能好,且生产方法简便,价格低廉,因而,目前铸铁仍是最重要的机器结构材料之一。

根据铸铁中石墨形态的不同,铸铁可分为灰铸铁、可锻铸铁和球墨铸铁(图 1-4-2)。

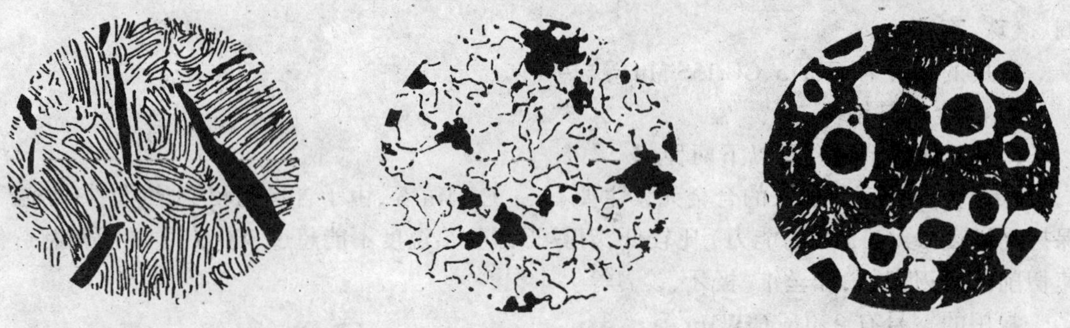

a) 珠光体灰铸铁 × 500　　b) 铁素体可锻铸铁 × 100　　c) 铁素体 + 珠光体球墨铸铁 × 200

图 1-4-2　铸铁的金相组织

1) 灰铸铁

灰铸铁是碳主要以片状石墨形式存在的铸铁(如图 1-4-2a))。灰铸铁的熔点低,流动性好,凝固时收缩率小。灰铸铁中石墨片的存在,使切屑易于脆断,便于切削加工。同时也有利于润滑,耐磨性好。石墨片组织松软,能吸收振动,因而又具有良好的消振性。由于石墨片尖端处产生应力集中,严重地削弱了铸铁的抗拉强度,但对抗压强度影响不大。灰铸铁广泛用来制造各种承受压力和要求消振性好的床身、箱体和经受摩擦的导轨、缸体等。

灰铸铁的牌号、性能和用途见表 1-4-10。牌号"HT"为"灰铁"汉语拼音字首,其后数字代表最低抗拉强度值。

表 1-4-10　灰铸铁的牌号、性能和用途

牌　号	抗拉强度 σ_b/MPa	抗弯强度 σ_{bb}/MPa	抗压强度 σ_{bc}/MPa	硬度 HBS	用　途
	不小于				
HT100	100	260	500	143 ~ 229	低压力零件,如轴承盖、手轮、支架等
HT150	150	330	650	163 ~ 229	汽轮机冷凝器端盖、汽轮泵体、锅炉省煤器、发电机轴承座、进出水支座等

续表 1-4-10

牌　号	抗拉强度 σ_b/MPa	抗弯强度 σ_{bb}/MPa	抗压强度 σ_{bc}/MPa	硬度 HBS	用　途
	不 小 于				
HT200	200	400	750	170 ~ 240	阀壳、低压汽缸、机座联轴器、齿轮箱等受较大应力的零件，低速轴瓦等
HT250	250	470	1000	170 ~ 241	
HT300	300	540	1100	187 ~ 255	汽缸、隔板、飞轮、齿轮等重要零件
HT350	350	610	1200	197 ~ 259	

2）可锻铸铁

可锻铸铁是碳主要以团絮状石墨形式存在的铸铁（图 1-4-2b））。可锻铸铁是将白口铸铁经高温石墨化退火处理后得到的。由于团絮状石墨比片状石墨大大减轻了对金属基体的割裂作用，故可锻铸铁比灰铸铁具有较高的抗拉强度，较好的塑性和韧性。但可锻铸铁实际上并不可锻，常用来制造形状复杂且受振动的薄壁小型铸件。

常用可锻铸铁的牌号、性能和用途见表 1-4-11。牌号“KT”为“可铁”汉语拼音字首，“H”表示黑心，“Z”表示珠光体，后续的第一组数字表示最低抗拉强度值，后续的第二组数字表示最低伸长率值。

表 1-4-11　常用可锻铸铁的牌号、性能与用途（参照 GB9440-88）

分类	牌　号	基体组织	抗拉强度 σ_b/MPa	屈服强度 $\sigma_{0.2}$/MPa	伸长率 $\delta_5 \times 100$	硬度 HBS	用　途
			不小于				
黑心可锻铸铁	KTH300-06	F	330	–	6	不大于150	管道的弯头、接头、三通；中压阀门
	KTH330-08		330	–	8		各种扳手；犁刀、犁柱；粗纺机和印花机盘头等
	KTH350-10		350	200	10		汽车、拖拉机的前后轮壳，差速器壳、制动器支架；农机的犁刀、犁柱；瓷瓶铁帽、铁道扣板、船用电机壳
	KTH370-12		370	–	12		
珠光体可锻铸铁	KTZ450-06	P	450	270	6	150 ~ 200	曲轴、凸轮轴、连杆、齿轮、摇臂、活塞环、轴套、犁刀、耙片、万向接头、棘轮、扳手、传动链条、矿车轮等
	KTZ550-04		550	340	4	180 ~ 230	
	KTZ650-02		650	430	2	210 ~ 260	
	KTZ700-02		700	530	2	240 ~ 290	

3）球墨铸铁

球墨铸铁是碳主要以球状石墨形式存在的铸铁（图 1-4-2c））。球墨铸铁是向铁水中加入球化剂（如稀土镁等）进行球化处理得到的。由于石墨呈球状后对基体金属的割裂作用减到最小，所以球墨铸铁的强度、塑性和韧性不仅高于灰铸铁，甚至优于可锻铸铁，某些性能如疲劳强度与中碳钢相近。球墨铸铁还可以跟钢一样，通过各种热处理进一步提高力学性能。因此球墨铸铁在生产上获得广泛应用，常用来制造汽车和拖拉机的曲轴、凸轮轴、齿轮等重要零件。

球墨铸铁的牌号、性能和用途见表 1-4-12。牌号中“QT”为“球铁”汉语拼音字首，后续的第一组数字表示最低抗拉强度值(MPa),后续的第二组数字表示最低伸长率值。

表 1-4-12　球墨铸铁的牌号、性能和用途(GB1348-88)

牌　号	抗拉强度 σ_b/MPa	屈服强度 $\sigma_{0.2}$/MPa	伸长率 $\delta_5 \times 100$	硬度 HBS	用　途
	不小于				
QT400-18	400	250	18	130 ~ 180	泵体、阀体、受压容器、受冲击零件
QT400-15	400	250	15	130 ~ 180	
QT450-10	450	310	10	160 ~ 210	壳体、箱体零件,要求韧性零件
QT500-7	500	320	7	170 ~ 230	机器底座、齿轮、支架等
QT600-3	600	370	3	190 ~ 270	连杆、曲轴、液压缸体等
QT700-2	700	420	2	225 ~ 305	曲轴、凸轮、齿轮等高强度零件
QT800-2	800	480	2	245 ~ 335	
QT900-2	900	600	2	280 ~ 360	高速、重负荷零件

1.4.4　有色金属及其合金

1) 铜及铜合金

(1) 纯铜　纯铜又称紫铜。纯铜具有良好的导电、导热性及抗大气腐蚀性。它的塑性好,容易进行各种冷、热加工,但强度不高。常用的工业纯铜牌号有 T1、T2、T3,“T”为“铜”的汉语拼音字首,其后面的顺序号越大,纯度越低。

(2) 黄铜　黄铜是以锌为主要合金元素的铜基合金。

Cu-Zn 二元铜合金称为普通黄铜。常用普通黄铜的牌号有 H70、H62 等。“H”为“黄”的汉语拼音字首,其后数字表示铜含量的百分数。它主要用来制作散热器、垫圈、弹簧、螺钉等。

在普通黄铜的基础上,加入少量的 Al、Pb、Mn 等合金元素,可改善黄铜的某些性能,称这类黄铜为特殊黄铜。如铅黄铜 HPb59-1,含铜量为 59%,含铅量为 1%,其余为含锌量,它的耐磨性高,切削加工性好,常用来制作钟表零件。

(3) 青铜　青铜是指除锌以外的其它元素为主的铜基合金。青铜按主加元素的不同可分为锡青铜、铝青铜、铍青铜等。如铸造青铜 ZCuSn10Pb5,它的含锡量为 10%,含铅量为 5%,其余为含铜量。锡青铜的耐磨性和耐蚀性高于黄铜,常用来制作蜗轮、轴瓦、轴套等。

(4) 白铜　白铜是以镍为主要合金元素的铜基合金。Cu – Ni 二元铜合金称为普通白铜。常用的普通白铜的牌号有 B19、B25 等。“B”为“白”的汉语拼音字首,其后数字表示镍含量的百分数。普通白铜主要用来作结构材料,如精密机械、化工设备和船舶的零件。

在普通白铜的基础上,加入少量的 Fe、Mn、Zn 等合金元素,得到的是特殊白铜。如锰白铜 BMn3-12,它的含镍量为 3%,含锰量为 12%,其余为含铜量。锰白铜是主要的电工材料,主要用于精密电工测量仪表、变阻器、热电偶和热电偶补偿导线等。

2) 铝及铝合金

(1) 纯铝　铝的密度小,是铜的 1/3,导电、导热性好,仅次于银和铜。铝在大气中有良好的耐蚀性,它的塑性好,强度低。工业纯铝的牌号有 L1,L2,L3,…,L6 等,“L”是“铝”的汉语拼音字首,后面的数字越大,纯度越低。

(2) 形变铝合金　这种铝合金在加热时能形成单相固溶体,因而塑性好,适于压力加工，故称为形变铝合金。形变铝合金分防锈铝、硬铝、超硬铝及锻铝四种，其中防锈铝不能通过热处理强化，其余三种可以通过热处理来强化。

防锈铝的性能特点是塑性好，焊接性能好，有较高的耐蚀性。常用来制作油箱、油管、铆钉等。其牌号如 LF21，“LF”为“铝防”二字的汉语拼音字首，后面的数字为顺序号。

硬铝属 Al-Cu-Mg 合金系，其强度高，用于制作飞机螺旋桨叶片、铆钉等，其牌号如 LY12，“LY”为“铝硬”二字的汉语拼音字首。

超硬铝属 Al-Zn-Mg-Cu 合金系，是目前强度最高的铝合金，用于受力较大的飞机大梁、起落架、蒙皮等。其牌号如 LC4，“LC”为“铝超”二字的汉语拼音字首。

锻铝属 Al-Mg-Si-Cu 合金系，它的锻造性能好，多用于制作飞机上的锻件或模锻件。其牌号如 LD5，“LD”为“铝锻”二字的汉语拼音字首。

(3) 铸造铝合金　铸造铝合金主要有四个系列，即 Al-Si 系、Al-Cu 系、Al-Mg 系、Al-Zn 系。这四个系列的合金在性能上各有其特点，例如 Al-Si 系合金的铸造性能好，又称为硅铝明，应用最为广泛，常用来制造发动机汽缸体、活塞、手电钻及风镐外壳等。

铸造铝合金可以用牌号，也可以用代号来表示。例如牌号 ZAlSi12，表示含硅量为 12% 的 Al-Si 系铸造铝合金。它也可用代号 ZL102 来表示，“ZL”是“铸铝”二字的汉语拼音字首，“1”表示 Al-Si 系，“02”为顺序号。

3) 滑动轴承合金

滑动轴承合金是用来制造滑动轴承内衬的合金。滑动轴承是支承着轴进行工作的。当轴旋转时，轴和轴瓦之间必然有强烈的摩擦。为确保轴受到最小的摩擦和磨损，而把磨损主要集中在轴瓦上，必要时可调换轴瓦。轴承合金按其组织特点可分为如下两类：

(1) 在软的基体上均匀分布着硬的质点　轴承工作时，软的基体被磨损下凹，可储存润滑油，硬的质点则凸起支承轴颈。这样在轴与轴承之间有一层连续的油膜，因而降低了轴与轴承之间的摩擦系数。属于这类合金的有锡基轴承合金，如 ZSnSb11Cu6；铅基轴承合金，如 ZPbSb16Sn16Cu2。

(2) 在硬的基体(硬度低于轴颈)上分布着软的质点　这类合金承载能力大，但磨合性较差。属于这类合金的有铜基轴承合金，如铅青铜、锡青铜和铝青铜等青铜合金以及铝基轴承合金。

1.5　粉末冶金材料与功能材料

1.5.1　粉末冶金材料

粉末冶金是一种不需熔炼的特殊冶金工艺。已经知道，金属材料一般都是经过熔炼和铸造制得的。而粉末冶金是用金属粉末或金属化合物粉末作原料，经压制成形、烧结来制造零件和材料，如图 1-5-1 所示。

粉末冶金材料有多种，这里重点介绍金属陶瓷硬质合金和钢结硬质合金。

1) 金属陶瓷硬质合金

它是由金属碳化物粉末(如 WC、TiC)和粘结剂(如 Co)经混合、加压成形，再经烧结而成。其硬度高，热硬性好(可达 1000℃)，耐磨性好，但脆性大，不能进行机械加工。

常用的金属陶瓷硬质合金有两类：

(1) 钨钴类　常用牌号有 YG3、YG6 等。YG 表示钨钴类硬质合金，后面的数字表示钴含量。如 YG6 表示含 6% Co、94% WC 的钨钴类硬质合金。它适宜加工脆性材料，如铸铁等。

(2) 钨钴钛类　常用牌号有 YT5、YT15 等。YT 表示钨钴钛类硬质合金，后面的数字表示 TiC 的含量，如 YT15 表示含 15% TiC，其余为 WC 和 Co 的钨钴钛类硬质合金。它适宜加工塑性材料，如钢等。

以上两种硬质合金，常制成一定规格的刀片，镶焊在刀体上使用。

2) 钢结硬质合金

它是以一种或几种碳化物（如 WC、TiC 等）粉末为强化相，以合金钢（如高速钢、铬钼钢）粉末为粘结剂，经配料、压制成形、烧结而成。钢结硬质合金跟钢一样可进行切削加工，也可进行锻造、焊接和热处理。高速钢结硬质合金，其成分为 65% 高速钢和 35% TiC，用于制造各种形状复杂的刀具如麻花钻头、铣刀等，也可制造各种冷、热模具。

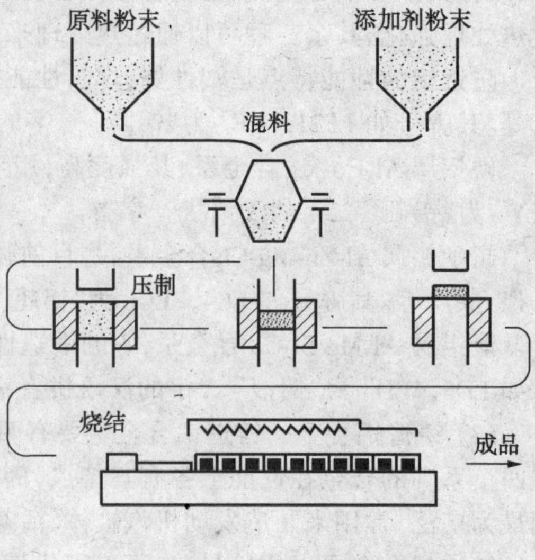

图 1-5-1　粉末冶金生产工艺流程简图

1.5.2　功能材料

功能材料是指具有特殊的电、磁、光、热、声等化学性能和理化效应的各种新材料。功能材料是现代高新技术发展的先导和物质基础。

1) 磁性材料

(1) 软磁材料　容易磁化和退磁的磁性材料称为软磁材料。其特性要求是矫顽力低，磁导率高，每周期的磁滞损耗小。它包括金属软磁材料和铁氧体软磁材料。金属软磁材料因其电阻率低，集肤效应、涡流损耗大，适用于低频范围。相反，铁氧体软磁材料，因其电阻率高，适用于高频范围。在电力工业中，软磁材料常用作变压器和发电机的铁芯；在无线电工业中，软磁材料用于继电器、变压器、电表、磁放大器等。常用的软磁材料有工业纯铁、铁硅合金（俗名硅钢片）、铁镍合金、铝锌铁氧体、镍锌铁氧体等。

(2) 永磁材料（又称硬磁材料）　它是在去掉磁化场后仍能对外产生较强磁场的磁性体，其主要特点是剩磁较大、矫顽力高和不容易退磁。常用的永磁材料有金属永磁材料，如铁镍钴永磁合金；铁氧体永磁材料，如钡铁氧体和锶铁氧体；稀土永磁材料，如稀土钴合金。永磁材料常用于电话机、罗盘、永磁电机、永磁点火机、磁电式仪表、磁分离器、扬声器等。

(3) 磁头材料和磁记录介质材料

① 磁头材料　用于制作磁头铁芯，如录音机、录像机、磁盘机等。磁头材料是高密度软磁材料。其要求是初始磁导率高，饱和磁感应强度大，矫顽力低，耐磨等。磁头材料有铁镍合金（成分为 78% Ni、5% Mn、17% Fe）、铁硅铝合金（成分为 6.2% Al、9.6% Si、84.2% Fe）、锰锌铁氧体（成分为 14% MnO、16% ZnO、70% Fe_2O_3）、镍锌铁氧体（成分为 11% NiO、22% ZnO、67% Fe_2O_3）等。

② 磁记录材料　指用于制作磁记录介质（如磁带、磁盘、磁卡和磁鼓等）的磁粉及磁性

薄膜，为硬磁材料。其要求是剩磁高，矫顽力适当，温度系数低，老化效应小。常用的有 γ-Fe_2O_3 磁粉、Fe-Co 合金等。

2）电阻材料

常用的电阻材料大多为固溶体合金，因为固溶体具有高的电阻值。根据用途的不同，电阻合金可分为三类：

(1) 调节元件用电阻合金　这类合金的强度较高，抗氧化和耐蚀性能好，工作温度高。它主要用于电流(电压）调节与控制元件的绕组。常用的有 Cu-Mn 系电阻合金，如新康铜合金，其化学成分为 11.5% ~ 12.5%Mn、1.0% ~ 1.6%Fe、2.5% ~ 4.5%Al，余量为 Cu。

(2) 精密元件用电阻合金　这类合金的电阻温度系数小，电阻值长期稳定性好，对铜的热电动势也小。它主要用于制造滑线电阻、标准电阻以及精密仪表中的电阻元件。常用的有 Ni-Cr 系电阻合金，如镍铬铝铁合金，其化学成分为 18% ~ 20%Cr、1% ~ 3%Al、1% ~ 3%Fe，余量为 Ni。

(3) 传感元件用电阻合金　它主要用来制造应变、温度、压力等传感元件，把上述参数的变化转换成电阻的变化，其性能特别是转换灵敏度高，复现性和互换性好，反应快，漂移小，且稳定性好。常用的有铁基电阻合金，如铁镍铬钼合金，其化学成分为 32% ~ 37%Ni、6% ~ 9%Cr 和 Mo，余量为 Fe。

3）膨胀材料

膨胀材料是指具有特殊膨胀系数的材料。常用的膨胀材料有低膨胀、定膨胀和热双金属片三类。

低膨胀材料在温度变化时，能保持尺寸的稳定性，可用来制造标准的量尺、精密天平、标准电容等。目前广泛使用的是因瓦合金（35%Ni-65%Fe）和超因瓦合金（32%Ni-64%Fe-4%Co）。

定膨胀材料在规定的温度范围内具有一定的膨胀系数，以便在电真空器件中跟与它相封接的玻璃、陶瓷等材料的膨胀系数相匹配。常用的有可伐合金。例如 4J42 合金含 Ni 为 42%，其余为 Fe。有的可伐合金还含有 Co、Cr 等合金元素。

热双金属片是由膨胀系数相差很大的两层合金片沿层间接触面焊合在一起的复合材料。受热时双金属片向被动层(低膨胀系数合金）弯曲，将热能转换成机械能，故可作为各种测量和控制仪表的传感元件。例如 5J11 合金是由 Mn75Ni15Cu10(主动层）与 Ni36(被动层）组成。

4）非晶态合金

所谓“非晶态”是相对晶态而言。晶态原子是长程有序的结构，而非晶态是长程无序、短程有序的结构。目前通过将金属熔体急速冷却可制成非晶态合金。它们一般是由过渡族金属元素(或贵金属）与类金属元素组成的合金，其固化过程如同玻璃由液态向固态的转化一样，表现为粘度系数的突然增大，所以非晶态合金也有人称为金属玻璃。

因为非晶态合金无晶界、位错等缺陷，故表现出一系列独特的优点，如高强度、高的延展性、高硬度和耐腐蚀性以及良好的软磁性能。美国用 Fe-Ni-P-B 非晶合金制造的变压器优于普通的 Fe-Si 铁芯变压器。日本用 Fe-Co-Si-B 非晶合金制造磁头铁芯，优于目前所用材料，且耐磨性极好。随着对非晶态合金研究的深入和非晶态合金生产能力的提高，非晶态合金的应用将越来越广泛。

5) 形状记忆合金

所谓“形状记忆效应”是指把变形过的某些合金加热到一定温度时，合金能自动恢复到变形前原先具有的形状。目前已经实用化的形状记忆合金主要有钛 - 镍基合金和铜基合金（如 Cu-Al-Ni、Cu-Zn-Al 等）两大类，前者性能较好，后者则价格较低。

利用形状记忆合金可制作卫星天线、温度自动调节器、空调用风向自动调节器、人工关节、人工心脏活门、机器人用微型调节器等。

6) 超导材料

某些材料的电阻当达到某一临界温度时，突然消失，即电阻为零，这就是所谓的超导现象。具有这种性质的材料称为超导材料。

常用的超导材料有 Nb-Ti 合金、Nb-Zr 合金，金属间化合物如 Nb_3Sn、V_3Ga 以及有机超导体等。超导材料的应用领域很多，如用来制造超导电缆、超导变压器，用于磁流体发电、核聚变反应堆等。

1.6 非金属材料

非金属材料包括除金属材料以外的几乎所有的材料，工程上常用的非金属材料主要是高分子材料、陶瓷材料和复合材料。

1.6.1 高分子材料

由分子量很大（一般在 1000 以上）的有机化合物组成的材料，称为高分子材料。高分子材料有塑料、合成橡胶、合成纤维、胶粘剂等。下面介绍在机械工业上应用广泛的塑料和合成橡胶。

1) 塑料

(1) 塑料的定义　塑料是以合成树脂为主要成分，加入各种添加剂，在加工过程中能塑制成形的有机高分子材料。

合成树脂是以低分子化合物通过聚合反应所获得的有机高分子化合物，如聚乙烯、聚氯乙烯、酚醛树脂等。它是塑料的主要组成部分（约占 40% ~ 100%），对塑料的性能起着决定性的作用，绝大多数塑料是以所用的树脂名称来命名的。添加剂是为改善塑料的某些性能而加入的物质。添加剂有填料、增塑剂、固化剂、稳定剂、润滑剂、着色剂、阻燃剂等。添加剂可赋予塑料不同的性质，如填料（石英粉、氧化铝粉、合成纤维等）主要是起增强作用。作为稳定剂的炭黑可防止塑料在光照下过早老化。有机染料或无机颜料作为着色剂可使塑料着色，具有美丽的色彩。

(2) 塑料的分类和性能　塑料按应用范围可分为通用塑料和工程塑料两大类。

通用塑料是指产量大、用途广、价格低廉的聚乙烯、聚氯乙烯、聚苯乙烯、聚丙烯、酚醛塑料和氨基塑料等六大品种，它们占塑料总产量的 3/4 以上。工程塑料是指能在工程结构和机械设备中应用的塑料，它们具有较高的强度、刚度和韧性，而且耐热、耐辐射、耐蚀性能好。常用的有聚酰胺（尼龙）、聚甲醛、聚砜、聚碳酸酯、酚醛塑料等。

塑料按树脂的热性能分为热塑性塑料和热固性塑料。

热塑性塑料的特点是加热后软化，冷却后又硬化成形，随温度变化可以反复进行。聚乙烯、聚氯乙烯、聚苯乙烯、聚酰胺（尼龙）、有机玻璃、ABS 树脂、聚碳酸酯等都属于此类。这类塑料强度较高，成形工艺性良好，但耐热性和刚度较低。热固性塑料的特点是受热发生化学变化而固化成形，成形后再受热也不会软化变形，如酚醛塑料、环氧塑料等。这类塑料具有较高的耐热性和刚性，但脆性大，不能反复成形与再生使用。

塑料具有很多优点，如相对密度小、耐蚀性好、电绝缘性好、减摩耐磨性能好、有消音吸震性等。但也存在着刚性差、强度低、耐热性低、易老化等缺点。

目前，塑料在机械制造中主要用于制作齿轮、轴承、仪表外壳、把手、阀门、化工容器等。

(3) 塑料的成形方法　塑料的成形是指将原材料制成具有一定形状和尺寸的塑料制品的工艺过程。常用的塑料成形方法有如下几种：

① 注射成形　将粉状或粒状塑料放在注射机的料筒内，加热熔化后，通过柱塞用很高的速度将其注射到闭合的模具内，冷却后形成制品，如图 1-6-1 所示。这种方法适用于热塑性塑料，可以自动化大批量生产。

② 挤压成形　将塑料粉末或颗粒放在挤压机的料筒内，加热熔化，再靠螺旋推杆将其连续不断地通过口模成形而成制品。图 1-6-2 为挤压机结构示意图。这种方法适用于热塑性塑料的管、棒、板的生产。

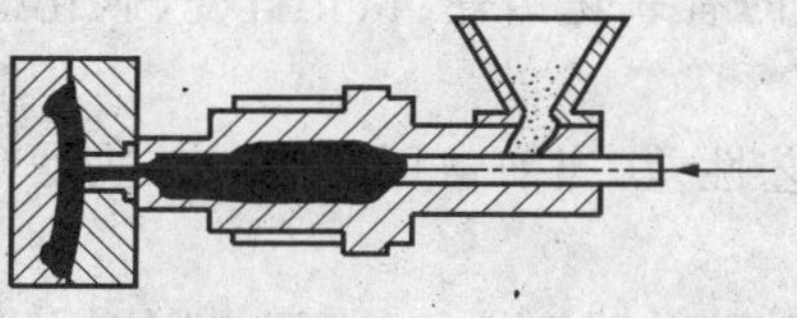

图 1-6-1　注射成形示意图

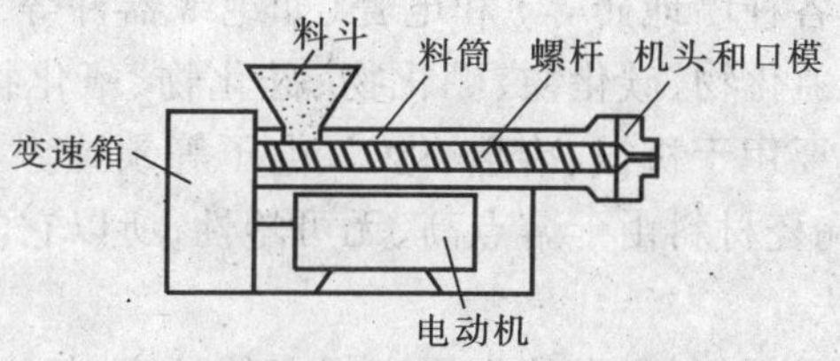

图 1-6-2　挤压机结构示意图

③ 吹塑成形　先用挤压法或注射法将熔融的塑料制成筒状坯料，然后放入金属模具内，吹入压缩空气，将塑料吹胀并紧贴模壁，冷却后开模即形成中空制品，如瓶、罐等，如图 1-6-3 所示。这种方法只适用于热塑性塑料。

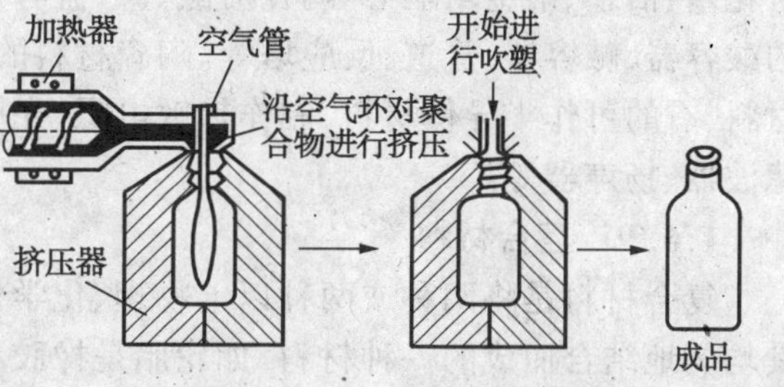

图 1-6-3　吹塑成形示意图

④ 压制成形　将树脂(如酚醛树脂)粉末或颗粒，放在金属模中，经加热、加压后使其固化成形。此法主要用于热固性塑料。

⑤ 浇铸成形　将树脂及固化剂等液态混合物浇入模具中，固化而成制品。此法适于热固性塑料的成形。

2) 合成橡胶

(1) 橡胶的组成　橡胶也是以高分子化合物为基础的材料，它与塑料的最大区别是它的高弹性。橡胶高弹变形时，变形可达 100% ~ 1000%。

根据原材料来源，橡胶可分为天然橡胶和合成橡胶。按应用范围又可分为通用橡胶和特种橡胶。

天然橡胶制品是橡胶(生胶)加入各种配合剂,经过硫化处理所得到的产品。

生胶是硫化前的橡胶。配合剂有硫化剂、硫化促进剂、防老剂、软化剂、填充剂、发泡剂、着色剂等。硫化剂类似热固性塑料中的固化剂。经硫化后,橡胶具有一定的强度,其性能在很大温度范围内是稳定的。

合成橡胶又称人造橡胶。制备时,一般将基本原料制成单体,然后将单体经聚合反应而成橡胶。可经硫化加工后制成各种橡胶制品。

(2) 常用橡胶及其性能　目前通用合成橡胶品种繁多,例如丁苯橡胶,耐磨性优良,广泛用于制作轮胎。丁腈橡胶具有优异的耐油性,常制作输油管、耐油密封圈等耐油制品。硅橡胶属于特种橡胶,它具有很高的热稳定性,使用温度范围很宽,绝缘性优良,常用来制作耐高、低温制品,如密封圈及高温绝缘件等。

1.6.2　陶瓷材料

陶瓷是无机非金属材料。陶瓷可分为普通陶瓷(或传统陶瓷)和特种陶瓷两大类。普通陶瓷常以硅酸盐为原料,如高岭土($Al_2O_3 \cdot 2SiO_2 \cdot 2H_2O$)、长石(如钠长石:$Na_2O$、$Al_2O_3 \cdot 6SiO_2$)以及石英($SiO_2$)等各类矿物。常用作日用陶瓷(如器皿、工艺品、卫生设备等)、建筑陶瓷(如各种墙地砖等)和电瓷(如绝缘器件等)。特种陶瓷是以人工化合物为原料制成,如氧化物、氮化物、碳化物、硼化物、硅化物、氟化物等。常用的有氧化铝瓷、氮化硅瓷、碳化硅瓷等,主要用于机械、冶金、化工、电子等领域。

陶瓷材料由于熔点高、无可塑性,所以它的加工工艺性差,当前常用的制造工艺是粉末冶金法。

陶瓷材料具有比金属高得多的硬度,仅次于金刚石,故其耐磨性好,常用来制造耐磨零件,如轴承、刀具、各种泵的密封环等。它还具有高弹性模量、高脆性、低抗拉强度和较高抗压强度。陶瓷的熔点高于金属,因而具有优于金属的高温强度,故广泛用作高温材料,如内燃机火花塞、活塞、冶金坩埚等。陶瓷对酸、碱、盐有良好的抗蚀能力,所以陶瓷可用作化工生产中的酸容器、碱容器、管道、反应塔等。陶瓷材料的电学性能差别极大,大部分陶瓷可用作绝缘材料,有的可作半导体材料,制作热敏电阻、光敏电阻等敏感元件。有的可作压电材料,制作滤波器、扬声器等。

1.6.3　复合材料

复合材料是将两种或两种以上物理、化学性质及力学性能不同的材料,用人工的方法使其均匀地结合而成的一种材料。如轮胎是橡胶和纤维复合而成的,钢筋混凝土是钢筋、水泥、粒石、砂子复合而成的。

复合材料一般是由强度低、韧性好的材料作基体,由强度高、脆性大的材料作增强剂组成的。

复合材料按增强剂的形状,可分为纤维增强、层合、颗粒复合三种类型。

1) 纤维增强复合材料

它是以塑料、陶瓷、橡胶或金属为基体,以高弹性模量、高强度的纤维作为增强材料而形成的。增强纤维主要有玻璃纤维、碳纤维、石墨纤维、碳化硅纤维以及氮化铝、氮化硅晶须(直径几十微米的针状单晶)等。

以玻璃纤维增强的塑料通常称为玻璃钢,它具有密度小、强度高、耐蚀性好的优点,是应用广泛的复合材料,可用来制造车身、船体、直升飞机的旋翼,石油化工的管道、阀门等。

2）层合复合材料

由两层或两层以上材料叠合，便形成层合复合材料。如锡基轴承合金－钢双金属层滑动轴承材料、合金钢－普通碳钢复合钢板、钢－铜－塑料三层复合无油滑动轴承材料等。

3）颗粒复合材料

这类材料是由一种或多种高硬度、高强度的细小颗粒均匀分布在韧性好的基体材料中所形成的材料。如由 Al_2O_3、MgO、BeO 等氧化物或 TiC、WC、SiC 等碳化物陶瓷颗粒分布在金属（如 Ti、Cr、Ni、Co、Fe 等）中形成的金属陶瓷就属于这一类。

1.7 钢的热处理基本知识

钢的热处理是指将钢在固态下通过加热、保温和冷却的方法，使钢的组织结构发生变化，从而获得所需性能的一种工艺方法。热处理是强化钢材的重要工艺，它在机械制造工业中占有十分重要的地位。例如，现代机床工业中，有60%～70%的零件要进行热处理，汽车、拖拉机工业中，有70%～80%的零件要进行热处理，而滚动轴承和各种工模具几乎是百分之百地要进行热处理。

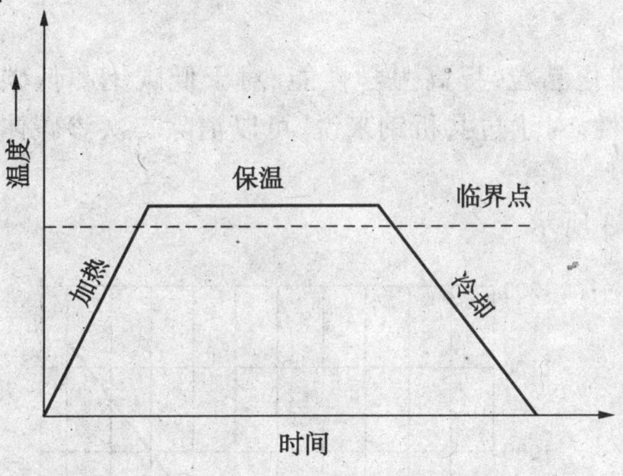

图 1-7-1　热处理工艺曲线示意图

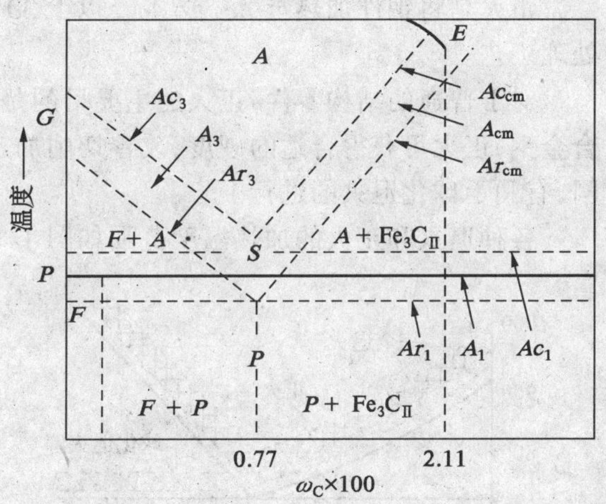

图 1-7-2　加热和冷却时铁碳合金状态图上各临界点的位置

热处理可分为整体热处理和表面热处理两大类。整体热处理包括退火、正火、淬火和回火，表面热处理包括表面淬火、化学热处理和表面复层处理。热处理方法虽然很多，但任何一种热处理工艺都是由加热、保温和冷却三个阶段组成的，其热处理工艺曲线如图 1-7-1 所示。铁碳合金状态图是制定钢的热处理工艺的依据，如图 1-7-2 所示。图中 A_1、A_3 和 A_{cm} 线是碳钢在极其缓慢地加热或冷却时组织转变临界点，Ac_1、Ac_3 和 Ac_{cm} 线是实际加热时组织转变临界点，Ar_1、Ar_3 和 Ar_{cm} 线是实际冷却时组织转变临界点。

1.7.1 钢的整体热处理方法

1）退火

(1) 完全退火　完全退火是钢加热至 Ac_3 以上 30 ~ 50℃，完全奥氏体化保温后，缓慢冷却(随炉或埋入石灰中冷却)，以获得接近平衡组织的热处理工艺。这种工艺主要用于亚共析钢和合金钢的铸、锻件，目的是细化晶粒，消除应力，使钢软化，便于切削加工。

(2) 球化退火　球化退火是使钢中碳化物球状化而进行的退火工艺。它是将过共析钢加热到 Ac_1 以上 20 ~ 40℃ 保温一段时间后，随炉缓慢冷却，最后得到在铁素体基体上分布着细小均匀的球状渗碳体的组织，称为球化体。它的硬度比片状珠光体 + 网状二次渗碳体组织的硬度低。因此球化退火的目的是使渗碳体球化，改善切削加工性，并为淬火做好组织准备。

(3) 去应力退火　这种工艺是把工件加热至低于 $Ac_1$100 ~ 200℃，保温后空冷或炉冷至 200 ~ 300℃，再出炉空冷。它主要用于消除铸件、锻件、焊接件、冷冲压件及机加工件的残余应力。

(4) 再结晶退火　它是把经过冷形变的金属加热至再结晶温度以上，保持适当时间，使形变晶粒重新结晶为均匀的等轴晶粒，以消除形变强化和残余应力的退火工艺。它提高了工件的塑性，以利于进一步变形加工。

2) 正火

正火是将钢件加热至 Ac_3 或 Ac_{cm} 以上 30 ~ 50℃，保温后在静止的空气中均匀冷却的热处理工艺。

对于普通的结构零件，正火的主要目的是细化晶粒，提高力学性能。对于低碳钢和低碳合金钢，正火可获得合适的硬度，改善切削加工性。对于过共析钢来说，可以消除二次渗碳体网，有利于球化退火的进行。

各种退火和正火的加热温度范围如图 1-7-3 所示。

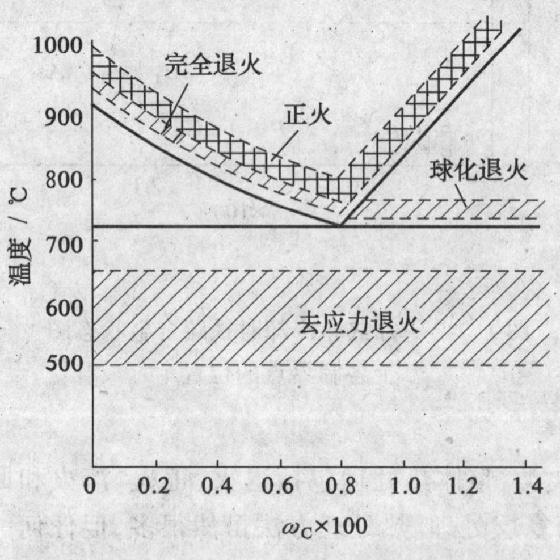

图 1-7-3　各种退火和正火的加热温度范围

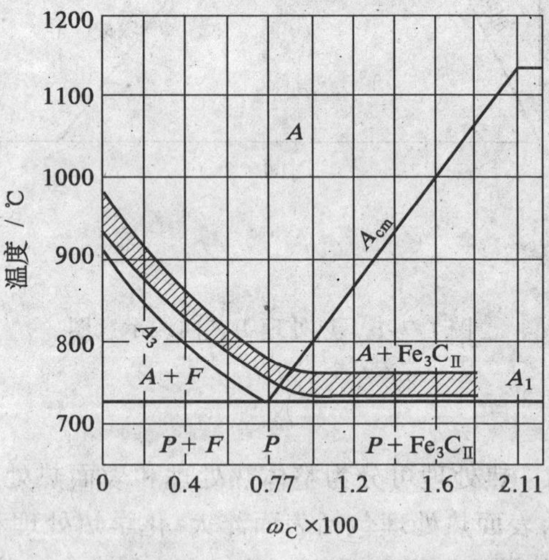

图 1-7-4　碳钢的淬火加热温度范围

3) 淬火

淬火是将钢件加热到 Ac_3 或 Ac_1 以上某一温度(图 1-7-4 所示为碳钢的淬火加热温度范围)，保持一定时间，然后以适当的速度冷却，获得碳在 α-Fe 中过饱和的固溶体即马氏体的热处理工艺。其目的是为了提高钢的硬度和耐磨性。

水和油是最常用的淬火冷却介质。水的冷却能力强，在水中加入少量的 NaCl 或 NaOH 成为盐水或碱水，冷却能力更强，更容易获得马氏体，能提高淬火的效果。但工件淬火后易引起变形、开裂，故只适用于形状简单的碳钢工件的淬火。油的冷却能力远小于水，但油淬引起工件的变形小，不易造成开裂，主要用于合金钢工件的淬火。

为了减少淬火工件的变形、开裂，还可选用双介质淬火。钢件奥氏体化后浸入一种冷却能力强的介质如水中冷却，在工件未形成马氏体前，立即取出放入另一种冷却能力弱的介质如油中冷却并形成马氏体。这种方法产生的内应力小，工件发生变形、开裂的倾向小，主要用于形状复杂的高碳钢工件。

4) 回火

钢件淬火后，再加热至 Ac_1 点以下某一温度，保温一定时间，然后冷却到室温的热处理工艺称为回火。回火的目的是减少或消除淬火的应力，防止工件变形和开裂，稳定工件尺寸，通过对淬火钢进行不同温度的回火，获得所要求的力学性能，以满足不同的使用要求。

根据回火温度的不同，可将回火分为以下三类：

(1) 低温回火　淬火钢件在 250℃ 以下的回火。回火后硬度为 58 ~ 62HRC，其目的是降低淬火钢中的内应力和脆性，而保持钢在淬火后所得到的高硬度和耐磨性。主要用来处理各种工具、模具、滚动轴承以及渗碳件或表面淬火件。

(2) 中温回火　淬火钢件在 250 ~ 500℃ 之间的回火。回火后硬度为 35 ~ 45HRC，其目的是获得高的弹性极限、屈服点和一定的韧性。主要用于各种弹簧。

(3) 高温回火　淬火钢件在高于 500℃ 的回火。回火后硬度为 25 ~ 35HRC，通常在生产上把淬火 + 高温回火的复合热处理工艺称为调质处理，其目的是获得良好的综合力学性能，即在保持较高强度的同时，具有较好的塑性和韧性。调质处理广泛用于重要的结构零件，如机床主轴、齿轮、连杆等。

1.7.2　钢的表面热处理方法

1) 表面淬火

(1) 感应加热表面淬火　将工件放在空心铜管绕成的感应线圈中，线圈通入一定频率的交流电，使工件表层产生感应电流，在极短的时间内加热到淬火温度后，立即快速冷却(如喷水冷却)，使工件表面形成淬硬层，随后再进行低温回火。根据电流频率不同，感应加热表面淬火可分为如下三种，高频淬火(100 ~ 1000kHz)、中频淬火(1 ~ 10kHz) 和工频淬火(50Hz)。频率越高，淬硬层深度越小。高频表面淬火的淬硬层深度为 0.5 ~ 2mm，适用于中、小模数齿轮及中、小尺寸的轴类零件。

这种表面淬火方法，淬火质量高，淬硬层深度易于控制，容易实现机械化和自动化操作，生产率高，适用于大批量生产，是目前应用最广泛的表面淬火方法。

(2) 火焰加热表面淬火　它是用乙炔 - 氧火焰(最高温度 3200℃) 或煤气 - 氧火焰(最高温度 2000℃) 对工件表面进行快速加热，并随即喷水冷却。其淬硬层深度为 2 ~ 6mm，适于单件或小批量生产以及大型零件的表面淬火。这种方法简便，无需特殊设备，但淬火质量不稳定。

2) 化学热处理

化学热处理是将工件置于特定的介质中加热和保温，使一种或几种元素的原子渗入工件表面，以改变表层的化学成分和组织，从而获得所需性能的热处理工艺。化学热处理方法的种类很多，常用的有渗碳、渗氮、渗铝、渗铬、渗硼等。

(1) 渗碳　为了增加钢件表层的含碳量和获得一定的碳浓度梯度，将钢件在渗碳介质中加热并保温使碳原子渗入表层的化学热处理工艺。渗碳层深度为0.5 ~ 2.0mm，渗碳层的含碳量最好在0.85% ~ 1.05%。渗碳后还需进行淬火和低温回火。渗碳用钢常采用含碳量为0.15% ~ 0.25%的低碳钢及低碳合金钢，如20、20Cr、20CrMnTi等。工件经渗碳淬火、回火后，表层获得高硬度(58 ~ 64HRC)和耐磨性，心部具有较高的塑性和韧性。

(2) 渗氮(氮化)　渗氮是在一定的温度下(一般在 Ac_1 温度下)使活性氮原子渗入工件表面的化学热处理工艺。目前广泛应用的是气体渗氮或称气体氮化。氮化层深度一般不超过0.6 ~ 0.7mm，氮化处理时工件的变形极小。渗氮的目的是提高表面硬度、耐磨性和疲劳强度。氮化层还具有较高的耐蚀性。

最典型的氮化用钢是38CrMoAl，氮化后不需淬火。渗氮广泛用于精密齿轮、磨床主轴等重要精密零件。

(3) 渗铝　它是指向工件表面渗入铝原子的过程。渗铝件具有良好的高温抗氧化能力，主要适用于石油、化工、冶金等方面的管道和容器。

(4) 渗铬　渗铬是向工件表面渗入铬原子的过程。渗铬零件具有耐蚀、抗氧化、耐磨和较好的抗疲劳性能，兼有渗碳、渗氮和渗铝的优点。

(5) 渗硼　渗硼是向工件表面渗入硼原子的过程。渗硼零件具有高硬度、高耐磨性和好的热硬性(可达800℃)，并在盐酸、硫酸和碱内具有抗蚀性。

渗硼应用在泥浆泵衬套、挤压螺杆、冷冲模及排污阀等方面，能显著提高使用寿命。

3) 表面复层处理

(1) 镀层处理

① 电镀　利用外加直流电作用，从电解液中析出金属，并在工件表面沉积而获得与工件牢固结合的金属覆盖层的方法称为电镀。

电镀层除了保护性、装饰性的作用外，还具有许多特殊的性能，如在内燃机的汽缸套、活塞环上镀铬可以获得很高的耐磨性；镀铜层可提高其材料的导电性；在航空、航海及无线电器材上镀锡，可提高材料的焊接性；镀银层主要用在仪器制造工业及无线电工业中，以提高导线的导电性能、避免接触点的氧化和减少接触电阻；镀镉层在海洋性的空气或与海水接触的条件下有很好的耐蚀性等。

② 化学镀　含有镀层金属离子的溶液在还原剂的作用下，在有催化作用的工件表面形成镀层的方法，称为化学镀。化学镀不用外电源，比较方便。

Ni、Co、Pd、Pt、Cu、Au和某些合金镀层如Ni-P、Ni-Mo-P等都可用化学镀获得。化学镀工艺在电子工业中占有重要地位。例如化学镀镍层在印刷电路板、接插件、高能微波器件和电容器上都获得了应用。

③ 真空镀　真空镀的主要方法有如下三种，即

蒸发镀　把金属在真空条件下加热、蒸发，蒸发出来的气体金属原子在工件上沉积成膜的方法。

溅射镀　在真空条件下导入氩气，使其发生放电(辉光放电)产生氩离子(Ar^{++})，带正电的 Ar^{++} 在强电场的作用下轰击阴极，而使其表面原子被溅射出来并沉积在工件表面形成

膜层的方法。

离子镀　离子镀是蒸发镀和溅射镀的综合。在真空条件下被加热、蒸发出来的气体金属原子在经过氩气辉光放电区的时候，一小部分发生电离，并经加速后打到工件表面上，其余没有电离的蒸发的金属原子直接在工件上沉积成膜。

(2) 化学膜层保护

① 钢铁的氧化和磷化　钢铁的氧化是将钢材或钢件在空气－水蒸气或化学物如含苛性钠、硝酸钠或亚硝酸钠的溶液中加热到适当温度，使其表面形成一层蓝色或黑色氧化膜，以改善钢的耐蚀性和外观，这种工艺简称发蓝或发黑。它广泛用于弹簧、精密仪器和光学仪器及电子设备的零件、各种兵器的防护装饰方面。钢铁的磷化是将钢铁零件放入磷酸盐溶液中，使金属表面获得一层不溶于水的磷酸盐薄膜的工艺。膜呈灰色或暗灰色，耐蚀能力比发蓝强得多。

② 铜及铜合金的氧化　它是用化学氧化或电化学氧化方法，使铜或铜合金零件表面生成一层黑色、蓝黑色等颜色的氧化膜。例如把铜或铜合金零件放入过硫酸钾($K_2S_2O_8$)溶液中，这种强氧化剂在溶液中分解为 H_2SO_4 和极活泼的氧原子，使零件表面氧化，生成黑色氧化铜保护膜。这种方法广泛应用于电器、仪表、电子工业和日用五金等零件的表面防护处理。

③ 铝及铝合金的阳极氧化处理　在电解液中，以铝或铝合金工件为阳极，经电解在其表面形成与基体结合牢固的氧化膜层的过程称为阳极氧化。经阳极氧化处理获得的氧化膜硬度高、耐磨，有较高的耐蚀性。氧化膜还具有光洁、光亮、透明度较高，经染色，可得到各种色彩鲜艳夺目的表面，因此广泛应用于航空、电气、电子、机械制造和轻工业部门。

(3) 非金属复层

非金属复层又称涂装，是利用喷射、涂饰等方法，将有机涂料涂覆于工件表面并形成与基体牢固结合的涂覆层的过程。如氨基树脂涂料广泛用于自行车、缝纫机、洗衣机和电冰箱外壳作为装饰和保护涂层，聚酯树脂涂料用于轿车、货车的表面涂装。

常用的涂装方法有如下几种：

刷涂法　这是最简单的操作方法，几乎所有的涂料都可以使用，但生产效率低、劳动强度大、装饰性能差。

浸涂法　即将被涂物件全部浸入涂料槽中，适用于小型的五金零件、钢管以及结构比较复杂的器材或电气绝缘材料等。

淋涂法　工件在输送带上移动，送入涂料的喷淋区，利用循环泵将涂料喷淋到工件表面上。这种方法工效高，涂料损失少，便于流水生产。

压缩空气喷涂　在压缩空气作用下，涂料从喷枪喷出、雾化并涂覆工件。该法使用方便，各种形状的大小工件均可使用，但涂料利用率较低。

静电喷涂　用静电喷枪使涂料雾化并带负电荷，与接地的工件间形成高压静电场，静电引力使涂料均匀沉积在工件表面。这种方法涂层附着力好，表面质量好，易于实现自动化。

电泳涂装　利用外加电场使水溶性涂料中的树脂和颜料等移向作为电极的工件并沉积在工件表面上。该法得到的涂层均匀，附着力强，涂料利用率高，便于涂装自动化，成本低。

流化床涂覆　粉末涂料在压缩空气作用下悬浮于容器中，并上下翻动呈流态状。将预热的工件浸入这些沸腾的粉末中，表面便形成一定厚度的涂层。这种方法得到的涂层厚度大，涂覆速度快，但由于“床”的大小有限，所以只能涂装小工件。

1.8　金属材料选材的基本原则

为了用最低的成本获得高质量的零件，在选材方面应考虑以下三条基本原则。

1) 材料的使用性能

使用性能是保证零件完成规定功能的必要条件。在大多数情况下，它是选材首先要考虑的问题。使用性能主要包括力学性能、物理性能和化学性能。对于机器零件和工程构件，最重要的是力学性能。

从零件的工作条件找出对材料力学性能的要求，这是选材的基本出发点。零件的工作条件包括载荷类型、载荷性质、工作温度、环境介质等几个方面。载荷类型有静载荷、交变载荷、冲击载荷；载荷性质有拉伸、压缩、弯曲、扭转、剪切；工作温度有低温、室温、高温、交变温度；环境介质有润滑剂、海水、酸、碱、盐等。为了更准确地了解零件的力学性能，还必须对零件进行失效分析。失效是指零件丧失其规定功能的现象。其主要失效形式有变形、断裂和表面损伤三种类型，如表 1-8-1 所示。通过失效分析可找出对零件失效起主导作用的主要力学性能指标。当材料预选后，还应当通过实验室试验、台架试验、装机试验，进一步验证材料力学性能选择的可靠性。

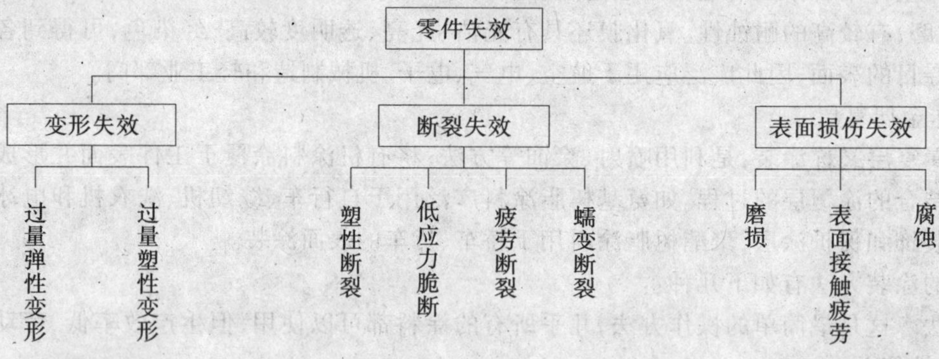

图 1-8-1　零件失效方式的分类

2) 材料的工艺性能

任何零件都是由所选材料通过一定的加工工艺制造出来的，因此材料工艺性能的好坏将直接影响到零件的质量、生产效率和成本。特别是大批大量生产时，有时工艺性能可能成为选材的决定因素。例如电子工业上使用的标准件，因生产批量大，要在自动机床上加工，因此钢材的切削加工性就成为影响自动机床实现自动化程度高低的决定因素，所以要选择易切削钢来制造这些标准件。金属材料的工艺性能包括铸造性能、锻压性能、焊接性能、冲击性能、切削加工性能、热处理工艺性能等。

3) 材料的经济性

在满足力学性能的前提下，经济性也是选材必须考虑的重要因素。选材的经济性是指要尽量降低生产零件的总成本。零件的总成本包括材料费、加工费、管理费、更换零件和停机损失费及维修费等。金属材料中铸铁和碳钢的价格最便宜，其次是低合金钢，而铝合金和铜合金价格较贵，高合金钢、钛合金及硬质合金更贵。但也不能单纯以材料价格的高低来取舍，有时选用的材料虽价格较贵，但由于零件自重减轻，用材总量减少，寿命延长，维修费减少，反而是经济的。另外，我国 Ni、Cr、Co 资源缺少，应尽量选用不含或少含这类元素的钢或合金。所选材料的种类应尽量少而集中，这样便于采购和管理。

复习思考题

1. 说明下列力学性能指标的名称、单位及其含义：σ_e、σ_b、σ_s、$\sigma_{0.2}$、σ_{-1}、δ、ψ、a_k、HBS、HRC。
2. 什么叫晶体？常见的金属晶格类型有哪些？简述其晶格特征与性能特点。
3. 简述金属的结晶过程，并说明冷却速度与过冷度的关系。
4. 解释下列名词：

   合金、组元、相、固溶体、金属化合物、机械混合物。
5. 何谓铁的同素异构转变特性？有何重要意义？
6. 铁素体、奥氏体、渗碳体、珠光体、莱氏体的结构、性能各有何特点？
7. 简述简化的 $Fe-Fe_3C$ 状态图中的两个基本反应：共晶反应和共析反应的条件、特点及其不同点。
8. 默画出简化的 $Fe-Fe_3C$ 状态图，指出图中 *S*、*C*、*E* 及 *ECF*、*PSK* 各点、线的意义，并标出各相区的相。
9. 回答下列问题并说明原因：

   (1) 含碳量为 0.5% 与 1.0% 的碳钢，哪个硬度高？

   (2) 含碳量为 0.77% 与 1.2% 的碳钢，哪个强度高？

   (3) 珠光体与莱氏体相比，哪个塑性好？

   (4) 为什么锯断 T10 钢比锯断 10 钢要费力？
10. 碳钢与白口铸铁在成分、组织和性能上有何主要差别？
11. 灰铸铁、可锻铸铁和球墨铸铁三者的组织和性能有何主要区别？
12. 从钢的分类、化学成分、性能、用途等方面区别以下钢号：

    Q235-A·F、45、T10、ZG200-400、Q345、20CrMnTi、40Cr、65Mn、GCr15、9SiCr、W18Cr4V、Cr12、5CrMnMo、2Cr13、1Cr18Ni9、4Cr9Si2。
13. 说明下列各牌号铜合金的意义、性能特点和用途：

    HPb59-1、ZCuSn10Pb5、BMn3-12。
14. 说明下列各牌号形变铝合金的意义、性能特点和用途：

    LF21、LY12、LC4、LD5。
15. 说明下列牌号硬质合金的定义、化学成分和用途：

    YG3、YG6、YT5、YT15。
16. 常用的功能材料有哪几种？分别说明它们的性能特点和实际应用。
17. 简述塑料的组成、种类、性能特点及应用。
18. 塑料常用的成形方法有哪几种？各有什么特点？
19. 简述几种常用的通用合成橡胶的性能特点及用途。
20. 简述陶瓷材料的种类、性能特点及应用。
21. 何谓复合材料？有哪些类型？
22. 一批 45 钢试样（尺寸 $\phi 15mm \times 10mm$），因其组织、晶粒大小不均匀，需采用退火处理。拟采用以下几种退火工艺：

    (1) 缓慢加热至 700℃，保温足够时间，随炉冷至室温；

    (2) 缓慢加热至 840℃，保温足够时间，随炉冷至室温；

(3) 缓慢加热至 1100℃,保温足够时间,随炉冷至室温。

问上述三种工艺各得到何种组织?若要得到大小均匀的细小晶粒,选何种工艺最合适?

23. 说明下列毛坯改善切削加工性能的热处理工艺及热处理后的组织。

20 钢齿轮　45 钢小轴　60 钢弹性垫圈　T12 钢锉刀

24. 指出下列工件的淬火及回火温度,并说明回火后工件的大致硬度。

(1)45 钢小轴(要求良好的综合力学性能);

(2)60 钢弹簧;

(3)T12 钢锉刀。

25. 常用的涂装方法有哪几种?分别说明它们各自的特点和实际应用。

26. 简述机械零件选材的基本原则。

2 铸造

实 习 部 分

铸造是将液态金属浇入铸型,凝固后获得一定形状和性能的铸件的成形方法。它是毛坯成形的主要方法之一,在机械制造中占有很重要的地位。

铸造的适应性广,几乎不受零件的形状、尺寸大小和生产批量的限制。铸件的重量可由几克到几百吨,壁厚可由几毫米到几米。如箱体、机床床身、支架和机座等。

铸件具有良好的减震性能、耐磨性能和切削性能。

铸件所用原材料来源广,价格低廉,而且不需要昂贵的设备,因而铸件的生产成本较低。

铸件的形状和尺寸接近零件,加工余量小,可节省金属材料和加工工时。

常用金属材料如钢、铸铁、铝合金都可进行铸造。

但铸造工序多、铸件质量不够稳定,废品率较高,力学性能较差,且铸造生产劳动强度大,工作环境差。

铸造方法主要分为砂型铸造和特种铸造。目前,砂型铸造应用最广。

2.1 铸造方法

2.1.1 砂型铸造

用型砂制成的铸型称为砂型,其结构如图2-1-1所示。砂型在取出铸件后便损坏,所以砂型铸造也称一次型铸造,图2-1-2是铸件的砂型铸造过程。

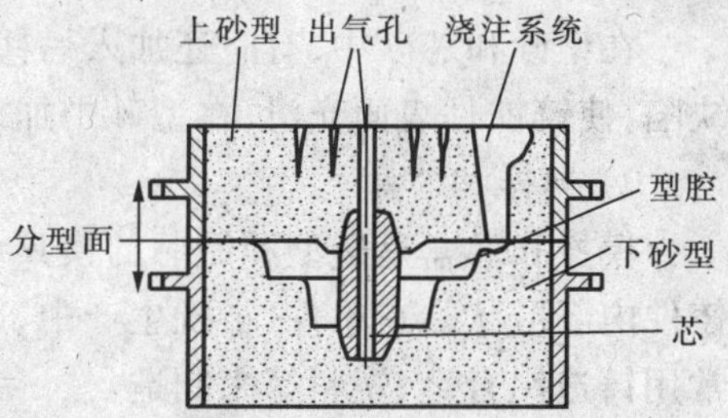

2-1-1 砂型结构

1) 型砂和芯砂

型砂和芯砂的性能对铸件质量有很大影响。如铸件上的砂眼、气孔、裂纹等缺陷,往往是由于型砂或芯砂的性能不良所引起。每生产1吨合格铸件,约需4~5吨型砂和芯砂。因此,合理选用型砂和芯砂,对提高铸件质量和降低铸件成本具有重要意义。

(1)型砂和芯砂应具备的性能

① 强度　型砂和芯砂抵抗外力破坏的能力,称为型砂强度。为了使砂型在搬运、合型和浇注时不致损坏,型砂应具有足够的强度。

② 透气性　紧实砂样的孔隙度称为透气性。在浇注时,砂型中会产生大量气体,液体金属中也会析出气体,这些气体若不能从砂型中排出,在铸件里就会形成气孔。

③ 耐火性　型砂或芯砂抵抗高温热作用的能力称为耐火性。若耐火性差,铸件表面将

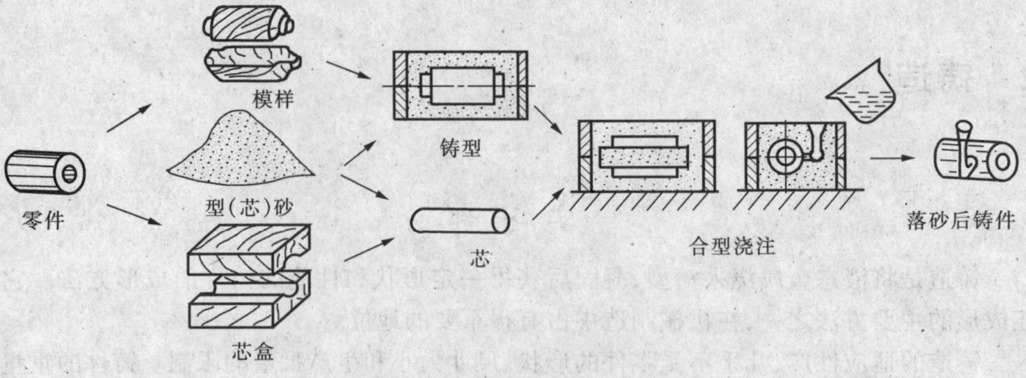

图 2-1-2　铸件的砂型铸造过程

产生粘砂,使切削加工困难,甚至造成废品。

④ 退让性　铸件在收缩时,型砂和芯砂可以被压缩的能力,称为退让性。若退让性差,铸件就可能产生裂纹。

由于芯子大部分被金属液包围,故对芯砂的性能要求比型砂高。

(2)型砂和芯砂的组成

型砂和芯砂主要由砂和粘接剂组成。

砂的主要成分是石英(SiO_2),并含有少量杂质。高质量的铸造用砂要求石英含量高,杂质少,砂粒均匀且呈圆形。

常用的粘接剂有普通粘土和膨润土两种。膨润土比普通粘土具有更强的粘接力。为了使普通粘土和膨润土发挥粘接作用,需加入适量的水。对于要求较高的芯砂,可采用特殊粘接剂,如桐油、合脂或树脂等。

在型砂和芯砂中,有时还加入一些附加物。例如,在型砂中加入少量煤粉,能防止粘砂缺陷,使铸铁件表面光滑;在型砂中加入木屑,可提高退让性。

2) 模样和芯盒

模样和芯盒是造型和制芯的模具。模样用来形成铸件外部形状;芯盒用来造芯,以形成铸件内部形状。在单件、小批生产中,广泛用木材来制造模样和芯盒;在大批、大量生产中,常用铸造铝合金、塑料等来制造。

铸造生产中用模样制造型腔,浇入液态金属,待其冷却后获得铸件。铸件经过切削加工即变成了零件。图 2-1-3 表示滑动轴承座零件、模样、铸件和芯盒图,图中可看出它们间存在着必然的联系和差别。

在尺寸上,零件尺寸 + 加工余量(孔的加工余量为负值) = 铸件尺寸。铸件尺寸 + 收缩量 = 模样尺寸。

在形状上,铸件和零件的差别在于有无起模斜度、铸造圆角,还有零件上尺寸较小的孔,在铸件上不铸出等。铸件和零件的差别因铸件结构、造型方法的不同而呈现多样化。铸件是个整体,模样则可能是由几个部分(包括活块等)组成。铸件上有孔的部位模样则可能是实心的,甚至还多出芯头的部分。简单的铸件也可能与模样在形状上相似。

3) 造型方法

造型是砂型铸造的基本工序,其过程有填砂、紧砂、起模、合型四个基本工序。造型分为

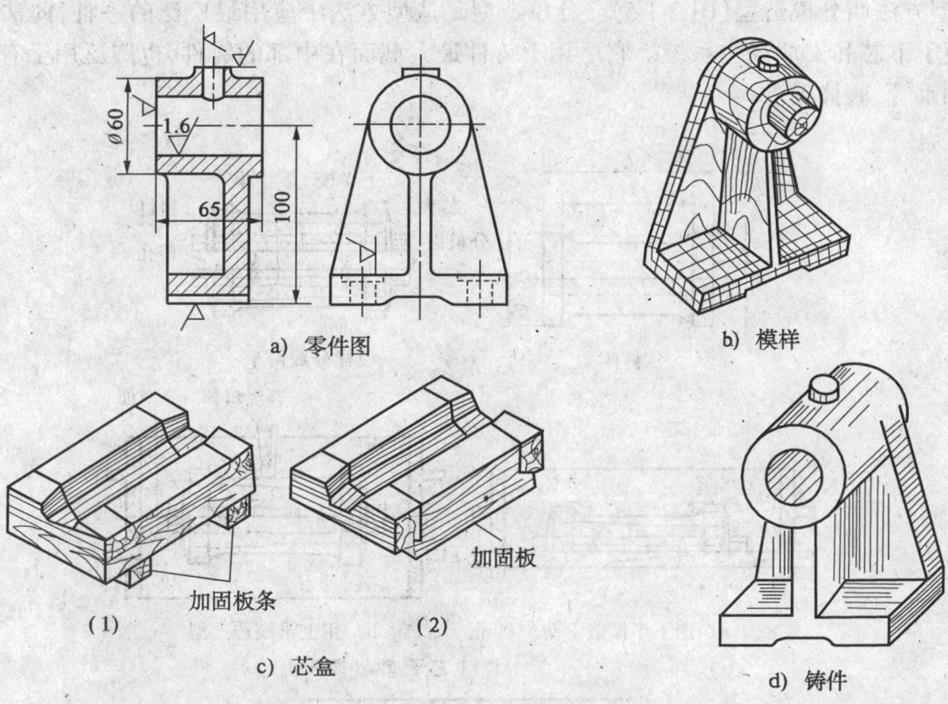

图 2-1-3　滑动轴承座零件、模样、铸件和芯盒的关系

手工造型和机器造型两种。在单件、小批量生产中，常采用手工造型；在大批量生产中，则采用机器造型。

(1) 手工造型

手工造型是全部用手工或手动工具完成的造型工序。它具有操作灵活、适应性强、生产准备时间短等优点，但生产率低、劳动强度大。

常用的手工造型方法有：

① 整模造型　采用整体模样来进行造型的方法称整模造型(图 2-1-4)。其特点是操作方便，不会出现上、下砂型错位而产生的错型缺陷，铸件的尺寸和形状容易保证。

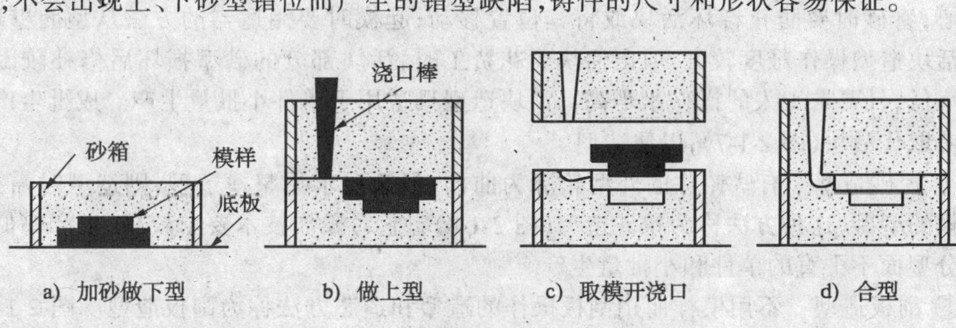

图 2-1-4　整模造型

② 分模造型　模样沿最大截面处分为两半，并用销钉定位，而型腔位于上、下型内，这

种造型方法叫分模造型(图 2-1-5)。分模造型是造型方法中应用最广泛的一种,此法造型简单,便于下芯和安放浇注系统。它适用于铸件最大截面在中部的铸件,也广泛用于有孔的铸件,如水管、阀体等。

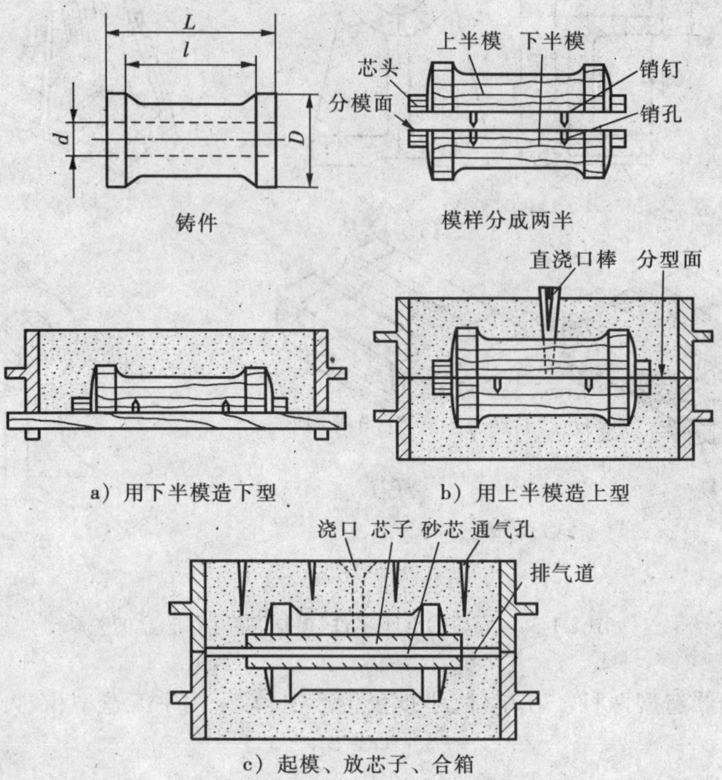

图 2-1-5 分模造型

③ 活块造型 活块造型是将整体模或芯盒侧面的伸出部分做成活块,起模或脱芯后,再将活块取出的造型方法(图 2-1-6)。活块用销子或燕尾榫与模样主体连接。造型时应特别细心;舂砂时要防止舂坏活块或将其位置移动;起模时要用适当的方法从型腔壁取出活块。活块造型操作难度较大,取出活块要花费工时,活块部分的砂型损坏后修补较困难,故生产率低,且要求工人的操作水平高。活块造型只适用于单件小批量生产。成批生产时,可用外芯取代活块(图 2-1-7),以便造型。

④ 挖砂造型 有些铸件的外型轮廓为曲面,但又要求用整模造型,则造型时需挖出阻碍起模的型砂,这种方法称为挖砂造型(图 2-1-8)。它对操作技术要求较高,生产率低,只适用于分型面不平直的单件和小批量生产。

⑤ 刮板造型 不用模样而用刮板操作的造型和造芯方法称为刮板造型。图 2-1-9 是绕垂直轴旋转的刮板造型。采用刮板造型,模样成本低,生产准备时间短,但造型的生产效率低,对工人的操作技能要求较高,所以只用于尺寸较大的旋转体或等截面铸件的单件、小批生产,如飞轮、皮带轮等。

(2)机器造型

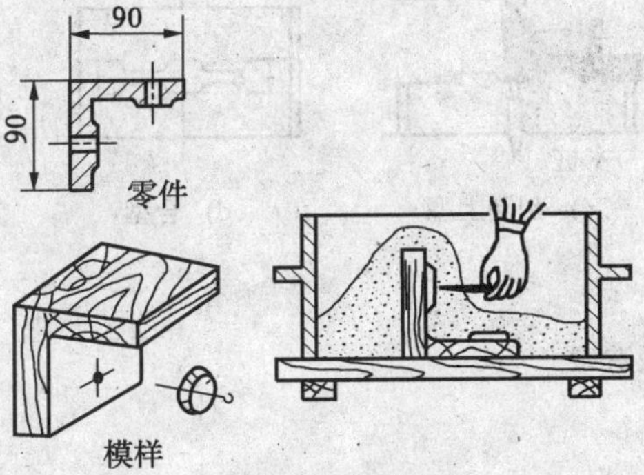

图 2-1-6　活块造型

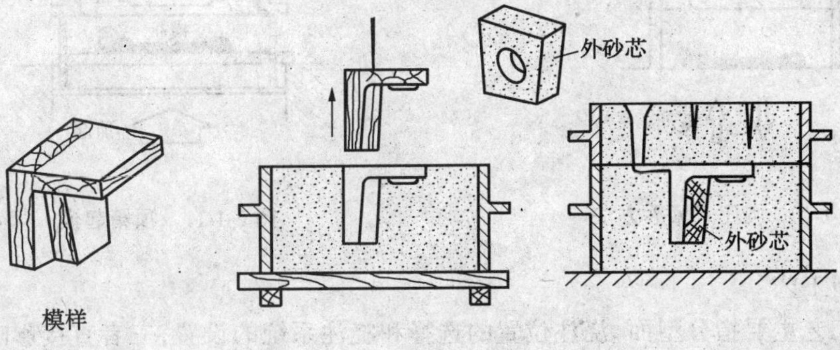

图 2-1-7　用外砂芯造型取代活块造型

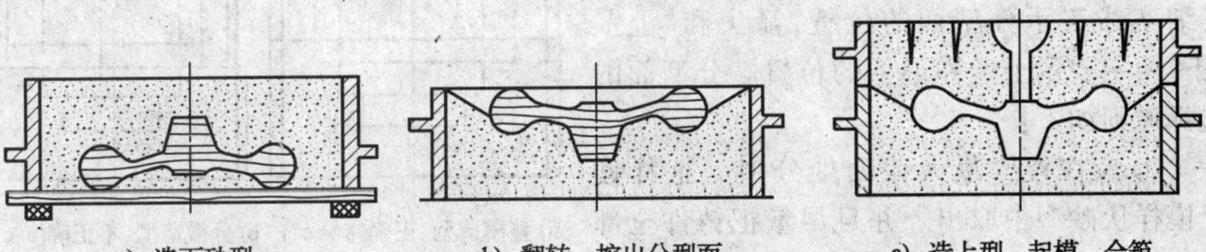

图 2-1-8　挖砂造型

机器造型是用机器全部地完成或至少完成紧砂操作的工序，它是现代化铸造车间的基本造型方法。其特点是生产率高，铸件的尺寸精度和表面质量较好，对工人的操作技术要求不高，改善了劳动条件。在成批大量生产时，常采用机器造型。

① 紧砂方法　常用的紧砂方法有：震实、压实、震压、抛砂、射压等几种形式，其中以震

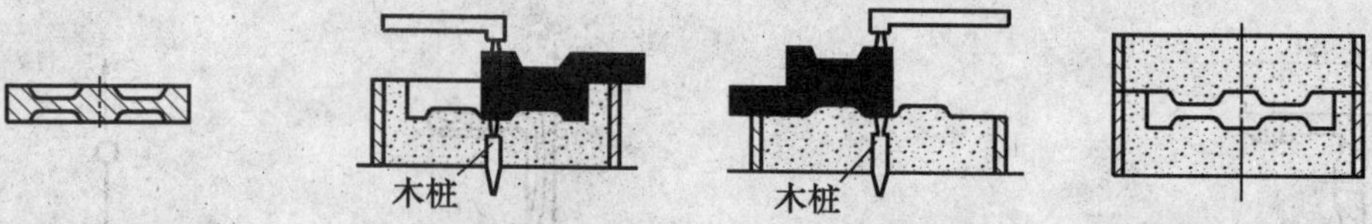

a) 飞轮铸件　b) 刮制下型　c) 刮制上型　d) 合型

图 2-1-9　刮板造型

压式应用最广。图 2-1-10 为震压式紧砂法。

② 起模方法　常用的起模方式有：顶箱、漏模、翻转等几种，图 2-1-11 为顶箱起模方法。

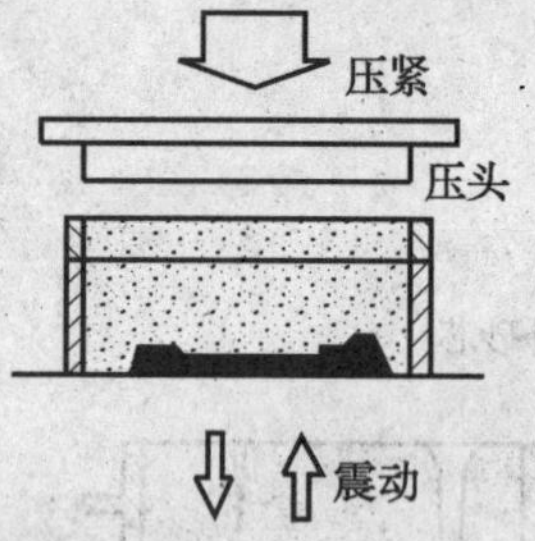

图 2-1-10　震压式紧砂方法

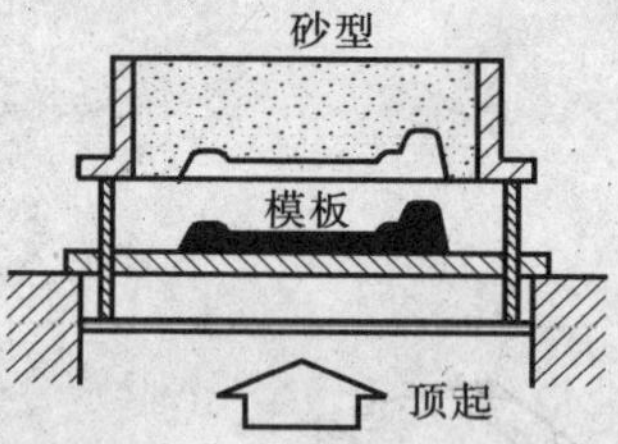

图 2-1-11　顶箱起模

4)造型工艺

造型工艺主要指分型面、浇注位置的选择和浇注系统的设置，三者直接影响铸件的质量及生产率。

(1) 分型面、浇注位置的选择

分型面是铸型组元间的结合面，也就是上、下砂型的接触表面。它的表示方法是：水平细实线表示分型面的位置，箭头和“上”、“下”两字表示上型和下型的位置。分型面的选择原则如下：

① 应在模样最大截面处分型　这样便于模样从砂型中取出。并且尽量把铸件全部放在一个砂箱中，以减少铸件产生错型，这样易于保证铸件的精度，也便于起模和合型。图 2-1-12 所示为圆盘铸件分型方案。

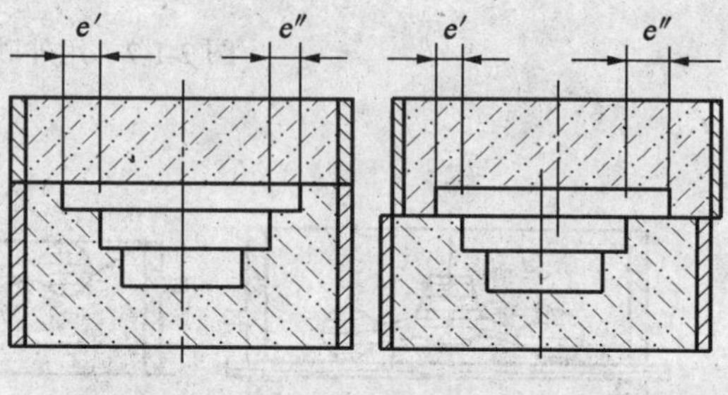

a) 整模造型 正确($e'=e''$)　b) 分模造型 不正确($e'<e''$)

图 2-1-12　圆盘铸件分型方案

② 应使铸型有最少的分型面　因为多一个分型面，铸型就多增加一些误差，使铸件的精度降低。图 2-1-13 为一绳轮铸件，在大批量生产时，为能采用机器造型，则采用环状外芯，便于两箱造型。

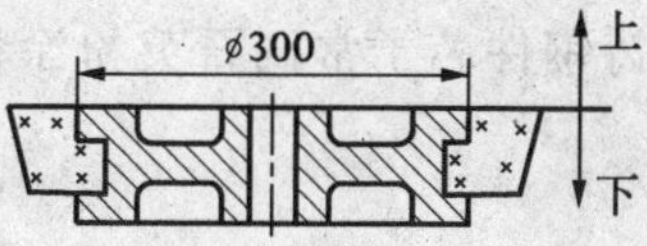

图 2-1-13　绳轮的分型面

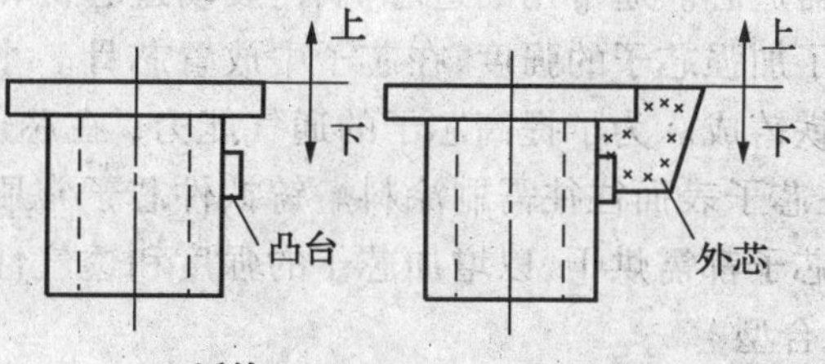

a) 活块　　b) 砂芯

图 2-1-14　采用活块或外芯的两种方案

③ 尽量避免活块　在成批或机器造型时，可采用芯子代替活块，以提高效率(图 2-1-14)。

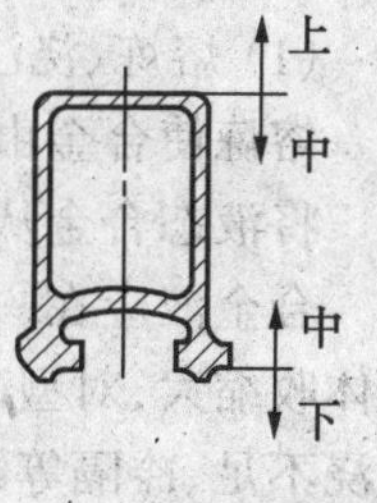

图 2-1-15　车床床身合理浇注位置

④ 铸件中重要的机械加工面应朝下或垂直于分型面　因为浇注时，液态合金中渣子等杂物及气体等总是上浮的，铸件上部的质量较差，如图 2-2-15 所示的车床床身(横截面)，导轨面是其重要加工面，因此，通常将导轨面朝下。

(2) 浇注系统的设置

为把液态合金注入型腔和冒口而开设于铸型中的一系列通道，称为浇注系统。通常由浇口杯、直浇道、横浇道和内浇道组成(图 2-1-16)。

图 2-1-16　浇注系统

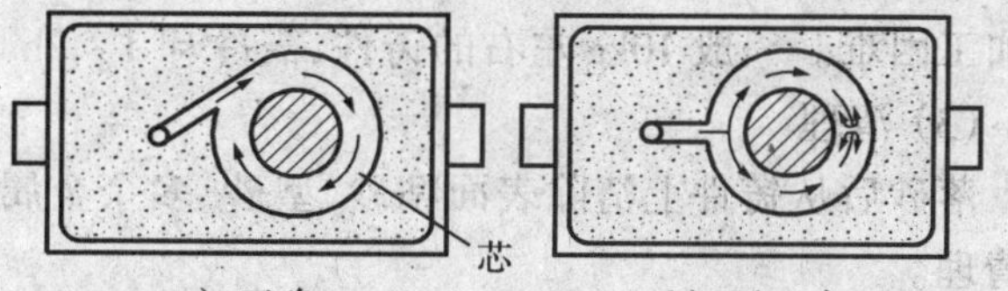

a) 正确　　b) 不正确

图 2-1-17　内浇道位置

浇口杯又称外浇口。其作用是承接浇注时的液态合金，减少对铸型的直接冲击，同时能使熔渣浮于表面。

直浇道是浇注系统中的垂直通道，一般呈圆锥形，上大下小。直浇道的作用是利用本身的高度产生一定的静压力，以改善充型能力。

横浇道一般为梯形截面的水平通道。其作用是阻挡熔渣流入型腔，并分配液态合金流入内浇道。

内浇道与型腔直接相连，截面多为扁梯形、矩形等。内浇道的作用主要是引导液态合金平稳进入型腔。为了防止液态合金冲毁芯子，对旋转体铸型及垂直安放的细长芯子，液态合金最好能沿切线方向进入型腔(图 2-1-17)。

5) 造芯

造芯即制造芯子的过程。在单件、小批生产中，多采用手工造芯；在大量生产中，广泛采用机器造芯。通常用的造芯机有:震动造芯机和射芯机等。

为了加强芯子的强度,在芯子中放置芯骨。小芯子的芯骨用钢丝制成,大、中芯子的芯骨用铸铁铸成。为了提高芯子的通气能力,在芯子中应开排气道。为了避免铸件产生粘砂缺陷,在芯子表面往往需刷涂料。铸铁件芯子常刷石墨涂料,铸钢件芯子常刷石英粉涂料。重要的芯子都需烘干,以增加芯子的强度和透气性。

6) 合型

将铸型的各个组元如上型、下型、芯子等组合成一个完整铸型的操作过程,称为合型。合型要保证铸型型腔几何形状及尺寸的准确和芯子的稳固。合型后,应将上、下型紧扣或放上压铁,以防浇注时上型被合金液抬起。

7) 熔炼、浇注、落砂和清理

(1) 熔炼、浇注

熔炼使合金由固态转变为液态并达到一定的温度和化学成分。

将液态合金从浇包注入铸型的操作,称为浇注。

合金液应在一定的温度范围内按规定的速度注入铸型。浇注温度过高,合金液吸气多,液体收缩大,对型砂的热作用也强烈,容易产生气孔、缩孔、粘砂等缺陷;浇注温度过低,会产生浇不足、冷隔等缺陷。

在浇注过程中,不允许断流注入。

(2) 落砂

用手工或机械使铸件和型砂、砂箱分开的操作,称为落砂。

浇注后,过早的落砂,会使铸件产生应力、变形,甚至开裂,铸铁件还会形成白口而使切削加工困难。一般 10kg 左右的铸件,需冷却 1 ~ 2h 才能开型。铸件越大,冷却时间越长。

(3) 清理

落砂后从铸件上清除表面粘砂、型砂、多余金属(包括浇冒口、飞翅和氧化皮)等过程,称为清理。

灰铸铁件的浇冒口,可用铁锤打掉;铸钢件的浇冒口,可用气割割除;有色合金铸件的浇冒口,可用锯子去除。

粘砂可用清理滚筒、喷砂器、抛丸清理机等设备清理。

2.1.2 特种铸造

特种铸造是指与砂型铸造不同的其它铸造方法,如金属型铸造、压力铸造、离心铸造、熔模铸造等。特种铸造在提高铸件精度、降低铸件表面粗糙度、提高劳动生产率、改善劳动条件和降低铸件成本等方面,均有其优势。近些年来,特种铸造在我国发展特别迅速,方法也日益增多,它在铸造生产中占有一定的地位。

1) 金属型铸造

把液态合金浇入金属铸型以获得铸件的工艺过程,称为金属型铸造。由于金属型可以重复使用多次,所以又称为永久型铸造(图 2-1-18)。

金属型常用铸铁或铸钢制造。它没有透气性,由于热导率高而对铸件有激冷作用。因此,应在金属型上开设排气槽,浇注前应将金属型预热,并上涂料保护。

金属型铸造的生产率高,所得铸件的尺寸精度和表面质量也较好,精度为 IT14 ~ IT12,表面粗糙度 $Ra12.5 \sim 6.3\mu m$,结晶组织细密,提高了铸件的力学性能。但金属型的制造成本高，加工周期长，铸件形状愈复杂，则金属型的结构设计和制造也愈困难。

目前，金属型铸造主要用于大批生产有色合金铸件，如飞机、汽车、拖拉机、内燃机、摩托车的铝活塞、泵体及铜合金轴瓦、轴套等。

2）压力铸造

压力铸造是将液态合金在高压下高速填充金属型型腔，并在一定压力下凝固的铸造方法。图 2-1-19 为压力铸造原理图。

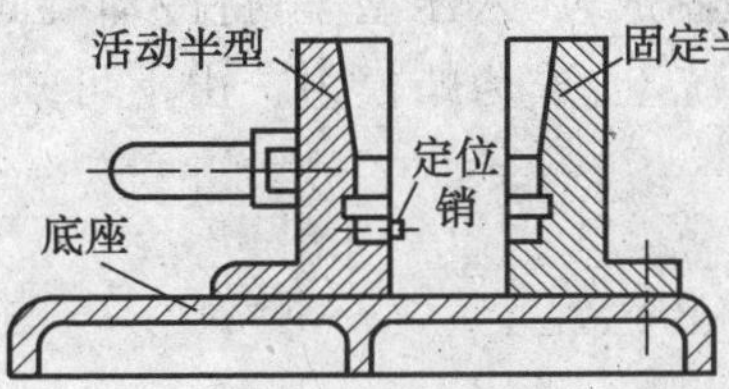

图 2-1-18　金属型铸造

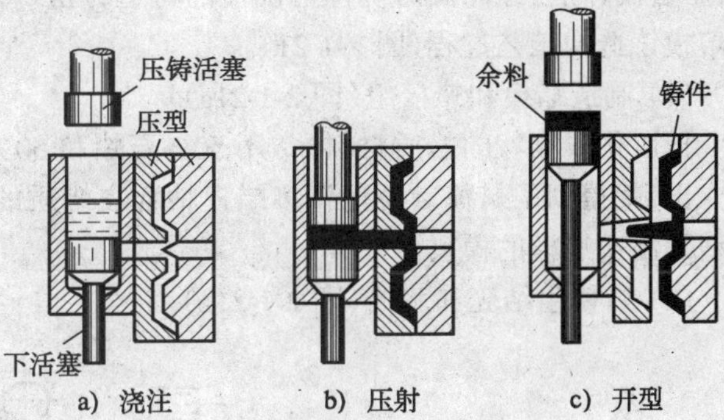

图 2-1-19　压力铸造

压铸件是在高速高压下形成，故可铸出形状复杂的薄壁铸件，也能直接铸出各种小螺纹和齿轮。压铸件的精度和表面质量比金属型铸件更高，精度可达 IT13～IT11，表面粗糙度 Ra3.2～0.8μm。铸件组织更细密，使压铸件强度比砂型铸造件提高 20%～40%。压铸件通常不需要进行切削加工，直接便可装配使用。压铸易于实现自动化，生产率很高，可达 50～500 次/h。

由于压铸机设备投资大，压型制造费用昂贵，因此压力铸造适用于大批量生产薄壁复杂的有色合金小铸件，广泛用于航空、汽车、电器及仪表工业部门。

3）离心铸造

离心铸造是将液态合金浇入旋转着的铸型中，并在离心力的作用下凝固成形的铸造方法。

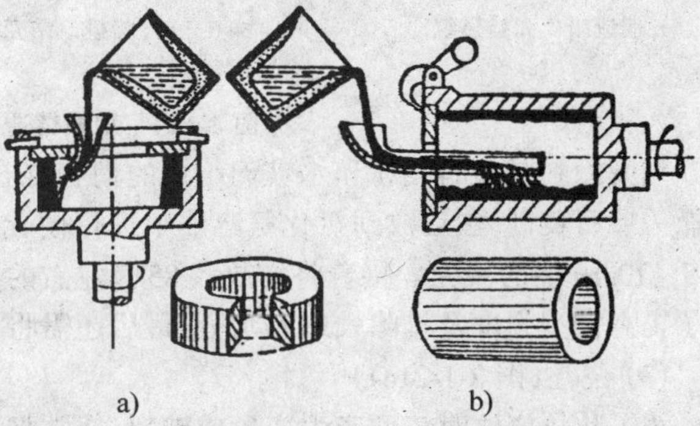

图 2-1-20　离心铸造

离心铸造的铸型可以是金属型，也可以是砂型。铸型在离心铸造机上可以绕垂直轴旋转或者绕水平轴旋转，如图 2-1-20 所示。

铸型绕垂直轴旋转时，铸件内表面呈抛物面，因而铸造中空铸件时，其高度不能太高，否则铸件上下壁厚相差较大。铸型绕水平轴旋转时，制得的中空铸件壁厚均匀，所以应用较广。

由于离心力的作用，液态合金中的气体、熔渣等容易集中在铸件内表面，并使金属呈定向性结晶,因而铸件外表层组织致密,力学性能较好,但内表面质量较差。当铸造具有圆形内腔铸件时,可以省去芯子。此外,铸件上不带浇注系统,减少了金属的消耗量。离心铸造生产的铸件尺寸精度可达 IT14 ~ IT12,表面粗糙度 Ra12.5 ~ 6.3μm。离心铸造主要用于生产空心旋转体的铸件,如各种管子、缸套、轴套、圆环等。

4) 熔模铸造

熔模铸造是指用易熔材料(如蜡料)制成模样,在模样上包覆若干层耐火涂料,制成形壳,熔去模样后,经高温焙烧即可浇注的铸造方法。现以汽车变速器中的拨叉铸件为例,说明熔模铸造的工艺过程(图 2-1-21)。

(1) 制造蜡模和蜡模组(图 2-1-21a))

把熔化成糊状的蜡质材料(常用 50%石蜡和 50%硬脂酸制成)压入压型里,待冷却凝固后取出,就得到了蜡模。再把许多蜡模粘合在蜡质的浇注系统上,成为蜡模组。由上可知,压型是制造蜡模的模具。

(2) 蜡模组结壳和脱蜡(图 2-1-21b))

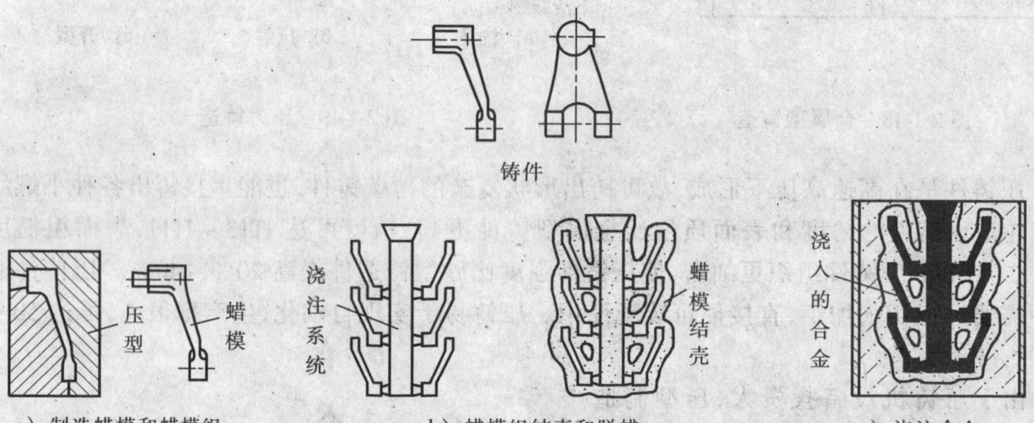

a) 制造蜡模和蜡模组　　b) 蜡模组结壳和脱蜡　　c) 浇注合金

图 2-1-21　熔模铸造工艺过程

结壳涂料是由石英粉和水玻璃组成的糊状混合物。先将蜡模组表面浸挂涂料,再在上面撒一层石英砂,然后放到氯化氨溶液中进行硬化。这样重复 3 ~ 5 次,就能在蜡模表面结成 5 ~ 10mm 厚的硬壳。接着将它放入 85℃左右的热水中,使蜡熔化并流出,形成铸型型腔。为了提高铸型强度及排除残蜡和水分,最后还需将其放在 850℃ ~ 950℃的炉内焙烧。

(3) 浇注(图 2-1-21c))

为了防止浇注时铸型产生变形或破裂,通常把铸型放在铁箱中,周围填入干砂,然后进行浇注。

熔模铸造生产的铸件尺寸精度可达 IT14 ~ IT11,表面粗糙度 Ra12.5 ~ 1.6μm,一般可以不切削加工。熔模铸造适用于以铸钢为主的各种合金,成批生产形状复杂的小型零件,如汽轮机叶片、刀具等。用于浇注难以压力加工或难以切削加工的合金,更能显示出它的优越性。目前已广泛应用于航空、汽车、电器、仪器及刃具等制造部门。

5) 各种铸造方法的比较

各种铸造方法均有其优缺点,必须结合生产具体情况,如铸件的大小、形状、合金种类、生产批量、精度和质量要求,以及车间设备条件和成本等,进行全面分析比较,才能作出正确选择。砂型铸造尽管有缺点,但适应性强,仍是当前生产中最基本的铸造方法。表 2-1-1 为几种铸造方法特点的比较。

表 2-1-1　几种铸造方法特点的比较

比较项目	铸造方法				
	砂型铸造	熔模铸造	金属型铸造	压力铸造	离心铸造
适用铸造的合金	任意	不限制,但以铸钢为主	不限制,但以有色金属为主	铝、锌等低熔点合金	以铸铁、铜合金为主
适用铸件的大小及重量	任意	一般小于 25kg	以中、小铸件为主,也可用于数吨大件	一般为 10kg 以下小件,也可用于中等铸件	不限制
生产批量	不限制	成批、大量,也可单件生产	大批、大量	大批、大量	成批、大量
铸件尺寸精度	IT15 ~ IT14	IT14 ~ IT11	IT14 ~ IT12	IT13 ~ IT11	
铸件表面粗糙度 $Ra/\mu m$	粗糙	12.5 ~ 1.6	12.5 ~ 6.3	3.2 ~ 0.8	内孔粗糙
铸件内部质量	结晶粗	结晶粗	结晶细	结晶密	缺陷很少
铸件加工余量	大	小或不加工	小	不加工或精加工	内孔加工量大
生产率(一般机械化程度)	低、中	低、中	中、高	最高	中、高
设备费用	中、低	中	中	高	中
应用举例	各种铸件	刀具、叶片、自行车零件、刀杆、风动工具等	铝活塞、水暖器材、水轮机叶片、一般有色合金铸件等	汽车化油器、喇叭、电器、仪表、照相机零件等	各种铁管、套筒、环、辊、叶轮、滑动轴承等

铸造实习安全技术

1. 进入铸造车间,应注意地面的物品,空中的行车。

2. 造型时不可用嘴吹型砂和芯砂。造型工具不要堆放在路边或砂堆上。

3. 浇注前,扒渣等工具不得生锈或沾有水分,浇包必须烘干。浇注时,不操作的同学应远离浇包。

4. 拿取铸件前应注意铸件是否冷却。

5. 清理铸件时要注意避免伤人。

讲课部分

2.2 铸造成形的基础知识

铸造合金除应具备符合要求的力学、物理、化学性能外，还必须具有良好的铸造性能。铸造性能是指合金在铸造生产中表现出来的工艺性能，它对铸件质量有极大的影响。合金的铸造性能主要有液态合金的充型能力、收缩性、吸气性等。

2.2.1 液态合金的充型能力

液态合金充满型腔，并获得形状完整、轮廓清晰的铸件的能力，称为合金的充型能力。影响充型能力的因素有以下两个方面：

1) 液态合金的流动性

流动性是熔融金属的流动能力，是合金固有的性质。流动性好则充型能力强。流动性主要与合金的化学成分有关。具有共晶成分的合金，凝固温度范围窄，凝固层的内表面光滑，流动阻力小，流动性好；凝固温度范围宽的亚共晶或过共晶成分的合金则流动性差。根据合金的流动性试验测定，灰铸铁的流动性最好，锡青铜次之，铸钢最差。

2) 铸型及工艺因素对液态合金充型能力的影响

液态合金的充型能力还与铸型及工艺因素的影响有关。凡增加铸型导热性和流动阻力的因素，如铸型热导率过大、型腔复杂、狭窄、粗糙等，均降低合金的充型能力。浇注条件也影响着充型能力，如浇注温度提高，则充型能力增加，但浇注温度过高，铸件晶粒粗大，气孔、缩孔等缺陷增多。

为了改善液态合金充型能力，避免铸件产生冷隔或浇不足等缺陷，设计时必须限制铸件的最小壁厚。生产中，常通过改善型砂透气性，改变铸型导热系数，提高浇注温度和选择共晶成分合金来改善充型能力。此外，还可采用压力或离心力进行浇注。

2.2.2 铸件的凝固

液态合金注入型腔后，由于铸型吸热合金温度下降，当合金冷却至一定温度，开始结晶，冷却至室温，便获得与型腔形状、尺寸相应的铸件。

1) 收缩

铸件在凝固和冷却过程中，其体积和尺寸减少的现象，称为收缩。

液态合金从浇注温度冷却到室温的收缩过程可分为三个阶段，即：液态收缩、凝固收缩和固态收缩。合金的液态收缩和凝固收缩所引起的体积缩小，是铸件产生缩孔、缩松（分散而细小的缩孔）缺陷的基本原因。一般来说，纯金属或共晶成分合金易形成缩孔，其它成分的合金易形成缩松。

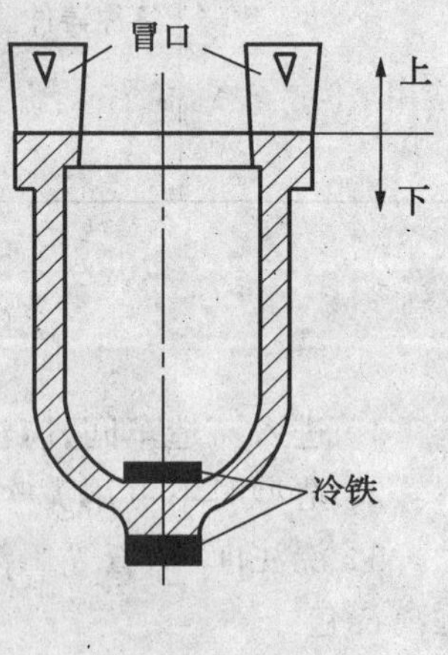

图 2-2-1 冷铁的应用

缩孔一般在铸件最后凝固部位产生。缩孔留在铸件内影响铸件质量，为防止产生缩孔可采用在铸件最后凝固部位加冒口进行补缩，使缩孔移到冒口内。有时为了实现定向凝固，须使用冷铁。冷铁一般用铸铁或铸钢制成，造型时预先埋在需加速冷却的铸件某部位的型砂之中。图 2-2-1 为采用冒口和冷铁补缩的实际例子。

合金的固态收缩会引起铸件尺寸的缩小。由于铸件各部分冷却速度不同,收缩时受到铸型、芯子等的阻碍,还有冷却过程中合金组织的转变都会使铸件产生应力、裂纹和变形缺陷。

2) 合金的吸气

合金在熔炼、浇注和凝固过程中,由于各种原因吸气而导致在铸件中形成气孔。气孔降低铸件的力学性能等。按照合金中气体来源,可将气孔分为三类:侵入气孔、析出气孔和反应气孔。侵入气孔是由于砂型表层聚集的气体侵入合金液中而形成的气孔。析出气孔是溶解于合金液中的气体在冷凝过程中,因气体溶解度下降而析出所形成的气孔。浇入铸型中的合金液与铸型材料、冷铁或溶渣之间,因化学反应而产生的气孔,统称为反应气孔。为防止铸件产生气孔,应控制合金液的温度,提高型砂透气性,并采取一定的保护措施,如覆盖剂、炉料、铸型和工具须烘干等,防止气体的带入和侵入。

2.2.3 常用铸造合金的生产特点

铸造合金有铸铁、铸钢、铸造铝合金、铸造铜合金等,用量最大的还是铸铁。

1) 铸铁的生产特点

(1) 铸铁的熔炼

铸铁常用冲天炉进行熔炼。冲天炉的构造如图 2-2-2 所示。炉壳由钢板焊成,内砌耐火砖炉衬,炉上部有加料口,下部有环风带。从鼓风机鼓出的空气经风带、风口进入炉内。第一排风口以下为炉缸,它与前炉相通。前炉下部有出铁口,侧面上方有出渣口。

冲天炉熔炼的炉料包括:金属料、燃料和熔剂三部分。

金属料采用一定比例的高炉生铁、回炉铁、废钢和铁合金等,以保证铸铁的化学成分。

(2) 燃料一般采用焦炭

熔剂主要采用石灰石和萤石。熔剂在熔炼过程中,能降低熔渣的熔点,使熔渣易流动,便于和铁水分离。

熔炼前需修炉和预热。熔炼时先用木柴引火,然后加入焦炭至第一排风口以上 0.5 ~ 1.5m 高度,这称为底焦。当底焦烧旺后,便按金属料、焦炭、熔剂顺序加入炉料,加满后进行鼓风。约 5 ~ 10min金属料开始熔化,金属液滴沿赤热的焦炭间隙落入炉缸,再从过桥流入前炉中。随着炉料的下降,应不断加入新的炉料。熔炼结束前,先停止加料,随后停止鼓风。出完铁液后,打开炉底门,对落下的炉料喷水浇灭,整个熔炼结束。

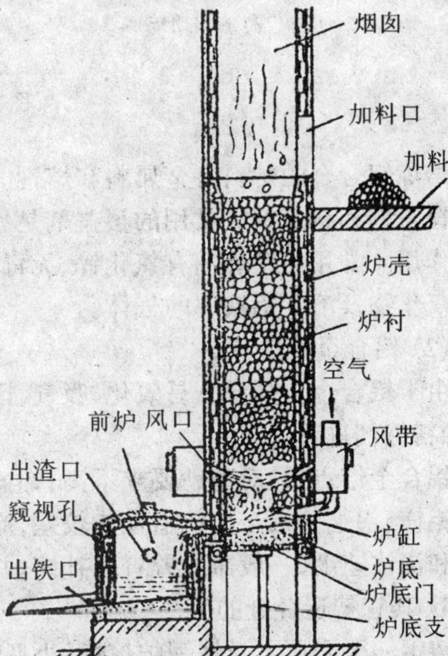

图 2-2-2 冲天炉的构造

(3) 铸铁的铸造特点

铸铁的流动性随碳、硅含量的增加而提高,灰铸铁的流动性优于其它铸铁(如球铁),更优于铸钢。

铸铁因结晶时析出石墨,在析出石墨的过程中,体积有所膨胀,故灰铸铁的收缩较小,在生产中,一般可以不设置冒口,但球铁例外。

2) 铸造铝合金的生产特点

(1) 铸造铝合金的熔炼

铝合金熔炼时,铝液极易氧化吸气,因此熔炼应在与燃料和燃气隔离的状态下进行。

铝合金的熔炼一般使用坩埚炉和电阻坩埚炉两种,如图 2-2-3 所示。

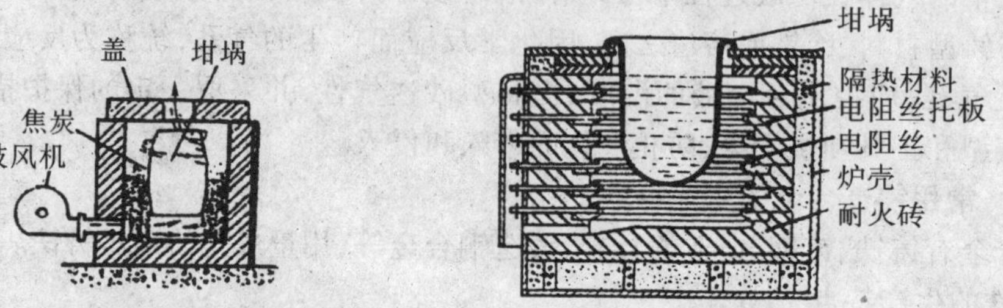

a) 焦炭坩埚炉　　b) 电阻坩埚炉

图 2-2-3　坩埚炉

熔炼铝合金的炉料有金属料和熔剂。金属料由铝锭、回炉料等组成。熔剂按用途不同,分为覆盖剂和精炼剂。常用的覆盖剂是冰晶石和氯化钠、氯化钾的混合物,以隔绝空气对铝液的作用。常用的精炼剂有氯化锌、无毒精炼剂等,以除去悬浮在铝液中的非金属夹杂物、金属氧化物及溶于铝液中的气体。

(2) 铝合金铸造特点

由于铝合金在高温下易氧化、吸气,因此一切用料和工具都应预热烘干,并加覆盖剂熔炼、加精炼剂进行处理。

铝合金熔点低,对型砂要求不高;铝硅合金流动性好,能浇薄壁复杂件。

铝镁、铝铜等铝合金铸造性能较差,应保证型砂和芯砂有足够的退让性,适当提高浇注温度和浇注速度,一般需安置冒口补缩,并要防止浇不足、缩孔、裂纹等缺陷。

3) 其它铸造合金的生产特点

铸钢一般采用电弧炼钢炉熔炼,小型铸钢件也可采用工频或中频感应电炉熔炼。铸钢熔点高、收缩大、铸造性能较差,必须采取较铸铁更为复杂的工艺措施。

铸造铜合金其种类不同,工艺特点差异较大。如锡青铜流动性差,易产生缩松;铝青铜、铝黄铜流动性好,易形成集中缩孔,但极易氧化;而硅黄铜铸造性能较好。

2.3　铸件结构工艺性

结构工艺性是指产品结构在满足使用性能的前提下,能用生产率高、劳动量小、材料消耗少和成本低的方法制造。凡符合以上要求的产品结构,被认为具有良好的工艺性。

在设计铸造零件时,必须从产品的批量、生产条件、铸造方法等实际情况出发,考虑到铸造工艺过程的特点,力求简化铸造工艺的各个环节,同时又要注意合金的铸造性能,防止铸造缺陷的产生,以保证铸件质量。

2.3.1 铸造工艺对铸件结构的要求

1) 铸件形状应力求简单

在铸件结构上,应尽量避免采用曲面和凹形状,否则会增加制模和造型的难度。图2-3-1a)所示托架,因为 A 和 B 两个面皆为曲面,所以模样和芯子制造都较麻烦;改为图 2-3-1b)所示结构(A、B 两个面为平面),则模样和芯盒的制造便简化了。

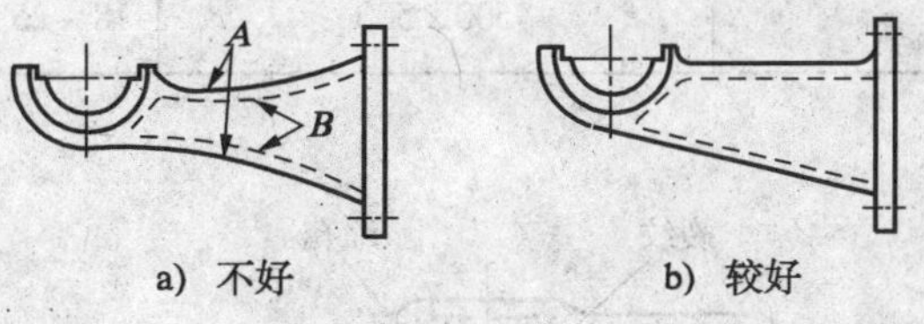

图 2-3-1 简化托架外形设计

2) 铸件应减少使用活块

图 2-3-2a)所示凸台,通常需采用活块;图 2-3-2b)是将凸台向上加长,这样可不用活块,使起模方便,简化了造型工艺。

3) 铸件应尽量不用或少用芯子

图 2-3-3 为支座的两种设计方案,图 a)采用了方形空腔截面,需用芯子,而图 b)改变为工字型截面,可省掉芯子,并有结构斜度,简化了造型工艺。

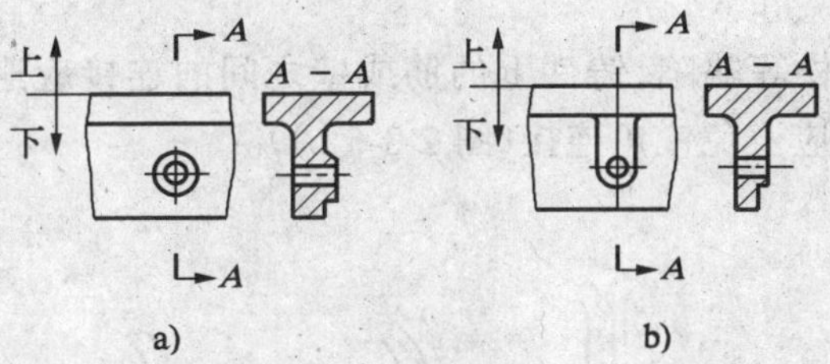

图 2-3-2 凸台结构设计

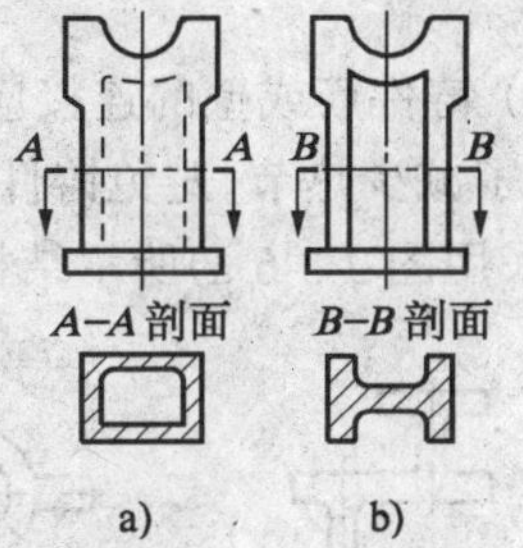

图 2-3-3 支座的设计

2.3.2 合金铸造性能对铸件结构的要求

1) 铸件应有合理的壁厚

为保证液态合金能充满型腔,铸件的最小壁厚受到限制。其值取决于合金种类、铸件形状和大小、铸造方法等因素,具体数值可参考表 2-3-1。

2) 铸件壁厚应均匀

铸件壁厚若相差过大,在厚壁处补缩困难而产生缩孔或缩松,或因冷却速度不相同,而产生内应力,致使铸件变形甚至开裂,如图 2-3-4a)。图 2-3-4b)壁厚均匀,不易产生缺陷。

3) 铸件壁与壁的连接

(1) 铸件的垂直壁连接处应有结构圆角

这样可以防止转角处发生开裂或形成缩松(图 2-3-5)。

表 2-3-1　在一般砂型铸造条件下，铸件的最小壁厚

铸造方法	铸件尺寸/mm × mm	最小允许壁厚/mm						
		铸钢	灰铸铁	球铁	可锻铸铁	铝合金	镁合金	铜合金
砂型	200 × 200	6 ~ 8	5 ~ 6	6	4 ~ 5	3	–	3 ~ 5
	(200 × 200) ~ (500 × 500)	10 ~ 12	6 ~ 10	12	5 ~ 8	4	3	6 ~ 8
	500 × 500	18 ~ 25	15 ~ 20	–	–	5 ~ 7	–	–

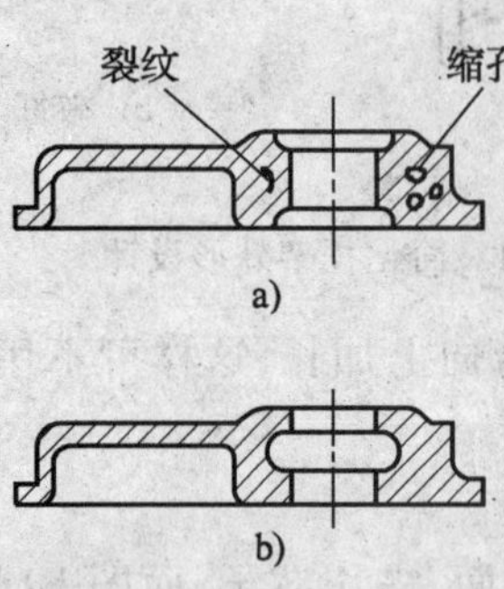

图 2-3-4　铸件壁厚均匀设计

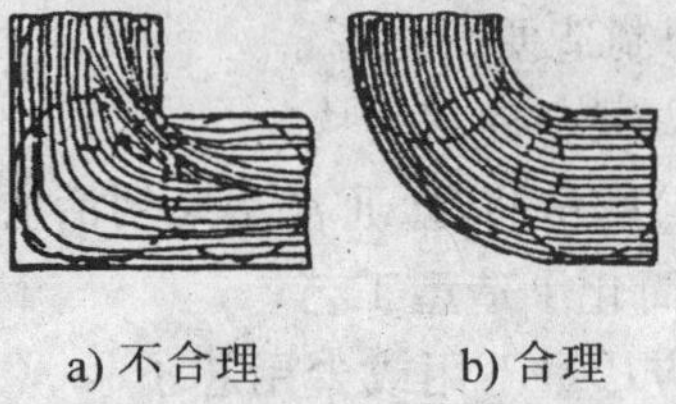

图 2-3-5　铸铁的转角结构

(2) 铸件筋或壁的连接应避免交叉和锐角

为了减少热节，避免铸件产生缩孔、缩松等缺陷，铸件上的筋或壁之间的连接应避免交叉，可采用图 2-3-6 a)所示结构。铸件上也应避免锐角连接(图 2-3-6 b))。

图 2-3-6　铸件接头结构

(3) 铸件厚壁与薄壁间的连接要逐步过渡

若铸件壁厚不可能完全均匀时，为了减少应力集中，防止产生裂纹，应使铸件上不同壁厚的各个部分采用逐步过渡的方法(图 2-3-7)。

4) 铸件应避免收缩时受阻

设计铸件应尽量使其能自由伸缩。图 2-3-8 为轮辐的设计，其中图 a)的轮辐为偶数、直线形，对于收缩大的合金，往往由于内应力大，可能使轮辐产生裂纹。改为图 b)所示的弯曲轮辐时，可借轮辐的微量变形而自行减少应力。或轮辐数改为奇数，也能起到缓解收缩受阻的影响。

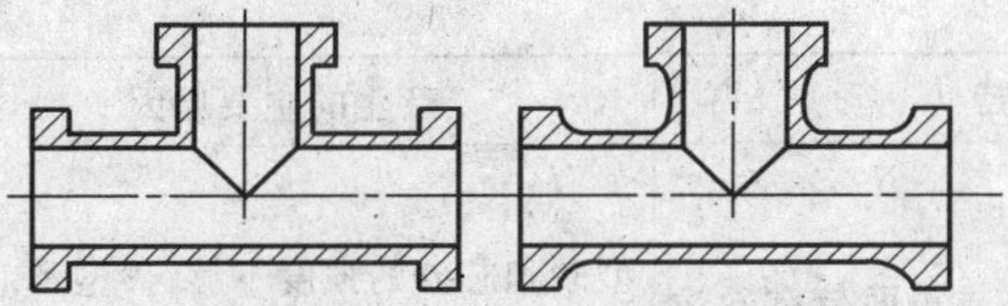

a) 壁厚突变　　b) 过渡连接

图 2-3-7　不等壁厚的连接

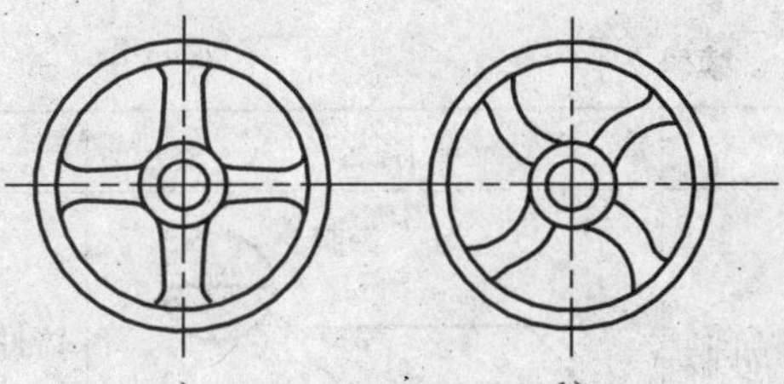

a)　　b)

图 2-3-8　轮辐的设计

必须指出，由于各类铸造合金的铸造性能不同，它们的结构也各有特点。灰铸铁因其缩孔、缩松、热裂倾向小，因此对壁厚等结构要求不像铸钢件那样严格，而铸钢件壁厚不能过薄，热节要小，筋和辐的布置要合理等。

2.3.3　铸造方法对铸件结构的要求

不同的铸造方法对铸件结构有着不同的要求。如熔模铸造型壳易变形，应尽量避免有大的平面；压铸件应尽量消除侧凹和深腔结构等。

2.4　铸件质量检验与缺陷分析

2.4.1　铸件的质量检验

铸件清理后，应进行质量的检验。检验铸件质量最常用的方法是宏观法。它是通过肉眼观察（或借助尖嘴锤）找出铸件的表面缺陷和皮下缺陷，如气孔、砂眼、夹渣、粘砂、缩孔、浇不足、冷隔等。对于铸件的内部缺陷则要通过一定的仪器进行无损检测才能发现，如进行耐压试验、磁力探伤、超声波探伤等。若有必要，还可对铸件（或试样）进行解剖检验、力学性能检验和化学成分分析等。

2.4.2　铸造缺陷分析

铸件质量的好坏，关系到机器（产品）的质量及生产成本，也直接关系到经济效益和社会效益。铸件结构、原材料、铸造工艺过程及管理状况等均对铸件质量有影响。所以对已发现的铸造缺陷，应分析产生的原因，以便采取相应的措施。表 2-4-1 就是常见的铸造缺陷及产生的主要原因。

表 2-4-1　常见铸造缺陷及产生的主要原因

缺陷名称		特　征	产生的主要原因
气孔	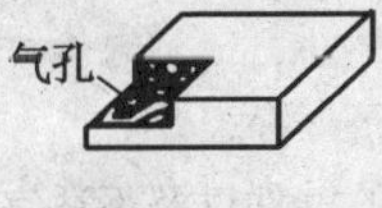	在铸件内部或表面有大小不等的光滑孔洞	型砂含水过多，透气性差；起模和修型时刷水过多；芯子烘干不良或芯子排气道堵塞；浇注温度过低或浇注速度过快等
缩孔		缩孔多分布在铸件厚断面处，形状不规则，孔内表面粗糙	铸件结构不合理，如壁厚相差过大，造成局部热节；浇注系统和冒口的位置不对，或冒口过小；浇注温度太高，或合金化学成分不合理，收缩太大

续表 2-4-1

缺陷名称		特　　征	产生的主要原因
砂眼	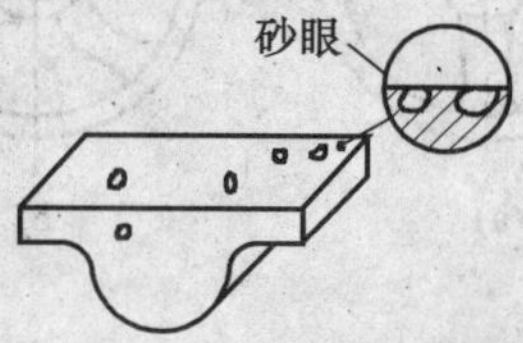	铸件内部或表面带有砂粒的孔洞	型砂和芯砂的强度不够;砂型和芯子的紧实度不够;合型时砂型局部损坏;浇注系统不合理,冲坏了砂型
粘砂	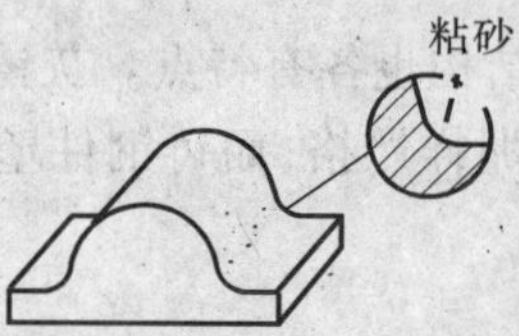	铸件表面粗糙,粘有砂粒	型砂和芯砂的耐火性不够;浇注温度太高;未刷涂料或涂料太薄
错型	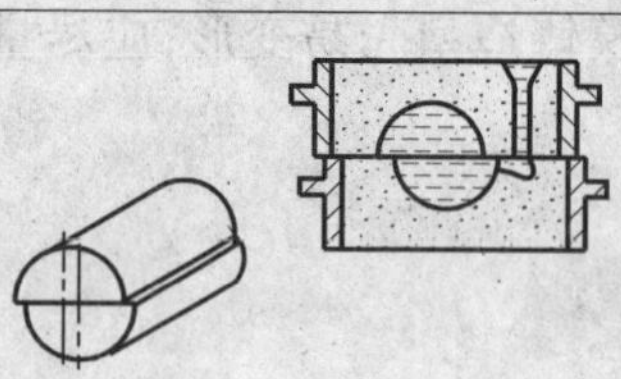	铸件沿分型面有相对位置错移	模样的上半模和下半模未对好;合型时,上下砂型未对准
冷隔	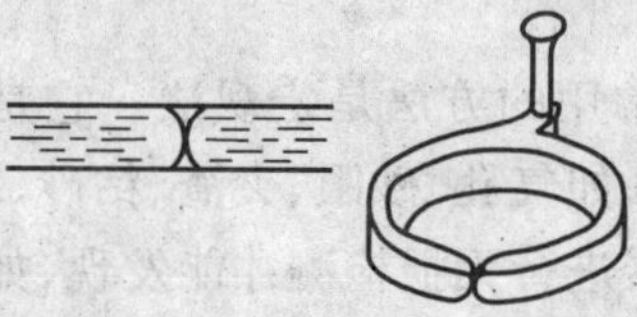	铸件上有未完全融合的缝隙或洼坑,其交接处是圆滑的	浇注温度太低,浇注速度太慢或浇注曾有中断;浇注系统位置开设不当或内浇道横截面太小
浇不足	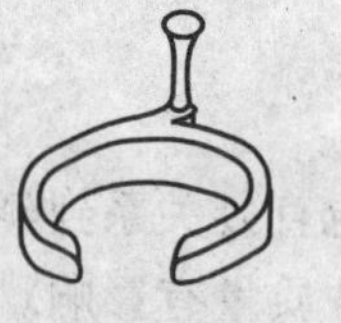	铸件不完整	浇注时合金量不够;浇注时液态合金从分型面流出;铸件太薄;浇注温度太低;浇注速度太慢
裂缝		铸件开裂,开裂处金属表面氧化	铸件结构不合理,壁厚相差太大;砂型和芯子的退让性差;落砂过早

复习思考题

1. 在机械制造业中,为什么铸件的应用十分广泛?试举例指出常见的铸件以及不适宜铸造生产的零件(各3~5例)。

2. 模样、铸件、零件三者有何联系?在形状和尺寸上又有哪些区别?

3. 液态合金充型能力的好坏对铸件质量有何影响?为改善液态合金的充型能力,可采取哪些工艺措施?

4. 缩孔对铸件质量产生什么影响?铸造工艺上如何防止铸件产生缩孔缺陷?

5.液态合金浇注时,型腔中的气体是从哪里来的?采取哪些措施可以减少铸件产生气孔?

6.冒口、冷铁的作用是什么?它们各设置在铸件的什么位置?

7.灰铸铁的铸造性能如何?

8.试述型(芯)砂的组成和应具备的性能。

9.下列铸件(题图 2-1)为单件生产,各采用何种造型方法?试确定最佳分型面。

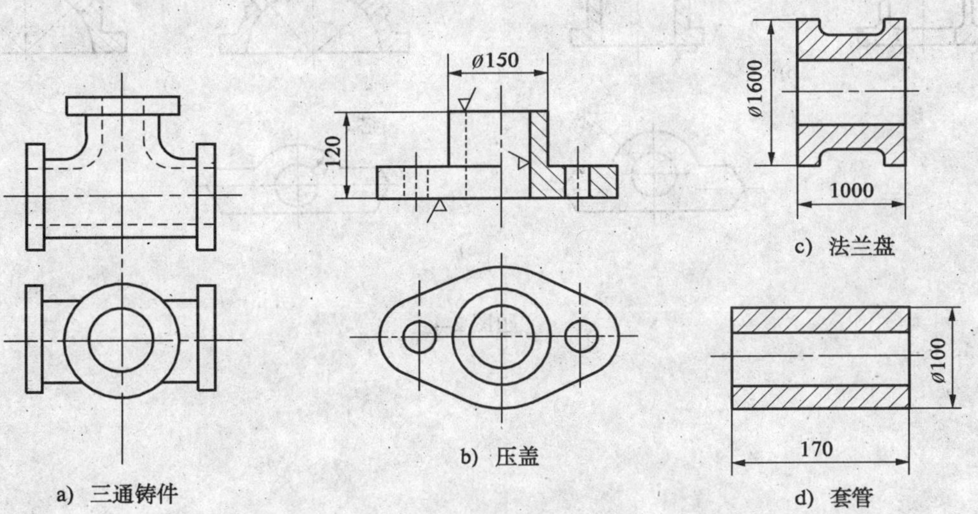

a) 三通铸件　b) 压盖　c) 法兰盘　d) 套管

题图 2-1

10.试比较题图 2-2 所示绳轮铸件三种造型方法的特点和应用。还有其它造型方法吗?

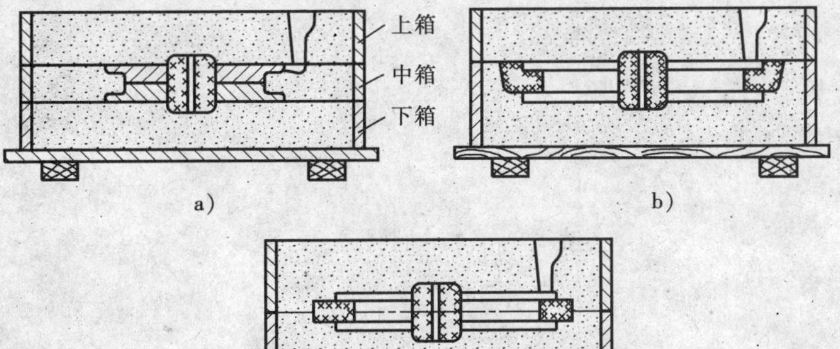

a)　b)　c)

题图 2-2

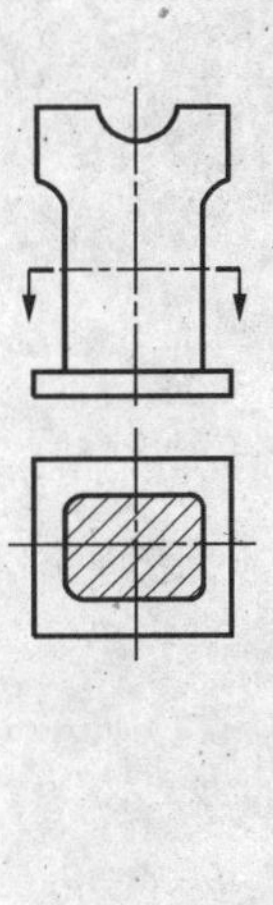

题图 2-3

11.浇注系统一般由哪几部分组成的?它们的作用是什么?内浇道应如何设置?

12."不论什么铸件都不允许有缺陷存在",这样的技术要求合理吗?

13.为什么熔模铸造能生产精密复杂形状的铸件?

14.支座零件如题图 2-3 所示,采用砂型铸造,试指出其结构不合理之处。如何改正?

15.题图 2-4 为不同零件的两种结构,请分析哪种结构不合理?为什么?

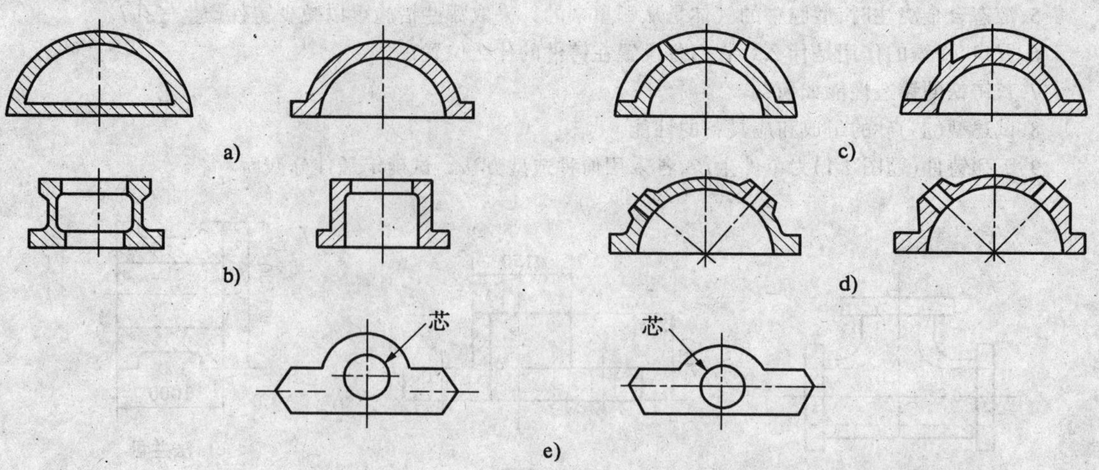

题图 2-4

3 锻压

实习部分

对金属坯料施加外力，使其产生塑性变形，改变尺寸、形状及改善性能，用以制造机械零件、工件或毛坯的成形加工方法称为锻压。它是锻造和冲压的总称。

锻造是在加压设备及工（模）具的作用下使坯料、铸锭产生局部或全部的塑性变形，以获得一定几何尺寸、形状和质量的锻件的加工方法。由于在锻造过程中能压合铸锭组织中的裂纹、气孔等缺陷，并能获得细晶组织及具有一定的锻造流线，因此锻件与铸件相比，具有较高的力学性能，各种承受重载荷的重要机械零件（如齿轮、轴、曲柄、连杆等）大多以锻件作为毛坯。但由于锻件是在固态下成形的，故无法获得截面形状（特别是内腔）复杂的锻件。

使板料经分离或成形而得到制件的工艺统称为冲压（也称板料冲压）。冲压件具有刚性好、结构轻、精度高、外形美观、互换性好等优点，因此广泛用于汽车外壳、拖拉机外壳、电器、仪表及日用品工业等部门。

3.1 锻压工艺方法

3.1.1 锻压基本工艺方法

常用的锻压方法有：

- 锻压
  - 锻造
    - 自由锻
      - 手工自由锻
      - 机器自由锻
        - 锤上自由锻
        - 液压机上自由锻
    - 胎模锻
    - 模锻
      - 锤上模锻
      - 压力机上模锻
  - 冲压
    - 分离
    - 成形

1）自由锻

只用简单的通用性工具或在锻造设备的上、下砧之间直接使坯料变形而获得所需的几何形状及内部质量的锻件，这种方法称为自由锻。自由锻适用于单件和小批量生产。

手工自由锻由于生产率低，劳动强度大，锤击力小，在现代工业生产中已被机器自由锻取代。

（1）自由锻设备及自由锻工具

锤上自由锻的通用设备是空气锤、蒸汽—空气自由锻锤。

空气锤的结构和工作原理如图 3-1-1 所示。空气锤的动力来源是电动机。电动机通过减速机构和曲柄连杆机构推动压缩缸中的压缩活塞产生压缩空气，再通过上、下旋阀的配气作用,使压缩空气进入工作缸的上部或下部,或直接与大气连通,从而使工作活塞连同锤杆和锤头一起实现上悬、下压、单击、连击等动作,以完成对坯料的锻造。锤头的上悬、下压等动作是通过手柄和踏杆控制的。

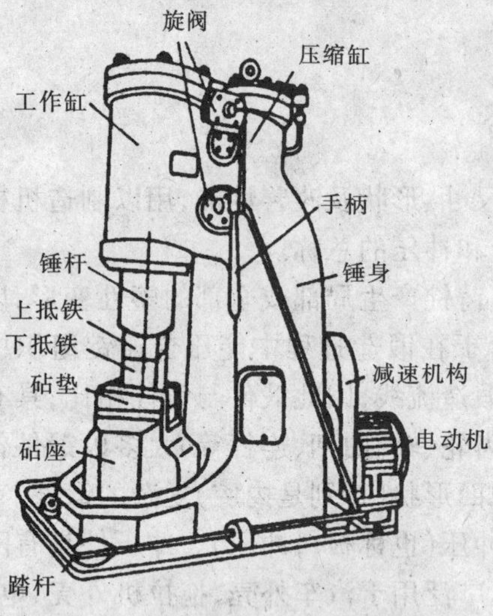

a)空气锤外形结构

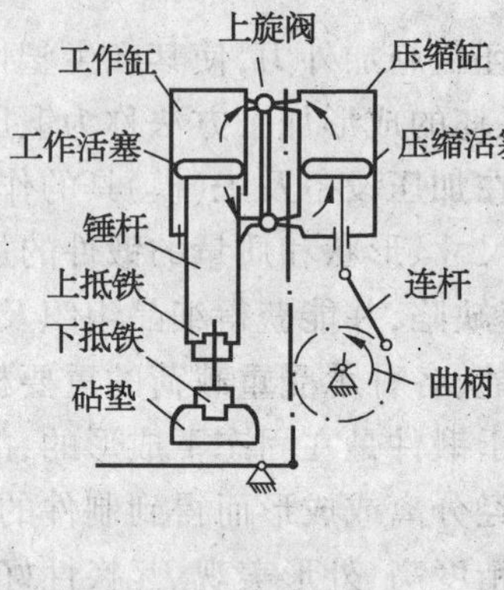

b)空气锤工作原理

图 3-1-1　空气锤

蒸汽—空气自由锻锤的结构和工作原理如图 3-1-2 所示。它与空气锤的主要区别是以滑阀汽缸代替压缩缸,其动力来源是由锅炉提供的蒸汽或由压缩机提供的压缩空气。锤头的上、下动作也是通过操作手柄的控制来完成的。

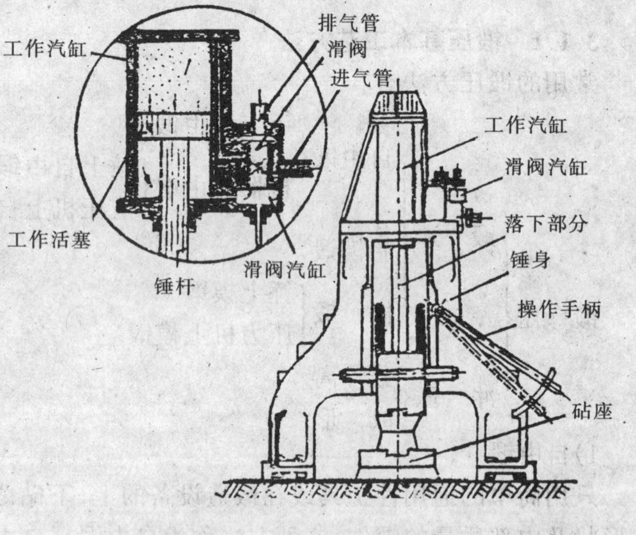

图 3-1-2　蒸汽—空气自由锻锤

空气锤的吨位根据其工作活塞、锤杆和上抵铁等落下部分的质量表示。常用的空气锤吨位在 65 ~ 750kg之间,它们的锤击力较小,只能锻造质量在 100kg 以下的小型锻件。蒸汽—空气自由锻锤的落下部分质量为 630 ~ 5000kg,适合锻造质量在 70 ~ 700kg 的中、小型锻件。

水压机上自由锻适合于大型锻件。由于在水压机上锻造时是以静压力代替锻锤时的冲击力,且水压机能产生很大的压力(如大型水压机可产生数万吨的锻造压力)进行锻造,坯料的变形速度低,变形抗力小,使坯料的压下量大,锻透深度大,锻件内部质量可得到改善。因此,大型锻件的自由锻只能在水压机上进行。

常用的自由锻工具包括锻打工具(手工自由锻为大锤、小锤)、支持工具(如铁砧)、夹持工具(如各种钳子)、衬垫工具和测量工具(如钢尺、卡钳等)等。

(2)自由锻基本工序

自由锻的变形工序分为基本工序、辅助工序和精整工序三类。其中基本工序是实现锻件变形的基本成形工序;辅助工序是为便于基本工序的实现而对坯料进行少量变形的预先工序,如压肩、倒棱、压钳口等;精整工序是在基本工序后对锻件进行少量变形的整形工序,使锻件尺寸合乎要求,提高表面质量,如滚圆、摔圆、矫正等。

自由锻的基本工序有镦粗、拔长、冲孔、弯曲、错移、扭转和切割等(表 3-1-1)。

表 3-1-1　自由锻主要工序图例及应用

工序名称		定义	图例	应用
镦粗	1. 镦粗(图a)) 2. 局部镦粗(图b)) 3. 带尾销镦粗(图c)) 4. 展平镦粗(图d))	1. 镦粗:使毛坯高度减小,横断面积增大的锻造工序 2. 局部镦粗:在坯料上某一部分进行的镦粗	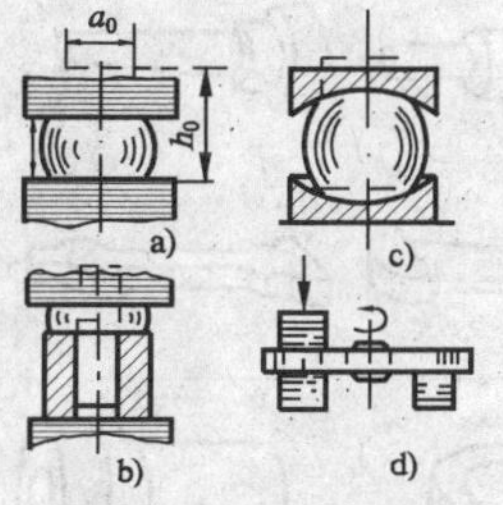	1. 用于制造高度小、截面大的工件,如齿轮、圆盘等 2. 作为冲孔的准备工序 3. 增加以后拔长时的锻造比
拔长	1. 拔长(图a)) 2. 芯棒拔长(图b)) 3. 芯棒扩孔(图c))	1. 拔长:使毛坯横断面积减小而长度增加的锻造工序 2. 芯棒拔长:减小空芯毛坯外径(壁厚)而增加长度的工序 3. 芯棒扩孔:减小空心坯料的壁后增加内径和外径,以芯棒代替下砧	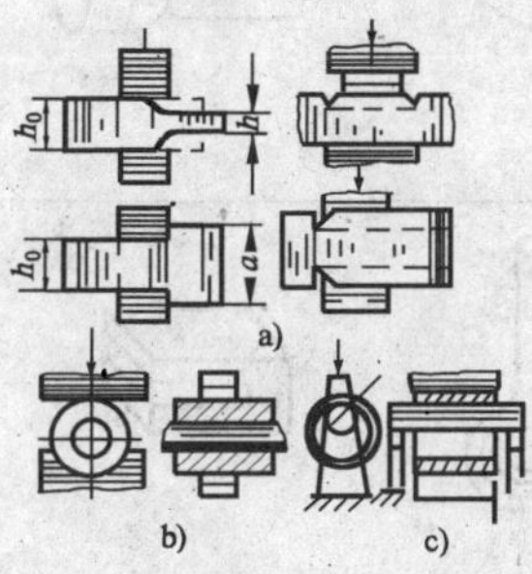	1. 用于制造长而截面小的工件,如轴、拉杆、曲轴等 2. 制造长轴类空心件,如炮筒、透平机主轴、圆环、套筒等
弯曲	1. 弯曲(图a)) 2. 胎模中弯曲(图b))	1. 弯曲:将毛坯弯成所规定的外形的锻造工序 2. 胎模中弯曲:在简单工具中改变坯料曲线成为所需外形的工序	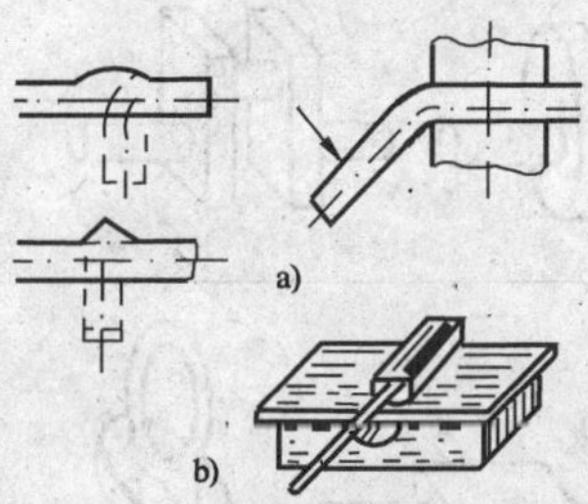	1. 锻制弯曲形零件,如角尺、U形弯板等 2. 可以使流线方向符合锻件的外形而不被割断,锻件质量好,如吊钩等
冲孔	1. 实心冲子冲孔(图a)) 2. 空心冲子冲孔(图b)) 3. 板料冲孔(图c))	冲孔:在坯料上冲出透孔或不透孔的工序	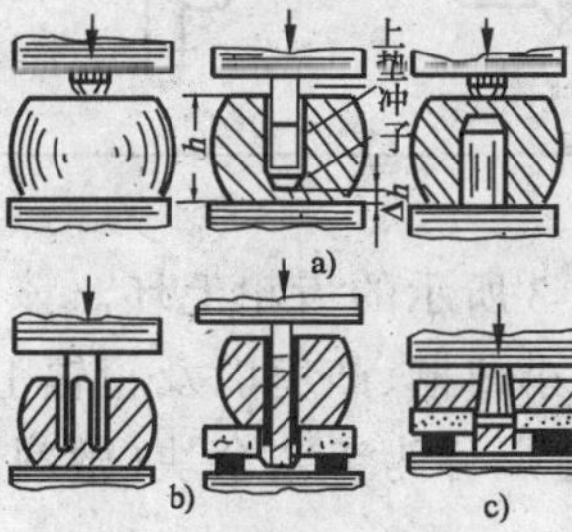	1. 制造空心件,如齿轮毛坯、圆环、套筒等 2. 锻件质量要求高的大工件,可用空心冲子冲孔,去掉质量较低的铸件中心部分

(3)锻件的分类及锻造工艺的确定

根据锻件形状复杂程度，将锻件分成圆饼类、轴杆类等。不同形状类别的锻件应采用不同的锻造工序，表 3-1-2 列出了自由锻锻件分类及其锻造工序。

表 3-1-2　自由锻锻件分类及基本工序方案

序号	类　别	图　例	工序方案	实　　例
1	饼块类	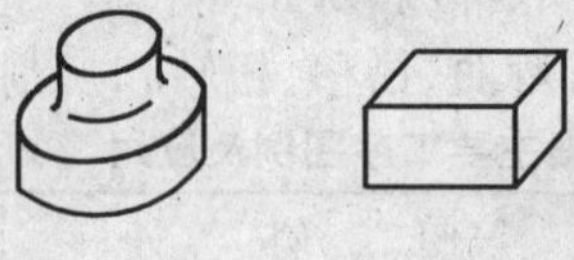	镦粗或局部镦粗	圆盘、齿轮、叶轮、模块、轴头等
2	轴杆类	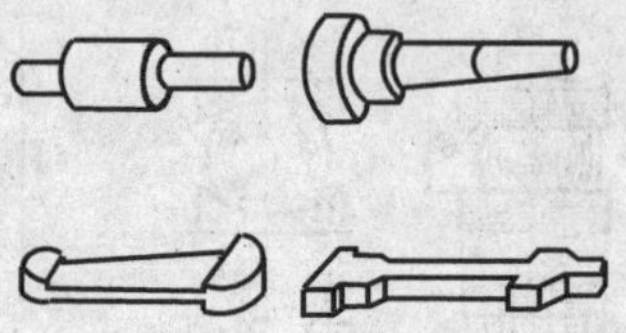	1. 拔长 2. 镦粗—拔长（增大锻造比） 3. 局部镦粗—拔长（截面相差较大的阶梯轴）	传动轴、齿轮轴、立柱、连杆、摇杆等
3	空心类	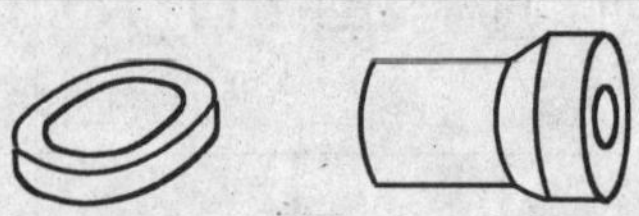	1. 镦粗—拔长 2. 镦粗—冲孔—扩孔 3. 镦粗—冲孔—芯棒上拔长	圆环、齿圈、法兰、圆筒、空心轴等
4	弯曲类	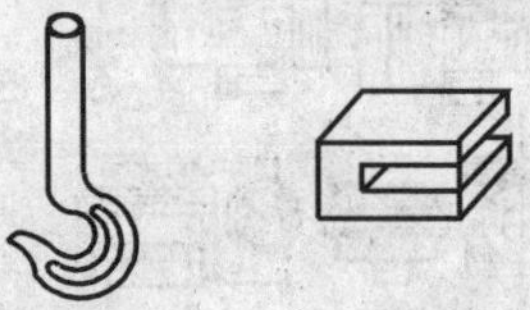	轴杆类工序—弯曲 饼块类工序—弯曲	吊钩、弯杆、轴瓦、盖等
5	曲轴类	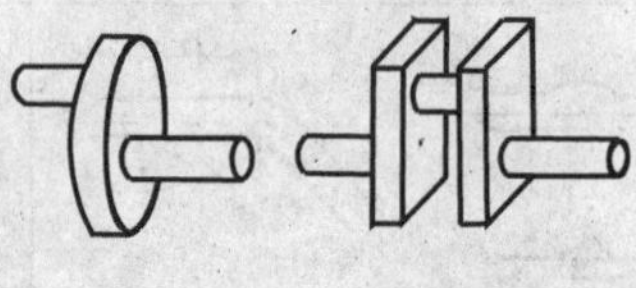	1. 拔长—错移（单拐曲轴） 2. 拔长—错移—扭转（多拐曲轴）	各种曲轴、偏心轴等
6	复杂形状类	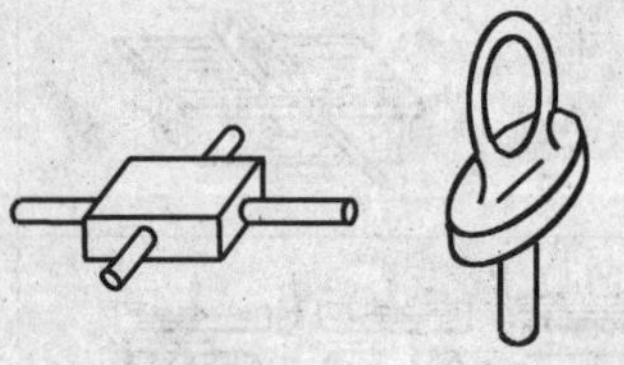	前几类锻件工序的组合	阀杆、叉杆、十字轴等

例如，需要锻造如图 3-1-3 所示的齿轮毛坯。该零件为空心类锻件，应采用镦粗—冲孔等变形工序，零件上的齿形、小凹槽、凸肩以及轮辐上 8 个 $\phi30$ 的孔自由锻难以锻出，应增加一部分金属，该部分多余的金属称为工艺余块（敷料）。其锻件图如图 3-1-4 所示，锻造工序见表 3-1-3。

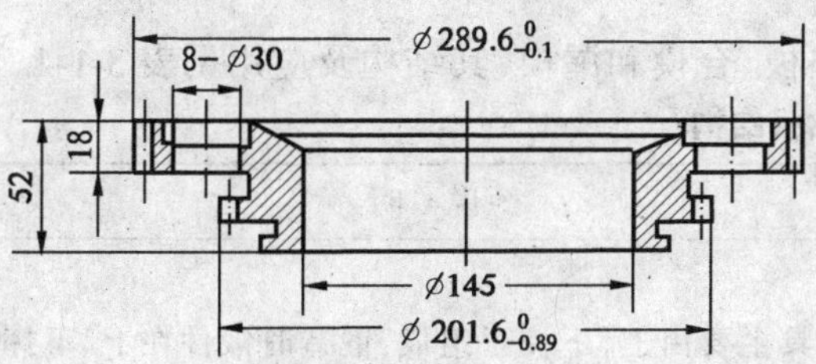

图 3-1-3　齿轮零件图

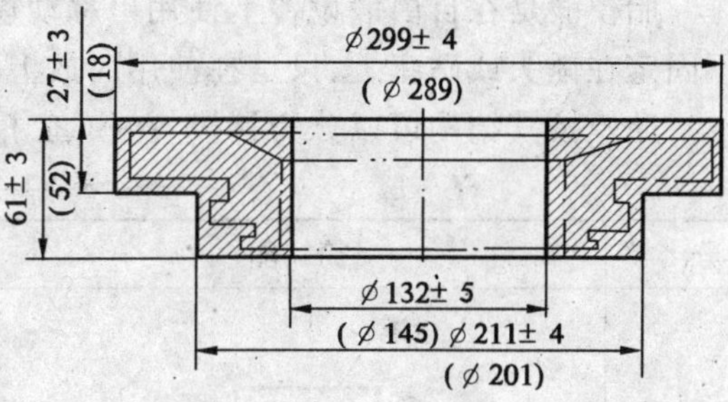

图 3-1-4　齿轮锻件图

表 3-1-3　齿轮坯自由锻工艺过程

序号	工序名称	简　　图	操作方法	使用工具
1	镦粗	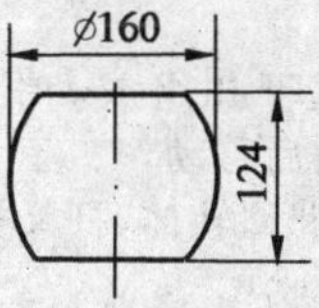	为去除氧化铁皮，用平砧镦粗至 ϕ160 × 124	火　钳
2	垫环局部镦粗	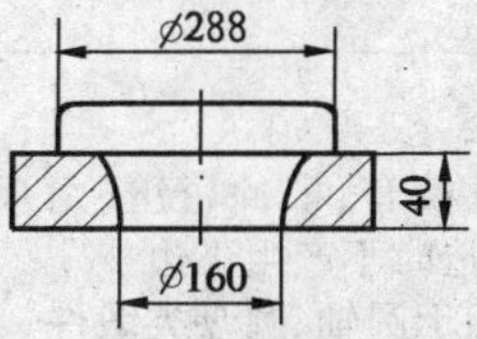	由于锻件带有单面凸肩，坯料直径比凸肩直径小，采用垫环局部镦粗	火　钳 镦粗漏盘
3	冲　孔	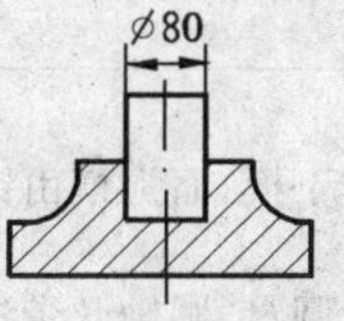	双面冲孔	火　钳 ϕ80 冲子
4	冲子扩孔	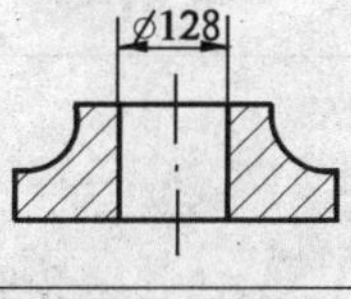	扩孔分两次进行，每次径向扩孔量分别为 25mm，23mm	火　钳 ϕ105 和 ϕ128 冲子
5	滚　圆	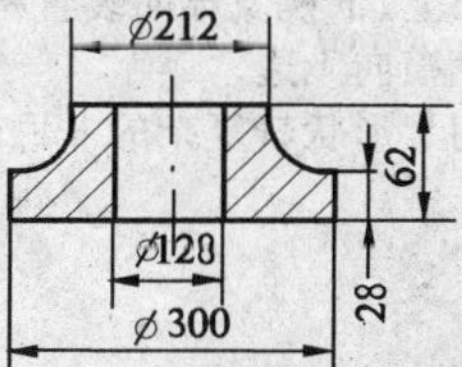	边旋边轻打至外圆，$\phi300^{+3}_{-4}$后，轻打平面至 62^{+2}_{-3}	火　钳 冲　子 镦粗漏盘

自由锻使用的工具简单，不需要昂贵的模具，可以锻造小到几公斤大到数百吨的锻件，对于大型锻件，自由锻几乎是惟一的锻造方法。但是，自由锻件的尺寸精度低，加工余量大，锻件形状要求简单，锻工的操作技术要求较高，劳动强度大，生产率低。因此，自由锻仅适用于单件、小批量生产，而现代化大批量生产条件的锻件则应进行模锻。

2)胎模锻

胎模锻是在自由锻设备上使用可移动模具(即胎模)生产模锻件的一种锻造方法。胎模不固定在锤头或砧座上,只是在使用时放上去。

胎模按其结构可以分为摔模、扣模、套模、垫模、合模和漏模,其结构及应用见表 3-1-4。

表 3-1-4　胎模结构

分　类	简　图	说　明
摔模	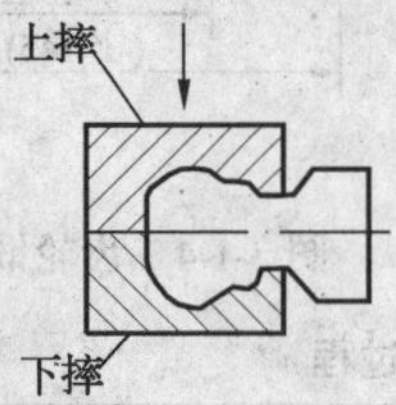	模具主要由上、下摔子组成,锻造时锻件在上、下摔子中不断旋转,使其产生径向锻造,锻件无毛刺,无飞边 主要用于圆轴、杆、叉类锻件
扣模	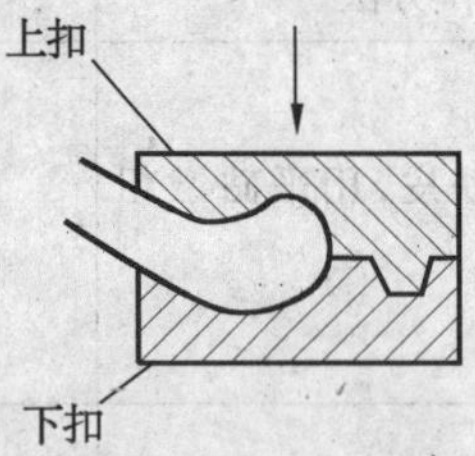	模具由上、下扣组成。锻造时,锻件在扣模中不转动,只作前后移动 主要用于非回转体、杆叉类锻件
套模	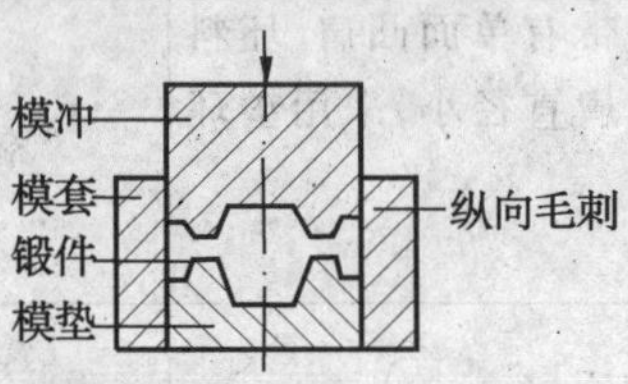	模具由模套、模冲、模垫组成。套模是一种闭式胎模,锻造时不产生飞边 主要用于圆轴、圆盘类锻件
垫模	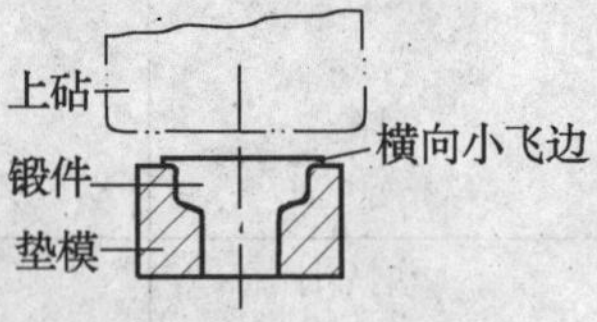	模具只有下模,而上模由锤砧代替,锻遣时产生横向飞边 主要用于圆盘、圆轴及带法兰盘锻件
合模	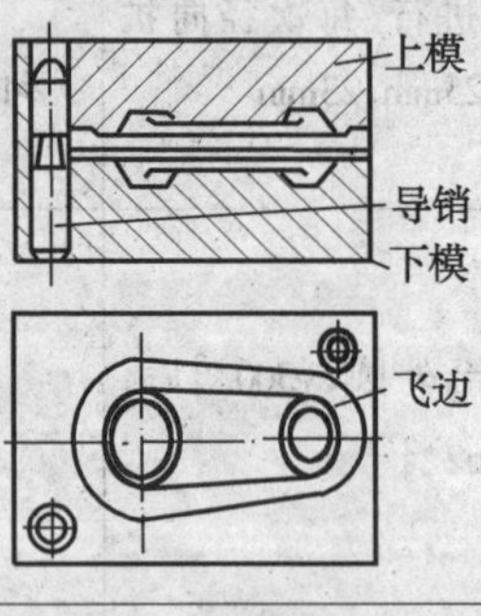	模具由上、下模及导向装置构成,合模锻造时沿分模面产生横向飞边 主要用于形状较复杂的非回转体锻件
漏模	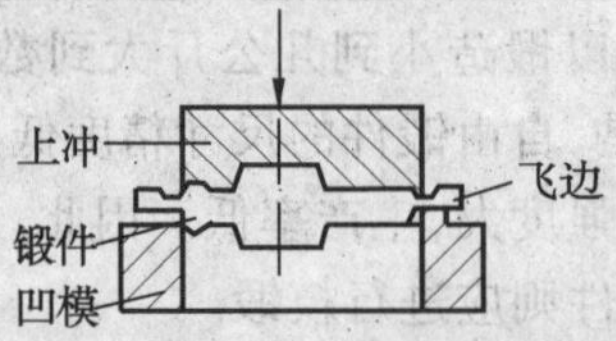	模具由冲头、凹模及定位导向装置构成 主要用于切除锻件的飞边、连皮或冲孔

填料塞的胎模锻工艺过程见表 3-1-5。

表 3-1-5　填料塞的胎模锻工艺过程

零件名称	填　料　塞	锻件图
材　料	Q235	
坯料尺寸	$\phi70\times55$	
坯料质量	1.6kg	

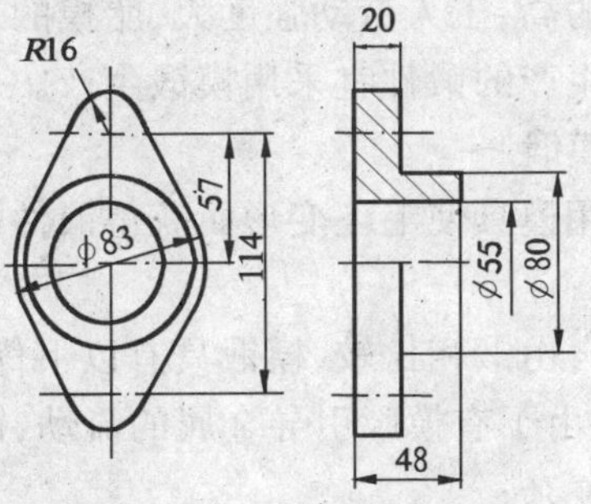

工艺特点：

用扣模锻出菱形法兰，然后放入套筒模镦粗成形

序号	工序名称	工　序　简　图	设　备
1	下料	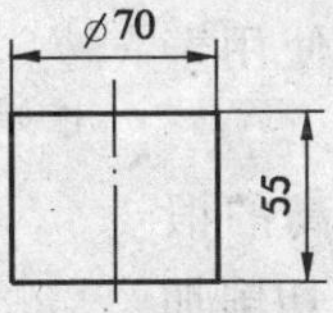	锯床
2	加热		煤气炉
3	镦粗	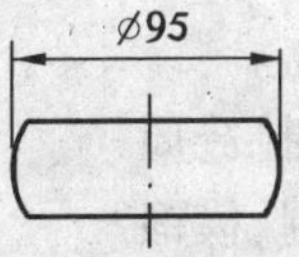	250kg 空气锤
4	扣菱形	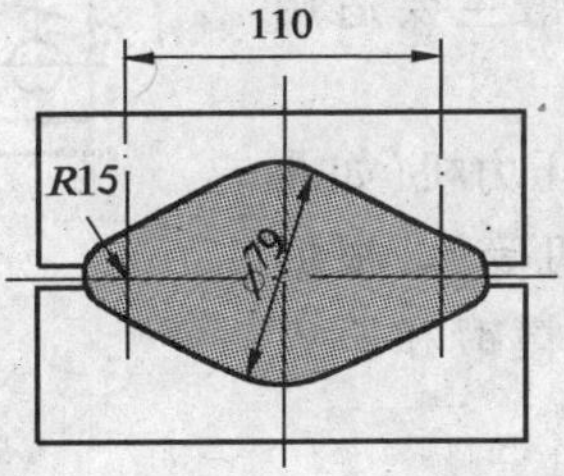	250kg 空气锤
5	终　锻	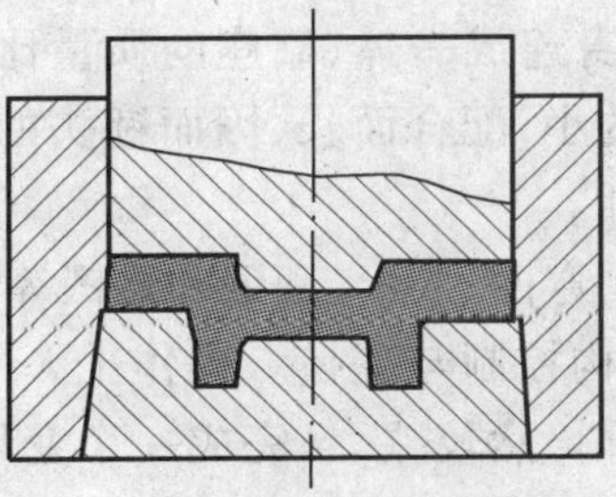	250kg 空气锤
6	冲连皮	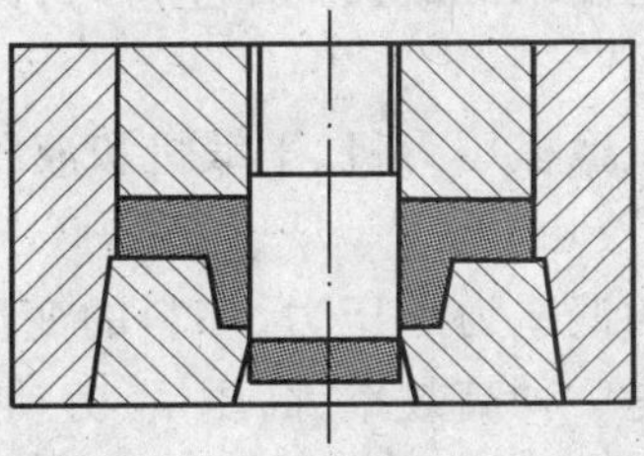	250kg 空气锤

与自由锻相比,胎模锻具有模锻锻件的优点,如尺寸精度较高、生产率较高等,且胎模锻不需昂贵的模锻设备,胎模的设计、制造简单,成本低。但是,胎模锻件的尺寸精度不如固定模锻件的高,工人劳动强度大,胎模的寿命短。因此,胎模锻仅适用于中小批量锻件的生产,大批量生产的锻件宜采用模锻生产。

3)模锻

利用模具使毛坯变形而获得锻件的锻造方法称为模锻。

与自由锻相比较,模锻具有以下优点:

(1)由于有模膛引导金属的流动,锻件的形状可以比较复杂;

(2)锻件内部的锻造流线比较完整,锻件若能合理利用流线组织,可提高零件的力学性能和使用寿命;

(3)可得到表面比较光洁、尺寸精度较高的锻件,从而可以减少加工余量,节约金属材料和切削加工工时;

(4)操作简单,易于实现机械化,生产率高。

但是,模锻设备的投资大,锻模的设计、制造周期长,费用高。由于受到模锻设备吨位的限制,模锻件的质量一般在150kg以下。因此,模锻主要适用于大批量的中、小型锻件。

常用的模锻设备有:模锻锤和模锻压力机(如曲柄压力机、平锻机、摩擦压力机和液压机等)。根据所用设备的不同,固定模锻可分为锤上模锻和压力机上模锻。

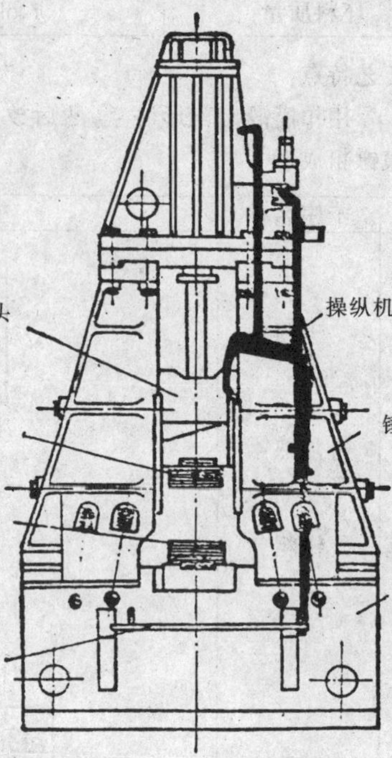

图 3-1-5 模锻锤

锤上模锻是在蒸汽—空气模锻锤上进行的,如图3-1-5。其工作原理与蒸汽—空气自由锻锤基本相同,主要区别是砧座与锤身连成一体,砧座的质量比自由锻锤的砧座质量大得多,锤头与导轨间的间隙比自由锻锤的小,配合面长,因而锤头的上、下运动精确,在锤击过程中能保证上、下模具有良好的对中性。

锤上模锻能完成镦粗、拔长、滚挤、弯曲、成形、预锻和终锻等各种变形工序,且锤击力的大小与频率可以在操作中通过操作机构控制与变换。操作工人的劳动条件比自由锻的好,但其工作时振动大和噪音大,劳动条件仍然较差,且完成一个变形工步要经过多次锤击,生产率仍不太高,难以满足大批量生产的要求。故大批量生产时,锤上模锻将逐渐被压力机上模锻所代替。

常用的模锻压力机有曲柄压力机、摩擦压力机、平锻机和液压机等,图3-1-6是曲柄压力机的外形构造和工作原理图。

压力机上模锻时,作用于坯料上的锻造力是压力,坯料的变形速度低,有利于提高锻件的锻造性能,工作时噪声低、振动小,是一种高效率、高质量、劳动条件好、容易实现机械化的锻造方法。但由于在锻造过程中,压力机滑块的行程和压力不能随意调节,因此,压力机上模锻不能进行拔长、滚挤等制坯工序。若在曲柄压力机上锻造变截面的长轴类锻件(如连杆)时,需配装制坯的设备(如辊锻机)。

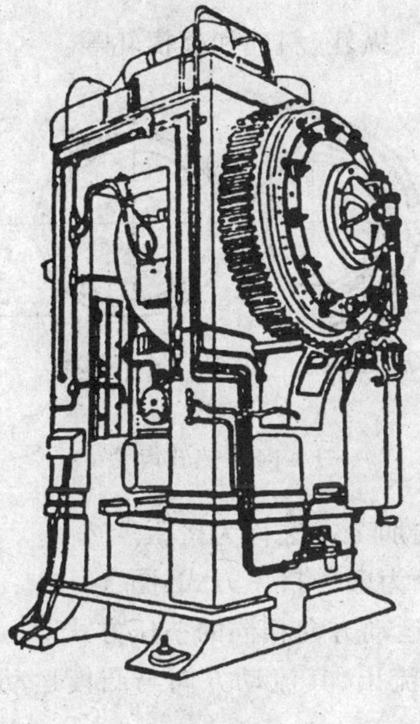

a)外形构造

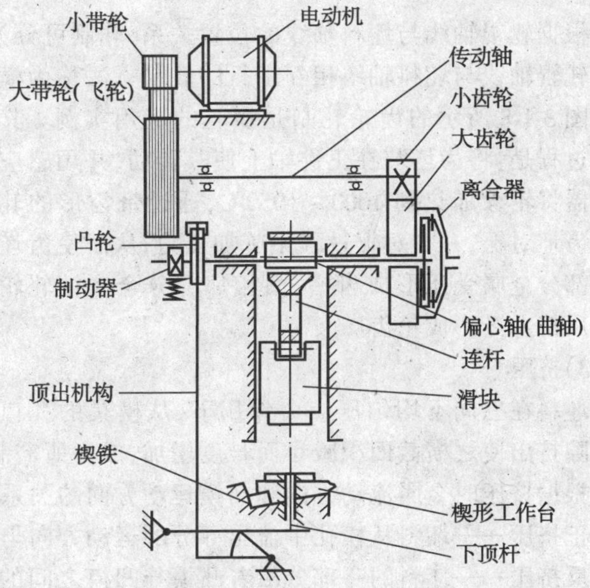

b)传动系统

图 3-1-6 曲柄压力机

3.1.2 特种锻压工艺

工业生产的快速发展,对锻压生产提出了越来越高的要求,即提高锻件质量和精度,减小锻件公差,使锻件接近或等于零件尺寸,从而减少锻压工序,实现少、无切削加工;减少变形力,以利于用较小吨位的锻压设备制造出大锻件;锻压生产过程实现机械化、自动化,以提高生产率。为满足这些要求,在普通的锻压工艺基础上发展和推出了许多特种锻压工艺,如精密模锻、精冲、挤压、轧制、摆动辗压、超塑性成形和高速高能成形等。

1)精密模锻

精密模锻是在模锻设备上装置具有模腔形状复杂、尺寸精度高的锻模直接锻造出形状复杂、尺寸精度高的锻件。如图 3-1-7 所示是汽车、拖拉机上的差速齿轮,若采用精密模锻,则其锻后的齿形部分不必切削加工。

精密模锻必须有相应的工艺措施来保证。如模具的设计与制造必须精确,一般要求精锻模腔的加工高于锻件的精度 1～2 级;坯料的下料尺寸要精确,必须采用无氧化或少氧化的加热方法,减少氧化,以提高锻件的尺寸精度和表面质量等。

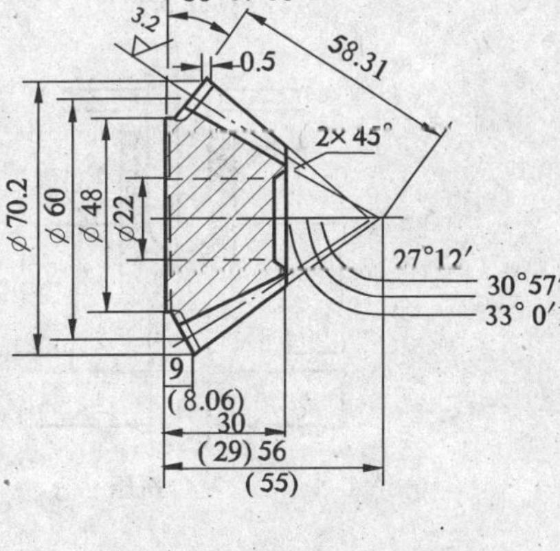

图 3-1-7 差速行星锥齿轮锻件图

2)轧制

金属材料在旋转轧辊的压力作用下，产生连续塑性变形，获得所要求的截面形状并改变其性能的方法称为轧制。轧制除生产各种型材、板材和管材外，现已广泛用来轧制各种零件。

根据轧辊轴线与坯料轴线的位置关系，轧制可分为横轧、纵轧、斜轧和楔横轧等。

轧辊轴线与坯料轴线相互平行的轧制方法称为横轧。图 3-1-8 所示的齿轮轧制是横轧的应用实例。其工作过程是：将齿坯装在工件轴上使其转动，并用感应加热器将轮缘加热到 1000～1050℃，通过带齿形的轧轮与齿坯对辗，并在对辗过程中施加压力，从而使齿坯上一部分金属受压形成齿槽，而相邻部分金属被轧轮齿部反挤上升形成轮齿。

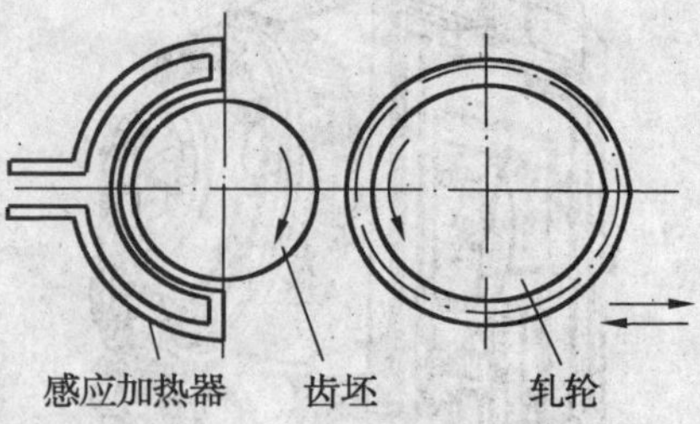

图 3-1-8 热轧齿轮

3)挤压

坯料在三向不均匀压应力作用下，从模具的孔口或缝隙挤出使之横截面积减小而长度增加，成为所需制品的加工方法称为挤压。

根据挤压时金属流动方向和凸模运动方向的关系，可分为四种挤压方式(图 3-1-9)。

正挤压——坯料从模孔中流出部分的运动方向与凸模运动方向相同的挤压方式。

反挤压——坯料的一部分沿着凸模与凹模之间的间隙流出，其流动方向与凸模运动方向相反的挤压方式。

复合挤压——同时兼有正挤压、反挤压时金属流动特征的挤压方式。

径向挤压——金属的流动方向与凸模运动方向成 90°的挤压方式。

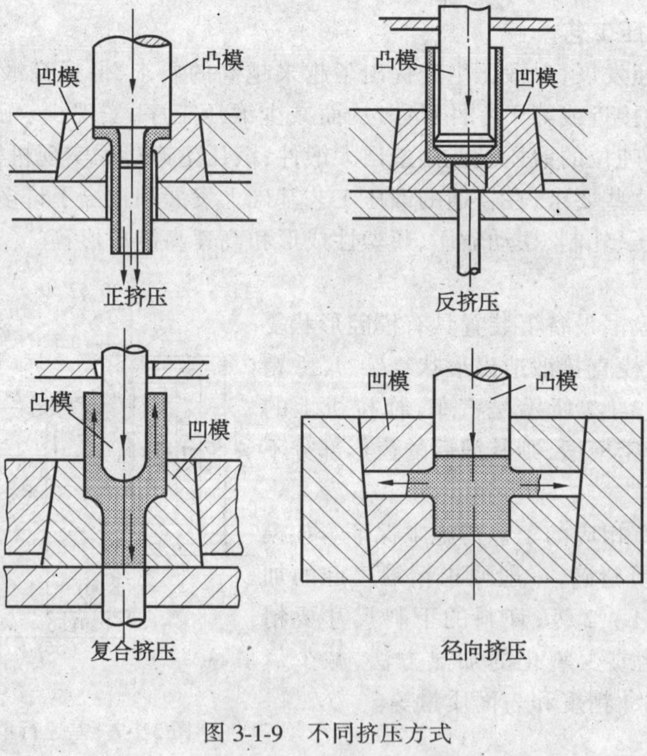

图 3-1-9 不同挤压方式

根据挤压时金属坯料所具有的温度不同,挤压又可分为热挤、温挤和冷挤三种。

为保证零件的尺寸精度,实现少、无切削加工,通常使用的挤压方法是冷挤。冷挤压零件的精度可达 IT8~IT7 级,表面粗糙度为 $Ra1.6 \sim 0.2\mu m$。图 3-1-10 为几种典型的冷挤压零件。

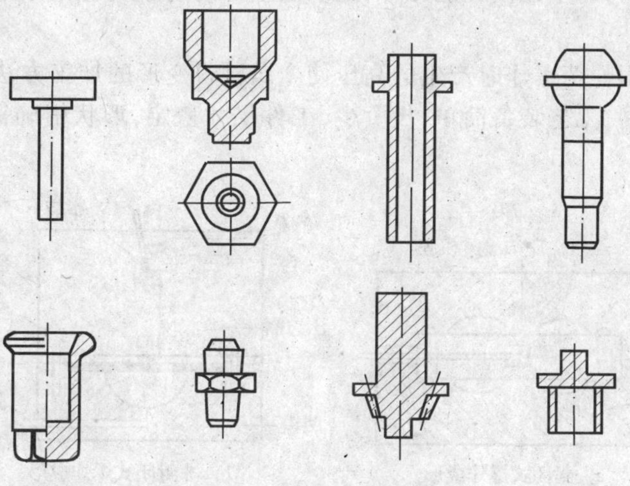

图 3-1-10　几种典型的冷挤压零件

4)摆动辗压

上模的轴线与被辗压工件(放在下模)的轴线倾斜一个角度,模具一边绕轴心旋转,一边对坯料进行连续的局部压缩,这种加工方法称为摆动辗压(图 3-1-11)。如果上模母线是一直线,则被辗压的工作表面为平面,如果上模母线是一曲线,则被辗压的工作表面为曲面。

摆动辗压时坯料的变形只是在坯料内的一个小小面积里产生,且此变形区会随着模具沿坯料作相对运动,使整个坯料逐步变形,这样就能大大降低锻压力和设备吨位容量,从而可以用较小吨位的锻压设备辗压出大截面饼类锻件。

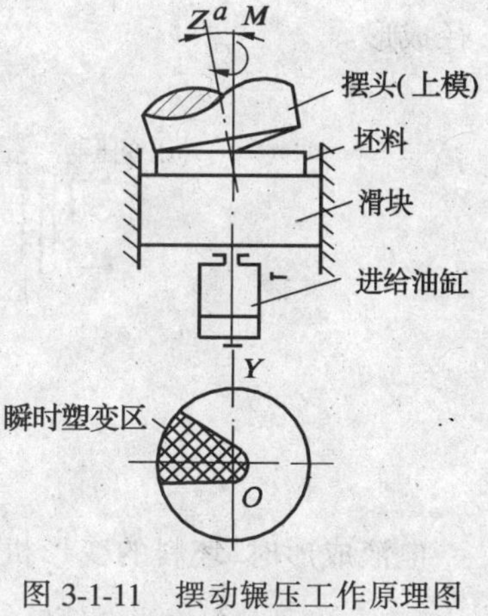

图 3-1-11　摆动辗压工作原理图

5)超塑性成形

金属在特定的组织条件、温度条件和变形速度条件下变形时,塑性比常态提高几倍甚至几百倍(如有的伸长率 $\delta = 1000\%$),而变形抗力降低到常态的几分之一至几十分之一,这种异乎寻常的性质称为超塑性。利用材料的超塑性进行成形加工的方法称为超塑性成形。

目前常用的超塑性成形方法主要有:超塑性模锻、超塑性挤压、超塑性板料拉深和超塑性板料气压成形等。

超塑性成形扩大了适应锻压生产的金属材料范围。如用于制造燃汽涡轮零件的高温高强合金,用普通锻压工艺很难成形,但用超塑性模锻就能得到形状复杂的锻件。

6)高速高能成形

高速高能成形是通过适当的方法获得高速度和高能量(如化学能、冲击能、电能等),使坯料在极短的时间内快速成形的加工方法。常见的高速高能成形方法有高速锤成形、爆炸成形、电磁成形、电液成形等。

高速锤成形是利用高压气体(通常采用 14MPa 的空气或氮气)作介质,借助一种触发机构,使坯料在高速冲击下成形。高速锤成形时,坯料的变形速度高,变形时间短,热效应大,热量损失小,金属坯料的填充模腔能力好,能锻出壁薄高筋、形状复杂的零件,锻件的质量比普通模锻的高。

爆炸成形是利用炸药爆炸时产生的高压使金属材料变形的加工方法(图 3-1-12)。爆炸成形具有变形速度高,工艺装备简单,投资少,工件尺寸稳定,形状精确等特点,适合多品种小批量的生产。

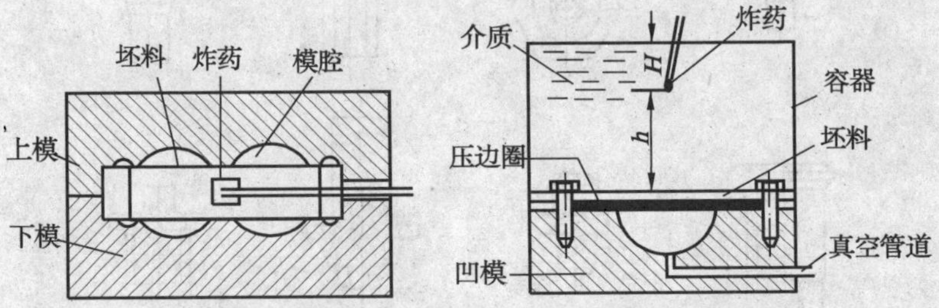

a) 封闭式爆炸成形　　b) 非封闭式爆炸成形

图 3-1-12　爆炸成形

电磁成形是利用电磁力来加压成形的(图 3-1-13)。主要适用于管子毛坯的缩径成形或扩径成形。

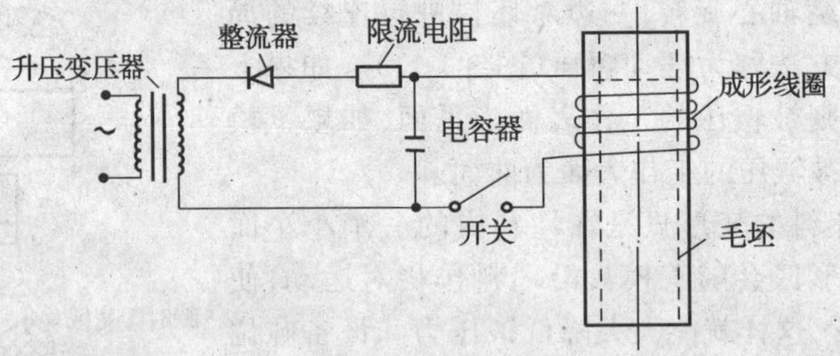

图 3-1-13　电磁成形

电液成形时,坯料的变形机理与爆炸成形时坯料的变形机理相同(图 3-1-14)。

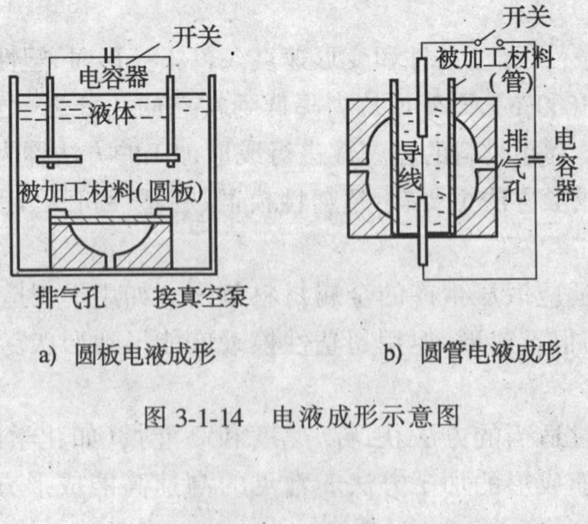

a) 圆板电液成形　　b) 圆管电液成形

图 3-1-14　电液成形示意图

3.2 板料冲压

板料冲压是使板料经分离或成形而得到制件的加工方法。板料冲压的坯料多在室温下进行,故又称冷冲压,简称冲压。

板料冲压的特点是:

(1)可以冲压出形状复杂的零件,冲压件的质量轻,强度和刚度较好,故材料的消耗少。

(2)能保证产品有足够高的精度和较低的表面粗糙度,一般无须切削加工,零件的互换性好。

(3)冲压操作简单,工艺过程便于实现机械化和自动化,适合大批量生产。

3.2.1 冲压的设备和冲模

1)冲压设备

冲压生产中常用的设备是剪床和冲床。

(1)剪床

常用的剪床有:龙门剪、滚刀剪、振动剪等。用的较多的龙门剪也称剪板机。剪板机用来把板料剪成一定宽度的条料,以供下一步冲压工序使用,其外形及传动如图 3-2-1。

剪床的上、下刀刃是分别固定在滑块和工作台上,根据上刀刃与水平方向的夹角不同,可分为平刃(夹角等于零度)和斜刃剪床(夹角不等于零度)。工作时,由电动机带动带轮、齿轮和曲轴转动,从而使滑块及上刀刃作上、下运动,进行剪裁工步。

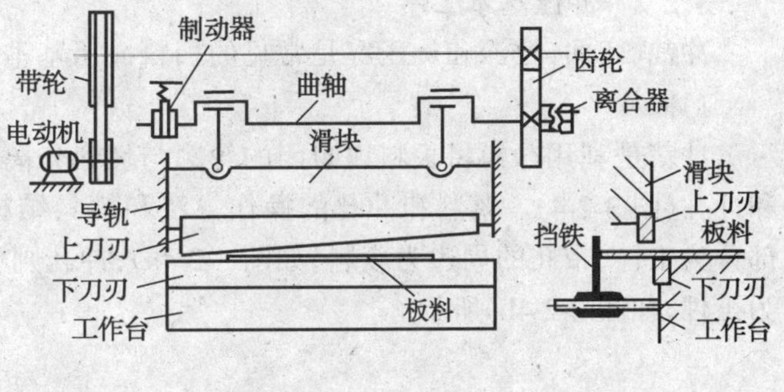

图 3-2-1　剪板机

工作时电动机在一直不停的转动,而上刀刃是通过离合器的闭合与脱开来进行剪裁的,制动器的作用是使上刀刃剪切后停在最高位置上,为下次剪切做好准备,挡铁用以控制下料尺寸。剪板机的规格是以剪切板料的厚度和宽度来表示的。

滚刀剪与振动剪可按曲线将板料分离。

(2)冲床(压力机)

压力机用来实现冲压工序。图 3-2-2 为小型压力机的结构示意图。冲压时冲模的凸模(或冲头)装在滑块的下端,凹模装在工作台上,冲床中的曲柄—连杆机构将电动机的旋转运动转变成滑块的上、下往复运动,实现冲压。

2)冲模的分类

按工序的组合特征,冲模基本上可分为三类:

简单模——在压机的一次行程中只完成一道工序的模具。

连续模——在压机的一次行程中,在模具不同部位同时完

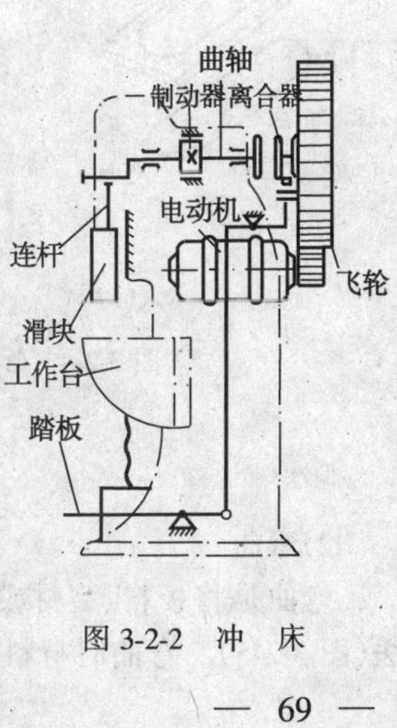

图 3-2-2　冲　床

成数道冲压工序的模具。

复合模——利用压机的一次行程,在模具的同一位置完成两道以上工序的模具。

简单模结构简单,容易制造,适用于小批量生产。连续模的生产率高,易于实现自动化,但要求定位精度高,制造比较麻烦,成本较高。复合模能保证较高的零件精度,平整性及生产率高,但制造复杂,成本高。

各类冲模主要包括如下的零部件:

工作零件——有凸模、凹模、复合模和凸凹模,模具一般用高碳钢或合金工具钢制造;

定位零件——有挡料销、导正销、定位销、定位板、导尺、导料销、侧刃等;

导向零件——有导板、导柱、导套等;

卸料与推件零件——有卸料板、压料板、推件器、顶件器等;

连接固定零件——有上模板、下模板、模柄、压模板、螺钉、销钉等。

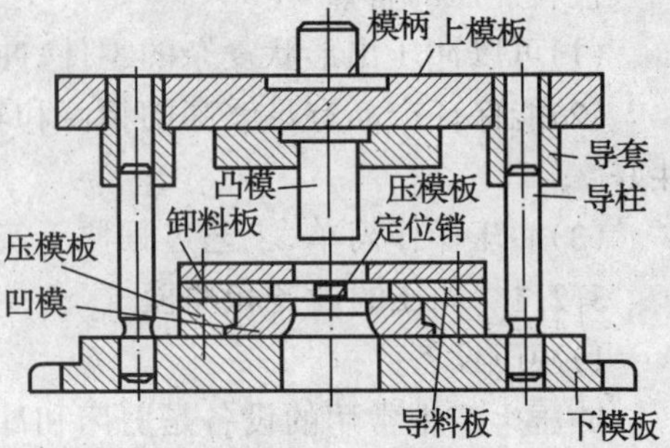

图 3-2-3 简单模

图 3-2-3 为简单模结构示意图。

3.2.2 冲压基本工序

冲裁、弯曲、拉深和旋压等是常见的板料冲压基本工序。

1)冲裁

冲裁是利用冲模将板料以封闭的轮廓与坯料分离的一种冲压方法。冲裁主要用于落料和冲孔(图 3-2-4)。落料和冲孔的操作方法和模具结构相同,但作用不同。落料时,冲下的部分为工件,带孔的周边为废料,如图 3-2-4a);冲孔则相反,冲下的部分为废料,带孔的周边为工件,如图 3-2-4b)所示。

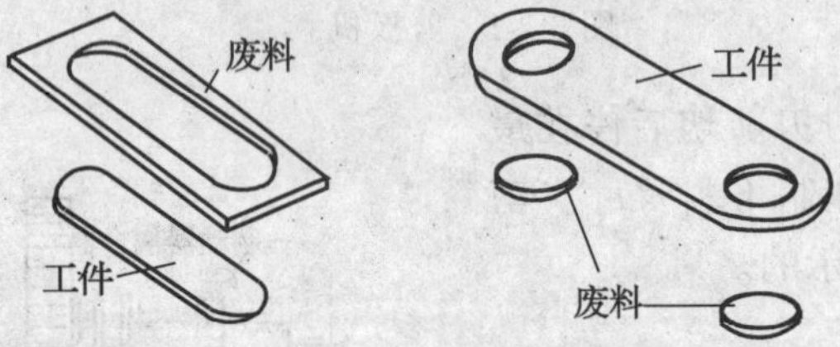

图 3-2-4 落料和冲孔

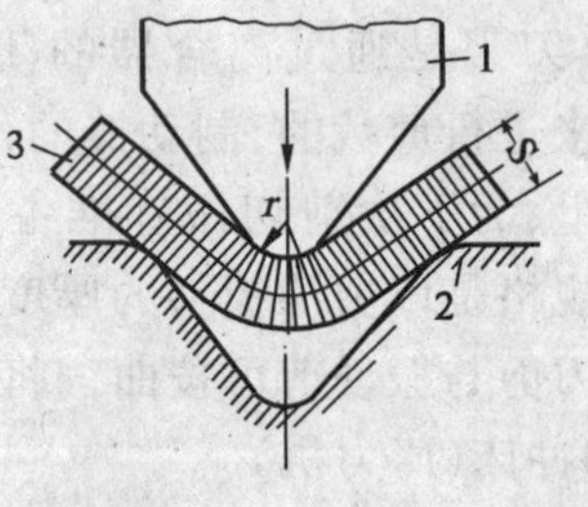

1—凸模 2—凹模 3—板料

r —弯曲半径 ρ—中性层曲率半径

图 3-2-5 弯 曲

2)弯曲

弯曲是将板料、型材或管材在弯矩的作用下弯成具有一定曲率和角度的制件的成形方法(图 3-2-5)。弯曲时材料的内侧受压缩,外侧受拉伸。在这两个应力—应变区之间存在一个不产生应力和应变的中性层，其位置在板料的中心部位。

板料在外载荷的作用下，产生的变形由弹性变形和塑性变形两部分组成。当外载荷去除后，塑性变形保留下来，而弹性变形部分则要恢复。由于坯料的弹性变形消失，将会出现所谓"回弹"现象，导致工件的弯曲角度与模具的不一致。回弹角通常小于10°。材料屈服点越高，回弹值越大；工件弯曲角度越大，回弹值也越大。因此，设计弯曲模时，应使模具的角度比工件的角度小一个回弹角，以保证工件弯曲后得到准确的弯曲角度。图3-2-6为某零件的弯曲过程和模具示意图。

弯曲变形程度的极限值由外侧拉应力限制。而弯曲变形程度由弯曲半径 r 和板厚 S 的比值 r/S 决定，这称为相对弯曲半径。弯曲程度的极限可用最小弯曲半径（r_{min}）来表示。通常 $r_{min} \geqslant 0.25S$。影响此值的因素有：

(1)材料的力学性能　塑性好的材料或经过再结晶退火的材料，允许弯曲变形量大，则 r_{min} 可小些。

(2)板料纤维方向　弯曲时，若使变形方向与纤维方向重合，则 r_{min} 可小些，且弯曲后工件强度高。如图3-2-7a)合理，而图3-2-7b)则不合理。通常这两种方向的允许变形量相差一倍。如涉及两个垂直的弯曲轴线，应使金属弯曲轴线与纤维方向成45°。

(3)板料表面质量　板料表面粗糙或边缘有冲裁毛刺，则易引起应力集中，为防止弯裂，必须增大 r_{min}；若表面光滑，则 r_{min} 可小些。

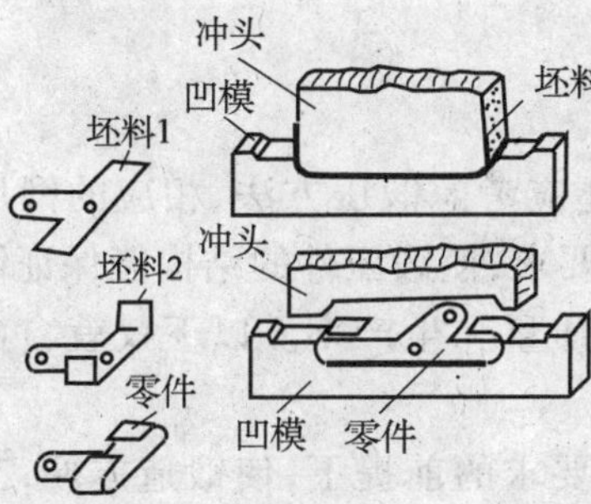

图3-2-6　某零件的弯曲过程和模具

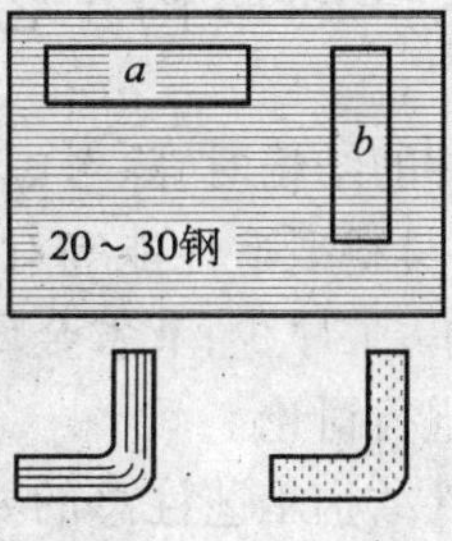

a) 平行流线方向　　b) 垂直流线方向

图3-2-7　流线方向与最小弯曲半径关系

3)拉深

拉深是变形区在 拉 压的应力状态作用下，使板料（浅的空心坯）成形为空心件（深的空心件）而厚度基本不变的加工方法（图3-2-8）。拉深过程实质上是使冲头下端以外板料金属由平面经过剧烈的塑性变形转化为筒壁形状的过程。

为防止工件被拉裂，便于拉深过程的顺利进行，冲头和凹模的顶角应以圆弧过渡；冲头与凹模的间隙要稍大于板厚，约为板厚的1.1～1.2倍；拉深前板料上变形区要涂润滑剂，以减小板料与模具间的摩擦；变形量大的拉深件，应采取多次拉深；在拉深过程中要用适当的压边圈，以防止处于上缘部位的板料起皱。

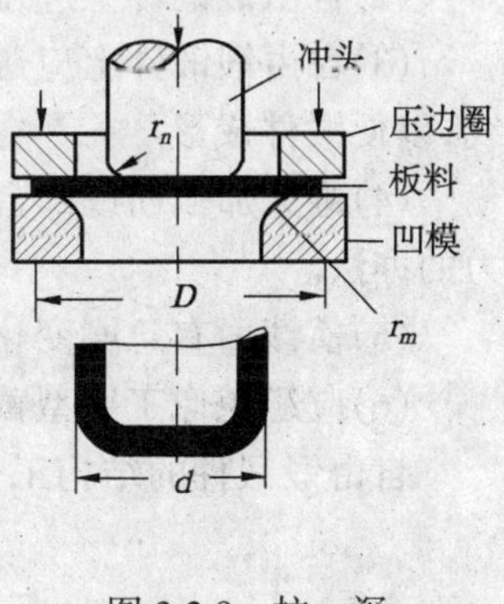

图3-2-8　拉　深

拉深件的深度越深，所需的坯料直径越大，其成形中变形程度越大。因此，只要注意坯料直径与成形后筒径的适当配合，便可达到控制拉深变形程度的目的。可用拉深系数 m 表示拉深变形程度。

$$m = d/D$$

式中 d——筒径；

D——坯料直径。

影响拉深系数的因素很多，塑性好的材料（低碳钢板、铝板）拉深系数可小些；坯料相对厚度（板料厚度 S/坯料直径 D）大，拉深时外环部分不易失稳起皱，拉深系数可小些；凸凹模圆角半径大于 $(0.1\sim0.3)S$，单边间隙为 $(1.1\sim1.5)S$，润滑条件好，则拉深时金属塑性流动阻力小，拉深系数亦可小些。

某些深腔拉深件（如笔帽），由于 m 小，难以一次拉成，为此，采用多道工序拉深。由于拉深过程中产生冷变形强化，所以连续拉深次数不能太多，如低碳钢或铝不多于 4~5 次。如工件形状要求更多道拉深，则必须安排中间退火（再结晶退火），以恢复材料的塑性。

拉深也可用旋压来完成。旋压是一种成形金属空心回转体的工艺方法。其变形过程类似图 3-1-8 所示的那样，在毛坯随芯模旋转，或旋压工具绕毛坯与芯模旋转中，旋压工具与芯模相对进给，从而使毛坯受压并产生连续、逐点的变形。

3.3 锻压件的结构工艺性

设计锻压件的结构时，除考虑满足使用性能要求外，还应考虑锻压方法、相应的锻压设备和工具特点、材料锻造性能等对锻压件的结构工艺性的要求，使锻压件的结构能保证锻压成形时操作简单，工序少，节省金属材料，以提高锻压件的质量和生产率。以下仅就自由锻的结构工艺性进行讨论。

对自由锻件结构工艺性总的要求是：在满足使用性能要求的前提下，使锻造方便，节约金属和提高生产率。

在进行自由锻件的结构设计时应注意如下原则要求：

(1)锻件形状应尽可能简单、对称、平直，以适应在锻造设备下的成形特点。

(2)自由锻锻件上应避免锥体和斜面，可将其改为圆柱体和台阶结构。

(3)自由锻锻件上应避免空间曲线如圆柱面与圆柱面的交接线，应改为平面与平面交接线，以便锻件成形。

(4)避免加强筋或凸台等结构。自由锻件不应采用像铸件那样用加强筋来提高承载能力的办法。

(5)横截面有急剧变化的自由锻锻件，应设计成几个简单件的组合体。

(6)应避免像工字型截面、椭圆截面、弧线及曲线形表面等形状复杂的截面和表面。

自由锻锻件的结构工艺性要求见表 3-3-1。

表 3-3-1　自由锻锻件的结构工艺性

要　求	不合理的结构	合理的结构
1.尽量避免锥面或斜面	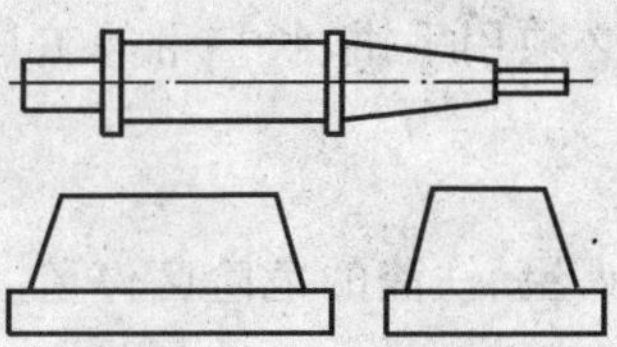	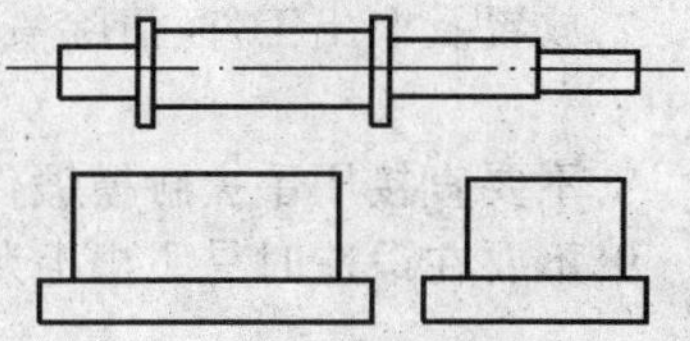
2.避免圆柱面与圆柱面相交	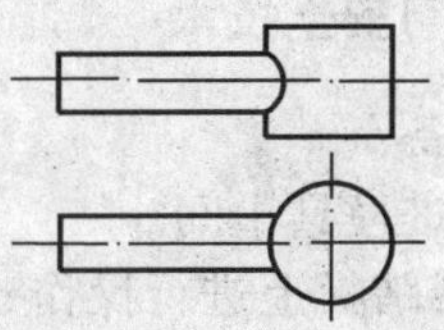	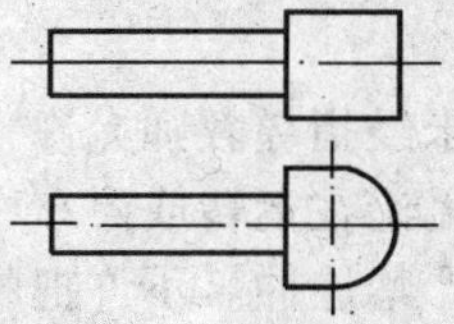
3.避免椭圆形、工字形或其它非规则形状截面及非规则外形	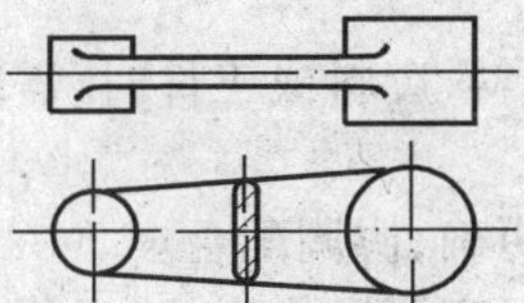	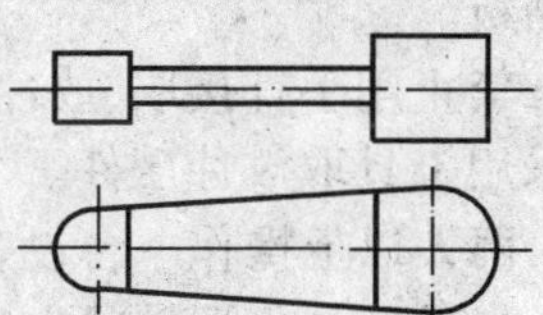
4.避免肋板和凸台等结构。肋板可在锻造以后焊接到锻件上。凸台改沉头孔，锻件成形后再机加工	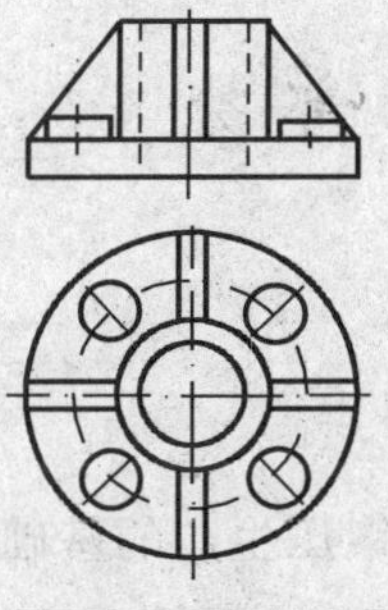	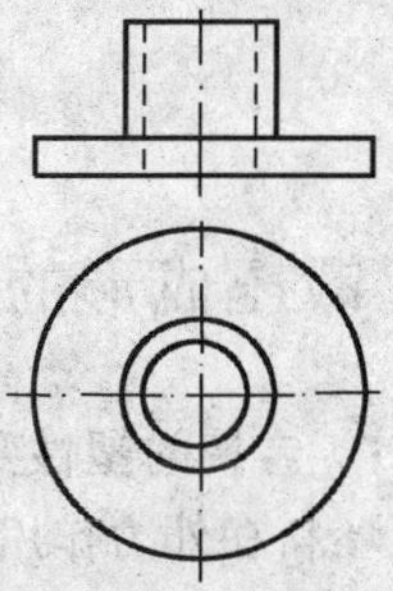
5.截面有急剧变化或形状复杂的工件，可分段锻造，再用焊接或机械连接组成整体	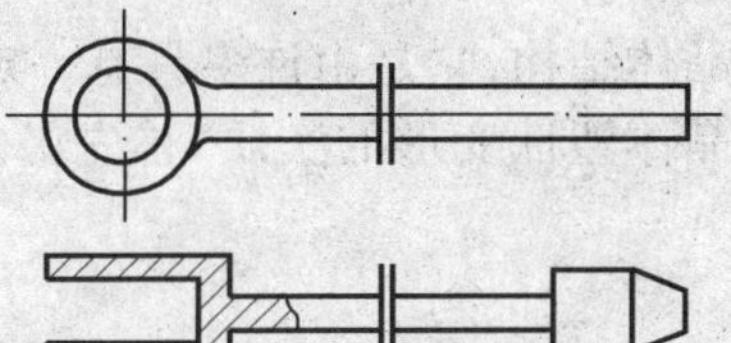	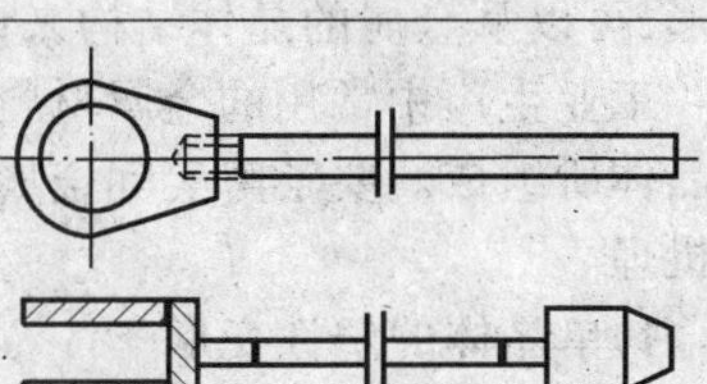

锻造实习安全技术

1.锻造前必须仔细检查设备及工具，看楔铁、螺钉等有无松动，火钳、摔子、垫铁、冲头等有无开裂或其它损坏现象。

2.锻造过程中思想应集中，严格按照掌钳工指令进行操作，严禁在操作过程中谈笑打闹、下蹲。

3.手钳钳口形状必须与坯料的截面形状、尺寸相符，以保证夹持牢固。手钳夹牢工件后，放在下砧中央，且要求确保放正、放平、放稳，以防飞出。

4.严禁将手钳或其它工具的柄部对准身体正面，而应置于体侧，以防工具受力后退时戳伤身体。

5.脚踩踏杆时脚跟不许悬空；以便稳定地操作踏杆。非锤击时，应随即将脚离开踏杆，以防误踏出事。

6.锤头应做到"三不打",即工模具或坯料未放稳不打;过烧或已冷坯料不打;砧上没有坯料不打。

7.放置及取出工件、清除氧化皮时,必须用手钳、长扫帚等工具,严禁将手伸入锤头的行程中。

8.不要直接用手去触摸锻件和钳口。

9.不要在锻造时易飞出毛刺、料头、火星、铁渣的危险区停留。

冲压实习安全技术

1.未经指导教师允许,不得擅自开动设备。

2.无论在运转或停车中,都不许把手伸进模具中间。

3.严禁连冲。不许把脚一直放在离合器踏板上进行操作,应该每冲一次踩一下;随即脚脱离踏板。

4.禁止用手直接取、放冲压件,清理坯料、废料或工件时,需戴好手套,以免划伤手指,且最好采用工具取放冲压件。

5.两人以上操作一台设备时,要分工明确,协调配合。

6.当设备处于运转状态时,操作者不得离开操作岗位,操作停止时,要切断电源,使设备停止运转。

讲 课 部 分

3.4 锻压成形的基础知识

3.4.1 金属的塑性变形

金属坯料在外力作用下产生塑性变形是锻压生产的基础。金属坯料之所以能进行塑性变形,可以从金属的晶体结构来说明。

工业生产中常用的金属材料是多晶体结构,它是由许多具有一定位向、原子排列规则的单晶体所组成。要了解实际金属的多晶体塑性变形的实质,首先必须掌握单晶体的塑性变形机理。

1)单晶体的塑性变形

单晶体中的原子排列方式完全一致(图 3-4-1a))。当晶体受到外力作用时,晶格中的原子离开原平衡位置,晶格发生弹性歪扭(图 3-4-1b))。此时若将外力去除,则晶格将回复到原始状态,此为弹性变形阶段。当外力增加,且沿着原子排列紧密的面(即滑移面)的分切应力达到临界值 τ_k 时,晶体的一部分相对于另一部分沿着滑移面将产生一个或数个原子间距的相对移动,此为弹、塑性变形阶段(图 3-4-1c))。当外力去除后,弹性变形回复,原子在新

图 3-4-1 晶体中通过位错运动而造成滑移

的平衡位置上稳定下来(图 3-4-1d)),这种现象叫做滑移。滑移结果使晶体产生塑性变形。

晶体在滑移面上的滑移,并不是整个滑移面上所有的原子同时一起移动(即刚性滑移),而是由位错在外力作用下不断运动形成滑移(图 3-4-2)。由此可知,单晶体的主要变形方式是滑移,而滑移是位错运动的结果。

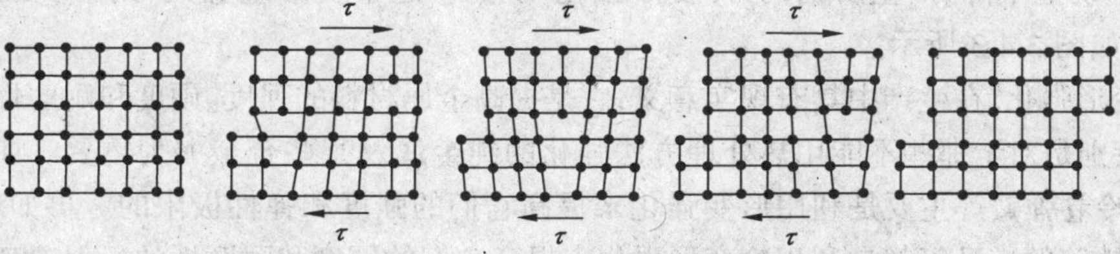

图 3-4-2　晶体中通过位错运动而造成滑移

2)多晶体的塑性变形

实际金属材料是由多晶体组成。多晶体的塑性变形可以看成是组成多晶体的许多单晶体产生塑性变形的综合效果。组成多晶体的一个晶粒其塑性变形方式如同上述的单晶体塑性变形方式,主要为滑移。但由于晶界(晶粒与晶粒之间的交界)的存在和各个晶粒位向的不同,而晶界上的原子排列紊乱,并有较多的杂质,不同程度的造成畸变,位错运动到该处将受到较大的阻力,即晶界处有较高的变形抗力,使得多晶体的塑性变形方式比单晶体更为复杂。

3.4.2　塑性变形对金属组织和性能的影响

1) 塑性变形对金属组织和性能的影响

金属变形程度用锻造比来表示,锻造比表示金属变形程度的大小。锻造比一般用锻造过程中的典型工序的变形程度来表示。以镦粗为例,其锻造比 $y_{镦}$ 为

$$y_{镦} = H_0/H$$

式中　H_0——镦粗前金属坯料的高度;

H——镦粗后金属坯料的高度。

若以拔长为例,其锻造比 $y_{拔}$ 为

$$y_{拔} = F_0/F$$

式中　F_0——拔长前金属坯料的横截面积;

F——拔长后金属坯料的横截面积。

金属在外力作用下,晶粒的形状随着外力的增加,被拉长或被压扁。当变形量增大时,位错密度增加,晶粒破碎成亚晶粒,或进一步出现“锻造流线”,此时晶界变得模糊不清。

一般情况下,增加锻造比,可使金属组织细化,提高锻件的机械性能。但当锻造比过大,金属组织的紧密程度和晶粒细化程度都已达到了极限,锻件的机械性能不再升高,金属的组织将会出现“织构”(或择优取向,金属中每个晶粒的某一位向都趋于一致),呈各向异性。

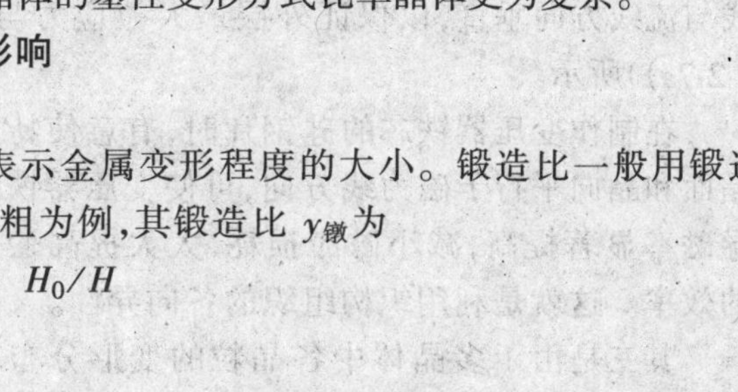

图 3-4-3　冷变形对低碳钢力学性能的影响

当锻造比过小时,金属中粗大晶粒没有得到细化,铸锭中的缺陷没有压合,锻件

的力学性能没有提高。

金属经塑性变形后，由于其组织发生变化，将引起力学性能的变化：

其一是由于位错密度的增加，晶粒破碎成亚晶粒，晶格畸变严重，使晶体滑移的阻力迅速增大，从而金属的塑性变形抗力明显增加，即金属的强度(σ_b)和硬度显著升高，塑性(a_k)和韧性(δ)明显下降，产生所谓的"冷变形强化"现象。通常变形量愈大，则形变强化的效果愈显著。如图 3-4-3 所示。

"冷变形强化"在生产中具有现实意义，它是提高金属材料的强度、硬度和耐磨性的重要手段之一，特别是对于那些不能用热处理方法强化的纯金属及某些合金尤为重要。如冷拉高强度钢丝和冷卷弹簧等主要是利用形变强化来提高它们的强度和弹性极限的。再如坦克、拖拉机履带和铁路的道叉等都是利用冷变形强化来提高它们的硬度和耐磨性的。但冷变形强化对进一步加工带来困难，如钢板在冷轧过程中会愈轧愈硬，以致后道轧制工序难以进行。为此，必须在进一步塑性变形过程中安排一些中间退火工序，以消除冷变形强化的影响。

冷变形强化不仅使金属的力学性能发生显著变化，而且使金属的物理性能和化学性能也发生显著变化，如电阻率增加和耐蚀性降低等。

其二是当金属中出现锻造流线和织构时，将使金属在性能上呈现出各向异性。

生产中必须恰当利用金属的锻造流线。如板料冲压工序中的弯曲，应使弯曲件的弯曲线与流线方向垂直，以保证外层最大拉应力与流线方向一致，减少裂纹产生的倾向(如图 3-2-7a))所示。

在制作变压器铁芯的硅钢片时，有意使特定的晶面和晶向平行于磁力线方向，可使变压器铁芯的导磁率显著提高，减小磁滞损耗，大大提高变压器的效率。这就是利用织构组织的各向异性。

其三是由于多晶体中各晶粒的变形分布极不均匀，导致塑性变形后的金属存在残余内应力。零件中的残余内应力会随着时间的延长而释放，引起零件的尺寸和形状的变化。

2)冷变形金属在加热时的组织转变

金属经塑性变形后产生的冷变形强化是一种很不稳定的组织状态，它有自发恢复原始组织状态的倾向。若对塑性变形后的金属加热，随着温度的升高，其组织和性能将发生如图 3-4-4 所示回复、再结晶和晶粒长大的变化过程。

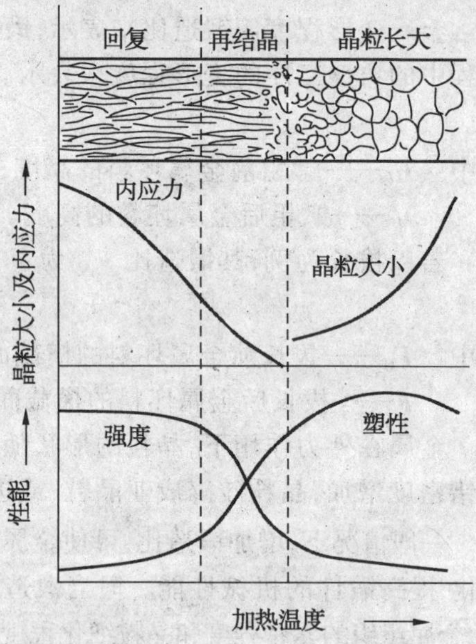

图 3-4-4　晶粒大小和性能变化

当变形金属的加热温度较低时，金属原子的活动能力较低，金属内部只有点缺陷、位错等作微量的迁移，从而使点缺陷和位错的数量减少，晶格畸变程度降低，残余内应力部分消除。但金属晶粒大小和形状并不发生明显变化，故强度、硬度和塑性等力学性能变化不大。这一过程称为"回复"。在实际生产中可利用回复这些特点，将变形金属在低温下加热，使其既保留了冷变形强化的特征，又降低了残余内应力，减少脆性。例如，用冷拔钢丝冷卷成弹簧后，常采用 250～300℃的低温退火，就是回复在生产中的一个应用实例。

当经过塑性变形的金属被加热到较高温度时,金属具有较强的原子扩散能力。通过原子的扩散,会在原塑性变形最激烈的区域自发地形成许多新的细小的等轴晶粒,这种以新的等轴晶粒代替原变形晶粒的过程称为再结晶。再结晶过程也经历了形核和核长大的结晶过程,但在这一过程中,金属的晶格类型没有发生变化,只是晶粒的形状发生了变化。这种变化使得冷变形强化的金属的性能发生明显的变化,如强度、硬度显著降低,塑性、韧性明显提高,残余内应力基本消除,金属恢复到变形前的性能。在多次冷轧钢板的生产中,常要安排中间退火,以恢复塑性,利于后道冷轧工序,就是再结晶在生产中的应用实例。

当变形金属完成了再结晶过程以后,如果继续升高温度或延长保温时间,则再结晶晶粒将聚集长大,形成粗大的晶粒,此时金属的力学性能显著降低。

所谓再结晶温度是指变形金属开始发生再结晶的最低温度。不同的金属其再结晶温度不同。根据实验得出纯金属的最低再结晶温度与熔点之间的关系为

$$T_{再} = 0.4T_{熔}$$

式中,$T_{再}$、$T_{熔}$ 均以绝对温度表示。

金属在塑性变形时,由于变形温度不同,对组织和性能将产生不同的影响。在实际生产中,通常以金属的再结晶温度作为冷、热加工的界限。在再结晶温度以上的塑性变形称为热加工。金属在热加工时塑性高,变形抗力小,且形变强化迅速被再结晶代替,因此热加工后的金属没有冷变形强化的特征而具有再结晶组织和性能。但是,金属热加工时易发生表面氧化、表面质量不高的现象。热加工常用于截面尺寸较大,变形量较大,或硬度高、脆性大的金属制品或坯料中。而金属的冷加工常用于表面质量要求高,变形量小,硬度、强度低的金属制品或坯料中。

通常,锻造是热加工,是在一定温度范围进行的。金属材料在锻造加热时允许的最高温度称为该材料的始锻温度。金属坯料在加热时若超过始锻温度,则会造成严重氧化、过热或过烧等缺陷。金属材料在锻造时允许进行锻造的最低温度称为该材料的终锻温度。如果在终锻温度以下进行锻造,不仅变形抗力大,变形困难,而且可能造成金属坯料开裂或模具、设备的损坏。始锻温度至终锻温度之间的温度区间称为锻造温度范围。确定锻造温度范围的理论依据是合金状态图。对于碳素钢来说,始锻温度应在 *AE* 线以下 150～250℃的奥氏体区,此时钢的塑性好,变形抗力小,而终锻温度为 800℃左右。常见金属材料的锻造温度范围见表 3-4-1。

表 3-4-1　常见金属材料的锻造温度范围

材料种类	始锻温度/℃	终锻温度/℃	锻造温度范围/℃
低碳钢	1200～1250	800	400～450
中碳钢	1150～1200	800	350～400
合金结构钢	1100～1200	800～850	250～350
合金工具钢	1050～1150	800～850	250～300
铝合金	450～500	350～380	100～200
铜合金	800～900	650～700	150～200

3.5 锻压件质量检验与缺陷分析

3.5.1 锻压件的质量检验

冷却后的锻件应按规定的技术条件进行质量检验。常用的检验方法有：

(1)工序与工步检验。一般只进行外观目测检验，观察锻件的形状，表面有无裂纹和伤痕等。

(2)按锻件图用量具检验锻件的几何尺寸及表面质量。

(3)对重要的锻件还需进行金相组织与力学性能的检验。

3.5.2 锻件缺陷分析

1)自由锻件的缺陷分析

自由锻件的缺陷及产生原因见表 3-5-1。

表 3-5-1 自由锻件缺陷及产生原因

缺陷名称	产生原因
过热或过烧	(1)加热温度过高，保温时间过长 (2)变形不均匀，局部变形度过小
裂纹(横向和纵向裂纹，表面和内部裂纹)	(1)坯料心部没有热透或温度较低 (2)坯料本身有皮下气孔、冶炼缺陷 (3)坯料加热速度过快，锻后冷却速度过快 (4)变形量过大
折叠	(1)砧子圆角半径过小 (2)送进量小于压下量
歪斜偏心	(1)加热不均匀，变形度不均匀 (2)操作不当
弯曲和变形	(1)锻造后修整、矫直不够 (2)冷却、热处理操作不当
力学性能偏低 (锻件强度不够、硬度偏低、塑性和冲击韧性偏低)	(1)坯料冶炼成分不合要求 (2)锻后热处理不当 (3)原材料冶炼时杂质过多，偏析严重 (4)锻造比过小

2)模锻件的缺陷分析

模锻件的缺陷及产生原因见表 3-5-2。

3)冲压件的缺陷分析

常见冲压件的缺陷及产生原因见表 3-5-3。

表 3-5-2　模锻件的缺陷及其产生原因

缺陷名称	产生原因
凹坑	(1)加热时间太长或粘上炉底熔渣 (2)坯料在模膛中成形时氧化皮未清除
形状不完整	(1)原材料尺寸偏小 (2)加热时间太长,火耗太大 (3)加热温度过低,金属流动性差,模膛内的润滑剂未吹掉 (4)设备吨位不足,锤击力太小 (5)锤击轻重掌握不当 (6)制坯模膛设计不当或飞边槽阻力小 (7)终锻模膛磨损严重 (8)锻件从模膛中取出不慎碰塌
厚度超差	(1)毛坯质量超差 (2)加热温度偏低 (3)锤击力不足 (4)制坯模膛设计不当或飞边槽阻力太大
尺寸不足	(1)终锻温度过高或设计终锻模膛时考虑收缩不足 (2)终锻模膛变形 (3)切边模安装欠妥
锻件上、下部分发生错移	(1)锻锤导轨间隙太大 (2)上、下模调整不当或锻模检验角有误 (3)锻模紧固部分(如燕尾)有磨损或锤击时错位 (4)模膛中心与打击中心相对位置不当 (5)导轨设计不当
锻件局部被压伤	(1)坯料未放正或锤击中跳出模膛连击压环 (2)设备有毛病,单击时发生连击
翘曲	(1)锻件从模膛中撬起时变形 (2)锻件在切边时变形
残余毛边	(1)切边模与终锻模膛尺寸不相符合 (2)切边模磨损或锻件放置不正
锻件轴向有细裂纹	钢锭皮下气泡被拉长
锻件端部出现裂纹	坯料在冷剪下料时剪切不当
夹渣	耐火材料等杂质混入钢液中并注入钢锭中
夹层	(1)坯料在模膛中位置不对 (2)操作不当 (3)锻模设计有问题 (4)操作时变形程度大,产生毛刺,不慎将毛刺压入锻件中

表 3-5-3　常见冲压件缺陷及产生原因

缺陷名称	产　生　原　因
毛刺	冲裁间隙过大、过小或不均匀，刃口不锋利
翘曲	冲裁间隙过大，材质不均，材料有残余内应力等
弯曲裂纹	材料塑性差，弯曲线与流线组织方向平行，弯曲半径过小等
皱纹	相对厚度小，拉深系数过小，间隙过大压边力过小，压边圈或凹模表面磨损严重
裂纹和断裂	拉深系数过小，间隙过小，凹模或压料面局部磨损，润滑不够，圆角半径过小
表面划痕	凹模表面磨损严重，间隙过小，凹模或润滑油不干净
拉深件壁厚不均	润滑不够，间隙不均匀、过大或过小

复习思考题

1. 说明“趁热打铁”的道理。趁热打铁打的是生铁吗？
2. 合理的控制锻造温度范围对锻造过程有何影响？
3. 对碳钢而言，愈难锻造的钢种，其始锻温度是否应愈高？为什么？
4. 锻件镦粗时，镦歪及夹层是怎么产生的？应如何防止与纠正？
5. 截面为圆形与方形的两种锻坯中，哪种镦粗较容易？为什么？
6. 如何锻造长筒件与圆环件？
7. 自由锻件与模锻件右结构上有何要求？为什么？
8. 说说胎模锻的应用场合及范围？
9. 冲裁模与拉深模在结构上有何不同？为什么？
10. 弯曲件弯曲后会产生什么现象？如何避免？
11. 拉深件产生拉裂与皱折的原因是什么？如何防止？
12. 叙述两个例子来说明特种锻压工艺的特点及应用。
13. 如何实现锻压生产中的机械化、自动化？

4 焊接

实 习 部 分

焊接是通过加热或加压，或两者并用，并且用或不用填充材料，使焊件达到原子结合的一种加工方法。与机械连接、粘接等其它连接方法比较，焊接具有质量可靠（如气密性好）、生产率高、成本低、工艺性好等优点。

焊接广泛应用于金属材料之间、非金属材料（如石墨、陶瓷、玻璃、塑料等）之间、金属材料与非金属材料之间的连接。如巨型油轮、军舰的大面积拼板及大型立体框架结构、原子能发电设备、建筑构件、压力容器、半导体器件及精密仪器制造等均需应用焊接。

按焊接过程的特点，焊接方法可分为熔化焊（如气焊、电弧焊等）、压力焊（如电阻焊、摩擦焊等）和钎焊（如铜焊、锡焊等）三大类。

4.1 焊接工艺方法

4.1.1 焊接的基本工艺方法

1）手弧焊

手弧焊是手工操纵电焊条进行焊接的电弧焊方法。手弧焊所用的设备简单，操作方便、灵活，所以应用极广。

(1)焊接过程

焊接过程是从焊接开始到焊接结束形成优良（合格）接头的整个过程，如图 4-1-1。焊接前，将焊钳和焊件分别接到由焊机输出端的两极，并用焊钳夹持焊条。焊接时，利用焊条与焊件间产生的高温电弧（图 4-1-2）作热源，使焊件接头处的金属和焊条端部迅速熔化，形成金属熔池。当焊条向前移动时，随着新的熔池不断产生，原先的熔池不断冷却、凝固，形成焊缝，从而使两分离的焊件焊成一体。

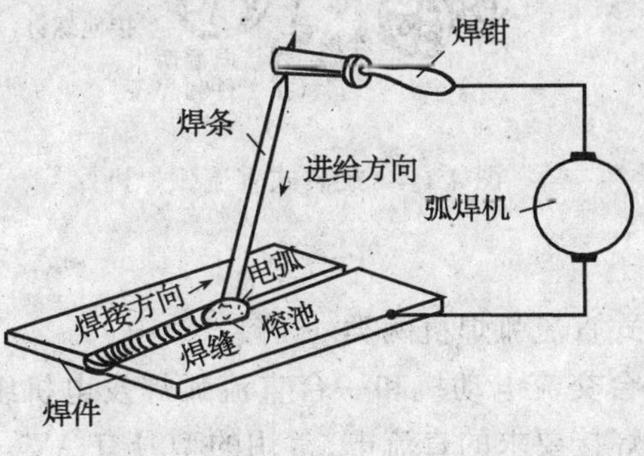

图 4-1-1　焊接过程

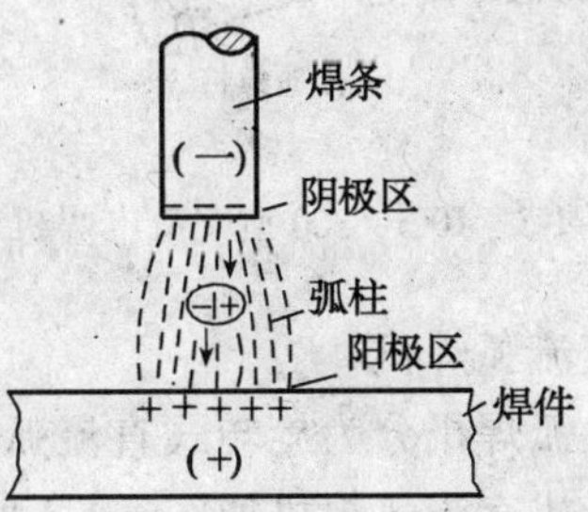

图 4-1-2　焊接电弧

(2)手弧焊设备

手弧焊的主要设备有交流弧焊机和直流弧焊机两类。

焊机型号编制方法及含义如下：

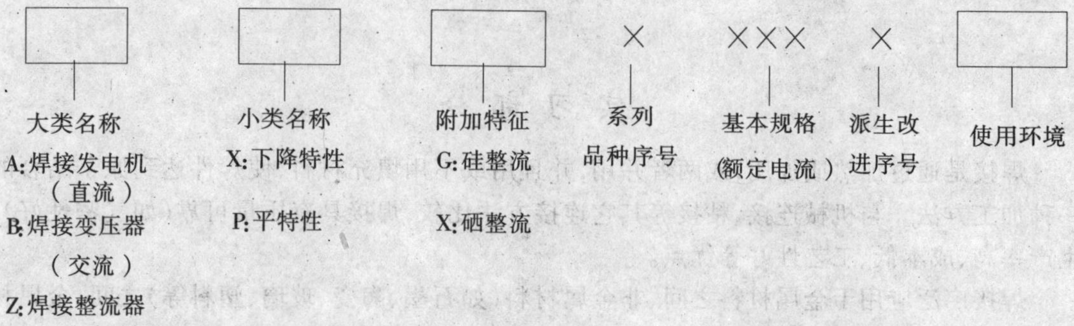

①交流弧焊机

交流弧焊机又称为弧焊变压器，具有结构简单、噪声小、成本低等优点，但电弧稳定性较差。它可将工业用的220V或380V电压降到60～90V(焊机的空载电压)，以满足引弧的需要。焊接时，随着焊接电流的增加，电压自动下降至电弧正常工作时所需的电压(一般是20～40V)。而在短路时，又能使短路电流不至于过大而烧毁电路或变压器本身。

交流电焊机的电流调节要经过粗调和细调两个步骤。粗调是改变线圈抽头的接法选定电流范围(如图4-1-3，按左边电极接法为50～150 A，按右边电极接法为175～430 A)。细调是借转动调节手柄，并根据电流指示盘将电流调节到所需值。

酸性焊条焊接，优先选用交流电焊机。图4-1-3为BX3－300交流电焊机。

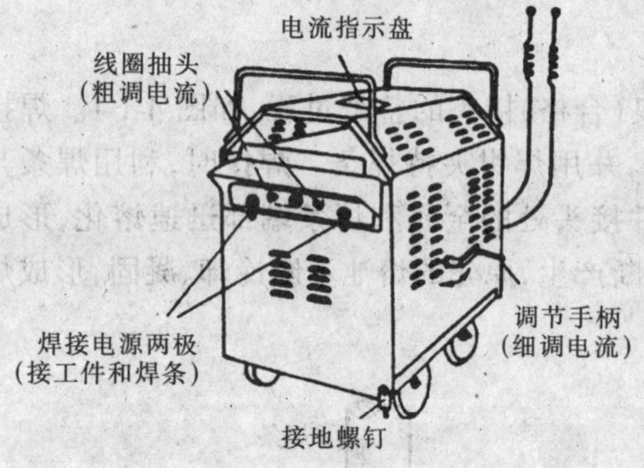

图4-1-3　BX3－300型交流电焊机外形

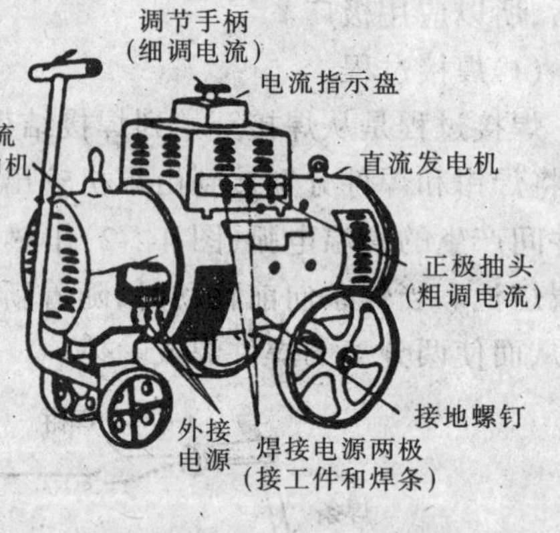

图4-1-4　旋转式直流弧焊机

②直流弧焊机

直流弧焊机分为旋转式直流弧焊机和整流式直流弧焊机两类。

旋转式直流弧焊机如图4-1-4所示，是由一台交流电动机和一台直流弧焊发电机组成。直流发电机由同轴的交流电动机带动供给满足焊接要求的直流电，常用的型号有AX7—500型直流电焊机。弧焊机的电流调节也分为粗调和细调。粗调是通过改变焊机接线板上的接线位置(即改变发电机电刷位置)来实现的；细调是利用装在焊机上端的可调电阻进行的。

这种弧焊机引弧容易，电流稳定，焊接质量较好，并能适应各类焊条的焊接，但结构复杂，噪音较大，价格较贵。在焊接质量要求较高或焊接薄的碳钢件、有色金属铸件和特殊钢件时宜选用这种焊机。

整流式直流弧焊机（简称弧焊整流器）是通过整流器把交流电转变为直流电，既具有比旋转式直流弧焊机结构简单、造价低廉、效率高、噪音小、维修方便等优点，又弥补了交流弧焊机电弧不稳定的不足。图 4-1-5 为 ZXG—300 型硅整流式直流弧焊机。

直流弧焊机输出端有正、负极之分，焊接时电弧两极极性不变。焊件接电源正极，焊条接电源负极的接线法称为正接，也称为正极性（图 4-1-6a)）；反之称反接，也称为反极性（图 4-1-6b)）。焊接厚板时，一般采用直流正接；焊接薄板时，一般采用直流反接。但在使用碱性焊条时，均采用直流反接。

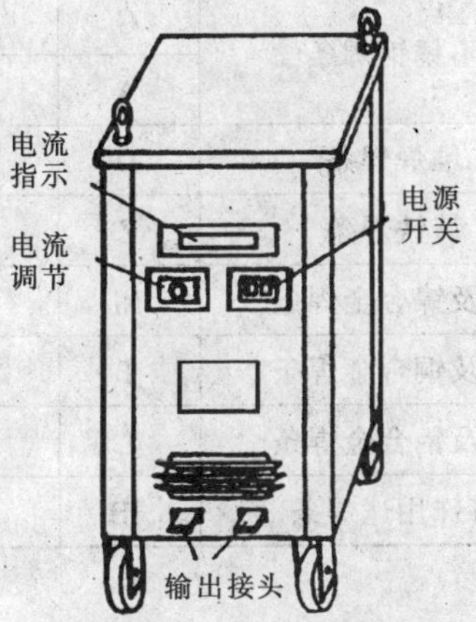

图 4-1-5　整流式直流焊机

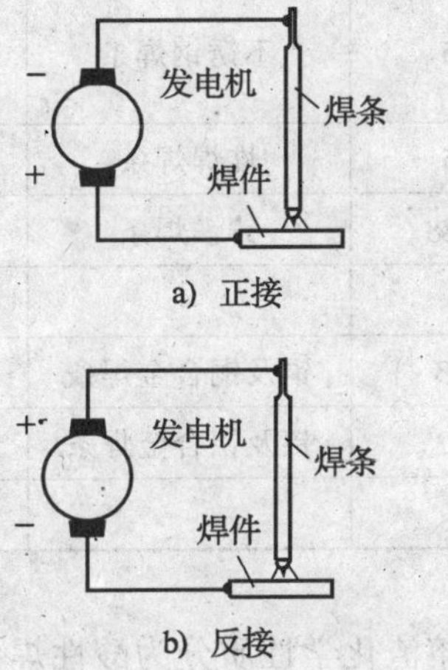

图 4-1-6　直流弧焊机正反接法

(3)焊条

焊条由焊芯和药皮组成（图 4-1-7）。焊芯在焊接过程中既是电极，又是填充金属，与熔化的母材共同形成焊缝。焊芯的质量直接影响焊缝的质量，焊芯（丝）的化学成分按用途、牌号不同由国标规定，杂质含量如硫、磷都很低。

国家标准局将焊条按化学成分划分为若干大类，国家机械工业委员会则在 1987 年的“焊接材料产品样本”中将焊条按用途划分为十大类，表 4-1-1 列出了分类有关内容的对应关系。

焊条牌号是焊接行业统一的焊条代号。焊条牌号一般用一个大写拼音字母和三个数字表示，如 J422、J507 等。拼音字母表示焊条的大类，“J”表示结构钢焊条（碳钢焊条和普通低合金钢焊条），“42”表示焊缝金属抗拉强度等级，单位为 kgf/mm^2，最后一位数字“2”表示药皮类型和电流种类。其中 1～5 为酸性焊条，6～7 为碱性焊条。

药皮是压涂在焊芯表面的涂料层。在焊接过程中药皮主要起保护作用，防止空气进入焊缝（渣保护和气体保护），它还具有冶金作用如脱氧、脱磷、脱硫和渗合金元素等。药皮还能使焊条有良好的工艺性能，如稳弧、脱渣、成形美观等。

表 4-1-1 国家标准焊条大类与机械部“样本”的焊条分类(大类)对应关系

国标			样本			
焊条大类(按化学成分分类)			焊条大类(按用途分类)			
国家标准编号	名称	代号	类别	名称	代号	
					字母	汉字
GB5117-85	碳钢焊条	E	一	结构钢焊条	J	结
GB5118-85	低合金钢焊条	E	一	结构钢焊条	J	结
			二	钼和铬钼耐热钢焊条	R	热
			三	低温钢焊条	W	温
GB983-85	不锈钢焊条	E	四	不锈钢焊条	G	铬
					A	奥
GB984-85	堆焊焊条	ED	五	堆焊焊条	D	堆
GB10044-88	铸铁焊条	EZ	六	铸铁焊条	Z	铸
–	–	–	七	镍及镍合金焊条	Ni	镍
GB3670-83	铜及铜合金焊条	TCu	八	铜及铜合金焊条	T	铜
GB3669-83	铝及铝合金焊条	TAl	九	铝及铝合金焊条	L	铝
–	–	–	十	特殊用途焊条	TS	特

焊条按熔渣化学性质分为酸性焊条和碱性焊条两大类。

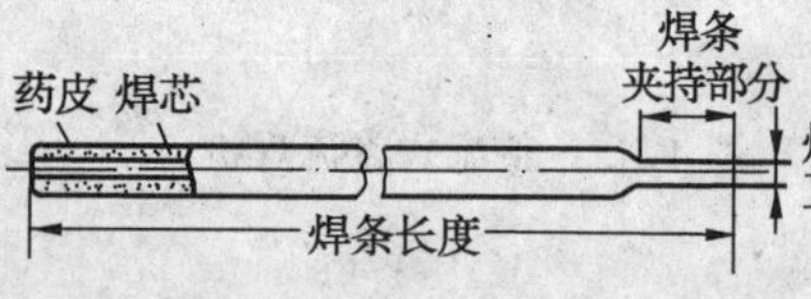

图 4-1-7 电焊条

①酸性焊条 熔渣中含有多量酸性氧化物(如 SiO_2、TiO_2)的焊条,焊接时电弧稳定,飞溅小,脱渣性较好,抗气孔能力强,但药皮氧化性强,焊缝抗裂性差。可用于交、直流电源,焊接一般的焊接结构。

②碱性焊条 熔渣中含有多量碱性氧化物(如 CaO 和萤石 CaF_2)的焊条。焊接时焊缝中 O_2、N_2、H_2 少,药皮脱氧性较好,抗裂性能好,但最大缺点是对油、水、铁锈敏感,易产生气孔。故焊前须在350℃左右烘烤 1~2 小时,并除净油污和铁锈等。一般宜用直流反接,常用于重要结构的焊接。

国家标准分别规定了各类焊条的型号编制方法,如标准规定碳钢焊条型号是以字母“E”加四位数字组成,即 E××××。字母“E”表示焊条。前两位数表示熔敷金属抗拉强度的最小值。第三位数字表示焊接位置,“0”及“1”表示焊条适用于全位置(即平焊、立焊、横焊、仰焊)焊接;“2”为平焊及平角焊等。第三、四位数字组合时表示焊条的药皮类型及适用的电源种类,如:“03”为钛钙型药皮,交、直流电源均可,“20”为氧化铁型药皮,交流或直流正接等。

例如:

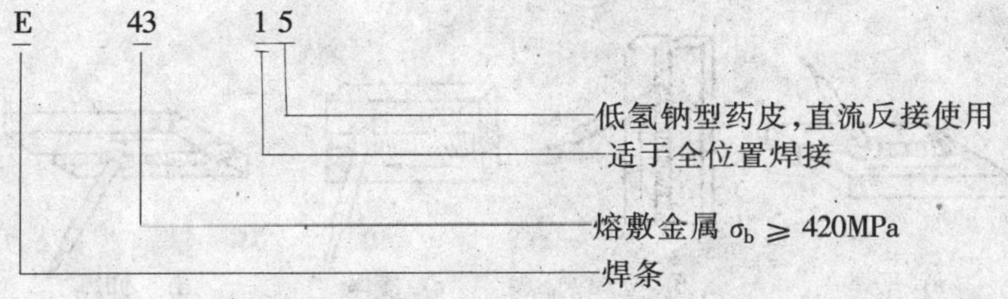

焊条选用时,通常是根据焊件的化学成分、力学性能、使用条件及某些特殊要求来选用相应的焊条类别、型号和药皮类型。如结构钢焊件,选用焊条时要考虑以下几点:

(a)按焊缝金属与母材等性能原则选用相应的焊条型号。因为这种材料主要用于制造各种受力机件和结构,而并不要求焊缝的化学成分与母材相同。

(b)按结构特点、设备条件等选药皮类型。例如:重要的焊接结构应选抗裂性较好的碱性低氢型焊条。如果施工现场无直流电焊机,这时要选用能交、直流两用的药皮类型等。

其它如不锈钢、耐热钢、低温钢等材料,选用焊条时除要求焊缝与母材的性能相同外,还要求焊缝的化学成分、工作温度与母材一致,以便获得优质的焊接接头。

(4)手弧焊工艺

①接头形式和坡口形式　根据焊件厚度和工作条件的不同,需要采用不同的焊接接头形式。常用的有对接、搭接、角接和 T 形接头等几种(图 4-1-8)。对接接头受力比较均匀,是用得最多的一种,重要的受力焊缝应尽量选用。

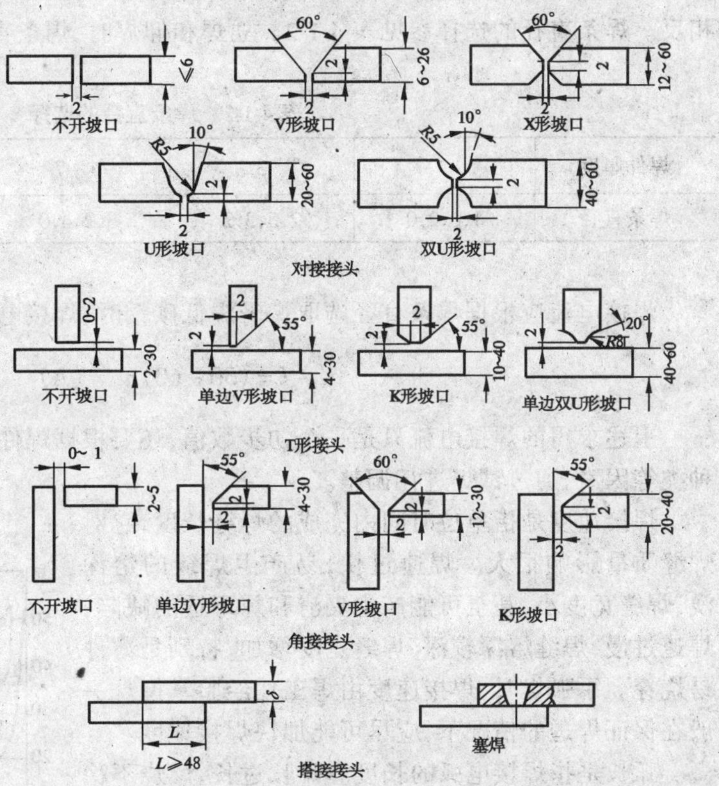

图 4-1-8　手弧焊接头及坡口

坡口的作用是为了保证电弧深入焊缝根部,使根部能焊透,以便清除熔渣,获得较好的焊缝成形和焊接质量。

选择坡口形式时,主要考虑下列因素:是否能保证焊缝焊透;坡口形式是否容易加工;应尽可能提高劳动生产率,节省焊条;焊后变形尽可能小等。常用的坡口形式见图 4-1-8。

②焊接空间位置　按焊缝在空间的位置不同,可分为平焊、立焊、横焊和仰焊(图 4-1-9)。平焊操作方便,劳动强度小,液体金属不会流散,易于保证质量,是最理想的操作空间位置,应尽可能地采用。

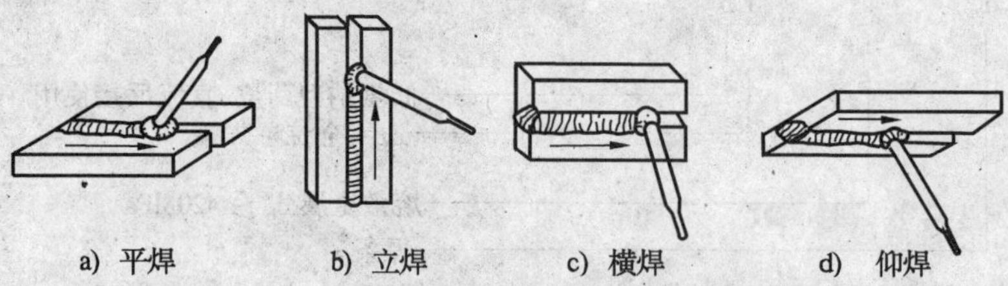

图 4-1-9 焊缝的空间位置

③工艺参数及其选择 焊接时,为保证焊接质量而选定的诸物理量(例如,焊条直径、焊接电流、焊接速度和弧长等)的总称即焊接工艺参数。

焊条直径的粗细主要取决于焊件的厚度。焊件较厚,则应选较粗的焊条;焊件较薄,则相反。焊条直径的选择参见表 4-1-2。立焊和仰焊时,焊条直径比平焊时细些。

表 4-1-2 焊条直径的选择

mm

焊件厚度	2	3	4~7	8~12	>12
焊条直径	1.6,2.0	2.5,3.2	3.2,4.0	4.0,5.0	4.0~5.8

焊接电流应根据焊条直径选取。平焊低碳钢时,焊接电流 I 和焊条直径 d 的关系为

$$I=(30\sim60)d \quad (\mathrm{A})$$

上述求得的焊接电流只是一个初步数值,还要根据焊件厚度、接头形式、焊接位置、焊条种类等因素,通过试焊进行调整。

焊接速度是指单位时间内完成的焊缝长度,它对焊缝质量影响很大。焊速过快,易产生焊缝的熔深浅,焊缝宽度小,甚至可能产生夹渣和焊不透的缺陷;焊速过慢,焊缝熔深较深,焊缝宽度增加,特别是薄件易烧穿。手弧焊时,焊接速度由焊工凭经验掌握。一般在保证焊透的情况下,应尽可能加快焊接速度。

弧长是指焊接电弧的长度。弧长过长,燃烧不稳定,熔深减小,空气易侵入产生缺陷。因此,操作时尽量采用短弧,一般要求弧长不超过所选择焊条直径,多为 2~4mm。

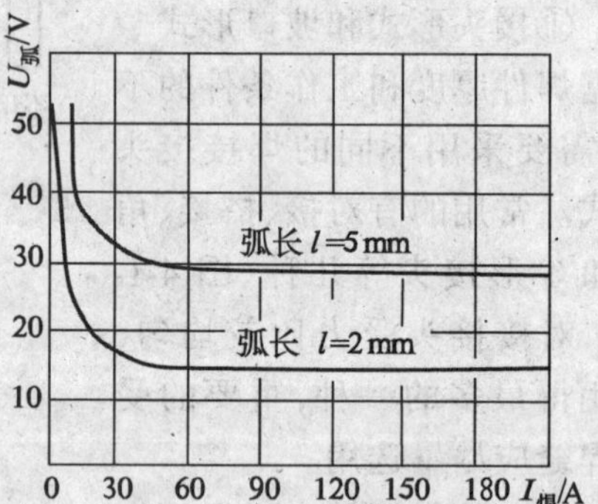

图 4-1-10 电弧静特性

电弧静特性(电弧伏安特性)是指在电极材料、气体介质和弧长一定的情况下,电弧稳定燃烧时,焊接电流与电弧电压变化的关系。从图 4-1-10 可知,电弧的特性与电灯、电机等一般电器负载工作时的特性不同,当焊接电流 $I_{焊}$ 较小时(曲线下降段),随着 $I_{焊}$ 的增加,$U_{弧}$ 迅速下降,当 $I_{焊}$ 大到一定程度(30~50A)后,$U_{弧}$ 不随 $I_{焊}$ 而变,曲线近于水平线。其原因是,当 $I_{焊}$ 增加后,电弧空间的气体介质温度上升,使气体的游离度增加,其导电性能大大改善,因而维持电

弧稳定燃烧所需的电压就下降很多;但当 $I_{焊}$ 增大至一定程度后,介质的导电性能已接近极限值,$I_{焊}$ 的进一步增加所引起的介质导电性增大已极小,结果 $U_{弧}$ 的下降很小,几乎不变。

④焊接操作

(a)接头清理　焊接前将接头处铁锈、油污除尽,以便于引弧、稳弧和保证焊缝质量。

(b)引弧　常用的引弧方法有划擦法和敲击法,如图 4-1-11 所示。焊接时,将焊条端部与焊件表面划擦或轻敲后迅速将焊条提起 2 ~ 4mm 的距离,电弧即被引燃。

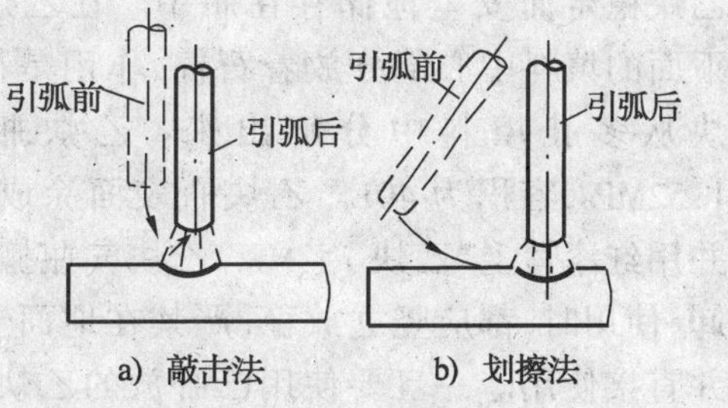

图 4-1-11　引弧方法

(c)运条　引弧后,必须掌握好焊条与焊件之间的角度(见图 4-1-12),并使焊条同时完成(图 4-1-13)三个基本动作:焊条沿其轴线向熔池送进,焊条沿焊缝纵向移动和焊条沿焊缝横向摆动(为了获得一定宽度的焊缝)。

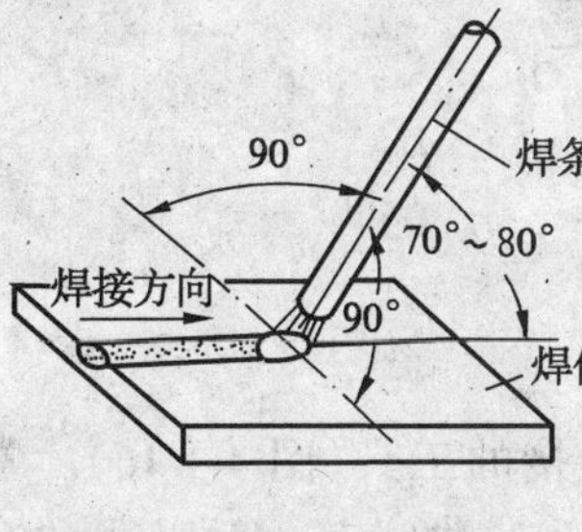

图 4-1-12　平焊的焊条角度

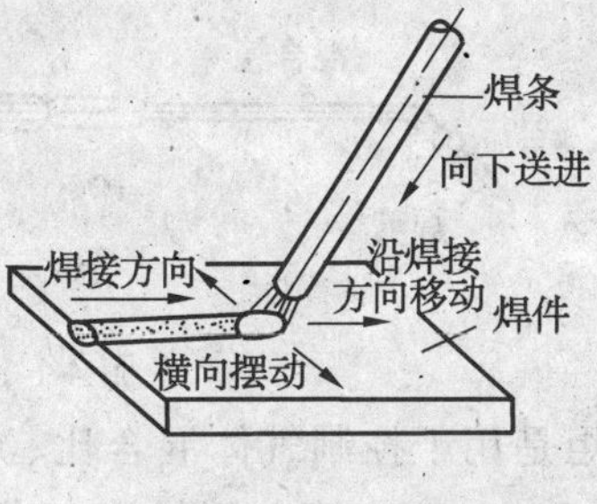

图 4-1-13　手弧焊的基本操作

(d)焊缝收尾　焊缝收尾时,要填满弧坑,为此焊条要停止前移,在收弧处画一个小圈并慢慢将焊条提起,拉断电弧。

2)气焊

气焊是利用气体火焰作热源的焊接方法。最常用的是氧乙炔焊,如图 4-1-14。乙炔(C_2H_2)是燃烧气体,氧气是助燃气体。

与电弧焊相比,气焊设备简单,操作灵活方便,不带电源。但气焊火焰温度较低,且热量较分散,生产率低,工件变形严重,焊接质量较差,所以应用不如电弧焊广泛。气焊主要用于焊接厚度在 3mm 以下的薄钢板,铜、铝等有色金属及其合金、低熔点材料以及铸铁焊补和野外操作等。

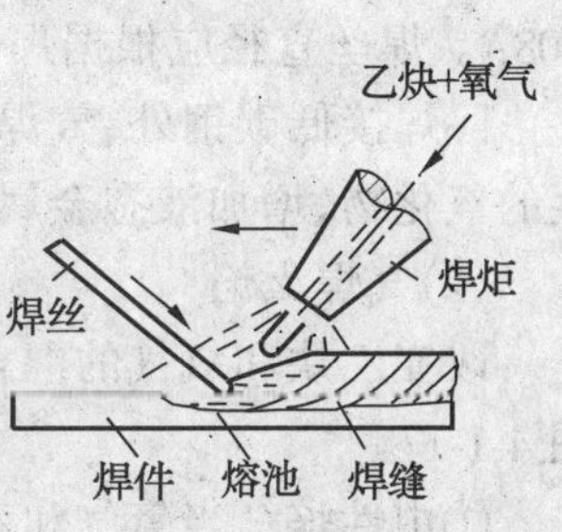

图 4-1-14　气焊

(1)气焊设备与焊丝

① 气焊设备　气焊所用的设备及气路连接如图 4-1-15 所示。

氧气瓶　氧气瓶是运输和储存高压氧气的钢瓶。其容积为 40L,最高压力为 14.7MPa,外表漆成天蓝色,并用黑漆写上“氧气”字样。保管和使用时应防止沾染油污,更不允许暴晒、火烤及敲打,以防爆炸。

乙炔瓶　乙炔瓶是储存溶解乙炔的钢瓶。瓶内装有浸满丙酮的多孔填充物(活性碳、木屑等)。丙酮对乙炔有良好的溶解能力,可使乙炔稳定而安全地储存在瓶中。在乙炔瓶阀下面的填料中心部分放着石棉,作用是帮助乙炔从多孔填料中分解出来。乙炔瓶限压1.52MPa,容积为40L。乙炔瓶表面涂成白色,并用红漆写上“乙炔”字样。乙炔气瓶搬运、装卸、使用时,都应竖立放稳,严禁在地面上卧放并直接使用。一旦要使用已卧放的乙炔气瓶,必须先直立之后静止20min,再连接乙炔减压器后使用。

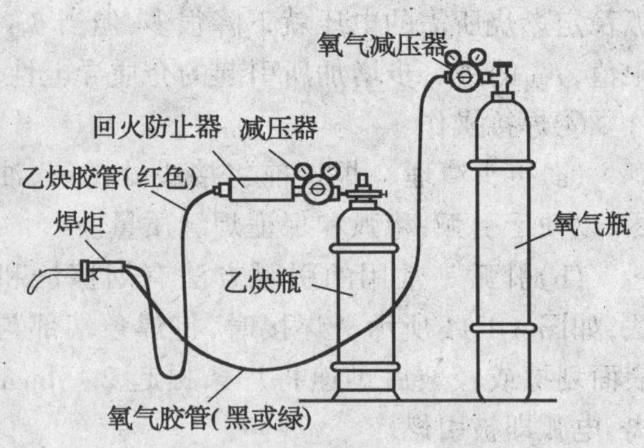

图 4-1-15　气焊设备及连接

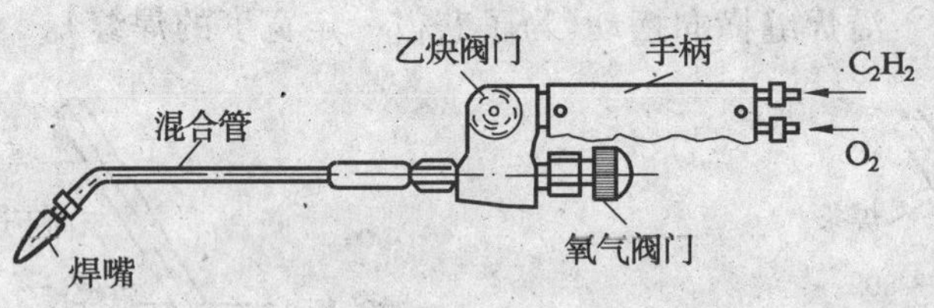

图 4-1-16　射吸式焊炬

焊炬　焊炬是用于控制气体混合比、流量及火焰并进行焊接的工具(图 4-1-16)。常用型号有 H01-2 和 H01-6 等。型号中“H”表示焊炬,“0”表示手工,“1”表示射吸式,“2”和“6”分别表示可焊接低碳钢板的最大厚度为 2mm 和 6mm。各种型号的焊炬均配有 3~5 个大小不同的焊嘴,以便焊接不同厚度的焊件时选用。

②焊丝　气焊的焊丝是焊接时作为填充金属或同时作为导电的金属丝,它与熔化的母材一起形成焊缝。焊丝的质量对焊件性能影响很大。焊接低碳钢常用的气焊丝为 H08 和 H08A。焊丝直径应根据焊件厚度来选择,一般为 2~4mm。

除焊接低碳钢外,气焊时要使用气焊熔剂,其作用是保护熔池金属,去除焊接过程中产生的氧化物,增加液态金属的流动性。

(2)气焊火焰

改变乙炔和氧气的混合比例,可以得到三种不同的火焰,即中性焰、碳化焰和氧化焰,见图 4-1-17。

①中性焰　当氧气和乙炔的混合比为 1.1~1.2 时,产生的火焰为中性焰,又称正常焰。它由焰心、内焰和外焰组成,靠近喷嘴处为焰心,呈白亮色,其次为内焰,呈蓝紫色,最外层为外焰,呈桔红色。火焰的最高温度产生在焰心前端约 2~4mm 的内焰区,可达 3150℃,焊接时应以此区来加热工件和焊丝。

中性焰用于焊接低碳钢、中碳钢、合金钢、紫铜和铝合金等材料,是应用最广泛的一种气焊火焰。

② 碳化焰　当氧气和乙炔的混合比小于 1.1 时,则得到碳化焰。由于氧气较少,燃烧不完全,整个火焰比中性焰长。当乙炔过多时,还冒黑烟(碳粒)。

碳化焰用于高碳钢、铸铁和硬质合金等材料的焊接或焊补。

③氧化焰　当氧气和乙炔的混合比大于 1.2 时，则得到氧化焰。由于氧气较多，燃烧剧烈，火焰明显缩短，焰心呈锥形，火焰几乎消失，并有较强的丝丝声。

氧化焰易使金属氧化，故用途不广，仅用于焊接黄铜，以防止锌在高温时蒸发。

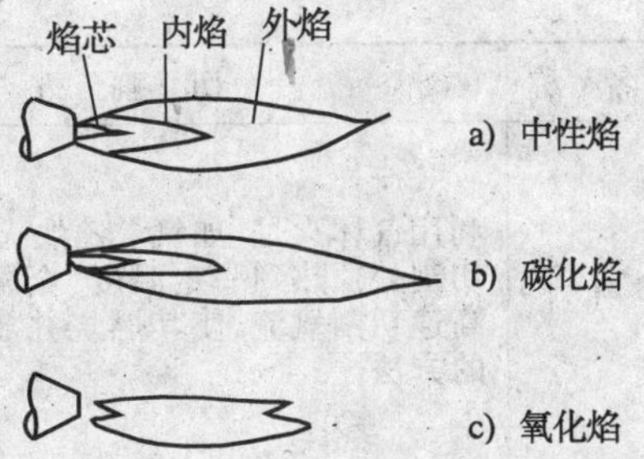

图 4-1-17　氧—乙炔焰

(3)气焊基本操作

①点火、调节火焰和灭火　点火时，先稍开一点氧气阀门，再开乙炔阀门，随后用明火点燃，然后逐渐开大氧气阀门调节至所需的火焰状态。在点火过程中，若有放炮声或火焰熄灭，应立即减少氧气或放掉不纯的乙炔，再点火。灭火时，应先关乙炔阀门，后关氧气阀门，否则会引起回烧。

②平焊焊接　气焊时，右手握焊炬，左手拿焊丝。在焊接开始时，为了尽快地加热和熔化工件形成熔池，焊炬倾角应大些，接近于垂直工件，正常焊接时，焊炬倾角一般保持在 40°～50°，如图 4-1-18 所示。焊接结束时，则应将倾角减小一些，以便更好地填满弧坑和避免焊穿。

焊炬向前移动的速度应能保证母材熔化并保持熔池具有一定的大小。工件熔化形成熔池后，再将焊丝适量地点入熔池内熔化。

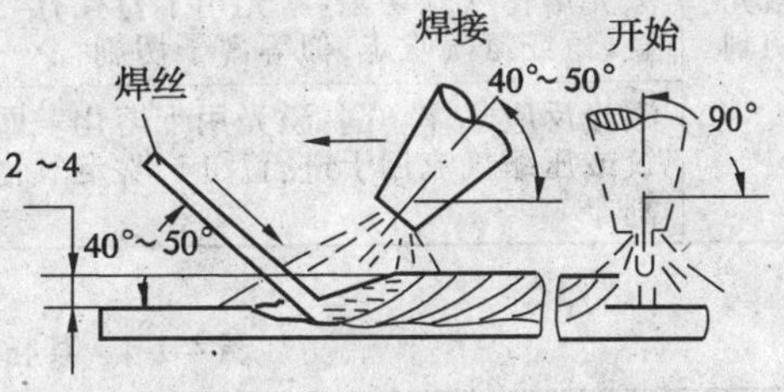

图 4-1-18　焊炬倾角

3)气割

气割是利用气体火焰(如氧、乙炔火焰)的热能，将工件切割处预热到一定温度后，喷出高速切割氧流，使其燃烧并放出热量实现切割的方法，见图 4-1-19。在切割过程中金属不熔化。与纯机械切割相比，气割具有效率高、适用范围广等特点。表 4-1-3 为几种常见切割方法比较。

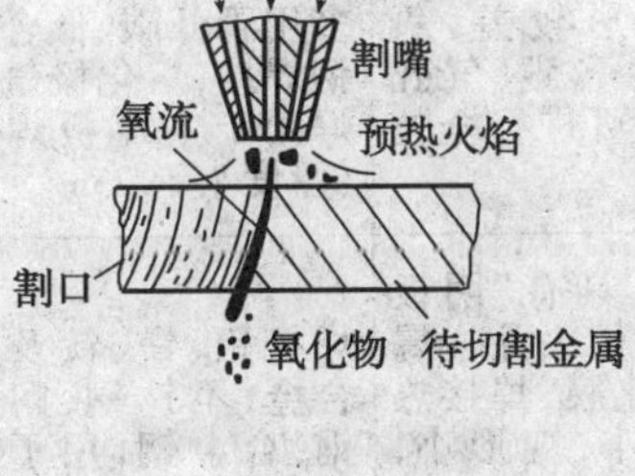

图 4-1-19　气割过程

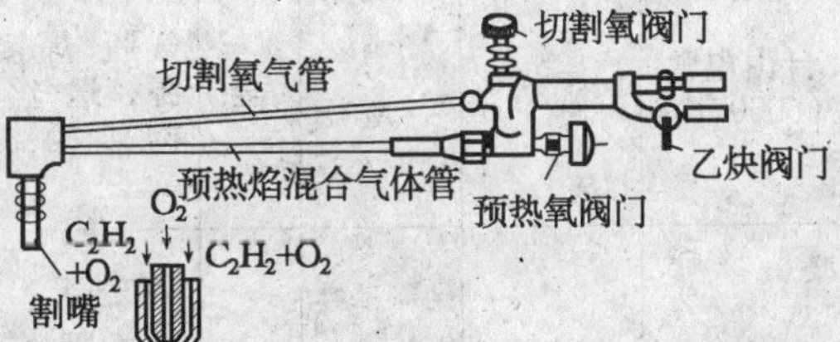

图 4-1-20　割　炬

手工气割的割炬如图 4-1-20 所示，和气焊焊炬(图 4-1-16)相比，增加了输出切割氧气的管路和控制切割氧气的阀门。

4)其它熔焊方法的特点及应用(详见表 4-1-4)

表 4-1-3　常见切割方法比较

名　称	切　割　方　法	特　点　及　应　用
气割	利用气体火焰(如氧－乙炔火焰)的热能将工件切割处预热到一定温度(金属的燃点)后,喷出高速切割氧流,使其燃烧并放出热量实现切割的方法	火焰温度低,热量不集中,变形大,切口粗糙,精度低,但操作方便,成本低。被切割金属应具备以下条件:金属的燃点应低于其熔点,燃烧生成的金属氧化物熔点应低于金属本身熔点,金属燃烧时应放出足够的热量及金属导热性要低。适于气割的材料有:低碳钢、中碳钢、普通低合金钢、硅钢、锰钢等
等离子弧切割	利用高温,等离子弧加热金属至熔化状态,而高速(可达 10000m/s)喷出的等离子工作气体把已熔化的材料吹走,形成割缝的切割方法	高速、高效、高质量,切割效率比气割高 1～3 倍,切口光滑,可用于有色金属、不锈钢、高碳钢、铸铁等气割困难的材料切割
激光切割	激光蒸发切割:激光照射方向上温度超过材料沸点,金属蒸发,逸散,形成切口	功率密度要求大(比其它方法大 10 倍),在真空或特殊场合下使用,只能切割极薄金属材料,少用
	激光熔化吹气切割:激光用于打孔,熔化金属用氩、氦或氮气吹走,似等离子切割	可用于不锈钢、易氧化的钛合金、铝合金切割,也可用于切割纸张、布、木材、塑料、橡皮等
	激光反应气体切割:激光用于熔化表面金属,纯氧或压缩气流用于进行反应,吹走氧化物,似气割	用于切割碳钢、钛钢等

表 4-1-4　其它熔焊方法的特点及应用

焊接方法		热源	填充金属/电极	焊接区保护	焊接位置	主要焊接设备	焊　接　特　点	应　　用
埋弧焊		自由电弧(6400 °K)	焊丝	焊剂(颗粒状)	平	焊接电源,自动送丝和控制系统,焊接小车、焊接机头	生产率比手弧焊高,焊缝质量好,劳动条件好,只限于水平位置焊接,难焊氧化倾向强的合金	水平位置,长焊缝或大直径圆形工件环焊缝,焊接厚度 6～60mm,用于碳钢、低合金结构钢、不锈钢、耐热钢、镍基、铜基合金焊接
气体保护电弧焊	熔化极	自由电弧(6000 °K)	焊丝	CO_2 Ar	全	气瓶,焊接电源,送丝机构,焊枪	成本低,生产率高,焊缝成形较差,氧化,产生飞溅,气孔倾向大,可进行全位置焊	焊接厚度大于 1mm,多用于低碳、低合金钢焊接,熔化极氩弧焊用于中厚板焊接(厚度小于 25m)
	非熔化极	自由电弧(8000°K)	焊丝/钨	Ar	全	氩气瓶,焊接电流(交、直流),焊枪	保护好,具有"阴极雾化"作用去除金属表面氧化膜,焊接热影响区小,变形小,可进行全位置焊,氩气成本高,设备复杂	焊接铝、镁、钛及其合金,不锈钢,耐热钢,合金钢,用于焊接厚度为 0.5～4mm
等离子弧焊		构束电弧(18000～24000 °K)	焊丝/钨	Ar	全	电源,控制电路,焊枪,氩气瓶	电弧能量比其它电弧焊集中,稳定,穿透力大,焊接速度快,焊缝深而窄,热影响区小,变形小,设备复杂,操作困难	焊接厚度 0.02～6mm,用于一般方法难焊的材料,如铜、铝、钛及其合金,也用于不锈钢、碳钢等

5)压焊

焊接过程中,必须对焊件施加压力(加热或不加热),以完成焊接的方法。压焊广泛应用于航空、航天、原子能、电子技术、汽车、拖拉机制造及轻工业等工业部门。用压焊方法完成的焊接量,每年约占世界总焊接量的1/3,并有继续增加的趋势。

(1)点焊

焊件装配成搭接接头,并压紧在两电极之间,利用电阻热熔化母材金属,形成焊点的电阻焊方法(图4-1-21)。主要用于厚度为0.3~8mm,无气密性要求的工件焊接。

点焊时部分电流可能流经已焊好的焊点,使焊接处的电流减小,这种现象称为分流。为减少分流的影响,焊点间距不应太小。

(2)缝焊

焊件装配成搭接或对接接头并置于两滚轮电极之间,滚轮加压焊件并转动,连续或断续送电,形成一条连续焊缝的电阻焊方法(图4-1-22)。主要用于有气密性要求的工件焊接。焊件厚度小于(3+3)mm。

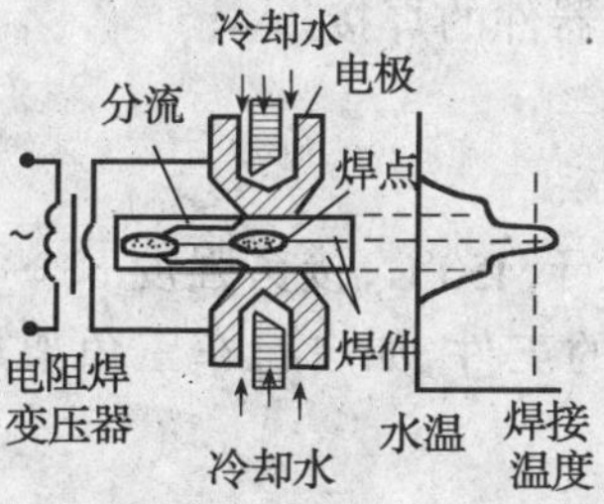

图4-1-21 点 焊

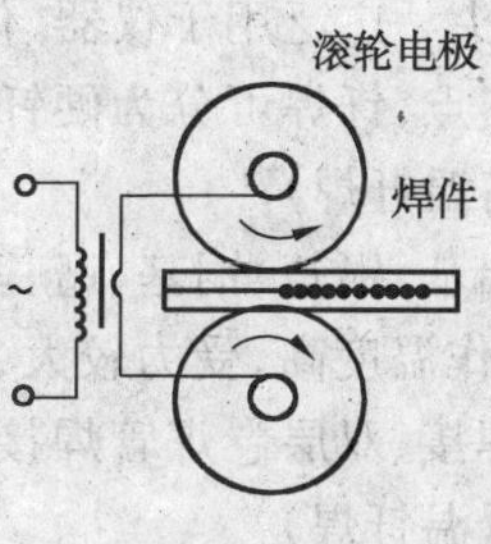

图4-1-22 缝 焊

(3)对焊

①电阻对焊

将焊件装配成对接接头,使其端面紧密接触,利用电阻热加热至塑性状态,然后迅速施加顶锻力完成焊接的方法(图4-1-23)。主要用于焊接直径小于20 mm,截面不大而紧凑的零件,也可用于棒材、管材、板材的焊接。

电阻对焊加热不均匀,热影响区宽,接头有很大突起,接头清理要求严,易产生夹渣等。

② 闪光对焊

焊件装配成对接接头,接通电源,并使其端面逐渐移近达到局部接触,利用电阻热加热这些接触点(产生闪光),使端面金属熔化,直至端部在一定深度范围内达到预定温度时,迅速施加顶锻力完成焊接方法(图4-1-24)。

闪光对焊除可焊同种金属外,还适于异种金属的焊接,如铝—铜等,焊接截面可达10000 mm^2。闪光对焊接头清理要求不如电阻对焊高,夹渣少,接头质量好,强度比电阻对焊高,焊件形状、尺寸应用范围广,但接头有毛刺,需专门设备去除。

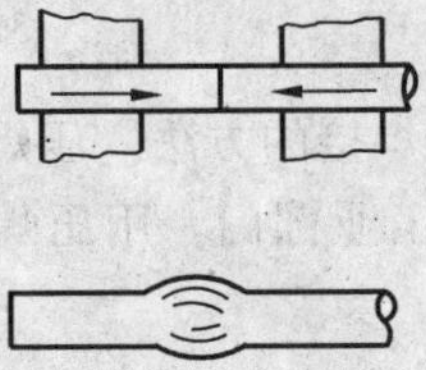
图 4-1-23　电阻对焊

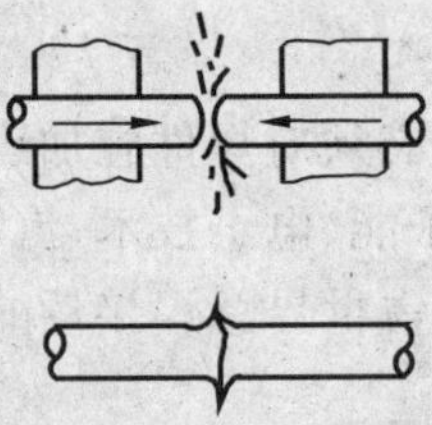
图 4-1-24　闪光对焊

6)钎焊

钎焊指采用比母材熔点低的金属材料作钎料,将焊件和钎料加热到高于钎料熔点、低于母材熔点的温度,利用液态钎料润湿母材,填充接头间隙并与母材相互扩散,实现连接焊件的方法。

钎焊加热温度低,母材不熔化,焊接应力和变形小,尺寸精度高,但接头强度较低,耐热性差,多用搭接接头。广泛用于仪器、仪表、微电子器件、真空器件的焊接。

根据钎料的熔点,钎焊可分为硬钎焊和软钎焊两大类。

(1)硬钎焊(高温钎焊)

常用钎料有铝基、银基、铜基、锰基和镍基钎料等,熔点大于450℃,接头强度 $\sigma_b = 400 \sim 500$MPa,适用于工作温度高、受力较大,承载不如熔焊接头大的工件,如自行车三角架焊接、车刀刀头与刀杆焊接、双层卷焊管焊接、工艺品焊接等。

(2)软钎焊(低温钎焊)

常用钎料有铋基、铟基、锡基、铅基以及镉基钎料等,熔点小于450℃,接头强度 $\sigma_b < 70$MPa,适用于工作温度低、受力小的工件焊接,如半导体器件引脚、大功率管芯片等的焊接。

钎焊工艺过程为:焊前准备(除油、机械清理)→装配零件、安置钎料→加热、钎料熔化→冷却形成接头→焊后清理→检验。

钎焊加热方法有:烙铁、火焰、电阻、感应、盐浴、红外、激光、气相(凝聚)加热等。

4.1.2　特种焊接工艺

1)摩擦焊

摩擦焊是利用焊件表面相互摩擦所产生的热,使端面达到热塑性状态,然后迅速顶锻,完成焊接的一种压焊方法(图 4-1-25)。其特点是质量好、质量稳定、生产率高、易实现自动化、表面清理要求不高等,尤其适于异种材料焊接,如铝—铜过渡接头、铜—不锈钢水电接头、石油钻杆、电站锅炉蛇形管和阀门等。但设备投资大,工件必须有一个是回转体,不宜焊摩擦系数小或脆性材料。

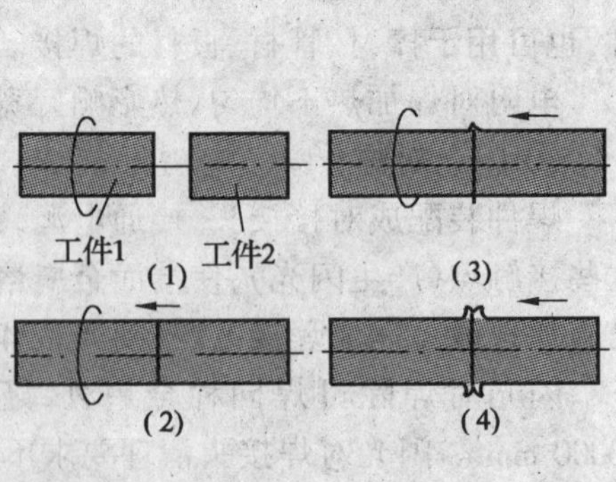

图 4-1-25　摩擦焊

2)超声波焊

超声波焊是利用超声波的高频振荡能对焊件接头进行局部加热和表面清理，然后施加压力实现焊接的一种压焊方法(图 4-1-26)。因焊接过程中无电流流经焊件，也无火焰、电弧等热源作用，所以焊件表面无变形、无热影响区，表面无须严格清理，焊接质量好。适于厚度小于 0.5mm 的工件焊接，尤其适于异种材料的焊接，但功率小，应用受限制。

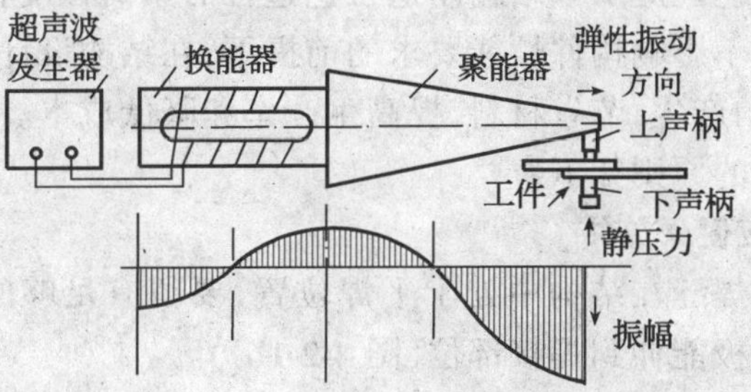

图 4-1-26　超声波焊

3)爆炸焊

爆炸焊是利用炸药爆炸产生的冲击力造成焊件的迅速碰撞，实现连接焊件的一种压焊方法。任何具有足够强度和塑性并能承受工艺过程所要求的快速变形的金属，均可以进行爆炸焊。主要用于材料性能差异大而用其它方法难焊接的场合，如铝—钢、钛—不锈钢、钽、锆等的焊接，也可用于制造复合板。爆炸焊无须专用设备，工件形状、尺寸不限，但以平板、圆柱、圆锥形为宜。

4)磁力脉冲焊

依靠被焊工件之间脉冲磁场相互作用而产生冲击的结果来实现金属之间的连接。其作用原理与爆炸焊相似。可用来焊接薄壁管材、异种金属如铜—铝、铝—不锈钢、铜—不锈钢、锆—不锈钢等。

5)电渣焊

电渣焊是利用电流通过液体熔渣所产生的电阻热进行熔焊的方法。可用于焊接大厚度工件(通常用于板厚 36mm 以上的工件，最大厚度可达 2m)，生产效率比电弧焊高，不开坡口，只在接缝处保持 20～40mm 的间隙，节省钢材和焊接材料，因此经济效益好，可以“以焊代铸”、“以焊代锻”，减轻结构质量。缺点是焊接接头晶粒粗大，对于重要结构，可通过焊后热处理来细化晶粒，改善力学性能。

6)电子束焊

在真空环境中，从炽热阴极发射的电子被高压静电场加速，并经磁场聚集成高能量密度的电子束，以极高的速度轰击焊件表面，由于电子运动受阻而被制动，遂将动能变为热能而使焊件熔化，从而形成牢固的接头。其特点是焊速很快，焊缝深而窄，热影响区和焊接变形极小，焊缝质量极高。电子束焊能焊接其它焊接工艺难以焊接的形状复杂的焊件，能焊接特种金属和难熔金属，也适于异种金属及金属与非金属的焊接等。

7)激光焊

以聚焦的激光束作为热源轰击焊件所产生的热量进行焊接的方法。其特点是焊缝窄、热影响区和变形极小。在大气中能远距离传射到焊件上，不像电子束那样需要真空室。但穿透能力不及电子束焊。激光焊可进行同种金属或异种金属间的焊接，其中包括铝、铜、银、钼、镍、锆、铌以及难熔金属材料等,甚至还可焊接玻璃钢等非金属材料。

4.2 焊件结构工艺性

良好的焊件结构工艺性应从该结构制造工艺过程的繁简程度和获得优质焊接接头的难易等方面去评定。即在不影响构件性能要求的前提下,在结构设计上采取相应措施,从而简化焊接过程,避免缺陷的产生,节省材料,提高生产率和降低成本。

焊件工艺结构设计的原则如下:

4.2.1 焊件结构应便于施焊

设计时应尽可能使焊缝在结构中处于平焊位置,要留有足够的操作空间(图 4-2-1a))。点(缝)焊构件时应使电极能伸到焊接部位(图 4-2-1b))。

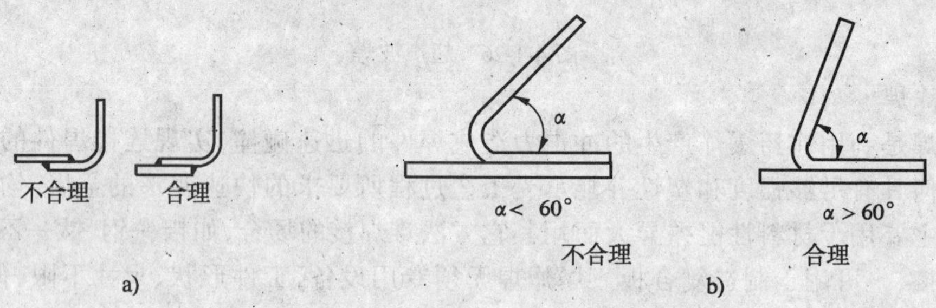

图 4-2-1 焊缝结构设计应便于施焊

4.2.2 焊件结构应有利于保证焊接质量

为保证焊接质量,更重要的是应有利于减少焊接缺陷,可从下面几方面考虑:

(1) 在保证焊件结构使用性能的前提下,减少焊缝数量、减小焊缝长度和截面,可以减小焊接应力与变形,有利于控制整个焊接构件的质量,还减少了焊接工作量。例如,设计时尽量采用冲压件或型材代替板材拼焊(图 4-2-2a))。

(2) 应使焊件在焊后不加工或少加工。例如焊缝应布置在不需加工的表面上,否则应先焊接,再加工(焊接部位切削加工比较困难)(图 4-2-2b))。若须加工后再施焊,则焊缝应远离加工表面(图 4-2-2c))。

(3) 应利于减少焊接应力。例如,焊缝应尽量对称分布(图 4-2-2d));分散布置焊缝(图 4-2-2e));在厚壁与薄壁焊接时,应有过渡连接(图 4-2-2f))。

(4) 尽可能避免在应力集中处布置焊缝(图 4-2-2g))、h))。

另外,应考虑焊工劳动条件。如在活动空间很小的封闭或半封闭结构上的焊缝(如管道、内径小于 0.6m 的容器、锅炉等),应尽量采用 V 形或 U 形坡口,使焊接工艺尽可能在外部进行。不宜翻转的结构,应尽可能减少仰焊位置的焊缝。

电焊及气焊、气割实习安全技术

1. 实习时要穿好工作服、工作鞋,电焊时要戴好面罩、手套等防护用品。
2. 电焊机平稳安放在通风良好、干燥的地方,不准靠近高热及易燃易爆危险的环境。
3. 禁止在焊机上放置任何物件和工具,启动电焊机前,焊钳与焊件不能短路。

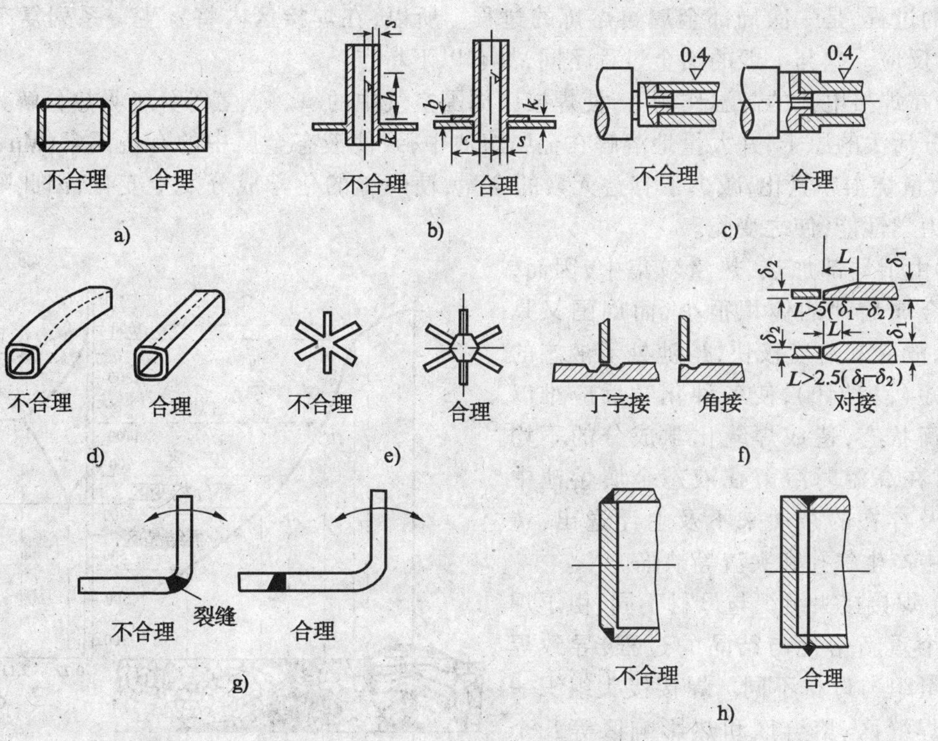

图 4-2-2　焊件结构设计的比较

4.发生故障时,应立即切断焊机电源,及时进行检修。

5.电焊工操作完毕或临时离开工作场地时,必须及时切断焊机电源。

6.检查氧气和乙炔气导管接头处,不允许漏气,以免引起意外事故。

7.氧气瓶和乙炔瓶须相距 5m 以上放置,附近严禁烟火。

8.乙炔瓶严禁在地面上卧放并直接使用,必须竖立放稳。

9.气焊或气割前应仔细检查焊炬或割炬的气路通畅、射吸能力、气密性等技术性能。

10.气焊、气割时注意不要把火焰喷到身上和胶皮管上。

11.刚焊好或气割好的工件不许用手触及,以防烫伤。

12.气焊、气割操作完毕,及时按顺序关闭各气源气阀,清理现场。

讲 课 部 分

4.3　焊接的基础知识

4.3.1　焊接的冶金特点

熔焊过程(如电弧焊)实际上是一个加热、化学冶金反应、结晶和相变三者相互交错、彼此联系的过程，是一次局部金属再熔炼的过程。所以，在焊接区内将发生一系列复杂的物理、化学反应。它与一般的冶金过程不同，具有以下特点：

(1)在焊接电弧的高温作用下，使焊接区周围空气中的氧、氮、氢等分子吸热分解为化学性质十分活泼的原子，并大量地溶解在金属熔池中，致使液态金属中的有益元素(Mn、Si、C、Fe 等)大量烧损和氮化，减少了有益元素的含量，使焊缝的化学成分发生变化，因此降低了焊缝的力学性能，使之变脆。

(2)由于局部加热，热量较集中，因而，焊接区金属熔池的体积很小，而周围又是冷金属，故冷却速度极快，熔池处于液态的时间很短(以秒计)，使各种化学反应难以达到平衡状态，造成焊缝化学成分的不均匀，同时在高温时溶解在液态金属熔池中的气体及存在的杂质来不及上浮逸出，造成焊缝中产生气孔和夹渣等缺陷。

(3) 焊接接头组织与母材不同，由于焊接是一个重新熔化与结晶的过程，导致焊接接头组织与母材不同。焊接接头组织一般包括焊缝区、熔合区和热影响区等几个区域，如图 4-3-1。

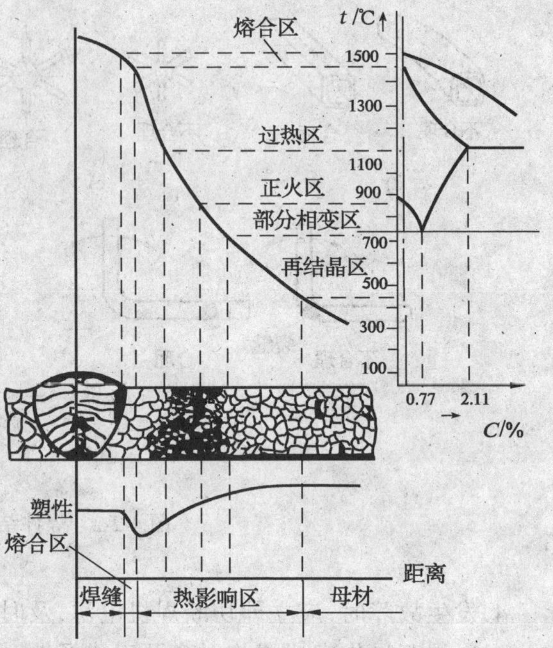

图 4-3-1　低碳钢焊接接头组织和性能变化示意图

①焊缝区　电弧焊的焊缝是由熔池内的液态金属凝固而成的，是一个特殊的冶金过程。它属于铸造组织，晶粒呈垂直于熔池底壁的柱状晶，硫、磷等形成的低熔点杂质容易在焊缝中心形成偏析，使焊缝塑性降低，易产生热裂纹。按等强度原则选用焊条，通过渗入合金，实现合金强化，因此，焊缝的强度一般不低于母材。

②熔合区　焊接接头中，焊缝区与热影响区过渡的区域，称为熔合区。此区域成分及组织极不均匀，晶粒长大严重，冷却后为粗晶粒，强度下降，塑性和韧性很差，往往成为裂纹的发源地。熔合区宽度只有 0.1～1mm，但它对焊接接头的性能有很大影响。

③热影响区　焊接或切割过程中，材料因受加热的影响(但未熔化)而发生金相组织和力学性能变化的区域，称为热影响区。它包括过热区、正火区、部分相变区和再结晶区。

过热区　焊接热影响区中，具有过热组织或晶粒显著粗大的区域称为过热区。此区的温度范围为固相线至 1100℃，宽度约 1～3mm。由于温度高，晶粒粗大，塑性和韧性降低。当焊接刚度大的结构件时，常在过热处产生裂纹。

正火区　此区的温度范围为 1100℃至 Ac_3 之间，宽度约为 1.2～4.0mm。由于金属发生了重结晶，随后在空气中冷却，因此可以得到均匀细小的正火组织。正火区的金属力学性能良好。

部分相变区　此区温度范围在 Ac_1～Ac_3 之间，只有部分组织发生相变。由于部分金属发生了重结晶，冷却后可获得细小的铁素体和珠光体晶粒，而未重结晶的部分金属则得到粗大的铁素体。由于晶粒大小不一，导致力学性能不均匀。

一般情况下，焊接时焊件温度被加热到 Ac_1 以下区域，钢的组织不发生变化。对于经过冷塑性变形的钢材，在 450℃ ~ Ac_1 温度区间时，将发生再结晶，使钢材软化。

热影响区的大小和组织性能变化的程度取决于焊接方法、焊接规范、接头形式等因素。

在热源热量集中、焊接速度快时，热影响区就小。所以电子束焊的热影响区最小，总宽度一般小于 1.4mm。气焊的热影响区总宽度一般达到 27mm。实际上，接头的破坏常常是从热影响区开始。为清除热影响区的不良影响，焊前可预热工件，以减缓焊件上的温差及冷却速度。对于容易淬硬的钢材，例如中碳钢、高强度合金钢等，热影响区中最高加热温度在 Ac_3 以上的区域，焊后易出现淬硬组织马氏体；最高加热温度在 Ac_1 ~ Ac_3 的区域，焊后形成马氏体 + 铁素体混合组织。所以，易淬硬钢焊接热影响区的硬化和脆化，比低碳钢严重得多，并且碳含量、合金元素含量越高越严重。

4.3.2 金属材料的焊接性能

焊件材料的焊接性能是指焊件材料对焊接加工的适应性，即在一定的焊接工艺条件下，获得优质焊接接头的难易程度。各种材料对不同焊接方法的适应性是不同的。

熔焊时，焊接热影响区的淬硬和冷裂纹倾向直接影响焊接接头的性能，因此常以此评价材料的焊接性能。而材料的化学成分是影响淬硬和冷裂纹倾向的重要因素之一，其中以碳的影响最为显著，所以人们把各种元素对产生淬硬和冷裂纹的影响都折算成碳的影响，将这些影响综合起来就称为材料的碳当量（C_E）。碳当量的计算公式是由大量实践经验总结出的经验公式，如国际焊接学会（IIW）推荐的碳当量公式为

$$C_E = C + \frac{Mn}{6} + \frac{Ni + Cu}{15} + \frac{Cr + Mo + V}{5} \quad (\%wt)$$

$C_E < 0.4\%$ 的钢，其淬硬和冷裂倾向小，钢的焊接性良好；$0.4\% \leqslant C_E < 0.6\%$ 的钢，其淬硬和冷裂倾向大，材料的焊接性就差；当 $C_E \geqslant 0.6\%$ 时，焊接性能更差。如铸铁、有色金属及其合金、高合金钢等焊接时，需采用特殊的焊接方法和工艺措施。例如铝合金的焊接，用手弧焊是困难的，而用氩弧焊则可取得满意的效果。又如铸铁的焊补是不容易的，若在工艺上采用焊前预热，焊后缓冷或用特殊的焊接材料，也可得到良好的质量。

另外，电阻焊的焊接性能主要以材料的导电和导热性、高温性能、对热循环的敏感性等指标评判。而评定材料的摩擦焊接性主要考虑材料的脆性、摩擦系数大小、高温性能和氧化倾向等因素。异种金属焊接时还要考虑两种金属相互熔解与扩散形成脆性合金层的可能性。从超声波焊接性的角度来看，则要求材料随温度提高，塑性变好、硬度降低。钎焊时，液态钎料对被焊金属的润湿性能是评定材料钎焊性能的重要指标，目前主要借助于试验确定。常用的方法有漫流试验、润湿平衡测试等。钎焊的润湿性与钎料和被焊金属的成分、加热温度、金属表面状况、钎剂等因素有关。

表 4-3-1 列出了常用金属材料的焊接性。

表 4-3-1　常用金属材料的焊接性

材料	焊接方法															
	熔焊								压力焊					钎焊		
	气焊	手弧焊	埋弧焊	CO_2气体保护焊	钨极氩弧焊	等离子弧焊	电子束焊	激光焊	电阻焊	闪光对焊	摩擦焊	超声波焊	爆炸焊	火焰硬钎焊	炉中钎焊	软钎焊
碳钢、低合金钢	√	√	√	√	√		√	√	√	√	√	√	√	√	√	√
不锈钢	√	√	√	√	√	√	√	√	√	√	√	√	√	√	√	√
镍及其合金	√	√	√	√	√	√	√	√	√	√	√	√	√	√	√	√
铸　铁	√	√	√											√	√	√
铝及其合金	√				√	√	√	√	√	√	√	√	√	√	√	√
钛及其合金					√	√	√	√	√	√	√	√	√		√	
铜及其合金					√	√	√	√		√	√	√	√	√	√	√
镁及其合金						√	√	√	√	√	√	√		√	√	
难熔合金						√	√		√	√		√		√	√	

注:表中空格表示该材料不宜选用的焊接方法。

4.3.3　焊接应力

焊接过程中,由于焊接热源对焊件的不均匀加热,常使焊件产生应力和变形,使焊接结构的尺寸精度和焊接接头强度受到影响。这种影响轻则需矫正,重则因无法矫正而导致焊件报废。因此,对焊接应力必须引起重视,设法减轻它们的不利影响。

1)焊接应力产生的原因

焊件在焊接过程中受到局部加热和冷却是产生焊接应力的主要原因。图 4-3-2 为低碳钢平板对接焊时产生的应力和变形示意图,图中描绘了应力和变形的形成过程,现分析焊接应力产生的原因。

(1)焊接加热时对平板的影响

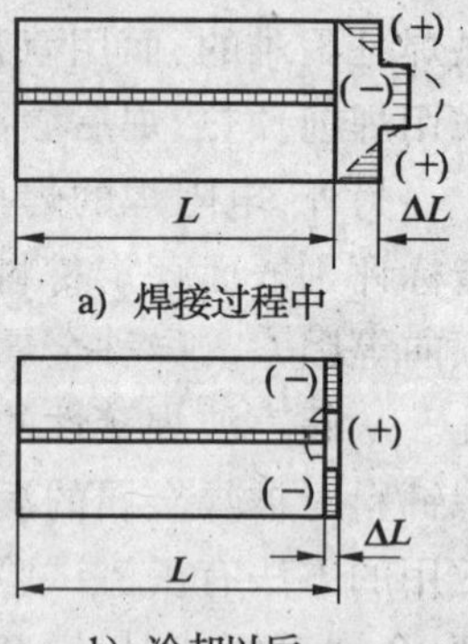

a) 焊接过程中

b) 冷却以后

图 4-3-2　平板对焊的应力与变形

低碳钢平板焊接加热时,焊缝区的温度最高,其余区域的温度随离焊缝距离的变远而降低。热胀冷缩是金属特有的物理现象,由于各部分加热温度不同,所以,单位长度的胀缩量也不相同。即受热时按温度分布的不同,焊缝各处应有不同的自由伸长量。假如这种自由伸缩不受任何阻碍,则钢板焊接时的变化如图 4-3-2a)中虚线所示。但实际上由于平板是一个整体,各部分的伸长必须相互协调,不可能各处都能实现自由伸长;最终平板整体只能协调伸长量。因此,被加热到高温的焊缝区金属因其自由伸长量受到两侧低温金属自由伸长量的限制而承受压应力(－),当压应力超过材料屈服点时,产生压缩塑性变形,以使平板整体达到平衡。同理,焊缝区以外的金属则需承受拉应力(＋),所以整个平板存在着相互平衡的压应力与拉应力。

(2)焊接冷却时对于板的影响

焊缝形成后，金属随之冷却，冷却使金属收缩，这种收缩若能自由进行，刚焊缝区将缩短至图 4-3-2b）虚线位置（因已产生的压缩塑性变形不能恢复），而焊缝区两侧的金属则缩短至焊前的原始长度 L。但实际上，因整体作用，焊缝区收缩量大的金属将与两侧收缩量小的金属相互协调，最终共同收缩到比原始长度短 ΔL 的位置。这种协调导致焊缝金属承受拉应力（+），焊缝两侧金属承受压应力（-）。两种应力相互平衡，保持到室温。保留至室温的应力与变形称为焊接残余应力和变形（简称焊接应力和变形）。

一般情况下，焊件塑性较好、结构刚度较小时，焊件自由收缩的程度较大。因此，焊接应力较小，而相应的焊接变形增大；相反，如果焊件自由收缩受到很大限制，则焊接应力较大，而焊接变形减小。基本的焊接变形形式见表 4-3-2。

表 4-3-2　基本的焊接变形形式

焊接变形	焊接变形基本形式图	产　生　原　因
收缩变形	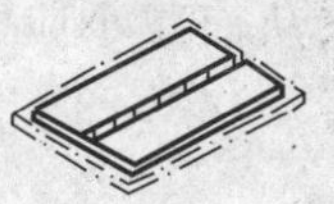	焊接后纵向（沿焊缝方向）和横向（垂直于焊缝方向）收缩引起的
角变形		V 形坡口对接焊后，由于焊缝截面形状上下不对称，焊缝收缩不均所致
弯曲变形		焊接 T 形梁时，由于焊缝布置不对称，焊缝纵向收缩引起的
扭曲变形		焊接工字梁时，由于焊接顺序和焊接方向不合理所致
波浪形变形	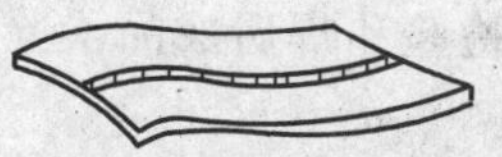	焊接薄板时，由于焊缝收缩使薄板局部产生较大压应力而失去稳定所致

2）减少和消除焊接应力的措施

（1）选择合理的焊接顺序

合理选择焊接顺序，可以减少焊接应力的产生。选择的主要原则是应尽量使焊缝自由收缩而不受较大的拘束。主要选择方法有：

①先焊收缩量较大的焊缝；

②先焊工作时受力较大的焊缝，使其预承受压应力；

③拼焊时，先焊错开的短焊缝，后焊直通的长焊缝（图 4-3-3）。

（2）焊前预热

焊前将焊件预热到 400℃以下，然后进行焊接。预热的目的是减小焊缝区金属与周围金属的温差，使各部分膨胀与收缩量较均匀，以减小焊接应力，同时还能使焊接变形变小。

（3）加热“减应区”

在焊接结构上选择合适的部位加热后再焊接，可大大减小焊接应力。所选的加热部位称“减应区”。例如，框架中部的杆件断裂需焊接（图 4-3-4），焊前选框架左右两杆中部作为减应区进行局部加热，使其伸长，并带动焊接部位产生与焊缝收缩方向相反的变形，焊接冷却时，加热区和焊缝一起收缩，减小了焊缝自由收缩时的拘束，使焊接应力降低。

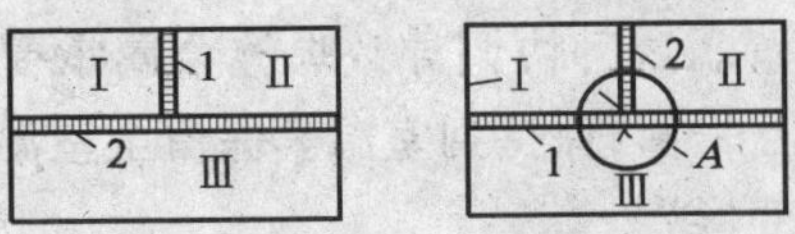

a)合理的焊接顺序　b)不合理的焊接顺序

图 4-3-3　焊接顺序对焊接应力的影响

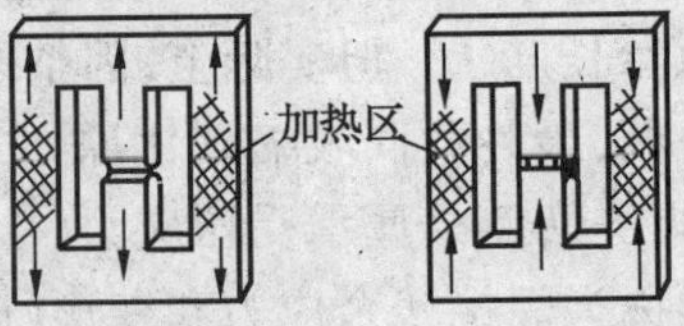

a)焊前　b)焊后

图 4-3-4　加热减应区法

(4)锤击或碾压焊缝

每焊一道焊缝后，当该焊缝仍处于红热状态时用圆头小锤对焊缝进行均匀迅速的锤击(避免产生裂纹)，使缝焊金属在高温塑性较好时得以延伸，从而减小应力和变形。同理，辗压焊缝也可得到同样的效果，达到减小应力和变形的目的。

(5)焊后热处理

去应力退火工艺可以消除焊接应力，它是将焊件整体或局部加热至相变温度以下、再结晶温度以上的区域(碳钢约为 600～650℃)保温一定时间，然后缓慢冷却的工艺。在去应力退火过程中，钢件组织不发生变化，焊接应力主要通过保温和随后缓冷过程中消除。一般通过去应力退火可消除焊接应力 80%～90%。

4.4　焊件的质量检验与缺陷分析

4.4.1　焊接质量检验

焊接检验通常分为三个部分：焊前检验、生产过程检验和焊后成品检验。

1)焊前检验

焊前检验的主要内容包括原材料检验和焊接结构鉴定。原材料检验内容为工件金属质量检验，焊丝、焊条及其它焊接材料的质量检验。焊接结构鉴定内容为审查结构的可检验性，以及适当的探伤空间位置和探测面状态等。

2)生产过程检验

生产过程检验是针对制造过程各工序的完成质量进行跟踪检查，内容包括焊接工艺参数检验(如焊接电流、焊接速度等)、结构装配检验和焊缝尺寸检验。目前生产过程检验已成为产品质量管理的重要环节。

3)焊后检验

焊后检验是对焊接质量的综合评定，尤其是对有特殊性能要求的产品，焊后检验成为决定其质量和能否投入使用的关键。焊后检验的内容主要包括焊缝的外观检查、焊缝密封性检验和焊缝内部缺陷检验。

焊件焊完后，应根据产品技术要求进行检验。常用的检验方法有：外观检验、无损探伤包括渗透探伤、磁粉探伤、射线探伤和超声探伤及水压试验等。

外观检验是用肉眼或借助于标准样板、量具等，必要时用低倍数放大镜，检验焊缝表面缺陷和尺寸偏差。

无损探伤常用的方法是渗透探伤、磁粉探伤、射线探伤和超声探伤等。

水压试验用来检验受压容器的强度和焊缝的致密性，一般是超载检验，试验压力为工作压力的 1.25～1.5 倍。

4.4.2 焊接缺陷分析

在焊件的焊接接头处常存在焊缝外形尺寸不符合要求、焊缝中存在气孔、夹渣、裂纹，或未焊透等各种缺陷。这些缺陷的产生一般是因为结构设计不合理、原材料不符合要求、接头焊前准备不仔细、焊接工艺选择不当或焊接操作技术不高等原因所造成。表 4-4-1 对各种常见的焊接缺陷及产生的原因进行了分析。

表 4-4-1 常见的焊件缺陷及其分析

缺陷种类	图 示	产 生 的 原 因
焊 瘤		焊条熔化太快，电弧过长；电流过大，焊速太慢；运条不当
夹 渣	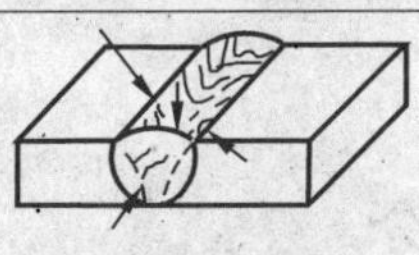	施焊中焊条未搅拌熔池；焊件不洁；电流过小；分层焊时，各层渣未去除
裂 纹	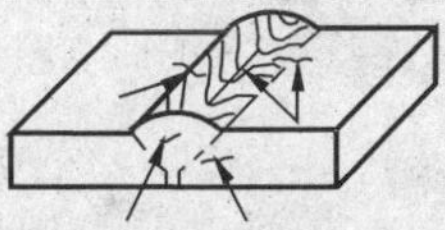	焊件中含碳、硫、磷高；焊接结构设计不合理；焊接程序不当；焊缝冷却太快，应力过大；存在咬边、气泡、夹渣；未焊透
气 孔		焊件不洁；焊条潮湿；电弧过长；焊速太快；电流过大，焊件含碳量高
咬 边		电流过大；焊条角度不对；运条不当；电弧过长
未焊透		装配间隙过小；坡口开得太小；钝边太大；电流过大；焊速过快；焊条未对准焊缝；焊件不洁

复习思考题

1. 焊接电弧不易引燃的原因是什么？怎样解决？
2. 为什么手弧焊时不采用光焊条焊接，而埋弧自动焊时则采用盘状光焊丝焊接？
3. 气焊点火操作顺序是什么？
4. 试比较熔焊、压焊和钎焊有哪些不同？
5. 试分析焊接应力形成的主要原因及其对焊接结构的影响，并提出减少(小)焊接应力的主要措施。
6. 综合分析影响焊接质量的因素有哪些？如何控制？

5 切削加工

切削加工是利用切削工具将坯料或工件上多余的材料切除,以获得所要求的几何形状、尺寸精度和表面质量的加工方法。切削加工分为机械和钳工加工两大类。机械加工是指由工人操纵机床进行的切削加工。一般所讲的切削加工主要指的是机械加工,其主要方式有车削、铣削、刨削、磨削、钻削等。它具有精度高、生产率高、工人劳动强度低等优点。钳工一般是指由工人手持工具进行操作的切削加工。

与铸造、锻压相比,切削加工后的工件具有更高的精度和较低的表面粗糙度,且通常不受零件的尺寸、质量、材料性能等限制。除了一些精密铸造、精密锻造、粉末冶金等成形零件外,绝大多数零件都需从毛坯经切削加工成形获得。因此,切削加工在工业、农业、国防、科技等各部门中占有十分重要的地位。

实 习 部 分

5.1 切削运动与切削用量三要素

5.1.1 切削运动

切削加工是靠切削工具和工件间的相对运动来实现的。机床提供了加工所必需的刀具与工件间的相对运动,称为切削运动(或工作运动)。包括主运动和进给运动。

1)主运动

机床或人力提供的主要运动,称为主运动。它促使刀具和工件之间产生相对运动,从而使刀具前面接近工件。在切削加工中主运动必须有,但只能有一个,其特点是在切削过程中速度最高,消耗功率最大,其运动方式可以是旋转运动,也可以是往复运动。

2)进给运动

由机床或人力提供的运动,它使刀具和工件之间产生附加的相对运动,使工件不断地投入切削,加上主运动,即可不断地或连续地切除切屑,并得出具有所需几何特性的已加工表面。在切削加工中进给运动可以有一个或多个,其特点是在切削过程中速度低,消耗功率小,其运动方式可以是间隙的,也可以是连续的,可以是直线送进的,也可以是圆周送进。

各种机械加工的切削运动如图 5-1-1 所示(图中Ⅰ代表主运动,Ⅱ代表进给运动)。

5.1.2 切削用量三要素

切削加工时,在工件上出现三个不断变化的表面(图 5-1-2),它们是:

待加工表面　工件上有待切除之表面。在切削过程中它的面积不断减少,直到全部切去。

已加工表面　工件上经刀具切削后产生的表面。在切削过程中它的面积逐渐扩大。

过渡表面　工件上由切削刃形成的那部分表面,它在下一切削行程,刀具或工件的下一转里被切除,或者由下一切削刃切除。

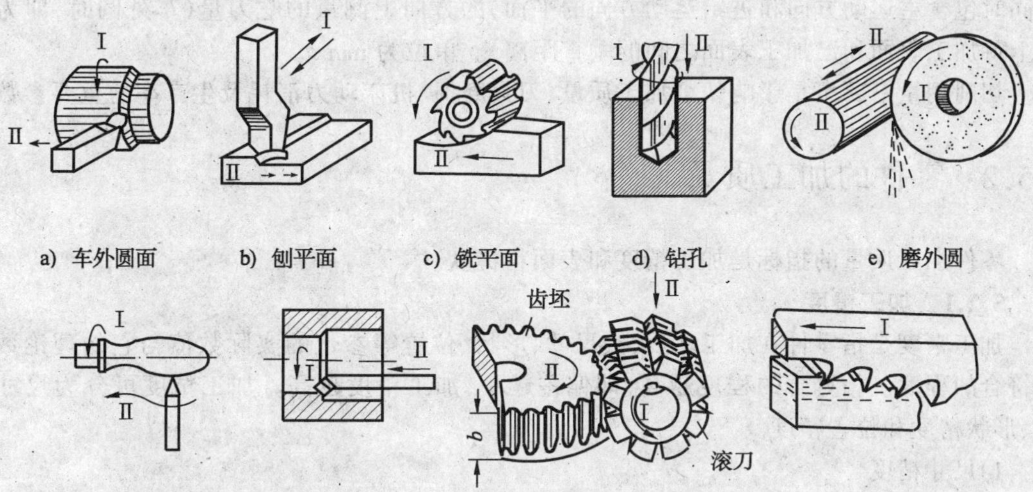

a) 车外圆面　b) 刨平面　c) 铣平面　d) 钻孔　e) 磨外圆

f) 车成形面　g) 车内孔　h) 滚齿加工　i) 平面拉削

图 5-1-1　切削运动

切削用量三要素是指切削速度 v_c、进给量 f 和背吃刀量 a_p。

1)切削速度 v_c

切削刃选定点相对于工件的主运动的瞬时速度。单位为 m/s。

当主运动为工件的旋转运动时,切削速度为其最大线速度

$$v_c = \frac{\pi D n}{60 \times 1000} \quad (\text{m/s})$$

式中　D——工件待加工表面的直径(mm);

n——工件的转速(r/min)。

当主运动为往复运动时取其平均速度

$$v_c = \frac{2Ln}{60 \times 1000} \quad (\text{m/s})$$

式中　L——往复运动的行程长度(mm);

n——主运动每分钟的往复次数(str/min)。

2)进给量 f

刀具在进给运动方向上相对工件的位移量,可用刀具或工件每转或每行程的位移量来表述和度量。当主运动为旋转运动时(如车削、钻削、铣削等),进给量 f 的单位是 mm/r(称每转进给量),即工件(或刀具)每转一周,刀具(或工件)沿进给方向移动的距离。

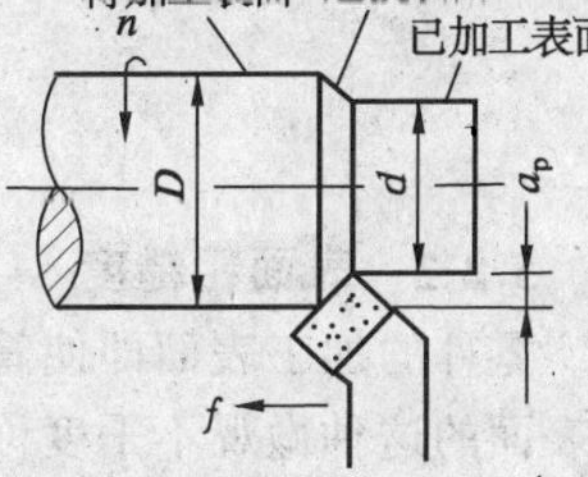

图 5-1-2　车削外圆时切削用量三要素

当主运动为往复直线运动(如刨削、插削)时,进给量 f 的单位是 mm/str(毫米/行程)。

3)背吃刀量 a_p

在通过切削刃基点并垂直于工作平面(通过切削刃选定点

并同时包含主运动方向和进给运动方向的平面)的方向上测量的吃刀量(车外圆时,即为工件上待加工表面和已加工表面之间的垂直距离)。单位为 mm。

切削用量三要素是影响切削加工质量、刀具磨损、机床动力消耗及生产率的重要参数。

5.2 零件的加工质量

零件加工质量的指标是加工精度和表面粗糙度。

5.2.1 加工精度

加工精度是指零件在加工之后,其尺寸、形状、位置等参数的实际数值与它的理论数值相符合的程度。相符合的程度越高,即偏差越小,加工精度越高。加工精度可分为尺寸精度、形状精度和位置精度。

1)尺寸精度

指的是零件加工表面本身的尺寸(如圆柱面的直径)和表面间的尺寸(如孔间距离)的精确程度。尺寸精度的高低,用尺寸公差等级或相应的公差值来表示。尺寸公差分为 20 级,即 IT01、IT1、IT1 ~ IT18。"IT"表示标准公差;后面的数字表示公差等级。从 IT01 ~ IT18 等级依次降低。IT01 ~ IT12 用于配合尺寸,IT13 ~ IT18 用于非配合尺寸。

2)形状精度

指的是零件实际表面和理想表面之间在形状上允许的误差。如直线度、平面度、圆度、圆柱度、线轮廓度和面轮廓度等。

3)位置精度

指的是零件表面、轴线或对称平面之间的实际位置与理想位置允许的误差。如两平面间的平行度、垂直度,两圆柱面轴线的同轴度,一根轴线与一个平面间的垂直度、倾斜度等。

形状公差和位置公差的简称为形位公差,其等级分为 1 ~ 12 级(圆度和圆柱度分为 0 ~ 12 级)。12 级最低,公差值最大。

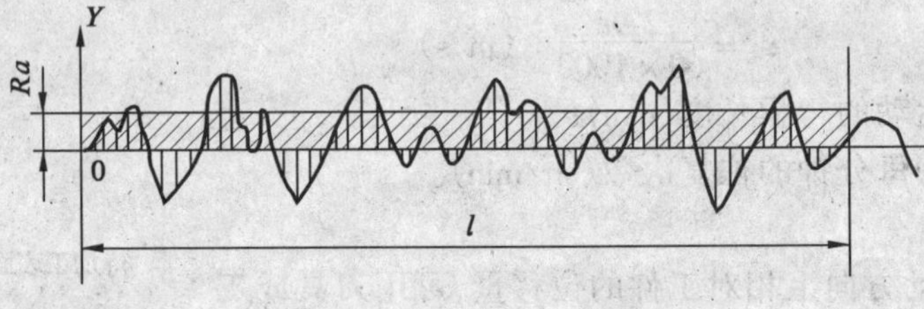

图 5-2-1　轮廓算术平均偏差

5.2.2 表面粗糙度

零件的加工表面即使看起来光滑,经放大后观察,也会发现凹凸不平的波峰、波谷。零件表面的这种微观不平度称为表面粗糙度。表面粗糙度是在毛坯制造或去除金属加工过程中形成的。表面粗糙度对零件表面的结合性能、密封、摩擦磨损、耐腐蚀性有很大的影响。

国家标准规定了表面粗糙度的评定参数和评定参数的允许数值,最常用的就是轮廓算术平均偏差 Ra,单位为 μm。

如图 5-2-1 所示,轮廓算术平均偏差 Ra 为取样长度 l 范围内,被测轮廓上各点至中线距离绝对值的算术平均值。

$$Ra = \frac{1}{l}\int_0^l \mid y_{(x)} \mid \mathrm{d}x$$

或近似写成

$$Ra \approx \frac{1}{n}\sum_{i=1}^{n} \mid y_i \mid$$

表 5-2-1 是国标规定供选用的 *Ra* 值中，优先选用的第一系列数值。

表 5-2-1 第一系列 *Ra* 值

R_a/μm	<0.012	0.025	0.05	0.1	0.2	0.4	0.8	1.6	3.2
	6.3	12.5	25	50	100				

常用加工方法所能达到的表面粗糙度 *Ra* 值列于表 5-2-2。

表 5-2-2 常用加工方法所能达到的表面粗糙度

表面要求	表面特性	*Ra*/μm	旧国标光洁度代号	加工方法举例
不加工	毛坯表面清除毛刺	$\not\!\vee$	∽	钳工
粗加工	明显可见刀痕 可见刀痕 微见刀痕	50 25 12.5	▽1 ▽2 ▽3	钻孔、粗车、粗铣、粗刨、粗镗
半精加工	可见加工痕迹 微见加工痕迹 不见加工痕迹	6.3 3.2 1.6	▽4 ▽5 ▽6	半精车、精车、精铣、精刨、粗磨、精镗、铰孔、拉削
精加工	可辨加工痕迹的方向 微辨加工痕迹的方向 不辨加工痕迹的方向	0.8 0.4 0.2	▽7 ▽8 ▽9	精铰、刮削、精拉、精磨
精密加工	按表面光泽判别	0.1~ 0.008	▽10~▽14	精密磨削、珩磨、研磨、抛光、超精加工、镜面磨削

5.3 常用量具

量具是用来测量零件尺寸、角度以及检测零件形位误差的工具。为保证被加工零件的各项技术参数符合设计要求，在加工前后和加工过程中，都必须用量具进行检测。

量具的种类很多，这里仅介绍常用的几种。

5.3.1　量具的种类

1)游标卡尺

游标卡尺是一种比较精密的量具(如图 5-3-1)。其结构简单,可以直接量出工件的内径、外径、长度和深度等。游标卡尺按测量精度可分为 0.10mm、0.05mm、0.02mm 三个量级。按测量尺寸范围有 0～125mm、0～150mm、0～200mm、0～300mm、0～500mm 等多种规格。使用时根据零件精度要求及零件尺寸大小进行选择。

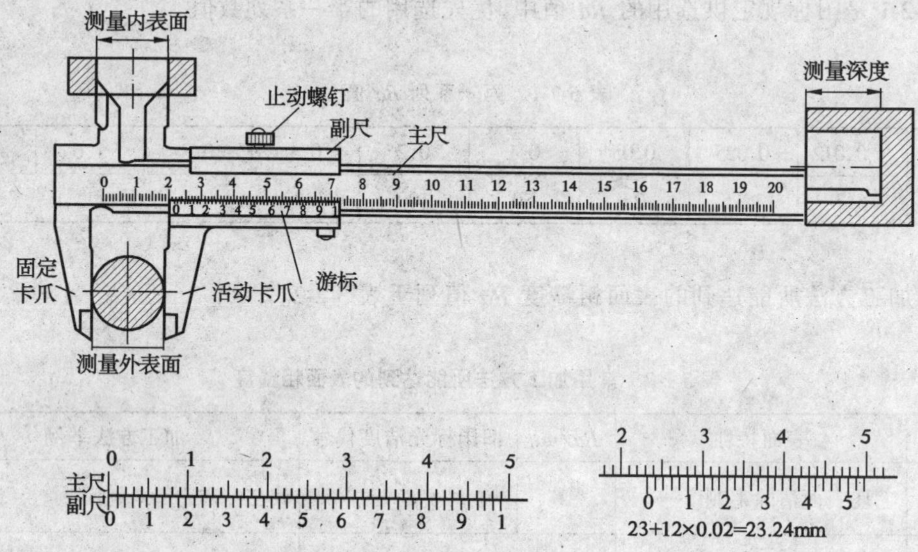

图 5-3-1　游标卡尺及读数方法

图 5-3-1 所示游标卡尺的读数精度为 0.02mm,测量尺寸范围为 0～150mm。它由主尺和副尺(游标)两部分组成。读数方法见图 5-3-1。

图 5-3-2 是专门用于测量深度和高度的游标尺。高度游标尺除用来测量高度外,也可用于精密划线。

2)千分尺(又称分厘卡)

千分尺是用微分套筒读数的示值为 0.01mm 的测量工具。按照用途可分为外径千分尺、内径千分尺和深度千分尺几种。外径千分尺按其测量范围有 0～25mm、25～50mm、50～75mm、75～100mm 等各种规格。

图 5-3-3 是测量范围为 0～25mm 的外径千分尺。弓形架的左端有固定砧座,右端的固定套筒在轴线方向刻有一条中线(基准线)。上下两排刻线互相错开 0.5mm,形成主尺。微分套筒左端圆周上均布 50 条刻线,形成副尺。微分套和螺杆连在一起,当微分套筒转动一周,带动测量螺杆沿轴向移动 0.5mm,如图 5-3-4。因此,微分套筒转过一格,测量螺杆轴向移动的距离为 0.5÷50＝0.01mm。当千分尺的测量螺杆与固定砧座接触时,微分套筒的边缘与轴向刻度的零线重合。同时,圆周上的零线应与中线对准。

千分尺的读数方法:

①读出距离微分套筒边缘最近的轴向刻度数(应为 0.5mm 的整数倍);

②读出与轴向刻度中线重合的微分套筒周向刻度数值(刻度格数×0.01mm);

③将两部分读数相加即为测量尺寸。

千分尺使用注意事项:

①校对零点,将砧座与螺杆擦拭干净,使它们相接触,看微分套筒圆周刻度零线与中线是否对准,如没有,将百分尺送计量部门检修。

②测量时,左手握住弓架,用右手旋转微分套筒,当测量螺杆快接近工件时,必须使用右端棘轮(此时严禁使用微分套筒,以防用力过度测量不准或破坏千分尺)以较慢的速度与工件接触。当棘轮发生“嘎嘎”的打滑声时,表示压力合适,应停止旋转。

③从千分尺上读取尺寸,可在工件未取下前进行,读完后松开千分尺,亦可先将百分尺锁紧,取下工件后再读数。

④被测尺寸的方向必须与螺杆方向一致。

⑤不得用千分尺测量毛坯表面和运动中的工件。

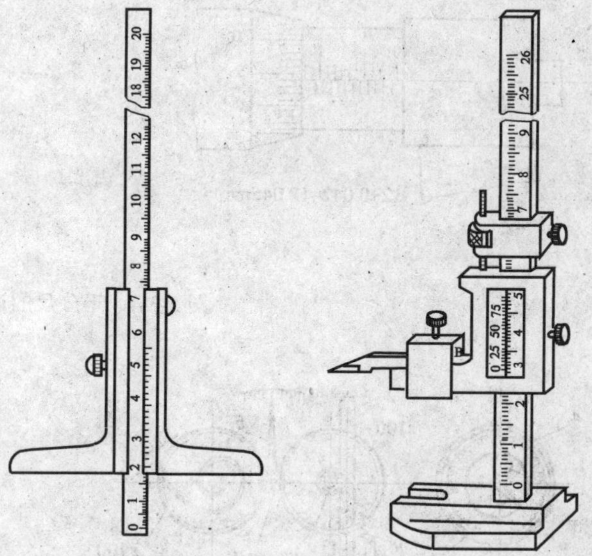

a) 游标深度尺　　b) 游标高度尺

图 5-3-2　游标深度尺和游标高度尺

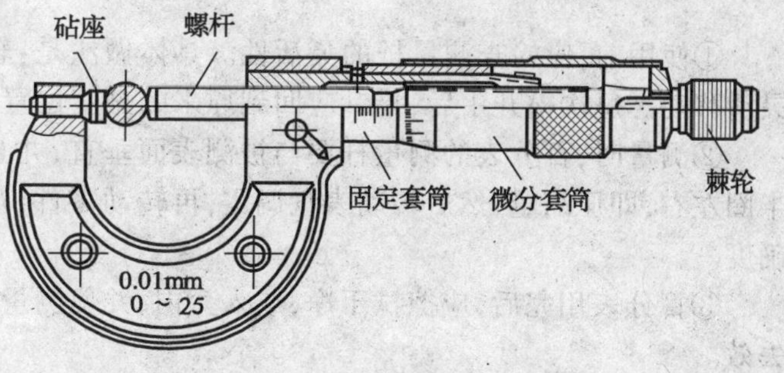

图 5-3-3　外径千分尺

3)百分表

百分表是一种进行读数比较的指示式量具,测量精度高,为0.01mm。它只能测出相对数值,不能测出绝对数值。主要用来检验零件的形状误差和位置误差,也常用于工件装夹时精密找正。

百分表的结构如图 5-3-5 所示,当测量头向上或向下移动 1mm 时,通过测量杆上的齿条和几个齿轮带动大指针转一周,小指针转一格。刻度盘在圆周上有 100 等分的刻度线,其每格的读数值为 0.01mm;小指针每格读数值为 1mm。测量时,大、小指针所示读数变化值之和即为尺寸变化量。小指针处的刻度范围就是百分表的测量范围。刻度盘可以转动,供测量时调整大指针对零位刻线之用。

百分表使用时应装在与其配套的附件或支架上,如图 5-3-6 所示。

百分表使用注意事项:

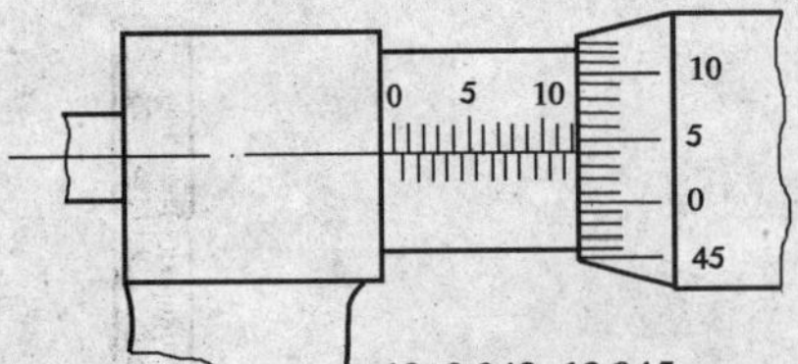

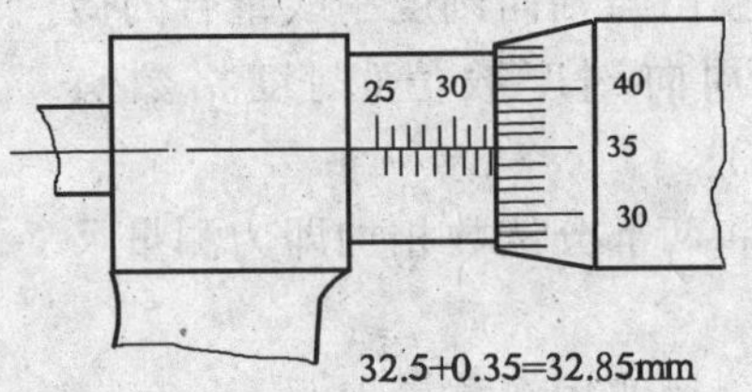

图 5-3-4　千分尺的读数示例

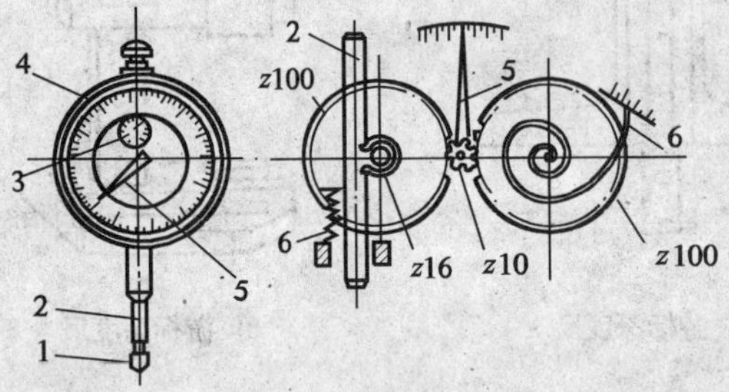

1—测量头　2—测量杆　3—转数指示盘
4—表盘　5—指针　6—弹簧

图 5-3-5　百分表

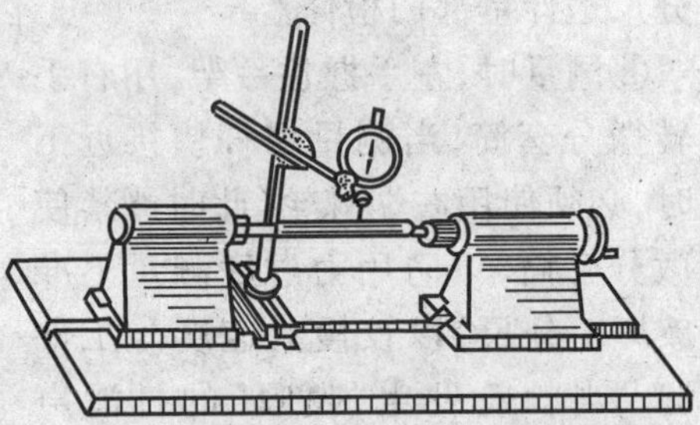

图 5-3-6　用百分表检查工作外圆面对轴心线的径向圆跳动

①使用前,应检查测量杆的灵活性。具体做法是:轻轻推动测量杆,看其能否在套筒内灵活移动。每次松开手后,指针应回到原来的刻度位置。

②测量时,百分表的测量杆要与被测表面垂直,并且让测量杆压下一点,使长指针转过半圈左右,即压缩量,然后转动表盘调零,再转动零件,观察指针的摆动,确定被测量件的精确度。

③百分表用完后,应擦拭干净,放入盒内,并使测量杆处于自由状态,防止表内弹簧过早失效。

此外还有杠杆百分表、内径百分表等,其原理与上述基本相同。

4)塞规与卡规

塞规与卡规是用于成批大量生产的一种定尺寸专用量具,如图 5-3-7 所示,通称为量规。

塞规用来测量孔径或槽宽。它的两端分别称为"通规"和"止规"。通规的长度较长,直径等于工件的下限尺寸(最小孔径或最小槽宽)。止规的长度较短,直径等于工件的上限尺寸。用塞规检验工件时,当通规能进入孔(或槽)时,说明孔径(槽宽)大于最小极限尺寸;当止规不能进入孔(或槽)时,说明孔径(或槽宽)小于最大极限尺寸。工件的尺寸只有当通规进得去,而止规进不去时,才说明工件的实际尺寸在公差范围之内,是合格的。否则,工件尺寸不合格。

卡规用来检验轴径或厚度,使用亦和塞规相同。与塞规不同的是:卡规的通规尺寸等于工件的最大极限尺寸,而止规的尺寸等于工件的最小极限尺寸。

量规检验工件时,只能检验工件合格与否,不能测出工件的具体尺寸,操作极为方便。

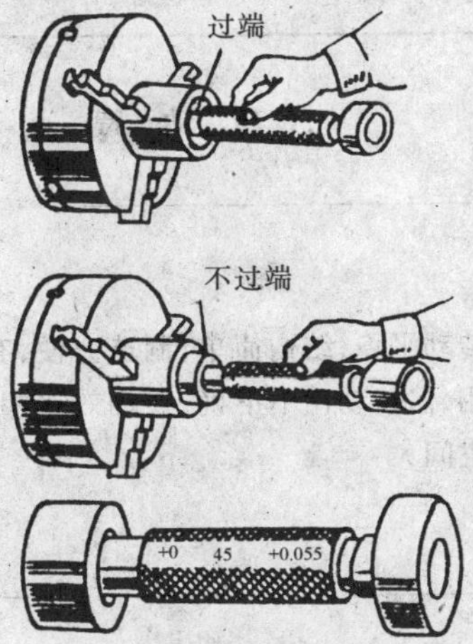

塞规及其使用

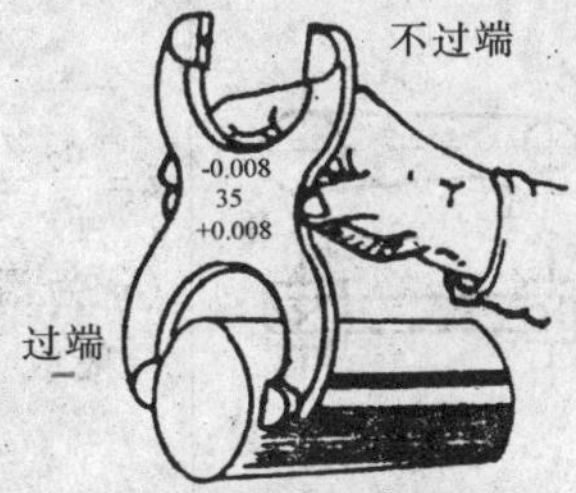

卡规及其使用

图 5-3-7 量规

5.3.2 量具的保养

量具的精度直接影响到检测的可靠性，必须加强量具的保养。量具使用保养重点在量具的破损、变形、锈蚀和磨损，因此，必须做到以下几点：

①量具在使用前、后必须用棉纱擦干净。

②不能用精密量具测量毛坯或运动着的工件。

③测量时不能用力过猛、过大，不能测量温度过高的物体。

④不能将量具与工具混放、乱放，不能将量具当工具使用。

⑤量具用完后必须擦洗干净，涂油并放入专用的量具盒内。

5.4 机床传动机构

机床的传动有机械、液压、气动、电气等多种形式，其中最常见的是机械传动和液压传动。机床上的回转运动多为机械传动；而直线运动，则在机械传动和液压传动都有应用。

机床上常用的机械传动方式有皮带、齿轮、蜗轮蜗杆、齿轮齿条和丝杠螺母等五种传动(表 5-4-1)。

机械传动有传动比准确，结构较简单，能传递较大扭矩，便于维修等优点，但也有传动不够稳定，振动和噪音大，实现无级变速的机构较复杂、成本高等缺点，故机械传动都用于速度不高的有级变速传动中。

表 5-4-1　机械传动方式

传动方式	符　号	传动比	传　动　特　点
皮带传动	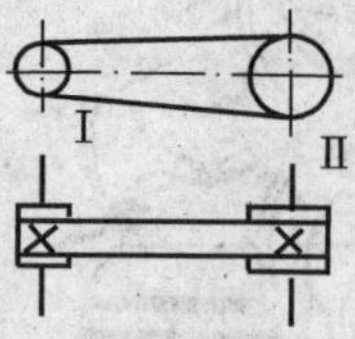	$i=\frac{n_2}{n_1}\cdot\eta=\frac{d_1}{d_2}\eta$ （η 为滑动系数，一般取 $\eta=0.98$）	传动平稳，结构简单，制造方便，有过载保护作用，但传动比不准确，传动效率相对较低，所占空间大
齿轮传动	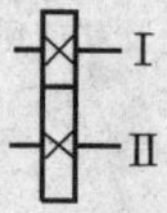	$i=\frac{n_2}{n_1}=i=\frac{Z_1}{Z_2}$	结构紧凑，传动比准确，传动效率高，可传递较大的扭矩，但制造复杂。制造精度不高时，传动不平稳，有噪音
蜗杆蜗轮传动		$i=\frac{n_2}{n_1}=\frac{K}{Z}$	可获得大的降速比，传动平稳，无噪音，结构紧凑，可以自锁，但传动效率低，要有良好的润滑条件。制造较复杂
齿轮齿条传动	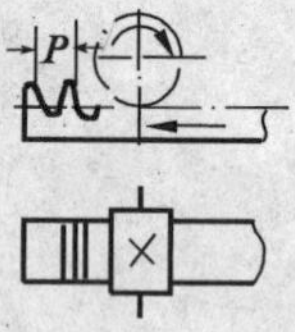	$V_f=\pi mZn$	与齿轮传动相似，传动效率高，但制造精度不高时，影响位移的准确性，可将回转运动转变为直线位移或反之
丝杠螺母传动		$V_f=nP$	工作平稳，无噪音，但传动效率低。可将回转运动转变为直线位移

机床的传动机构是由许多传动元件组成的，为了便于表示传动系统，规定用各种传动件符号（表 5-4-2）代表各种传动元件。

表 5-4-2　传动图中常用的代表符号

名　称	代表符号	名　称	代表符号
轴	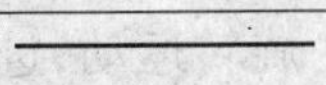	平胶带传动	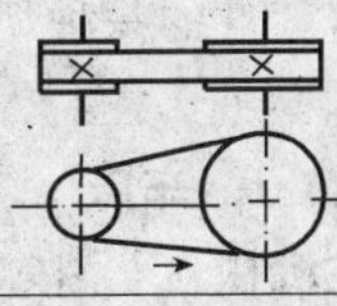
滑动轴承	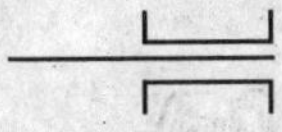	V 带传动	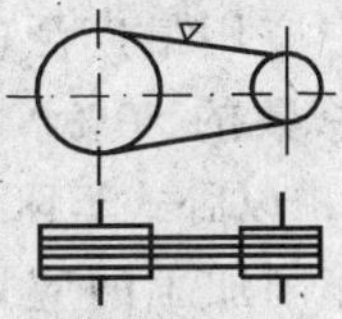
滚动轴承		圆柱齿轮传动	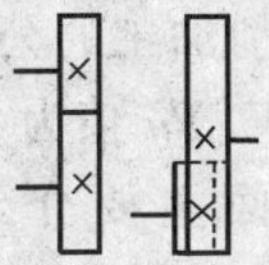
齿轮与轴连接：活动连接(空套)	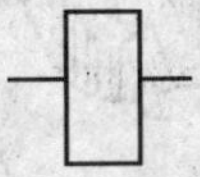	蜗轮传动	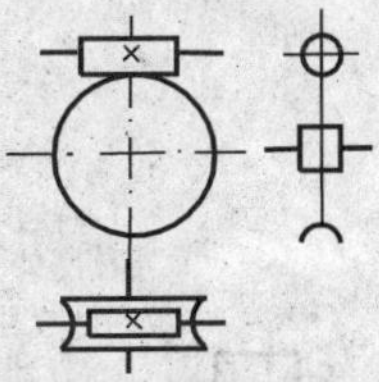
导键连接(可相对滑动)	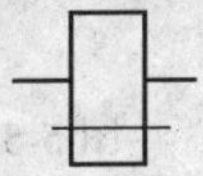	圆锥齿轮传动	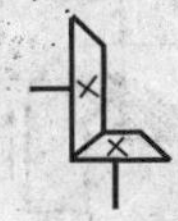
花键连接	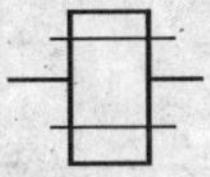	齿条传动	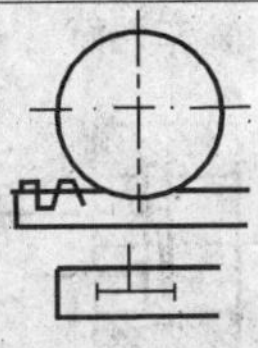
固定键连接	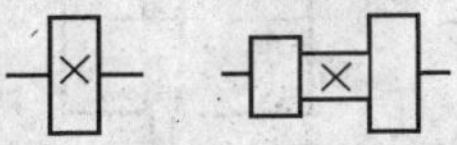	螺杆传动：整体螺母	
离合器：啮合式离合器(单向式)	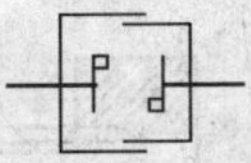	螺杆传动：开合螺母	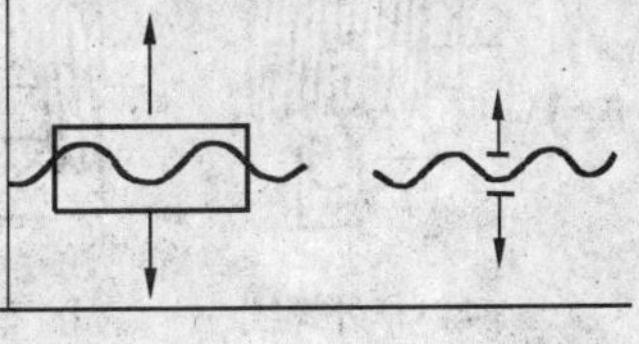
摩擦片离合器(单向及双向式)	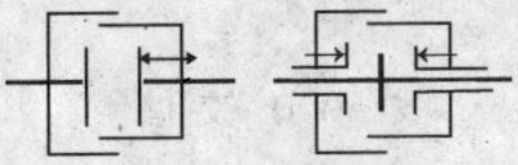		
锥形摩擦离合器(单向及双向式)	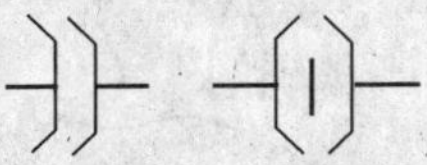		

5.5 车削加工

车削加工是在车床上利用工件的旋转和刀具的相对移动来改变毛坯形状和尺寸，加工成所需零件的一种切削加工方法。其主运动是工件的旋转运动，进给运动是刀具的移动(图5-5-1)。

5.5.1 车床

在机械工厂中，车床是各种机械加工设备中应用最广泛的机床，约占金属切削机床总数的 50%。车床的种类和规格很多，其中以卧式车床应用最为广泛。

车削加工的应用范围非常广泛，可以加工各种回转体表面及平面等(图 5-5-2)。

车削加工的公差等级为 IT11 ~ IT6，表面粗糙度 *Ra* 值为 12.5 ~ 0.8μm。

下面主要介绍 C6132 型卧式车床。C6132 的含义如下：

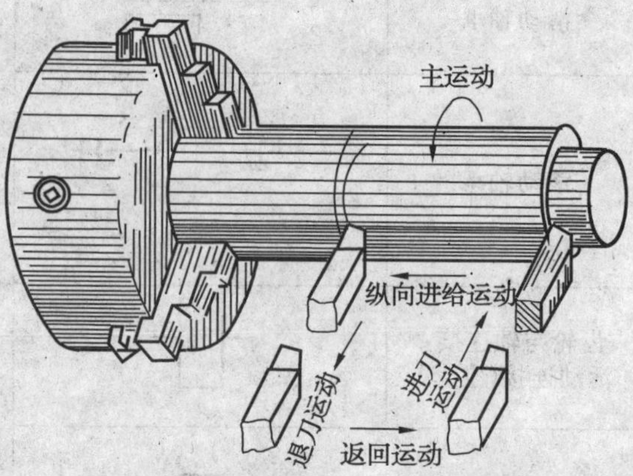

图 5-5-1 车削运动

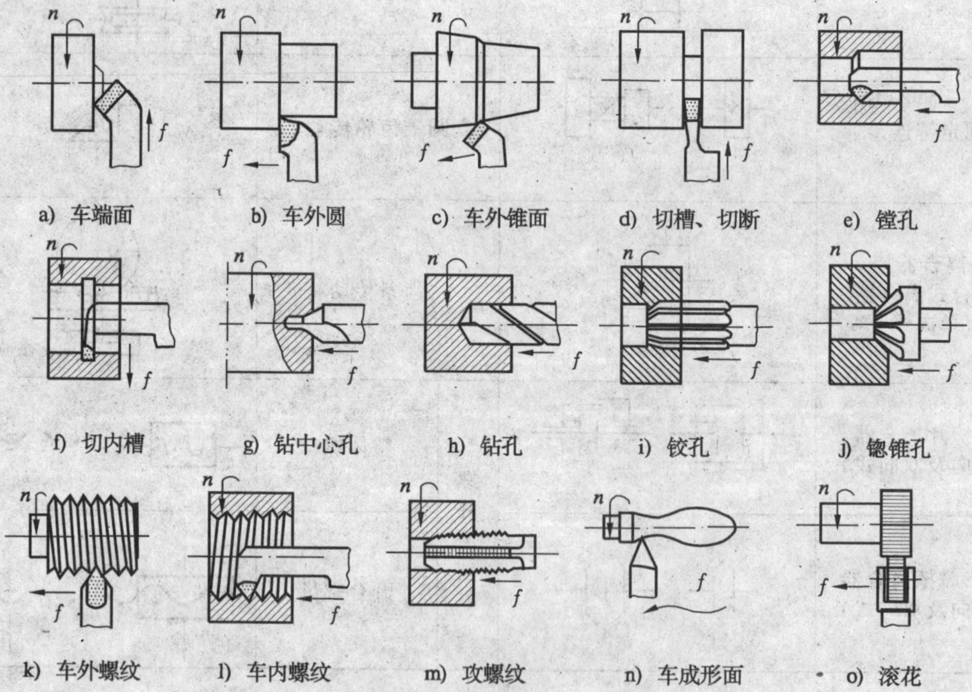

图 5-5-2 车床可完成的主要工作

C　6　1　32

- 32 —— 主参数(最大车削直径 320mm × 1/10)
- 1 —— 型别代号(卧式车床型)
- 6 —— 组别代号(落地及卧式车床系)
- C —— 类别代号(车床类)

1)C6132 车床的主要组成部分及功用

图 5-5-3 是 C6132 车床的外形图,它表示出了车床各主要部件之间的相互位置及运动关系,其主要组成部件及功用如下:

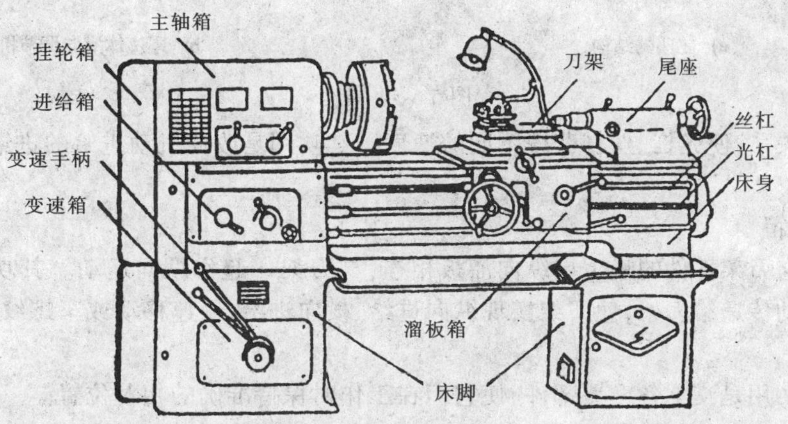

图 5-5-3　C6132 外形

(1)主轴箱

主轴箱内部装有主轴和变速传动机构。功用是支承主轴并把动力经变速机构传给主轴,使主轴带动工件按规定的转速旋转,以实现主运动。

(2)刀架部件

刀架装在床身的中部,可沿床身上的导轨作纵向移动。由大拖板、中拖板、转盘、小拖板和方刀架等组成(图 5-5-4)。它的功用是装夹车刀,实现纵向、横向或斜向进给运动。

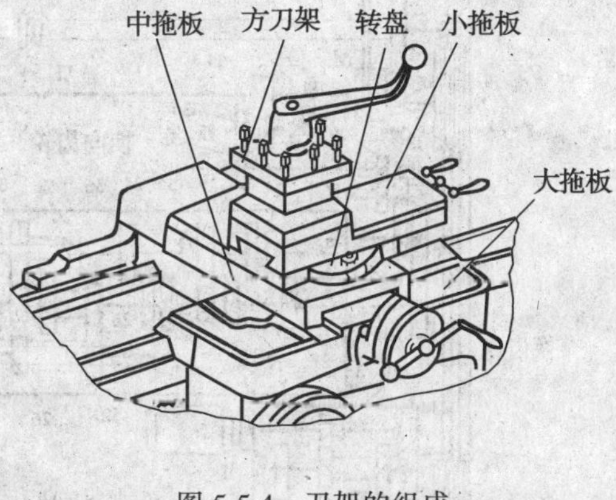

图 5-5-4　刀架的组成

(3)尾座

尾座装在床身右边的尾座导轨上,可沿导轨纵向调整其位置(图 5-5-5)。套筒前端为莫氏锥孔,可装顶尖、钻头、铰刀等各种附件和刀具。摇动尾座手柄,套筒便可在尾座体内作伸出或后退运动。套筒锁紧装置用于松开或锁紧套筒的位置。松开尾座螺钉调整尾座体的横向位置,以便使尾座顶尖中心对准主轴中心或偏离一定距离车削小角度锥面。

(4)进给箱

进给箱固定在床身左前侧,内有变速机构,主轴通过交换齿轮把运动传递给它,改变箱

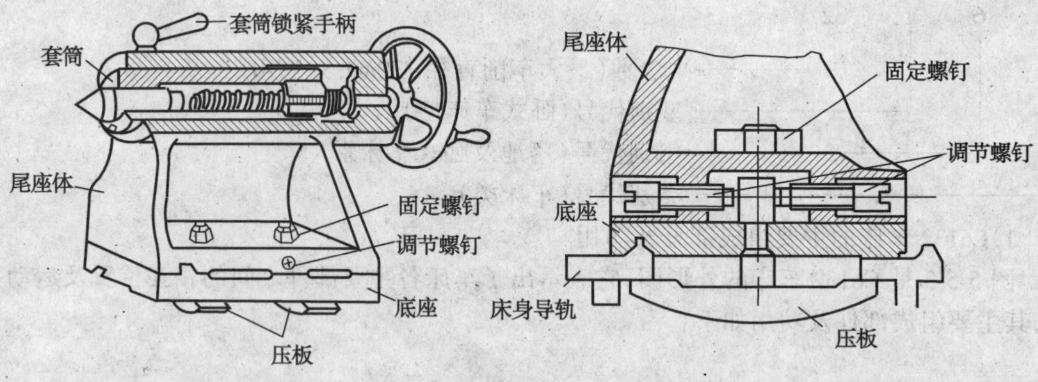

a) 尾座的结构　　b) 尾座体横向调节机构

图 5-5-5　尾座

内齿轮啮合关系，使光杠、丝杠获得不同的速度。其功用是改变机动进给的进给量或加工螺纹的导程。

(5)溜板箱

溜板箱与刀架部件的最下层纵向溜板相连，与刀架一起作纵向运动。其功用是把进给箱传来的运动传递给刀架，使刀架实现纵向进给、横向进给、快速移动或车螺纹。

(6)床身

床身的功用是支承各主要部件，使它们在工作时保持准确的相对位置。

2) C6132 车床的传动系统

将各种传动件按传动轴依次地组合起来，构成传动系统，又称传动链。用规定传动件符号，按照运动传递的先后顺序，以展开图的形式表示出来。

图 5-5-6 为 C6132 的传动系统图。

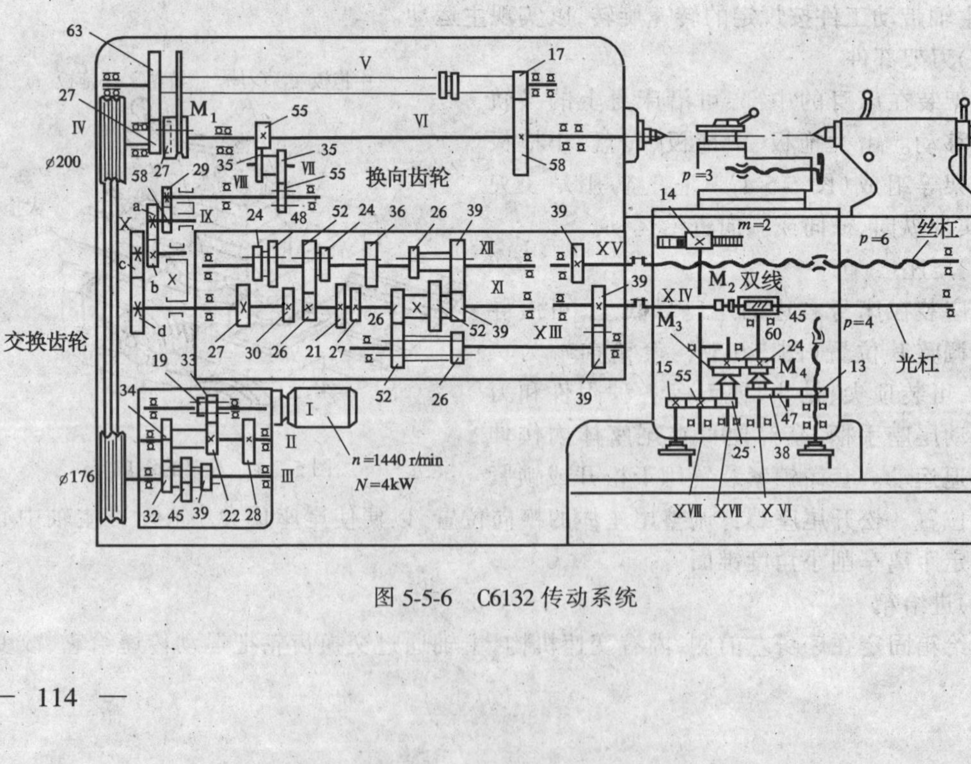

图 5-5-6　C6132 传动系统

(1)主运动传动系统

主运动传动系统的两末端件是电机与主轴，它的功用是把动力源(电动机)的运动及动力传递给主轴，使主轴带动工件旋转，并满足主轴变速和换向的要求。

机床的传动路线常用传动路线表达式来表示。C6132 车床主运动的传动路线表达式如下：

$$\underset{1440\text{r/min}}{\text{电动机}}-\mathrm{I}-\underbrace{\begin{bmatrix}\frac{33}{22}\\ \frac{19}{34}\end{bmatrix}-\mathrm{II}-\begin{bmatrix}\frac{34}{32}\\ \frac{28}{39}\\ \frac{22}{45}\end{bmatrix}}_{\text{变速箱}}-\mathrm{III}-\underset{\text{V 带轮}}{\frac{\phi 176}{\phi 200}}-\mathrm{IV}\underbrace{\begin{Bmatrix}\vec{\mathrm{M}}(\text{右移})-\frac{27}{63}-\mathrm{V}-\frac{17}{58}\\ \overleftarrow{\mathrm{M}}(\text{左移})-\frac{27}{27}\end{Bmatrix}}_{\text{主轴箱}}-\mathrm{VI}-(\text{主轴})$$

主轴的转速，可根据电动机的转速和不同的传动比计算。

主轴最高转速：

$$n_{\text{最高}}=1440\times\frac{33}{22}\times\frac{34}{32}\times\frac{176}{200}\times 0.98\times\frac{27}{27}=1980\quad(\text{r/min})$$

同理，主轴最低转速：

$$n_{\text{最低}}=1440\times\frac{19}{34}\times\frac{22}{45}\times\frac{176}{200}\times 0.98\times\frac{27}{63}\times\frac{17}{58}=45\quad(\text{r/min})$$

式中，0.98 为 V 形带的滑动系数。

另外，主轴的反转通过电机的反转来实现，同样获得 12 种相互的转速。

(2)进给运动传动系统

车床的进给运动是由主轴开始，通过变向机构、挂轮箱、进给箱和溜板箱的传动机构，使刀架作纵向、横向或车螺纹进给。

进给运动传动系统的表达式如下：

$$\text{主轴}\,\mathrm{VI}-\underbrace{\begin{Bmatrix}\frac{55}{55}\\ \frac{55}{35}-\frac{35}{55}\end{Bmatrix}}_{\text{变向机构}}-\mathrm{VII}-\mathrm{IX}-\underbrace{\frac{a}{b}\cdot\frac{c}{d}}_{\text{交换齿轮}}-\mathrm{XI}-\underbrace{\begin{bmatrix}\frac{27}{24}\\ \frac{30}{48}\\ \frac{26}{52}\\ \frac{21}{24}\\ \frac{27}{36}\end{bmatrix}}_{\text{基本组}}-\mathrm{XII}-\underbrace{\begin{bmatrix}\frac{26}{52}\times\frac{26}{52}\\ \frac{39}{39}\times\frac{52}{26}\\ \frac{26}{52}\times\frac{52}{26}\\ \frac{26}{52}\times\frac{52}{26}\\ \frac{39}{39}\times\frac{26}{52}\end{bmatrix}}_{\text{倍增组}}-\mathrm{XIII}-$$

$$\begin{cases}\frac{39}{39}-\mathrm{XV}\,(\text{丝杠 } p=6)\text{车螺纹}\\ \frac{39}{39}-\mathrm{M}_2-\mathrm{XIV}(\text{光杠})-\frac{2}{45}-\mathrm{XVI}-\begin{cases}\frac{24}{60}-\text{离合器 }\mathrm{M}_3-\mathrm{XVI}-\frac{25}{55}-\mathrm{XVII}-(\text{齿轮齿条})\text{纵向自动进给}\\ \text{离合器 }\mathrm{M}_4-\frac{38}{47}\times\frac{47}{13}-(\text{丝杠螺母})-\text{横向自动进给}\end{cases}\end{cases}$$

在进给运动的传动中，可根据各传动路线上传动齿轮副的传动比计算出机动进给量和螺纹螺距。

3)工件的装夹及其所用附件

装夹工件的主要要求是工件位置准确，装夹牢固，保证加工质量。

为满足各种车削工艺及不同零件的要求，车床上常配备以下附件装夹工件。

(1)三爪定心卡盘装夹工件

三爪定心卡盘是车床上应用最广的通用夹具(图 5-5-7)。适于夹持圆形和正六边形截面的短工件。能自动定心，装夹方便迅速，但定心精度不高，一般误差为 0.05～0.15mm。其定心精度受卡盘本身制造精度和使用后磨损程度的影响，故工件上同轴度要求较高的表面，应尽可能在一次装夹中车出。

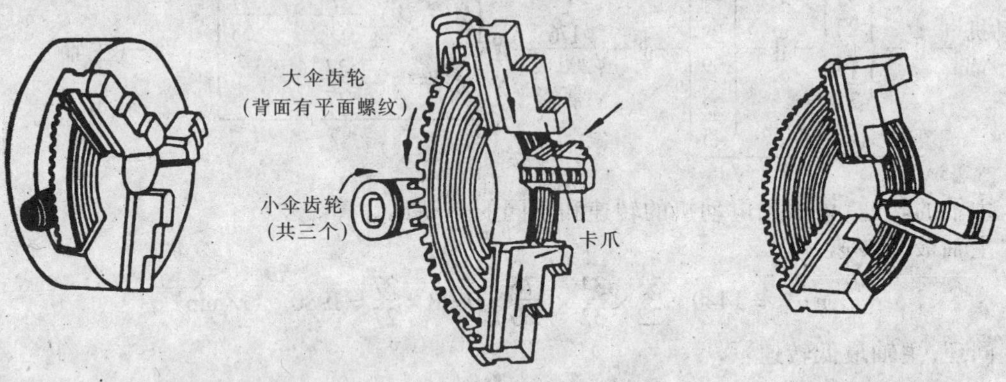

a) 外形　b) 构造　c) 反爪

图 5-5-7　三爪定心卡盘

(2)四爪单动卡盘装夹工件

四爪单动卡盘的结构如图 5-5-8 所示，四个单动卡爪用扳手分别调整，因此可用来夹持方形、椭圆等偏心或不规则形状的工件。四爪卡盘的夹紧力大，也可用于夹持尺寸较大的圆形工件。

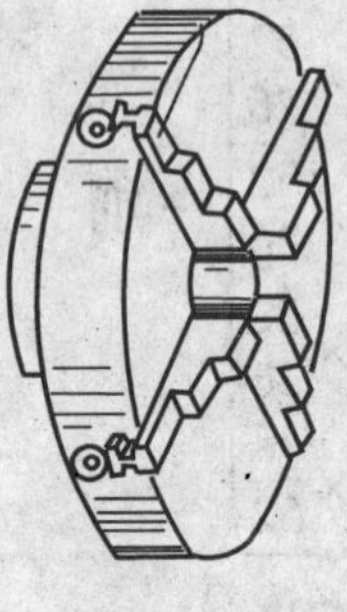

图 5-5-8　四爪单动卡盘

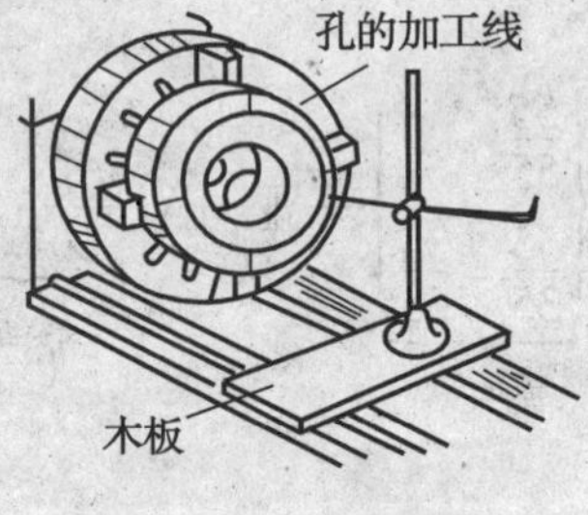

图 5-5-9　按划线找正

四爪单动卡盘夹持工件时，可根据工件的加工精度要求，进行划线找正(图 5-5-9)，将工件调整至所需的加工位置。但精确找正，很费时间。精度较低时用划针盘找正，精度高时可用百分表找正。

(3)顶尖装夹工件

较长或工序较多的轴类工件，常采用双顶尖装夹(图 5-5-10)，工件装夹在前后顶尖之间,由卡箍、拨盘带动旋转。前顶尖装在主轴上,和主轴一起旋转;后顶尖装在尾座上固定不动。普通顶尖的形状如图 5-5-11 所示。由于后顶尖易磨损,因此在工件转速较高的情况下,常用活顶尖(如图 5-5-12),加工时,活顶尖与工件一起转动。

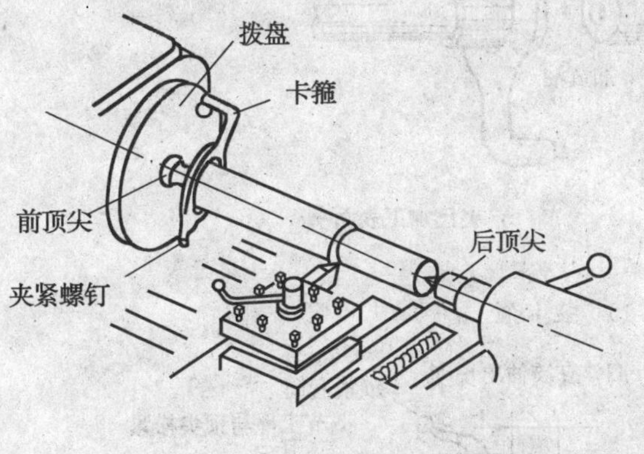

图 5-5-10 双顶尖装夹工作

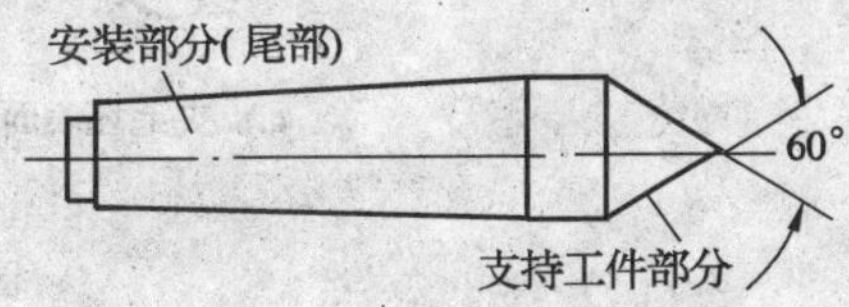

图 5-5-11 死顶尖

有时可用三爪定心卡盘代替拨盘,此时前顶尖用钢料车成(图 5-5-13)。

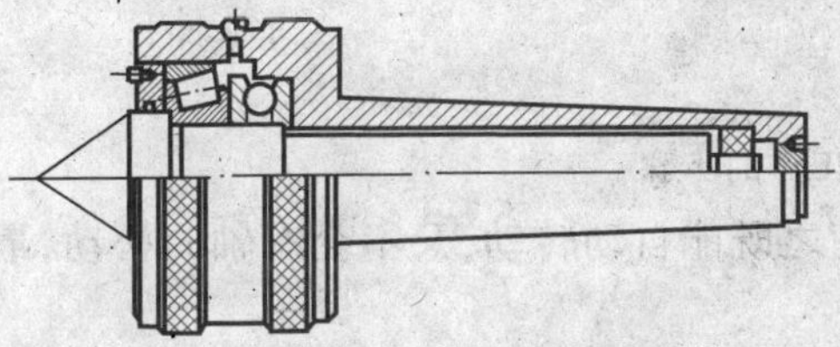

图 5-5-12 活顶尖

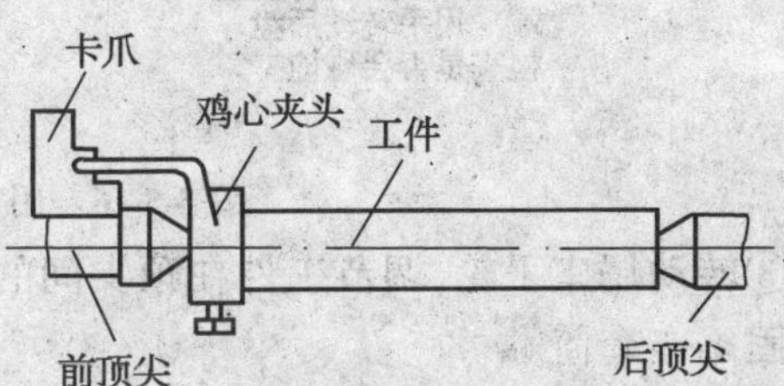

图 5-5-13 用三爪定心卡盘代替拨盘

用顶尖装夹工件前,先车削工件的端面,用中心钻钻出中心孔(图 5-5-14)。中心孔是轴类工件在顶尖上装夹的定位基面。

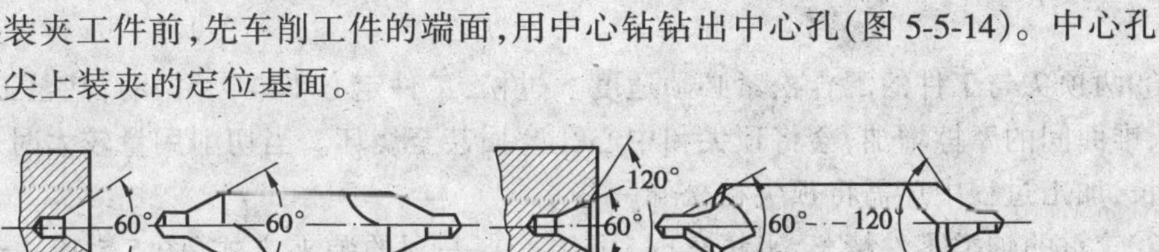

a) 加工普通中心孔的A型中心钻　　b) 加工双锥面中心孔的B型中心钻

图 5-5-14 中心孔与中心钻

用顶尖装夹工作时的步骤如下:

①在工件一端装夹卡箍(图 5-5-15),在工件另一端中心孔里涂上润滑油。

②将工件置于顶尖间(图 5-5-16),根据工件长短调整尾座位置,保证能让刀架移至车削行程的最外端,同时尽量使尾座套筒伸出最短,最后将尾座固定。

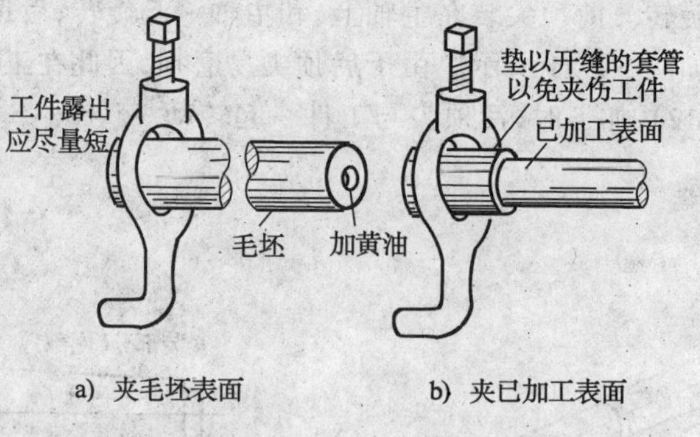

图 5-5-15 装卡箍

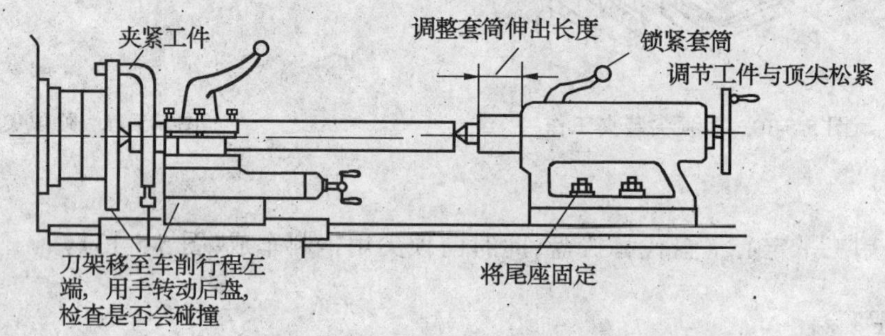

图 5-5-16 用顶尖安装工件的步骤

③转动尾座手轮，调节工件在顶尖间的松紧，使之既能自动转动，又不会有轴向松动，最后紧固尾座套筒。

④将刀架移至车削行程最左端，用手拨动拨盘及卡箍，检查是否会与刀架等碰撞。

⑤拧紧卡箍螺钉。

使用顶尖装夹工件应注意下列事项：

①前后顶尖应对准(图 5-5-17)，否则将车成锥体。这时可横向调整尾座，使两顶尖对准。

②两顶尖与工件的配合松紧必须适度。过松，工件定心不准，易振动，甚至工件会飞出；过紧，锥面间的摩擦增加，会将顶尖和中心孔磨损甚至烧坏。当切削用量较大时工件因发热而伸长，加工过程中还需将顶尖稍松开一些。

③较重的轴类零件精车、半精车时，可用一夹一顶的装夹方式(图 5-5-18)，这样能承受较大的切削力，这种方法应用很广。

(4)中心架和跟刀架

在车削长径比 $L/D>10$ 的细长轴时，由于其刚性差，易引起振动及车刀顶弯工件而使工件车削成腰鼓形，须采用中心架或跟刀架作为辅助支承，以保持工件的刚性，减少工件的变形。

①中心架　中心架固定在车床导轨上(图 5-5-19)，车削时，先在工件上中心架的支承处预先车出外圆面，调整三个支承与其接触，松紧适度。其主要用于加工阶梯轴及长轴的车端面，打中心孔及加工内孔等。

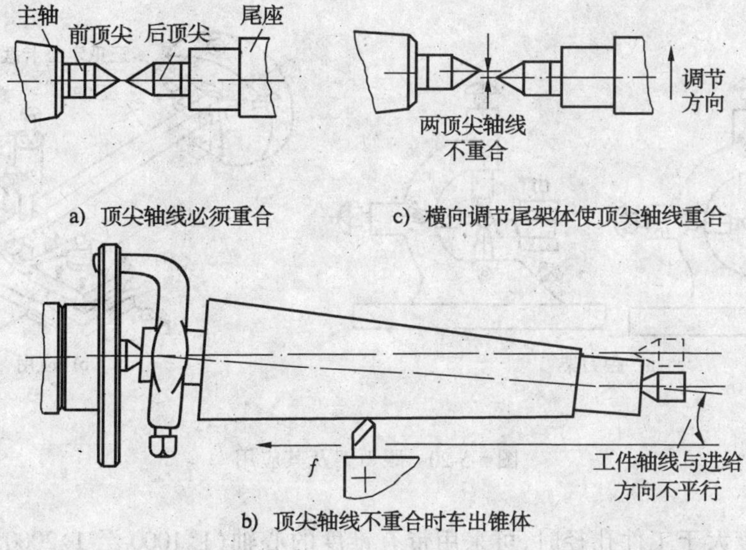

a) 顶尖轴线必须重合　c) 横向调节尾架体使顶尖轴线重合

b) 顶尖轴线不重合时车出锥体

图 5-5-17　对准顶尖使轴线重合

②跟刀架　跟刀架装夹在车床刀架的大拖板上，与整个刀架一起移动(图 5-5-20)，两个支承安装在车刀对面，抵住工件，以平衡切削时的径向分力。车削时，在工件一端先车一段外圆，然后使支承与其接触，松紧适度，工作时支承处加润滑油。主要用于车削细长光轴。

(5)心轴装夹工件

盘、套类零件的外圆及端面对内孔常有同轴度

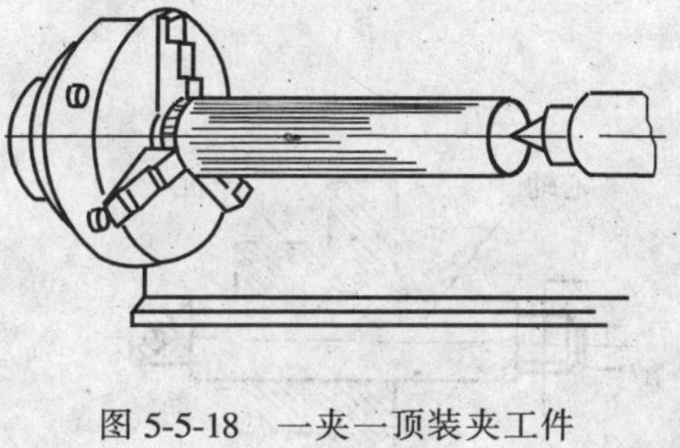

图 5-5-18　一夹一顶装夹工件

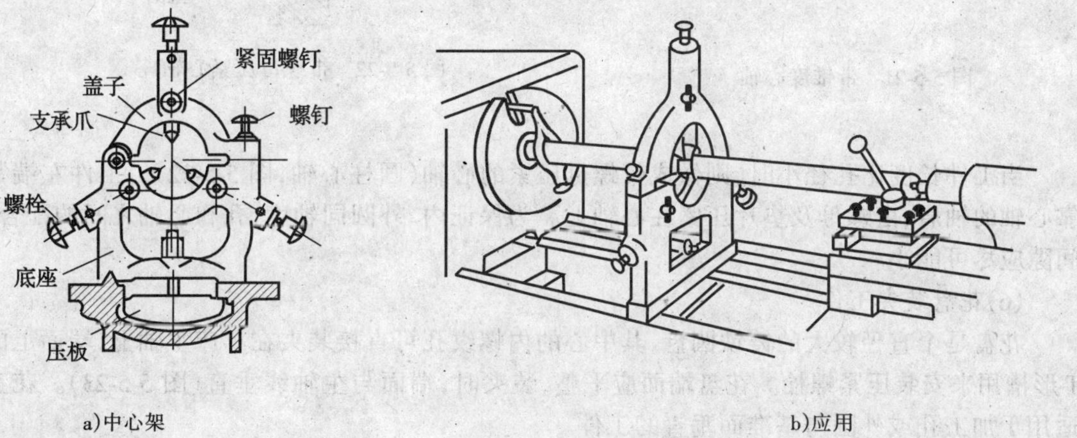

a)中心架　b)应用

图 5-5-19　中心架及其应用

及垂直度的要求，当这些孔及面不能在一次装夹中完成车削时，就难以保证这些位置度的要求。通常先将孔进行精加工(IT9 ~ IT7)，再以孔定位装到心轴上加工其它表面，从而满足技

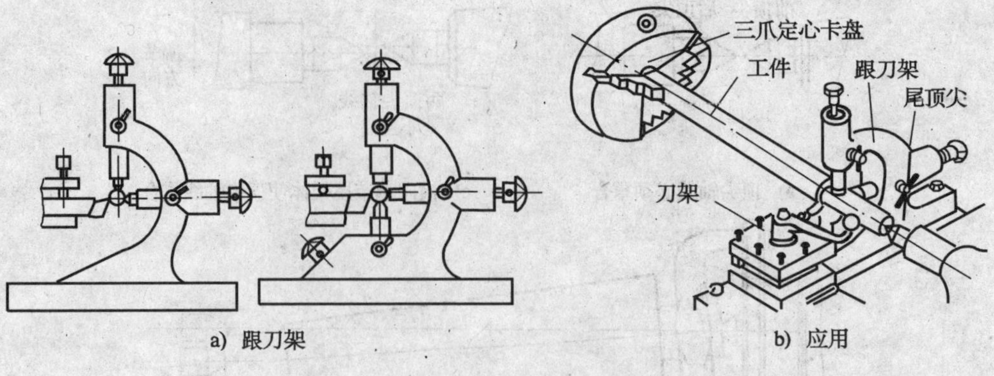

图 5-5-20 跟刀架及其应用

术要求。

当工件长度大于工件孔径时,可采用带有锥度的心轴(1∶1000 至 1∶2000,图 5-5-21),靠心轴圆锥表面与工件间的摩擦力将工件夹紧。由于切削力是靠其配合面的摩擦力传递的,故背吃刀量不能太大。这种方法主要用于精车外圆及端面。

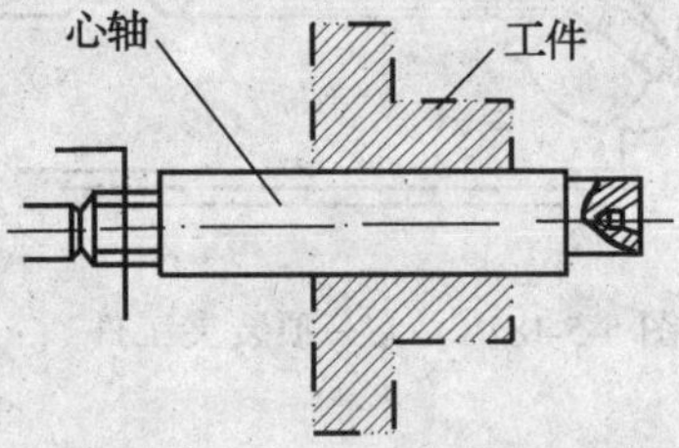

图 5-5-21 带锥度心轴

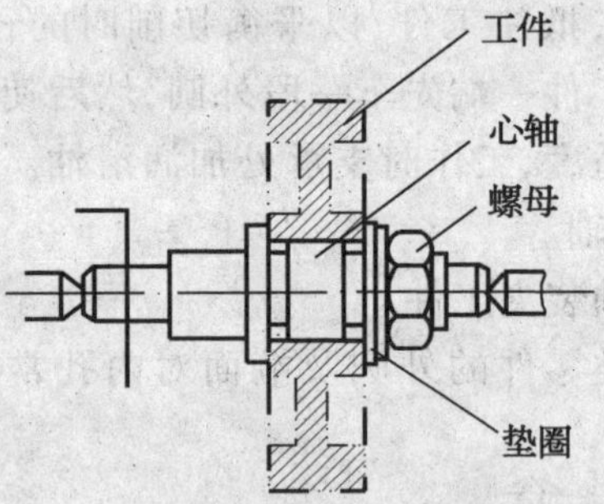

图 5-5-22 带螺母压紧心轴

当工件长度比孔径小时,则做成带螺母压紧的心轴(圆柱心轴,图 5-5-22)。工件左端紧靠心轴的轴肩,由螺母及垫片压紧在心轴上。为保证内、外圆同轴度,孔和心轴之间的配合,间隙应尽可能小。

(6)花盘装夹工件

花盘是个直径较大的铸铁圆盘,其中心的内螺纹孔可直接装夹在车床主轴上,端面上的T形槽用来安装压紧螺栓。花盘端面应平整,装夹时,端面与主轴线垂直(图 5-5-23)。花盘适用于加工孔或外圆与基准面垂直的工件。

当待加工孔或外圆与装夹基准面平行时,配以弯板装夹(图 5-5-24)。用花盘或花盘加弯板装夹工件时,用平衡铁进行平衡,防止加工时因工件及弯板的重心偏离旋转中心而引起振动。

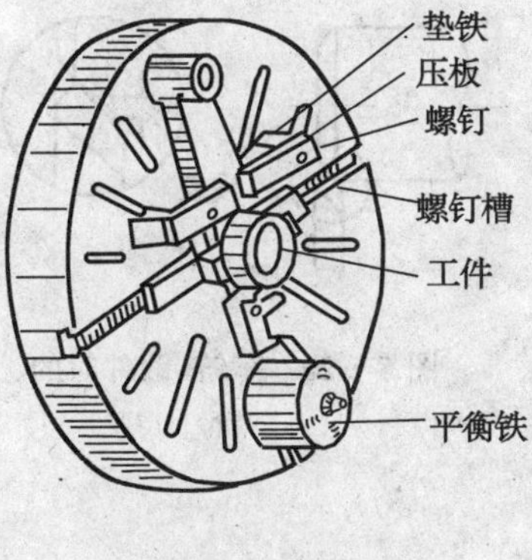

图 5-5-23　花盘

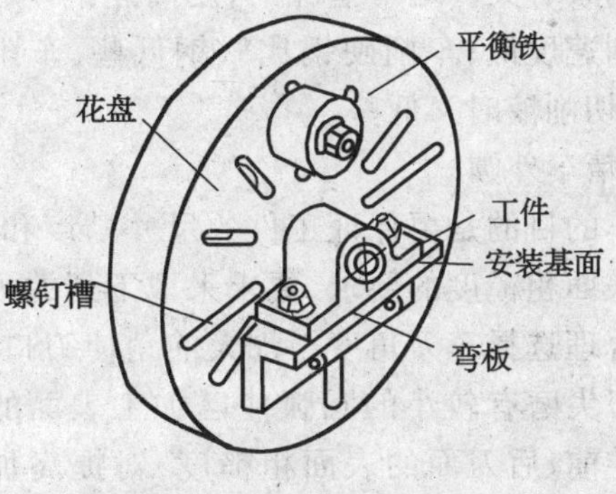

图 5-5-24　弯板的作用

除卧式车床外，在生产中常用的还有立式车床、转塔车床、单轴自动车床、多轴自动和半自动车床、仿形车床、多刀车床、专门化车床如曲轴车床以及各种数控车床等，以满足不同尺寸、形状及精度零件的加工，以及提高生产率的需要。

5.5.2　车削工序

为保证加工质量和提高生产率，根据切削量大小及工艺要求的不同，零件加工应分若干工序。一般精度较高的零件按粗车—半精车—精车的方案进行。

1)车削外圆

将工件车削成圆柱形表面的方法称为车外圆。它是生产中最基本、应用最广的工序。

车削外圆时常用车刀如图 5-5-25，尖刀主要用于车外圆；45°弯头刀和 90°偏刀通用性较好，可车外圆，又可车端面；右偏刀车削带有台阶的工件和细长轴，不易顶弯工件；带有圆弧的刀尖常用来车带过渡圆弧表面的外圆。

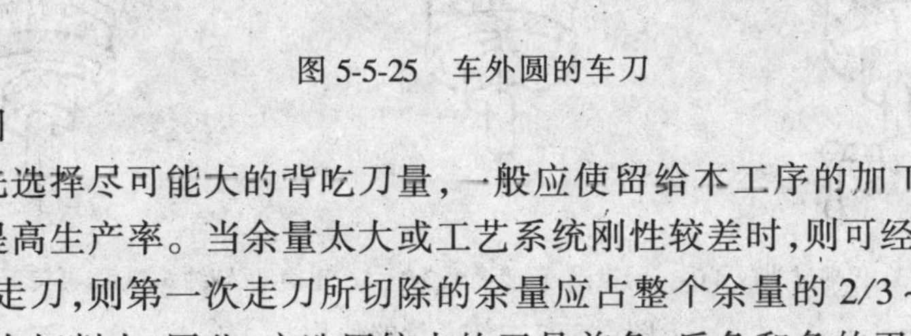

图 5-5-25　车外圆的车刀

(1)粗车外圆

粗车时，首先选择尽可能大的背吃刀量，一般应使留给本工序的加工余量一次切除，以减少走刀次数，提高生产率。当余量太大或工艺系统刚性较差时，则可经两次或更多次走刀去除。若分两次走刀，则第一次走刀所切除的余量应占整个余量的 2/3 ~ 3/4。这就要求切削刀具能承受较大切削力，因此，应选用较小的刀具前角、后角和负的刃倾角。尖头刀和弯头刀切削部分的强度高，一般用于粗加工。

粗车锻、铸件时，表面有硬层，可先车端面或先倒角，选择大于硬皮厚度的背吃刀量，如图 5-5-26，以免刀尖过快磨损。

车削过程中，切削速度的选择与背吃刀量、进给量、刀具使用寿命和工件材料的切削加工性等因素有关。通常情况下，用高速钢车刀比用硬质合金刀切削速度低；车削硬钢比软钢低些，车削铸铁比钢低些，不用切削液时又低些。

(2)精车外圆

精车的目的是要保证工件的尺寸精度和表面质量，主要考虑表面粗糙度的要求，要求采取下列的措施：

①合理选择车刀角度　加大前角使刃口锋利；减小副偏角和刀尖磨有较小的圆弧使已加工表面的残留面积减小。改善前、后刀面的表面粗糙度，对提高加工表面质量也有一定的效果。一般用90°偏刀精车外圆。

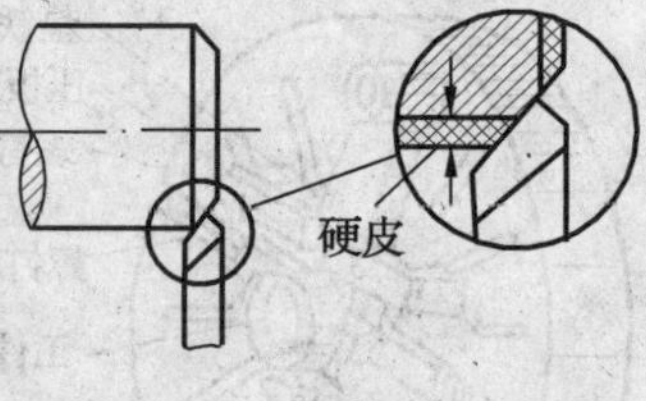

图 5-5-26　车铸、锻件时的背吃刀量

②合理选择切削用量　加工铜等塑性材料时，采用高速或低速切削可以获得较好的加工表面质量。尽可能选用小的进给量和背吃刀量。

③合理选择切削液　低速精车钢件时可用乳化液；低速精车铸件时用煤油润滑。用硬质合金车刀进行切削时，一般不需使用切削液，如需使用，必须连续浇注。

④采用试切法　由于中拖板的丝杠及其螺母的螺距与刻度盘的刻线均有一定的间隙和制造误差，靠刻度盘确定切削深度难以保证精车的尺寸精度，必须采用试切法，即通过试切—测量—调整—试切，反复进行，使工件尺寸达到加工要求。

在调节背吃刀量时，应尽可能利用横向进给手柄上的刻度盘，以便迅速而准确地控制尺寸，使用刻度盘时，须注意下列事项：

(a)熟悉所用车床刻度盘每转过一小格时车刀的移动量(a)，而后根据背吃刀量 a_p 计算出所需转过的格数(N)。

例：　丝杠螺距为 $P = 4\text{mm}$，刻度盘分 200 格，故 $a = \frac{4}{200} = 0.02\text{mm}$。当 $a_p = 0.4\text{mm}$ 时

$$N = \frac{a_p}{a} = \frac{0.4}{0.02} = 20 \quad (\text{格})$$

(b)手柄必须慢慢转动，使刻线对准所需位置。由于丝杠和螺母间有间隙，当手柄转过头或试切后发现尺寸太小而须退回车刀时，应按图 5-5-27 的方法进行。

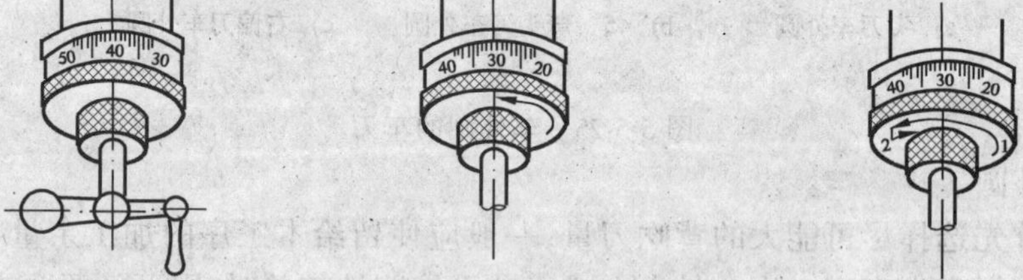

a)要求手柄转至 30，但摇过头成 40　b)错误：直接退至 30　c)正确：反转约一圈后，再转至所需位置 30

图 5-5-27　刻度盘的使用

2)车端面和车台阶

对工件端面进行车削的方法称为车端面。

轴类、盘、套类零件的端面一般可在车床上加工。作为工件长度方向尺寸的测量，定位

基准,或为工件端面上钻孔(含中心孔)作准备,车削内、外圆之前一般需先车削端面,这样易保证内、外圆轴线对端面的垂直度。

车削端面时所用的刀具如图 5-5-28 所示。用偏刀车端面,当背吃刀量较大时易扎刀,所以车端面时用弯头刀较有利。但精车端面时可用偏刀由中心向外进给。这样能提高端面的加工质量。车削直径较大的端面,若出现凹心或凸面时,应检查车刀和刀架是否锁紧,以及中拖板的松紧程度。此外,为使车刀准确地横向进给而无纵向松动,应将大拖板紧固于床身上,用小拖板来调整背吃刀量。

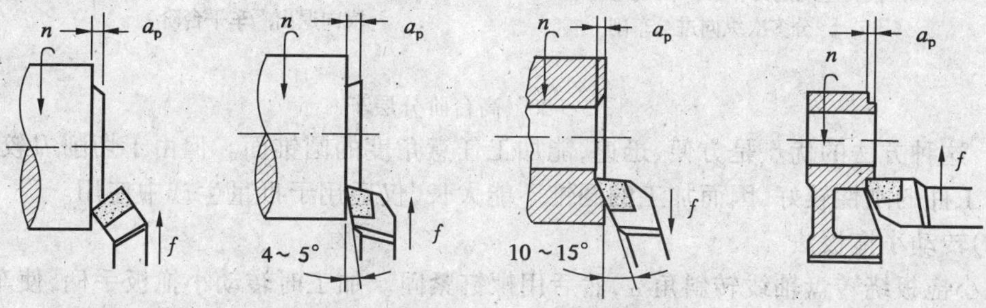

a) 弯头刀车端面　b) 右偏刀车端面(由外向中心)　c) 右偏刀车端面(由中心向外)　d) 左偏刀车端面

图 5-5-28　车端面用车刀

车台阶实际上是车外圆和端面的组合加工。轴上的台阶高度在 5mm 以下时可在车外圆时同时车出。为使车刀的主切削刃垂直于工件轴线,装刀时用角尺对刀。

有时为使台阶长度符合要求,可用刀尖预先刻出线痕,作为加工的界限(图 5-5-29)。

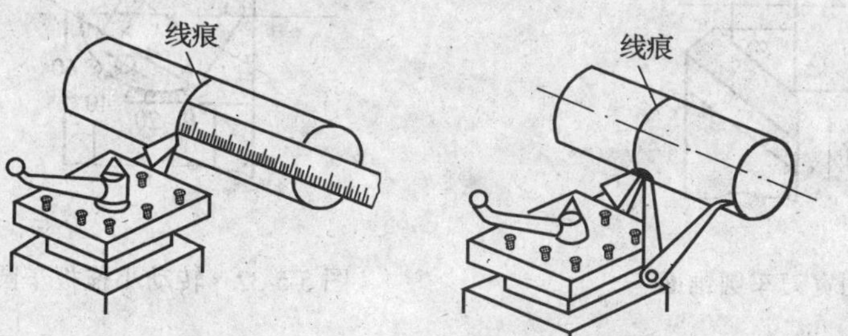

a) 用钢尺量　b) 用卡钳量

图 5-5-29　划出线痕,控制台阶长度

当台阶高度在 5mm 以上时,应分层进行切削,最后按车端面的方法平整台阶端面(图 5-5-30)。

3)车圆锥面

在机械制造中,除广泛采用圆柱体和圆柱孔作为配合表面外,还广泛采用外圆锥面和圆锥孔作为配合表面,如车床主轴的锥孔、顶尖、直径较大的钻头的锥柄等。圆锥配合紧密,拆卸方便,且经多次拆卸仍能保持精确的定心作用,因而得到广泛应用。车圆锥面的方法主要有以下几种:

(1)宽刀法

宽刀法是将刀具磨成与工件轴线成锥面斜角 α 的切削刃,直接进行加工的方法,如图

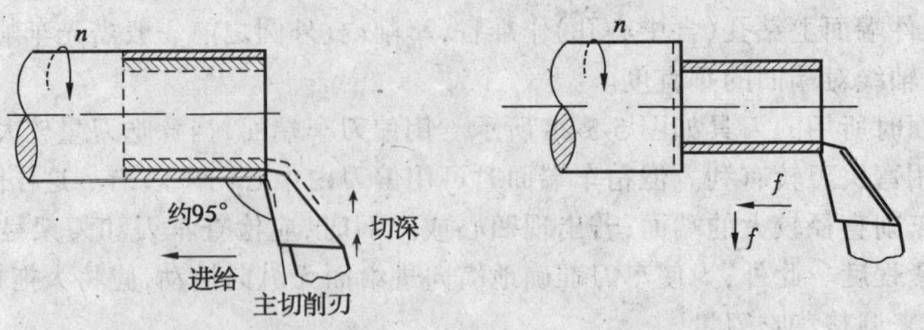

a) 偏刀主切削刃和工件轴线组成95°，分多次纵向进给车削

b) 在末次纵向进给后，车刀横向退出，车平台阶

图 5-5-30 高台阶分层车

5-4-31。这种方法的优点是方便、迅速，能加工任意角度的圆锥面。但由于切削刃较大，要求机床和工件的刚性较好，因而加工的圆锥不能太长，仅适用于批量生产中使用。

(2)转动小拖板法

将小拖板绕转盘轴线转斜角 α，然后用螺钉紧固。加工时转动小拖板手柄，使车刀沿锥面的母线移动，加工出所需要的圆锥面。如图 5-4-32。

这种方法调整方便，操作简单，可以加工斜角为任意大小的内、外圆锥面，应用很广。但所切圆锥面的长度受小拖板行程长度的限制，且只能手动进给，仅用于单件生产。

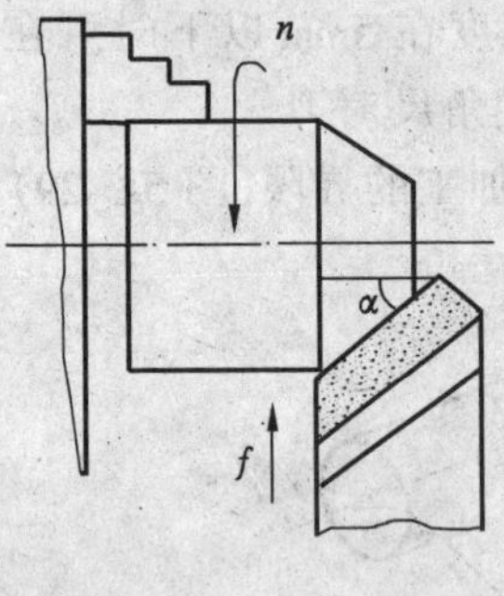

图 5-5-31 用宽刀车圆锥面

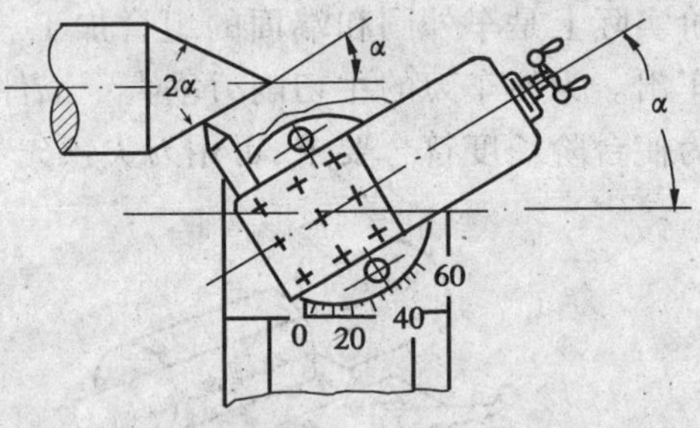

图 5-5-32 转动小拖板车圆锥面

(3)偏移尾架法

调整尾座顶尖使其偏移一个距离 S，使工件的旋转轴线与机床主轴轴线相交一个斜角 α 角，利用车刀的自动纵向进给，车出所需圆锥面。如图 5-5-33。

尾座偏移量：　$S = L \cdot \sin\alpha$

当 α 较小时：　$S = L\text{tg}\alpha = L(D-d)/2l$

这种方法能车削较长的圆锥面。由于受到尾座偏移量的限制，一般只能加工锥面斜角 $\alpha < 8°$的锥面，不能加工内锥面，精确调整尾座偏移量较费时。

(4)靠模板法

一般靠模板装置的底座固定在床身的后面，底板上面装有锥度靠模板，它可以绕中心轴旋转到与工件轴线交成锥面斜角 α。见图 5-5-34。为使中拖板自由地滑动，必须将中拖板与大拖板的丝杠与螺母脱开。为便于调整背吃刀量，小拖板必须转过 90°。

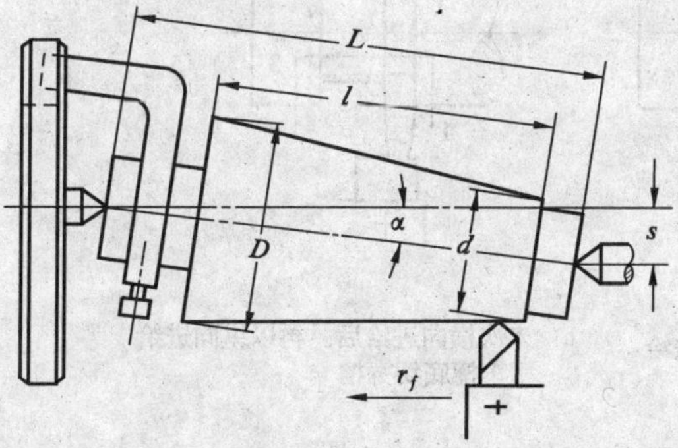

图 5-5-33　偏移尾架车圆锥面

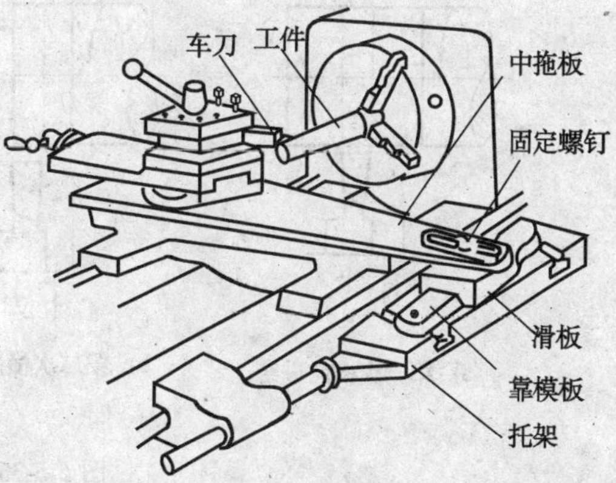

图 5-5-34　用靠模板装置车圆锥面

当大拖板作纵向自由进给时，滑板就沿着靠模板滑动，从而使车刀的运动平行于靠模板，车出所需的圆锥面。

靠模板法，适于加工较长、任意锥角 α、批量生产的圆锥面和圆锥孔，且精度较高。

4）切槽与切断

切槽要用切槽刀（图 5-5-35）。刀头的宽度很窄，侧面磨出 1°～2°的副偏角，以减少与工件的摩擦，这样刀头就较脆弱。

切削 5mm 以下的窄槽时，可以横向进给一次切出。切宽槽时，可按图 5-5-36 的步骤进行。

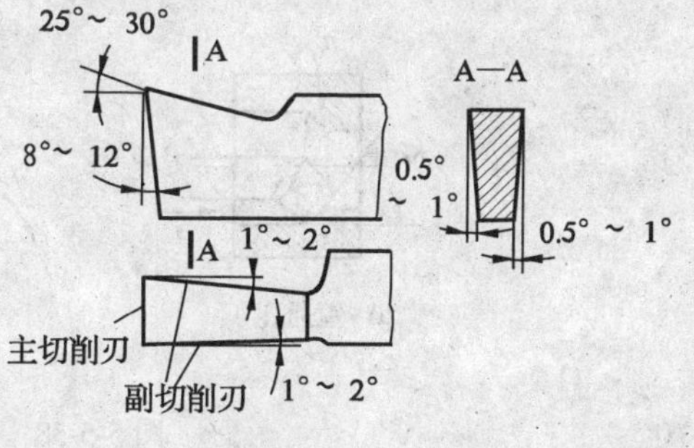

图 5-5-35　切槽刀

切断刀与切槽刀相似，只是刀头更窄而长，故必须注意以下几点：

（1）切断时，一般工件用卡盘夹持，切断处应靠近卡盘，以免引起工件振动。

（2）切断刀必须正确装夹。刀尖过低，切断处会留下凸起部分；刀尖过高，后刀面与工件面摩擦，增加阻力。

（3）切断时应降低切削速度，应尽可能减小主轴和刀架滑动部分的间隙。

（4）切削时用手缓慢而均匀地进给，切削钢料时须加冷却液。即将切断时，进给速度更慢，以免刀头折断。

5）钻孔和镗孔

（1）钻孔

在车床上可利用麻花钻、扩孔钻、铰刀和镗刀等进行孔加工。

车床上钻孔时，钻头安装在尾座上，随尾座一起实现进给运动（图 5-5-37），这种方法易保证孔和外圆的同轴度及与端面的垂直度。

（2）镗孔

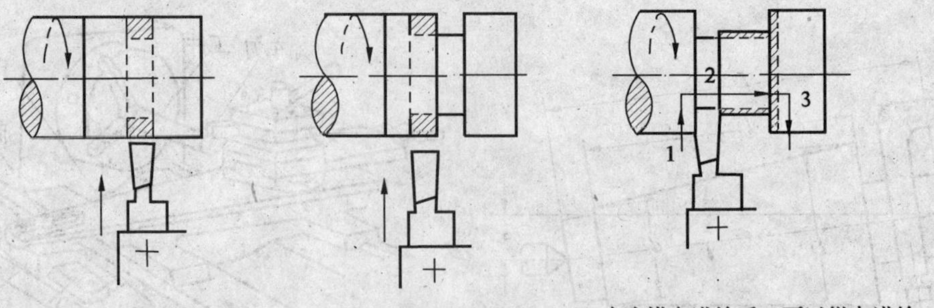

a) 第一次横向进给　　b) 第二次横向进给　　c) 末次横向进给后，再以纵向进给精车槽底切宽槽

图 5-5-36　切宽槽步骤

镗孔是用镗刀对工件上已有孔进行加工的一种孔加工方法(图 5-5-38)。

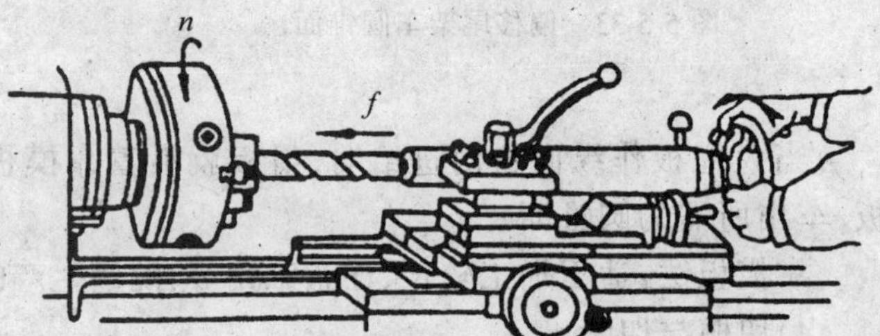

图 5-5-37　在车床上钻孔

镗刀可以扩大孔径,提高精度,降低表面粗糙度,较好地纠正原来孔轴线的偏斜,常作为孔的粗加工、半精与精加工,可加工任意孔径的孔,通用性好。为保证工件孔与外圆面同轴并和端面垂直,加工时常采用所

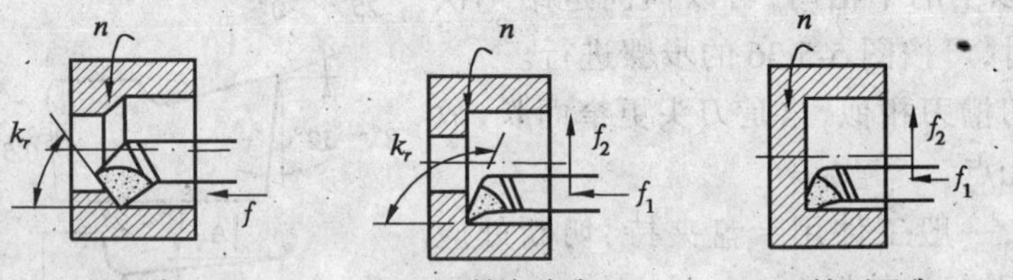

a) 镗通孔　　b) 镗台阶孔　　c) 镗不通孔

图 5-5-38　车床镗孔及所用的镗刀

谓“一刀落”的方法,即工件装夹后,端面、外圆面和内孔粗、精加工按顺序连续完成,然后切断,再调头加工另一端面和倒角。

6)车成形面

在车床上可以车削各种以曲线为母线的回转体表面,如手柄、手轮、球的表面等,这些带有曲线轮廓的表面叫成形面。在车床上加工成形面的方法通常有三种:

(1)双手控制法(图 5-5-39)

利用双手同时摇动中拖板和小拖板的手柄,使刀尖所走的轨迹与所需成形面的曲线相符,加工出所需零件。双手控制法简单易行,精度取决于生产者的水平。仅适用于单件生产及精度要求不高的场合。

图 5-5-39　双手控制法车成形面

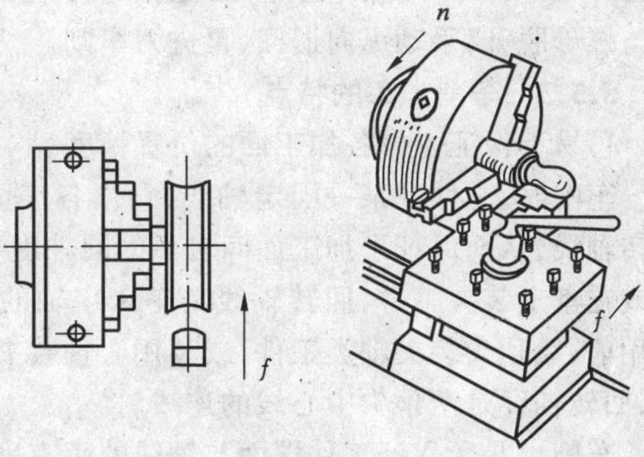

图 5-5-40　用成形刀车成形面

(2)成形车刀法(图 5-5-40)

利用切削刃形状与成形面母线形状相吻合的成形车刀来加工成形面。加工时成形车刀只作横向进给。其操作方便,生产率高,精度主要取决于成形车刀的刃磨质量。但车刀与工件的接触面大,易引起振动,且产生的热量高,要有良好的冷却润滑条件。适用于大批量生产。

(3)用靠模车成形面

这种方法的原理和靠模法车削圆锥面相同。把滑板换成滚柱,锥度模板换成带有所需曲线的靠模板。这种方法加工质量好,生产率也高,广泛应用于批量生产中。

7)车螺纹

螺纹加工方法很多,有车削、铣削、攻螺纹与套螺纹、搓螺纹与滚螺纹、磨削及研磨,以车削螺纹最为常见。

车削螺纹的技术要求是保证螺纹的中径、牙型和螺距的精度。

车削螺纹的运动关系是:工件每转一周,车刀准确而均匀地移动一个螺距或导程(单线螺纹为螺距 P,多线螺纹为导程 $L = nP$)。

(1)螺纹车刀

螺纹车刀结构简单,制造容易,通用性强,可用于加工各种形状、尺寸及精度的内、外螺纹,特别适合加工大尺寸螺纹。多用高速钢和硬质合金制造。

(2)螺纹车刀的对刀

装夹螺纹车刀保证车出螺纹的牙型半角相等,牙型不偏斜。可用角度样板对刀(图 5-5-41),同时装夹工件必须牢靠,以防工件在车削过程中松动。

(3)车削螺纹的方法

车削螺纹时,先车出螺纹大径,倒角,一般应车出退刀槽。然后以牙型高度(普通螺纹牙型高度 $h = 0.54P$)为总背吃刀量,由中拖板刻度盘控制,分多次走刀车出螺纹。

图 5-5-42 为正、反车法车削螺纹的步骤,适用于车削各种螺纹。

另外一种车螺纹的方法为抬闸法,就是利用开合螺母的压下或抬起来车削螺纹。这种方法操作简单,但容易出现乱扣(即前后两次走刀车出的螺旋槽轨迹不重合),只适于加工车床丝杠螺距是工件螺距整数倍的螺纹。与正、反车法的主要不同之处是车刀行至终点时,横向退刀后不开反车返回起点，而是抬起开合螺母手柄使丝杠与螺母脱开，手动纵向退回，再进刀车削。

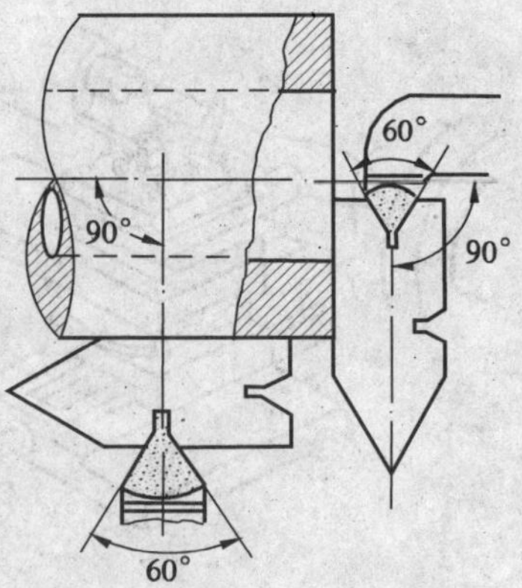

图 5-5-41 螺纹车刀的对刀方法

5.5.3 车削加工的特点

1)易于保证工件各加工面的位置精度

车削时，工件绕某一固定轴线回转，各表面具有同一的回转轴线，从而保证了加工面间较高的同轴度要求。如在卡盘或花盘上装夹工件，回转轴线是车床主轴的回转轴线；如利用前、后顶尖装夹轴类工件，或利用心轴装夹盘、套类工件时，回转轴线是两顶尖中心线的连线。

车削也易于保证工件端面与轴线的垂直度的要求，这主要由车床本身的精度来保证，它取决于车床横拖板导轨与工件回转轴线的垂直度。

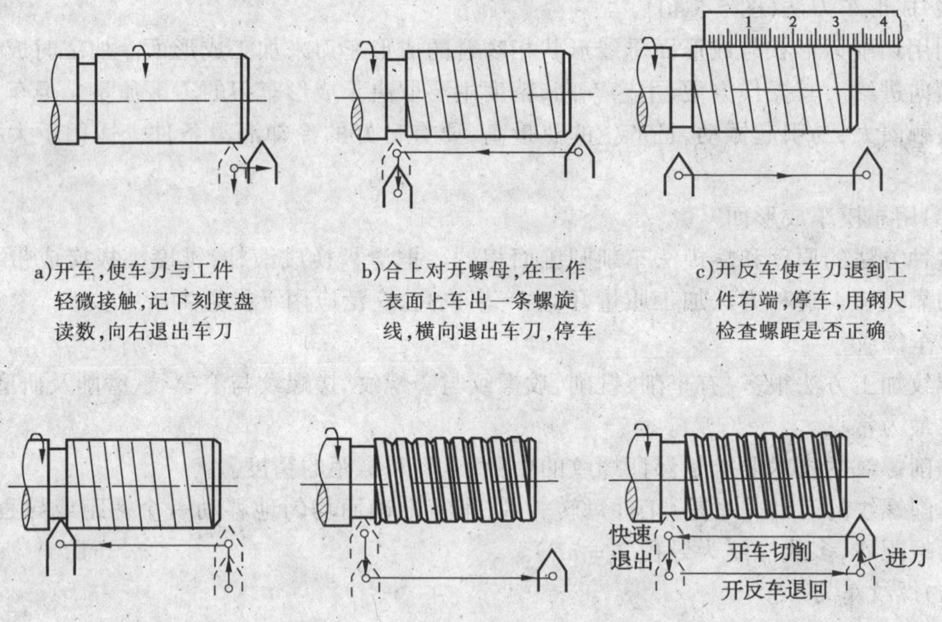

a)开车，使车刀与工件轻微接触，记下刻度盘读数，向右退出车刀

b)合上对开螺母，在工作表面上车出一条螺旋线，横向退出车刀，停车

c)开反车使车刀退到工件右端，停车，用钢尺检查螺距是否正确

d)利用刻度调整 a_p，开车切削

e)车刀将至行程终了时，应做好退刀停车准备，先快速退出车刀，然后停车，开反车退回刀架

f)再次横向进 a_p，继续切削，其切削过程的路线如图所示

图 5-5-42 螺纹车削方法

2)切削过程比较平稳

一般情况下车削是连续切削的过程，切削力变化小，切削过程平稳，有利于采用较大的切削用量，加工效率提高。

3)可加工各种材料

车削不仅可加工钢件、铸件、有色金属，还可以加工玻璃钢、尼龙等非金属。尤其是一些有色金属的精加工，只用车削完成。

4)刀具简单

车刀是所有刀具中最简单的一种,它的制造、刃磨、装夹比较方便;还可根据加工要求,选择不同的刀具材料和刀具角度。

5.6 铣削、刨削、插削、拉削、镗削、磨削加工

5.6.1 铣削加工

1)铣床及附件

铣削加工是在铣床上利用铣刀的旋转(主运动)和工件的移动(进给运动)来加工工件。铣削是平面加工的主要方法之一,铣削加工的精度一般为 IT9 ~ IT8,也可达 IT6;表面粗糙度 $Ra6.3 \sim 3.2\mu m$,也可达 $Ra0.8\mu m$。

常用的铣床有立式铣床或卧式铣床,此外,还有龙门铣床、工具铣床及各种专用铣床。

卧式铣床又可分为普通卧式铣床和万能卧式铣床,其中万能卧铣(图 5-6-1)应用广泛。万能卧铣的转台可使纵向工作台在水平面内扳转一定角度(其转角最大范围为 ±45°),便于铣削螺旋槽等。万能卧铣的主轴转动和工作台移动的传动系统是分开的,分别由单独的电动机驱动。此外,铣床的操作系统较为完善,使用单手柄操纵机构,工作台在三个方向上均可快速移动,使工件迅速趋近刀具。

立式铣床主轴轴线与工作台台面相垂直,其主要特点是刚性好,可采用较大的切削用量。

铣床的主要附件有平口钳、圆形工作台、万能铣头和分度头。

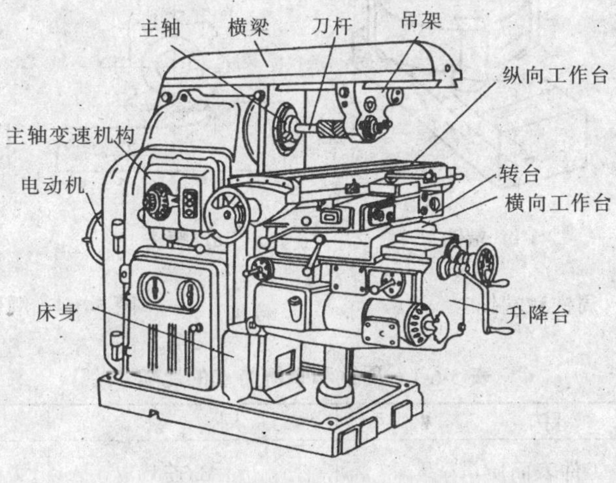

图 5-6-1 X6132 万能卧式铣床

分度头等分工件的工作原理如图 5-6-2 所示。分度头的主轴头部结构与车床相似,其上可以安装顶尖、拨盘或卡盘等来夹持工件。主轴上固定有 40 齿的蜗轮,与蜗轮相啮合的是单头蜗杆,它与手柄固定在同一根轴上。因此,手柄旋转 40 周,主轴才带动工件转 1 周。如果要把工件分成 z 等份,每一等份就要工件转过 $1/z$ 周,而手柄的转数 n 为

$$n = 40 \times \frac{1}{z} = \frac{40}{z}$$

应用上式求得 n。n 不是整数时，就要借助于分度盘来分度。分度头常配有两块分度盘，其两面分别有下列孔数的分度圈：

第一块正面各圈孔数为：24、25、28、30、34、37；反面各圈孔数为：38、39、41、42、43。

第二块正面各圈孔数为：46、47、49、51、53、54；反面各圈孔数为：57、58、59、62、66。

例如：铣削齿数为 30 的齿轮时，分度手柄的转数 n 为

$$n=\frac{40}{z}=\frac{40}{30}=1\frac{10}{30}=1\frac{8}{24}$$

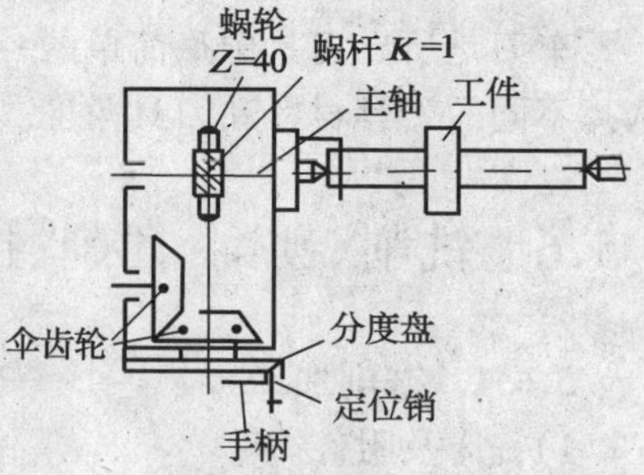

图 5-6-2　分度头工作原理

将手柄中的定位销插入带有孔数为 3 的倍数（如 30）的分度盘圆周上，那么，当手柄转过 1 周后再在 30 个孔中过 10 个孔的间距，即可得所需等分。同理可应用 24 孔数圆周。

2）铣削方式

铣削方式对铣刀的耐用度、工件表面粗糙度、铣削平稳性和生产率都有很大的关系。铣削时，应根据它们各自的特点，采用合理的铣削方式。

周铣是指用圆柱铣刀进行铣削。用端铣刀进行铣削的方式称为端铣。图 5-6-3。

端铣的加工质量好于周铣，周铣的应用范围较端铣广泛。端铣与周铣的特点比较见表 5-6-1。

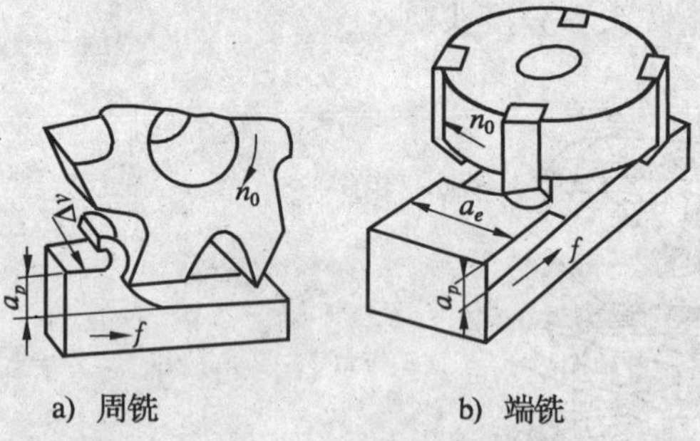

图 5-6-3　周铣和端铣

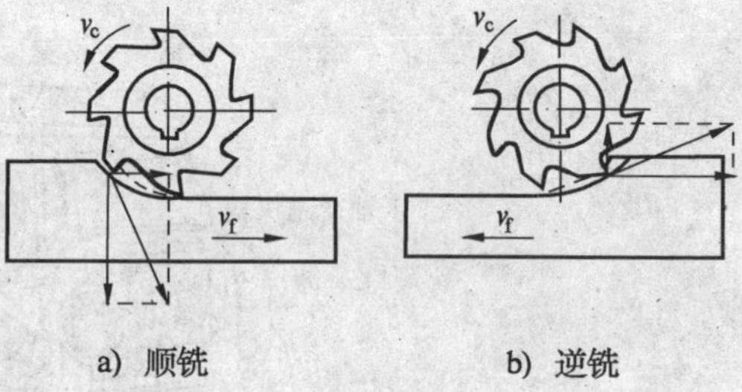

图 5-6-4　顺铣和逆铣

表 5-6-1　周铣和端铣特点的比较

项　　目	周　铣	端　铣
有无修光刃/工件表面质量	无/差	有/好
刀杆刚度/切削振动	小/大	大/小
同时参加切削的刀齿/是否易镶嵌硬质合金刀片	少/难	多/易
刀具耐用度/生产率	低/低	高/高
加工范围	广	较小

用圆柱铣刀铣削时，其铣削方式可分为顺铣和逆铣两种(图 5-6-4)。当工件的进给方向与铣削速度的方向相反称为逆铣，反之为顺铣。顺铣和逆铣的特点比较见表 5-6-2。

表 5-6-2　顺铣和逆铣的特点比较

项　　目	顺　　铣	逆　　铣
铣削平稳性/刀具磨损	好/小	差/大
工作台丝杠和螺母有无间隙/由工作台窜动引起的质量事故	有/多	无/少
加工工序/表面粗糙度	精加工/小	粗加工/大
加工范围/生产率	无硬皮的工件/低	有硬皮的铸件、锻件毛坯/高

由于丝杠与螺母传动存在一定的间隙，在顺铣时，造成工作台在加工过程中无规则的窜动现象(图 5-6-5)，严重时甚至会发生打刀事故。虽然顺铣加工质量较好，但应具备：①铣床具有消除间隙机构；②工件表面无硬化层。一般铣床尚没有消除工作台丝杠与螺母之间间隙的机构，所以，在生产中多采用逆铣法。

3)铣削加工

铣床可以加工各种平面(水平面、垂直面、斜面)、沟槽(键槽、直槽、角度槽、燕尾槽、T 形槽、V 形槽、圆形槽、螺旋槽等)和齿轮等成形面，还可以进行切断和孔加工。

(1)铣平面

铣平面可以用圆柱铣刀(图 5-6-6a))、端铣刀(图 5-6-7a))、7b))、立铣刀(图 5-6-7c))和三面刃铣刀(图 5-6-7d))来加工。

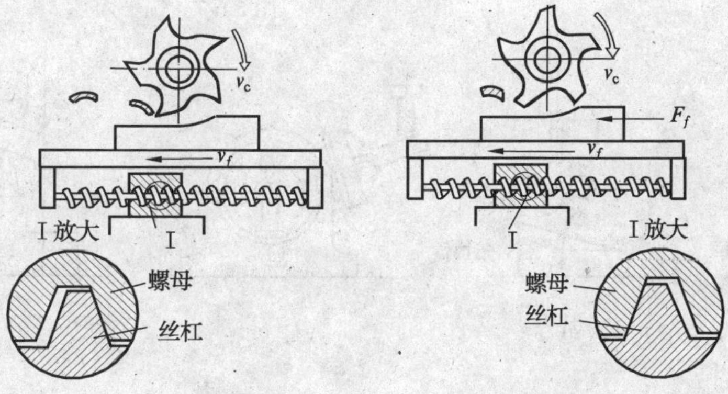

(a)无切削力　　(b) F_f > 推进力

图 5-6-5　顺铣时工作台的窜动

端铣刀铣平面生产率高，加工表面质量较好。

(2)铣斜面

铣斜面常用的方法有：使用斜垫铁铣斜面(图 5-6-8a))；利用分度头铣斜面(图 5-6-8b))；旋转立铣头铣斜面(图 5-6-8c))；利用角铣刀铣斜面(图 5-6-8d))。

(3)铣沟槽

铣沟槽时，根据沟槽形状，用相应的沟槽铣刀进行铣削(图 5-6-9)。在铣燕尾槽和 T 形槽之前，应先铣出宽度合适的直槽，然后用相应的燕尾槽铣刀或 T 形铣刀铣削。

单件生产封闭式键槽，一般在立式铣床上加工，用平口钳装夹工件。由于平口钳不能自动对中，工件需要找正。当批量较大时，常在键槽铣床上加工，工件由轴用虎钳装夹(图 5-6-10)。轴用虎钳的优点是工件自动对中，不需要找正。用键槽铣刀铣键槽(图 5-6-11a))；在纵向行程终了时，进行垂直进给，然后反方向走刀，这样反复多次直到完成加工；用立铣刀铣

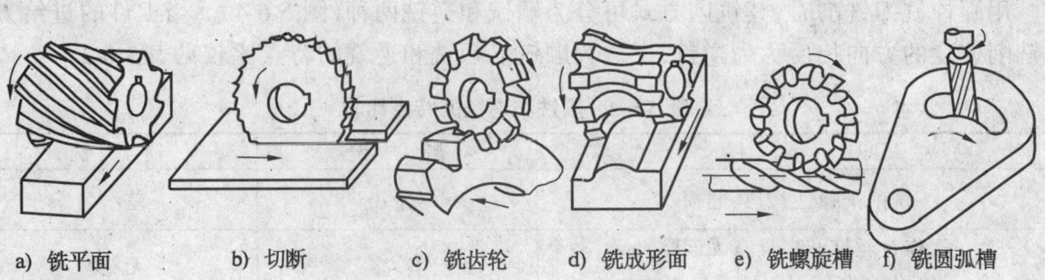

图 5-6-6 铣削的主要工作

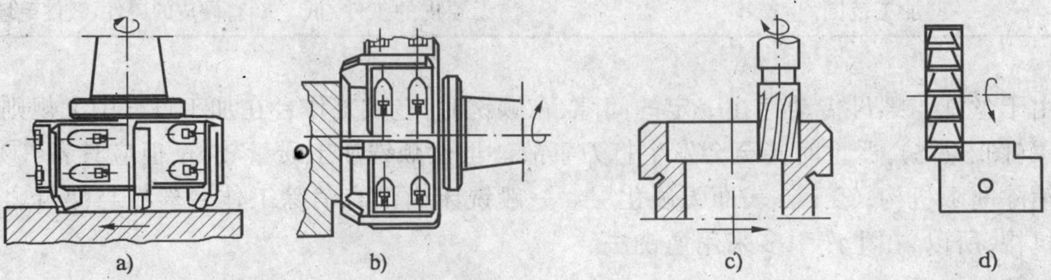

图 5-6-7 铣平面

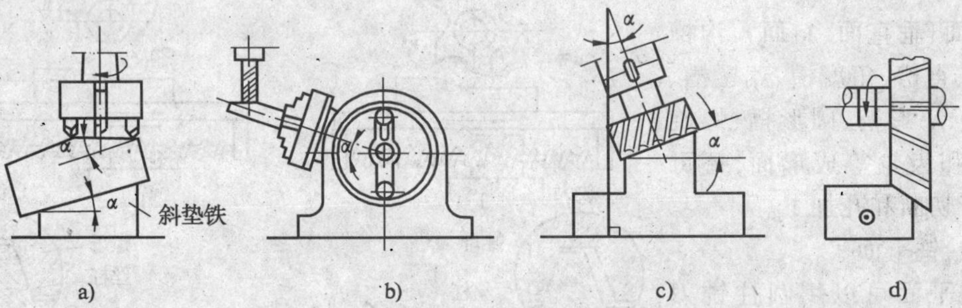

图 5-6-8 铣斜面

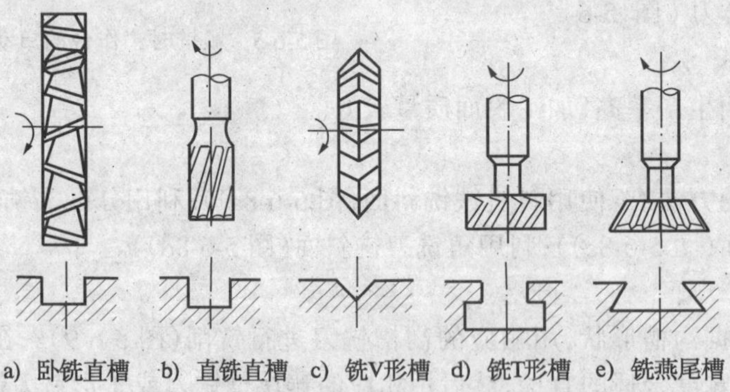

图 5-6-9 铣沟槽

键槽时,由于铣刀端面齿垂直进给切削很困难,所以要先在封闭式键槽的一端圆弧处用相同半径的钻头钻一个孔,然后再用立铣刀加工(图 5-6-11b))。

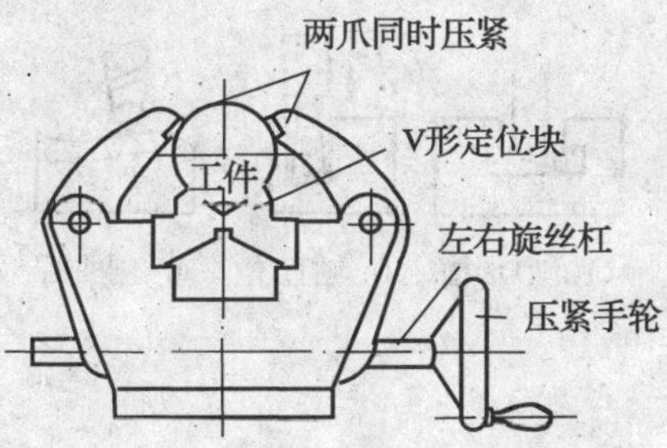

图 5-6-10　轴用虎钳装夹

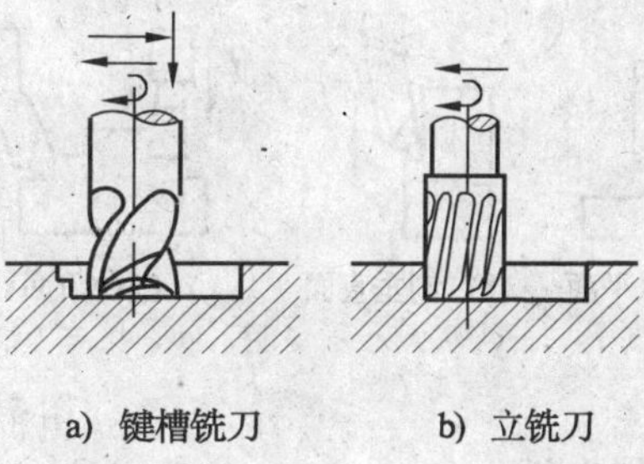

图 5-6-11　铣键槽

(4)铣成形面

图 5-6-6c)、d)分别是用成形铣刀铣削齿轮、凸圆弧的示意图,这种铣削方法一般在卧式铣床上用盘状成形铣刀进行。成形铣刀在生产中应用较广,铣削成形面的生产率较高,常用于成批生产中加工尺寸较小的成形面。

5.6.2　刨削、插削、拉削加工

刨削类机床有牛头刨床和龙门刨床。牛头刨床多用于单件小批量生产的中小型零件的加工。龙门刨床可以加工大型工件或同时加工多个中型工件。插削类机床为插床,拉削类机床为拉床。

1)刨削、插削、拉削的切削运动

刨削、插削、拉削的主运动均为直线运动。

刨削加工是在刨床上用刨刀来加工工件的。牛头刨床的主运动是刀具的直线往复运动,进给运动是工件的间歇移动。龙门刨床的主运动是工件的直线往复运动,进给运动是刀具的间歇移动。

插床的主运动是插床的滑枕作垂直上下运动。工件一般装夹在圆形工作台上,圆形工作台安装在可以在水平面内纵、横向移动的滑板上面,也可以在滑板上面作旋转运动。工件的间歇移动或转动是进给运动。

拉削加工是在拉床上用拉刀(图 5-6-12)加工工件的内孔或表面的。拉削只有主运动即拉刀的移动,没有进给运动(进给运动由递增的齿升量决定)。

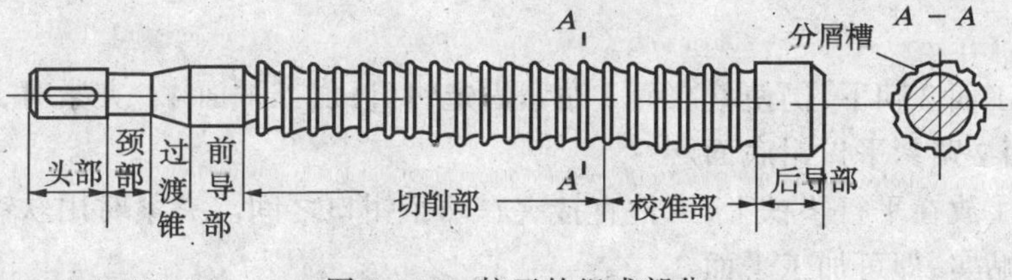

图 5-6-12　拉刀的组成部分

2)刨、插、拉削的加工范围

刨削能加工的表面有平面(水平面、垂直面、斜面)、沟槽(直槽、V 形槽、T 形槽、燕尾槽)和直线型成形面(图 5-6-13)。刨削加工的尺寸精度一般为 IT9 ~ IT8,也可达 IT6,表面粗糙度 $Ra3.2 \sim 1.6\mu m$,可达 $0.8\mu m$。

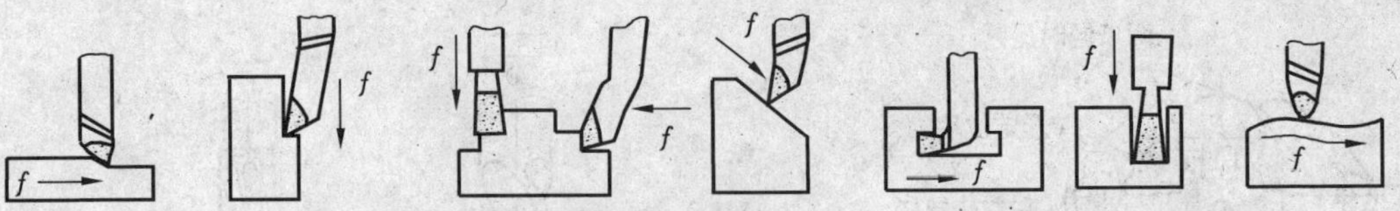

图 5-6-13 刨削工作

(1)刨平面

刨平面时,小型工件装夹在平口钳上或V形铁中。较大或外形不规则的工件可直接装夹在工作台上,用压板来固定,但要注意压点的位置要合理,垫铁的高度要合适,以防止工件松动而破坏定位(图 5-6-14)。对于成批大量生产的工件用专用夹具来装夹,保证工件加工后的准确性及装夹迅速。

(2)刨矩形工件

矩形工件(如平行垫铁)要求相对两面互相平行,相邻两面互相垂直。这类工件可以铣削,也可以刨削。当工件采用平口钳装夹时,不管是铣还是刨,平口钳的精度应保证其固定钳口面是垂直面,放工件或垫铁的底面为水平面。加工时四个面都要按照1、2、4、3的顺序进行(图 5-6-15)。

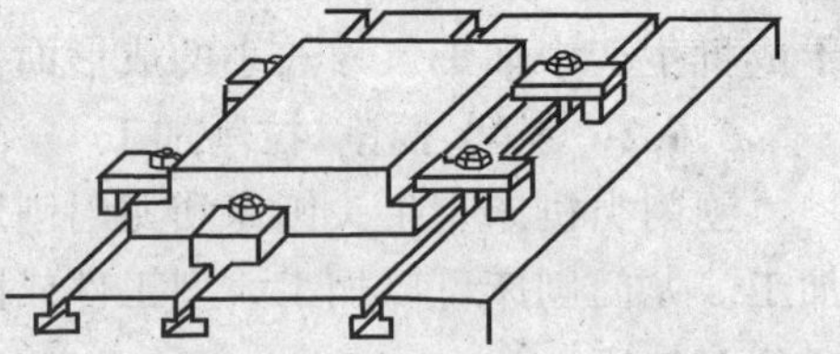

图 5-6-14 用压板螺栓装夹工件

①首先刨出大平面1作为基准面。

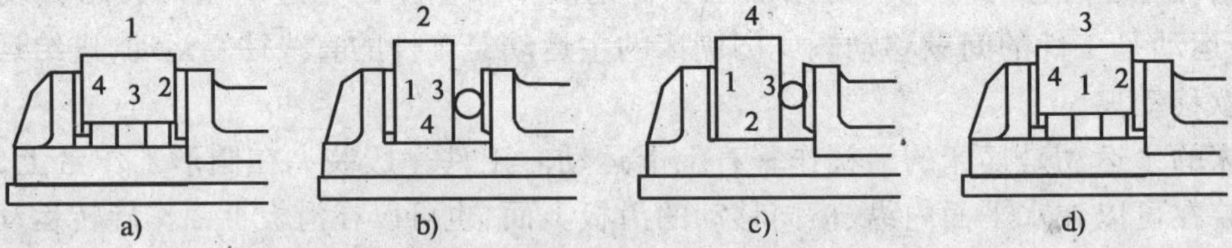

图 5-6-15 刨削矩形工件前四个面的步骤

②将已加工的平面1作为基准面贴紧固定钳口,加工相邻的平面2。为使夹紧力集中在钳口中部,使平面1与固定钳口可靠地贴紧,应在活动钳口与工件之间的中部垫一根圆棒再夹紧。

③将已加工面2朝下,仍使基准面1贴紧固定钳口,加工平面4。夹紧时,用手锤轻轻敲击工件,使平面2贴紧平口钳底面。

④使平面1放在平行垫铁上,工件直接夹在两个钳口之间。夹紧时用软锤轻轻敲击,使平面1与垫铁贴实,即可加工平面3。

(3)刨沟槽

V形槽、燕尾槽、T形槽等沟槽是由平面、斜面、直槽等组成的。刨槽前先划线。各槽表面的加工顺序如图 5-6-16 所示。

插床常用来加工内键槽、方孔、多边形孔、花键孔等直线成形的内表面及与之相似的外表面。

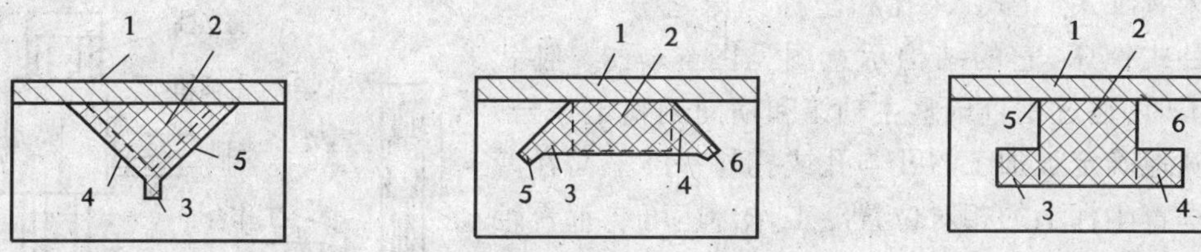

图 5-6-16 刨沟槽的顺序

插刀类似刨刀,但受内表面的限制,刀杆刚性差,故插削精度不如刨削。

在拉床上可以加工各种形状的孔和槽,其中主要有圆孔、花键槽和键槽等。如图 5-5-17a)所示。拉削孔的长度不能超过孔径的 3 倍。在大量生产时,拉削是高精度、高生产率的加工方法,广泛应用于加工平面、半圆弧面和某些组合表面。拉削加工的尺寸精度可达 IT8 ~ IT6,表面粗糙度 $Ra0.8 \sim 0.2\mu m$。

图 5-6-17b)为拉削示意图。拉削前,工件贴附在球面垫板上,用拉刀通过底孔沿垫圈上的导向孔拉出。

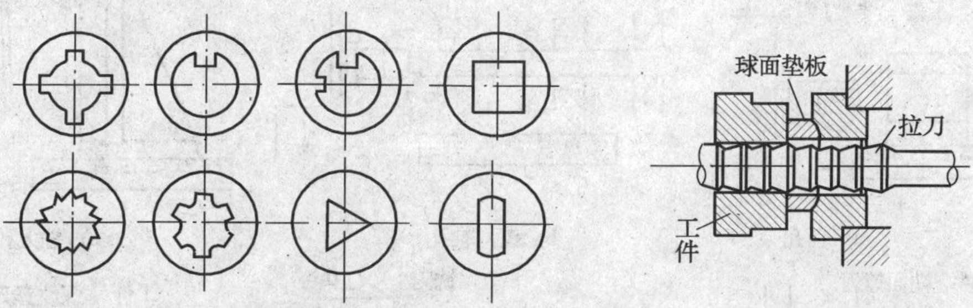

a) 各种形状的孔　　b) 圆孔拉削

图 5-6-17 各种形状及拉削

3)铣削与刨削加工工艺特点的比较

铣削与刨削在加工范围上有许多相似之处,都是以平面为主的加工方法,但由于两者的切削运动形式不同,其工艺特点也因之而异。

①铣削比刨削加工范围更广泛。例如加工轴上键槽、凹台、环形槽、螺旋槽、斜齿轮、钻孔或镗孔等是刨床无法加工或难以加工的。

②铣削比刨削生产率高。因为刨削采用单刃刀具单程切削且切削速度不宜过高,故生产率比较低。但加工窄而长的平面时铣削不如刨削。

③加工质量大体相同。

④适用的生产类型不同。刨削采用单刃刀具,灵活,生产准备费时少,适合单件小批量与修配生产。铣削刀具复杂、费用高,生产准备费时多,适宜成批生产。大量生产时,常在作技术经济分析比较后选择铣削或刨削加工。

5.6.3 镗削加工

镗削加工主要是在镗床上用镗孔刀具镗孔的工艺过程。有较高位置精度要求的孔系通常在镗床上加工。

镗床有卧式、立式、深孔和坐标镗床之分，应用最广的是卧式镗床，它的结构示意图见图 5-6-18。卧式镗床加工时，通过垂直调整主轴箱和横向调整工作台，可以精确地确定被加工的孔与孔或孔与基准平面在两个互相垂直坐标上的相对位置。工作台还可绕垂直轴作回转运动，从而可以对工件的各个方向进行加工。所以在镗床上可以加工机座、变速箱等零件的复杂孔系。

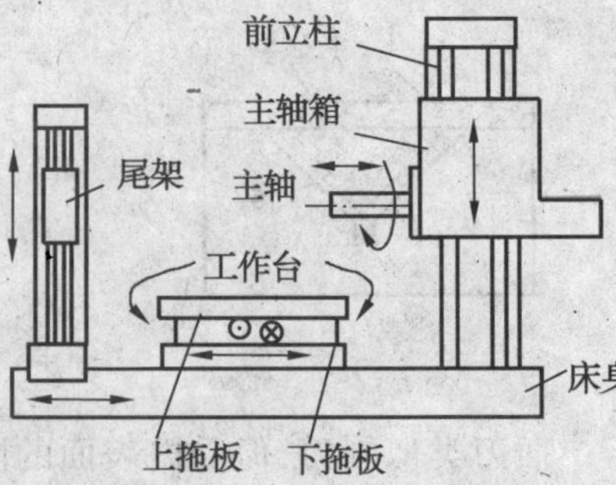

图 5-6-18　卧式镗床结构示意图

镗削加工的主运动是镗刀的转动，而进给运动是工件或刀具的移动。采用不同的主运动和进给运动配合，卧式镗床可完成钻孔、扩孔、铰孔、镗孔、镗内槽、车外圆、车端面、铣平面等工作。如图 5-6-19 所示。

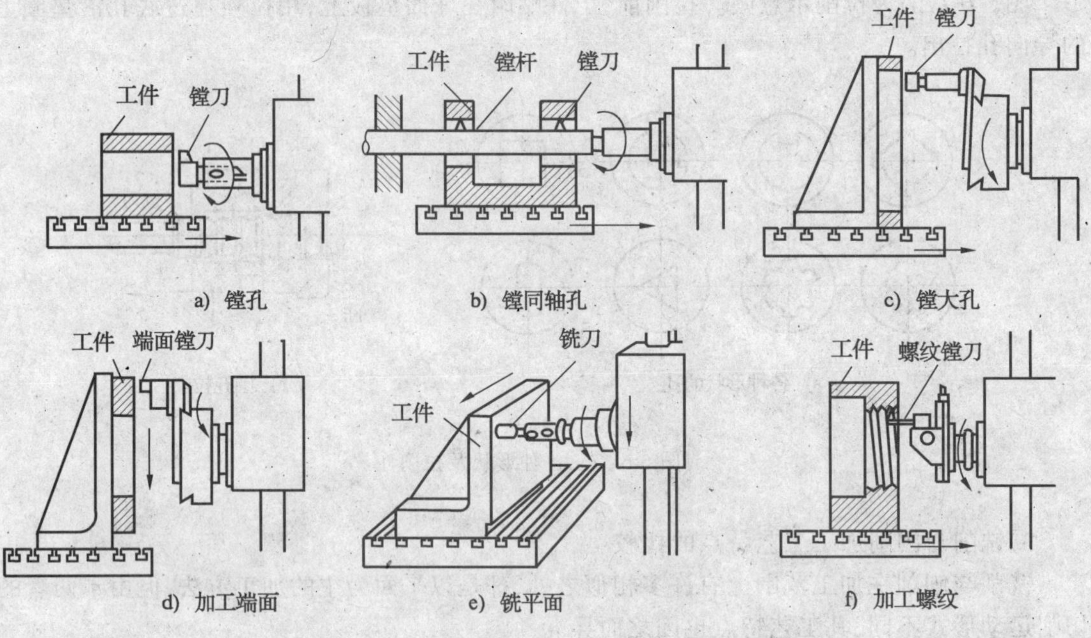

图 5-6-19　在卧式镗床上所能完成的工作

应该指出，镗床更重要的用途在于镗削箱体零件上的平行孔系和垂直孔系。

镗削加工的工艺特点：

①能保证较高的加工精度和较低的表面粗糙度。如卧式镗床镗孔的尺寸公差等级可达 IT8～IT7，表面粗糙值 Ra 可达 1.6～0.8μm。采用金刚镗床或坐标镗床，可获得更高的精度和更低的表面粗糙度。

②加工范围广。它既可加工单个孔，又可加工孔系；既能加工小直径孔，又能加工大直径孔；既可加工通孔，又可加工台阶孔及孔内回转槽。

③生产率较低。镗床和刀具调整复杂，操作技术要求高。若在大批量生产中使用镗模法加工，可提高生产率。

④一次装夹可完成孔、端面、内沟槽的加工，可以保证这些表面之间的相互位置精度。

5.6.4 磨削加工

磨削加工是在磨床上用砂轮对工件表面进行的切削加工。磨削是零件的精加工的主要方法之一。

磨削的主运动为砂轮的高速旋转运动,进给运动由砂轮和工件共同进给完成。

磨削能加工平面、内(外)圆柱面、内(外)圆锥面、齿轮、螺纹、花键等。磨床种类很多,专业性很强,按用途可分为平面磨床、外圆磨床、万能外圆磨床、内圆磨床、齿轮磨床、螺纹磨床、花键磨床等。

1)磨削工艺特点

(1)加工精度高、表面粗糙度低　磨削后尺寸精度可达到 IT7 ~ IT5,表面粗造度 $Ra0.8 \sim 0.2\mu m$。磨床本身制造精度高、液压传动、砂轮自锐效果好、高速切削、背吃刀量很小。

(2)加工工件的硬度高　由于磨粒的硬度很高,磨削不但可以加工钢和铸铁等常用金属材料,还可以加工硬度很高的工件,特别是经过热处理后的淬火钢工件。但磨削不适于加工硬度很低、塑性很好的有色金属材料,因为磨削这些材料时,容易堵塞砂轮,使砂轮失去切削的能力。

(3)磨削温度高　磨钢件时常使用大量切削液以降低温度和冲走磨屑。磨铸铁等脆性材料时,为防止产生裂纹,一般不加切削液,而采用吸尘器除尘。

2)砂轮

砂轮是由磨粒和结合剂按一定比例制成(图 5-6-20)。它的特性取决于磨料、粒度、硬度、组织、结合剂、形状和尺寸等因素。

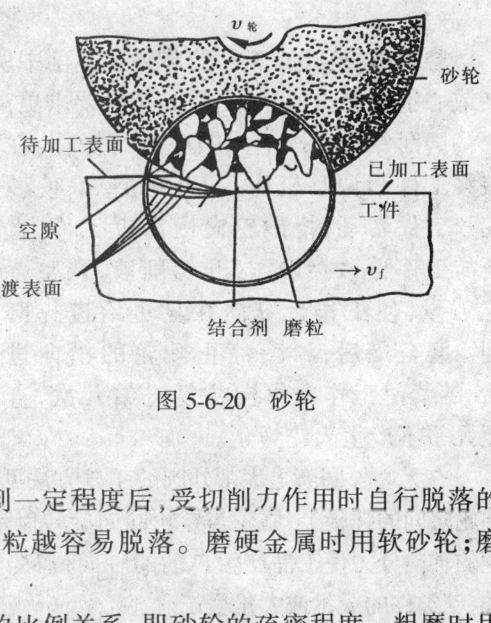

图 5-6-20　砂轮

磨粒起切削作用,应具有很高的硬度、耐热性以及一定的韧性,还需具有较锋利的切削刃口,以便切除金属。常用的磨料有氧化铝(刚玉)和碳化硅。氧化铝砂轮用于磨削韧性材料,如碳钢及一般刀具。碳化硅砂轮用于磨削脆性材料,如铸铁、青铜及硬质合金刀具。

粒度是指磨粒的粗细。粗磨或磨软金属时,用粗磨粒(粒度号小);精磨或磨硬金属时,用细磨粒(粒度号大)。

砂轮硬度是指砂轮工作表面上的磨粒,磨钝到一定程度后,受切削力作用时自行脱落的难易程度,与磨粒的硬度无关。砂轮硬度越低,磨粒越容易脱落。磨硬金属时用软砂轮;磨软金属时用硬砂轮。

砂轮组织表示磨粒、结合剂和空隙三者之间的比例关系,即砂轮的疏密程度。粗磨时用组织疏松的砂轮,精磨时用组织紧密的砂轮。

结合剂用来把磨粒粘结成具有一定强度和形状的砂轮。常用的结合剂有陶瓷和人造树脂或橡胶等。由陶瓷结合剂做成的砂轮耐蚀性和耐热性很高,应用广泛。由人造树脂或橡胶做成的砂轮弹性好、耐冲击,用于制成切割金属的薄片砂轮。

3)磨削的过程

磨粒的微刃在磨削过程中与工件发生切削、刻划、摩擦抛光三个作用。粗磨时磨料以切削为主，精磨时则以摩擦抛光为主。磨粒的磨削过程仅 $10^{-4} \sim 10^{-5}$ 秒。金属磨削经历以下三个阶段：

挤压阶段：当磨料与工件刚接触时，工件表面的金属受到力的作用发生弹性变形。

滑移阶段：工件金属层受到更大的压力，金属晶格沿某方向滑移，即发生塑性变形。

挤裂切离阶段：当磨料对金属层的压力超过金属的强度极限时，金属沿某方向挤裂，走完切削的全程，磨屑被切离工件表面。

4)磨削工作

(1)磨外圆

外圆磨床主要用于磨削外圆。磨削外圆最常用的方法是纵磨法(图 5-6-21a))；大工件用的磨床磨外圆如图 5-6-21b)所示。外圆磨削还可以用横磨法(图 5-6-21c)、d))；深磨法(图 5-6-21e))及无心外圆磨(图 5-6-22)。

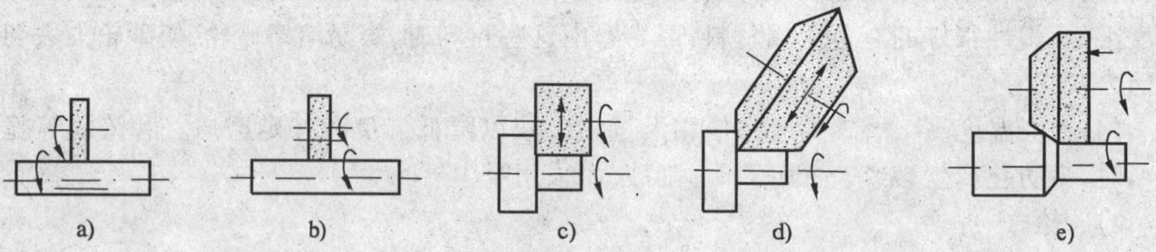

图 5-6-21　磨外圆

磨削内、外圆时工件的装夹与车削中所用的方法基本相同，可以采用顶尖装夹、卡盘装夹或心轴装夹，只是对夹具的精度要求更高。

磨削外圆可按下列顺序进行操作：在装夹工件和调整机床后，开动磨床，使砂轮和工件转动，将砂轮慢慢靠近工件，直至与工件稍微接触，打开切削液，调整背吃刀量，使工作台纵向往复进给进行磨削。磨至最后尺寸，停止砂轮的横向进给，继续使工作台纵向往复进给几次，直至几乎不产生火花为止。

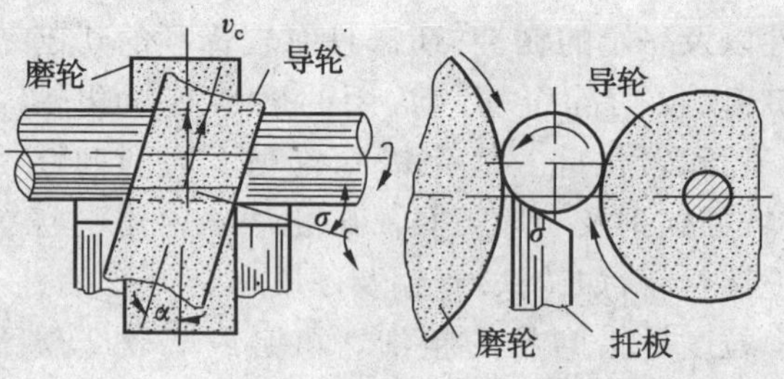

图 5-6-22　无心外圆磨

在无心外圆磨上磨削外圆的工艺方法见图 5-6-22。磨削时，工件不用顶尖支承而置于磨轮与导轮之间的托板上，磨轮与导轮同向旋转以带动工件旋转并磨削工件外圆。导轮轴线倾斜所产生的轴向分力使工件产生自动的轴向位移。无心外圆磨自动化程度高、生产率高，适于小型光轴、销类件的成批或大量生产。

(2)磨内圆

磨内圆可在普通内圆磨床、万能外圆磨床上完成。图 5-6-23 所示为磨内圆。

由于砂轮及砂轮杆的结构受到工件孔径的限制，其刚性一般较差，且磨削条件也较磨外圆差，其生产率相对较低，加工质量也不如外圆磨削。

万能外圆磨床兼有普通外圆磨床和普通内圆磨床的功能，故尤其适于磨削内、外圆同轴度要求很高的工件。

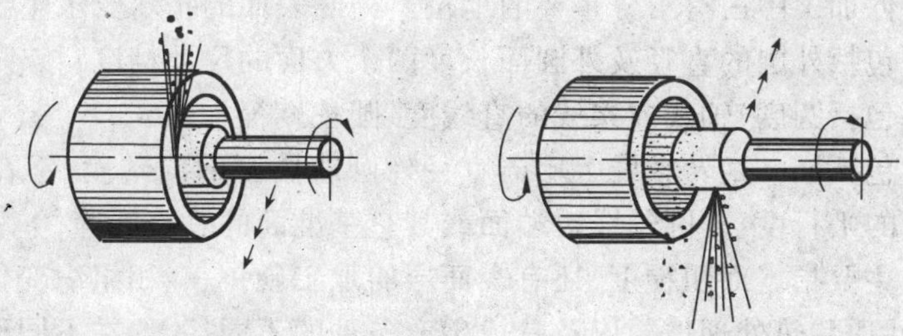

a) 万能外圆磨床上磨内圆　　b) 内圆磨床磨内圆

图 5-6-23　磨内圆

(3)磨平面

磨平面是在平面磨床上进行的,工件一般用磁力工作台直接装夹。

磨平面可分为周磨法和端磨法两种(图 5-6-24)。

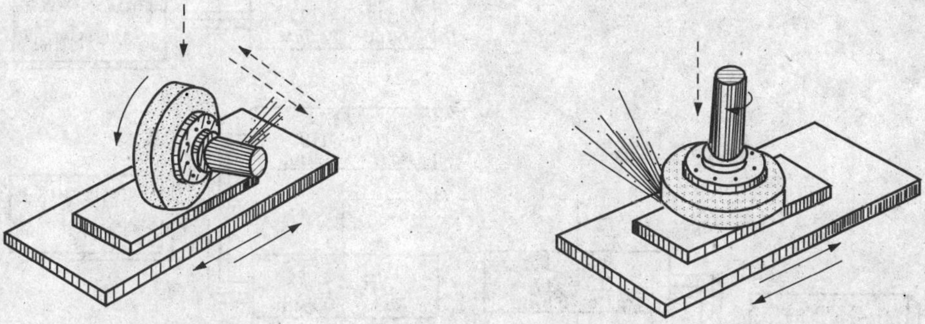

a) 周磨法　　b) 端磨法

图 5-6-24　磨平面

周磨法是用砂轮的圆周面磨削平面。砂轮与工件接触面积小,工件发热量小,砂轮磨损均匀,所以加工质量较高,但生产率相对较低,适用于精磨。

端磨法是用砂轮的端面磨削平面。砂轮与工件的接触面积相对较大,冷却液又不易浇注到磨削区内,故工件的发热量大,且砂轮端面各点的线速度不同,造成磨损不均匀,所以加工质量较周磨为低,但生产率高,适用于粗磨。

端磨常采用杯形、碗形或碟形砂轮,使磨削质量得到保证。

5.7　常见表面加工方法

在实际生产中,一个零件或其某个表面,一般不是在一台机床用一种工艺方法可完成的,往往要经过一定的工艺过程才能完成。

零件是多种多样的,但无论是复杂零件还是简单零件,其形状大多由外圆面、内圆面(孔)、平面或成形面等构成。下面介绍这些表面加工的工艺方法选用。

5.7.1　外圆面加工

外圆表面是轴类、盘类、套类零件以及外螺纹、外花键、外齿轮等坯件的主要表面,因此,外圆面加工在零件加工中占有十分重要的地位。外圆表面的技术要求主要有以下内容：

尺寸精度　包括外圆的直径及外圆面长度两个方面的尺寸精度；

形状精度　包括圆度、轴线或素线的直线度、圆柱度等；

位置精度　包括同一回转轴线上不同直径外圆或内圆的同轴度、不在同一回转轴线上两个外圆面轴线的平行度、外圆轴线对端面或其它基准面的垂直度等；

表面质量　主要指表面粗糙度，还有表面层的加工硬化、金相组织变化和残余应力等。

此外，材料性质和热处理情况以及具体生产条件的不同等，均在不同程度上影响外圆面的加工过程。

外圆面的主要加工方法是车削和磨削，有特殊要求的外圆面也可能用到光整加工或精密加工。

外圆面常用的加工方法及加工顺序如图 5-7-1。

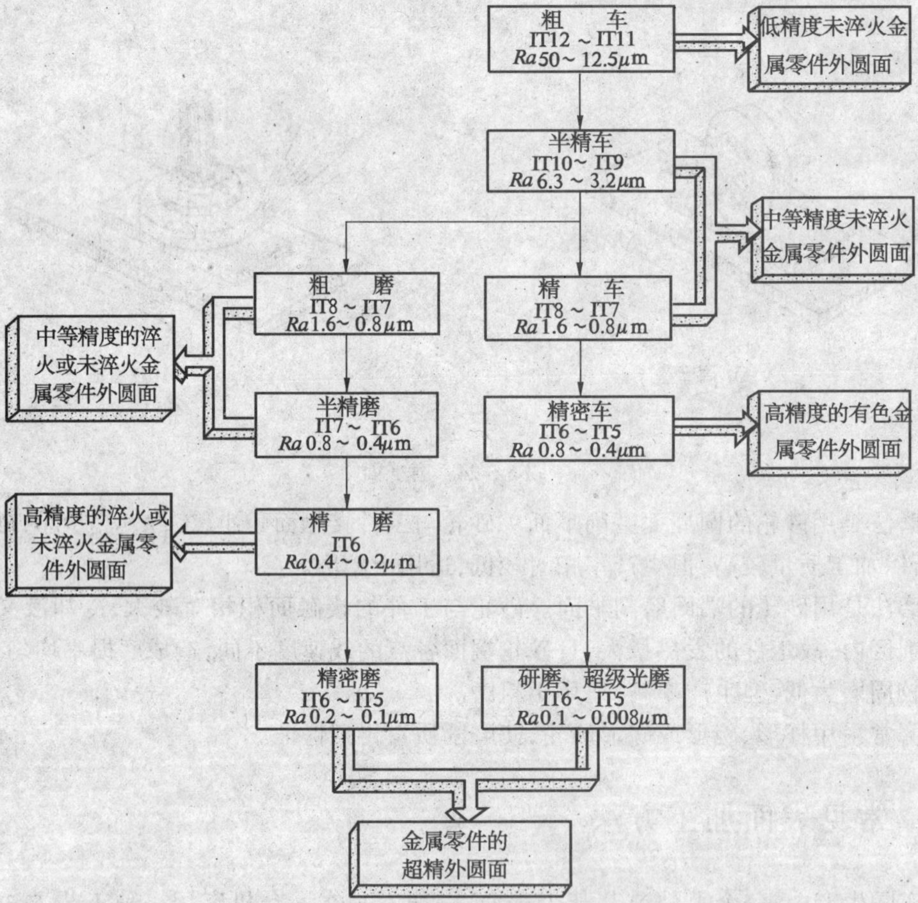

图 5-7-1　外圆面的加工方法及加工顺序

5.7.2　孔加工

孔是零件的主要组成表面之一。孔的技术要求与外圆面相近，只是由于受到孔径限制，刀具刚性差，加工时散热、冷却、排屑条件差，测量也不方便。因此，在精度相同的前提下，孔加工要比外圆加工困难些。

孔加工的设备有钻床、镗床、铣床、拉床、磨床等。除了上述设备相应的工艺方法外，还有铰孔、珩磨、研磨及内孔挤压等工艺方法。加工要求不高的非配合孔，如螺栓孔、油孔，通常多在立式钻床或摇臂钻床上加工；回转体零件轴线上的孔，如套筒、齿轮等零件的轴心孔，通常多在车床上进行加工以保证其相对于外圆及端面的位置精度（如同轴度、垂直度等）；箱体零件上的主要孔，如减速箱、机床主轴箱体上的轴承孔，也要求较高的尺寸精度和形位精度，这类孔通常在镗床上加工；深孔，如车床主轴的通孔等，通常多采用特殊的深孔钻头在深孔钻床上加工。

孔加工常用的顺序如下：

(1)钻

用于连接、固紧、排气、通油等精度 IT10 以下，表面粗糙度 $Ra50 \sim 12.5\mu m$ 孔的加工。

(2)钻→扩→铰

本方案适用于位置精度要求不高的中小孔精加工。精度可达 IT10～IT6，表面粗糙度 $Ra1.6 \sim 0.4\mu m$。尺寸精度 IT10～IT9，表面粗糙度 $Ra6.3 \sim 3.2\mu m$ 的孔，采用钻→扩；对于尺寸精度要求 IT8，表面粗糙度 $Ra3.2 \sim 1.6\mu m$ 的孔，采用钻→扩→精铰；对于尺寸精度要求 IT7-IT6，表面粗糙度 $Ra1.6 \sim 0.4\mu m$ 的孔，采用钻→扩→粗铰→精铰。孔径小于 20mm 时，不必安排扩孔工序（工步）。另外，若要提高位置精度，可在铰孔前安排镗、车工序。

(3)钻→拉

用于大批量或大量生产的未淬硬的盘、套类零件中心部位的通孔的加工，精度可达IT6，表面粗糙度 $Ra0.2\mu m$。对于精度 IT8～IT7，$Ra0.8 \sim 0.4\mu m$ 的孔，采用钻→拉；对精度 IT6，$Ra0.4 \sim 0.2\mu m$ 的孔，采用钻→拉→精拉。但位置精度取决于前道加工精度，所以可在拉削前安排镗、车等工序以提高位置精度。

(4)钻→镗→磨

本方案既可达到较高的孔精度（IT5），亦可达到较高的位置精度（5 级），表面粗糙度 $Ra0.1\mu m$。对一般要求的孔只需钻→镗即可，若要达到更高的尺寸精度或表面质量，在镗或磨后安排珩磨、研磨、超精磨削等工序。

(5)钻→镗→金刚镗

本方案适于铝合金、铜合金等有色金属工件孔的精加工。金刚镗可达 IT5，$Ra0.2 \sim 0.025\mu m$，甚至可实现镜面加工。

5.7.3 平面加工

平面是基体类零件（如床身、机架及箱体等）的主要表面，有时也是回转体零件的重要表面之一（如端面及台肩面等）。

平面加工常用的顺序如下：

(1)粗铣（或粗刨）→精铣（或精刨）→平面磨

此为常见的平面加工方案，精度可达 IT5，$Ra0.8\mu m$（一次磨削）～$0.2\mu m$（两次磨削）。对于非配合的平面，精度 IT14～IT11，$Ra50 \sim 12.5\mu m$，采用粗刨或粗铣。对于平面要求中等精度，IT11～IT8，$Ra6.3 \sim 1.6\mu m$，采用粗铣（粗刨）→精铣（精刨）。对于窄长平面或单件小批量生产多采用刨削，对宽大的平面或大批量生产多采用铣削。

若要达到更高要求，应安排超精磨削、研磨、超级光磨、抛光等工序。

(2)粗车→精车→磨

回转体件的台肩、端面加工，通常要求内外圆在同一次装夹中进行，以保证平面与内外圆轴线的垂直度。高精度的外圆面加工可用光整或精密加工工艺。

(3)粗刨→精刨→刮削

常用于铸铁类工件平面和窄长平面的单件小批量生产，及装配结合面的整修。工件刮削表面须是不淬硬状态。对于高塑性材料的平面加工，通常采用铣削方法，避免刨削过程的扎刀现象。

(4)铣、刨、插、拉

用于平面组成的沟槽的加工。其中铣用于外小沟槽加工；刨用于较大沟槽加工；插用于内沟槽加工；拉用于批量较大、精度较高的通畅性沟槽加工。

(5)铣→精铣→高速精铣

适用于有色金属工件平面的精加工。

5.7.4 成形面加工

成形面加工通常采用两种形式：用成形刀具加工；用简单刀具使工件与刀具相对切削运动进行加工。

用成形刀具加工生产率高、操作简单，但刀具刃磨复杂，且工作主切削刃不宜太长。

用简单刀具加工成形面可采用手动进给、靠模装置、数控装置等方式来实现。手动进给适用于单件小批生产、精度要求不高的成形面。通用机床常采用机械式靠模加工成形面。专门化机床则采用液压靠模、电气靠模，后两者因靠模针与靠模的接触力极小，从而可使靠模的制造过程简化，故在成形面加工中应用较多。随着各种数控机床的发展，许多较复杂、精度要求较高、批量不大的成形面加工变得越来越方便、可靠、经济。

目前成形面的加工已发展到采用特种加工、精密制造等各种加工方法，这些方法提高了加工质量和生产率。

切削加工实习安全技术

1. 进入车间实习前必须穿好工作服，并要扎紧袖口，女同学必须戴好工作帽；不准穿拖鞋、凉鞋和高跟鞋进入车间，操作机床时不准戴手套。

2. 进入车间后，未经同意不得私自乱动机器设备。

3. 开动机床前必须检查手柄位置是否正确，操作移动各运动部件，检查旋转部分及机床周围有无碰撞或不正常现象，对机床加油润滑。

4. 工件、刀具和夹具都必须装夹牢固。

5. 加工过程中思想要集中，不得任意改变切削用量，不能离开机床，不做与实习无关的事。

6. 机床开动时，不用手去摸工件，不能用手直接去清除切屑，应该用钩子或刷子进行清除。

7. 在机床变速、装卸工件、紧固螺钉、测量工件时，必须先停车。

8. 发现机床运转有不正常现象，应立即停车，关闭电源，报告指导老师。

9. 工作结束后，清理机床并在导轨面上加润滑油，认真擦拭工具、量具和其它辅具，清扫工作地面。

讲课部分

5.8 常用刀具

刀具是切削加工中影响生产率、加工质量和成本最活跃的因素。

刀具切削性能的优劣主要取决于其材料和几何形状。

5.8.1 刀具材料

1)刀具材料必须具备的性能

(1)高硬度　硬度必须大于工件材料的硬度,通常热处理后的硬度要求60HRC以上。

(2)高耐磨性　以承受切削过程中的剧烈摩擦,减小磨损。

(3)足够的强度和韧性　以承受切削力和冲击载荷。

(4)高的耐热性　耐热性越高,刀具允许的切削速度越高。它是衡量刀具材料性能的主要指标之一。

(5)良好的工艺性能　为了便于刀具制造,要求刀具材料具有良好的工艺性能,如锻造性能、热处理性能、高温塑性变形性能、磨削加工性能等。

(6)经济性　经济性是刀具材料的重要指标之一,刀具材料的发展应结合本国资源。有的刀具材料虽然很贵,但加工中分摊每一工件成本不一定很高。

2)常用刀具材料

常用刀具材料有碳素工具钢、低合金工具钢、高速钢和硬质合金等,它们的主要性能、用途见表5-8-1。

表5-8-1　常用刀具材料的主要性能及用途

种类	常用牌号	硬度 HRC (HRA)	抗弯强度 /GPa	耐热性 /℃	工艺性能	用　途
优质碳素工具钢	T8A～T10A、T12A、T13A	60～65 (81～84)	2.16	200	可冷、热加工成形,刃磨性能好	用于手动工具,如锉刀、锯条等
合金工具钢	9SiCr CrWMn	60～65 (81～84)	2.35	250～300	可冷、热加工成形,刃磨性能好,热处理变形小	用于低速成形刀具,如丝锥、板牙、铰刀等
高速钢	W18Cr4V W6Mo5Cr4V2	63～70 (83～86)	1.96～4.41	550～600	可冷、热加工成形,刃磨性能好,热处理变形小	用于中速及形状复杂的刀具,如钻头、铣刀、齿轮刀具等
硬质合金	YG8、YG6、YG3、YT5、YT15、YT30	(89～93)	1.08～2.16	800～1000	粉末冶金成形,多镶片使用,性能较脆	用于高速切削刀具,如车刀、刨刀、铣刀等,YG类主要用于加工铸铁、有色金属及非金属材料,YT类适合于加工钢料

其它刀具材料(如陶瓷材料、人造金刚石、立方氮化硼等)的硬度和耐磨性都比上述材料高,但由于它们的脆性大,抗弯强度低,价格昂贵,目前应用尚不广泛。

5.8.2 刀具的几何形状

车刀是机械切削加工中最基本的一种刀具,其它刀具可以看作是由车刀演变而成的。

1)车刀

车刀由刀体和刀柄两部分组成(图 5-8-1)。刀体是刀具上夹持刀条或刀片的部分,或由它形成切削刃的部分。刀柄用来将刀具正确地夹持在机床上。

车刀的切削部分是由三面(前面、主后面、副后面)、两刃(主切削刃、副切削刃)和一尖(刀尖)组成(见图 5-8-1)。

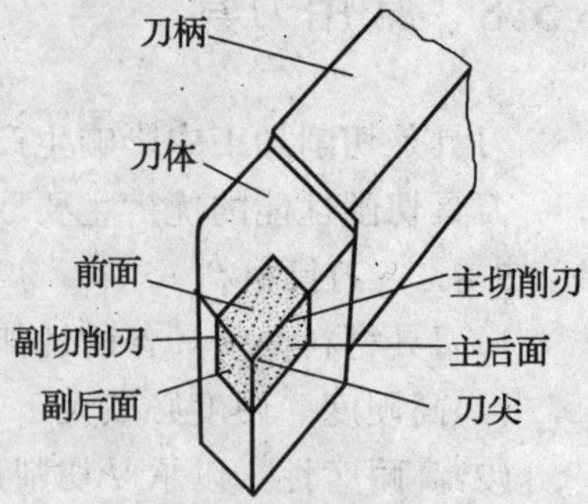

图 5-8-1　外圆车刀

前面　刀具上切屑流过的表面。

主后面　刀具上同前面相交形成主切削刃的后面。

副后面　刀具上同前面相交形成副切削刃的后面。

主切削刃　起始于切削刃上主偏角为零的点,并至少有一段切削刃拟用来在工件上切出过渡表面的那个整段切削刃。

副切削刃　切削刃上除主切削刃以外的刃,亦起始于主偏角为零的点,但它向背离主切削刃的方向延伸。

刀尖　指主切削刃与副切削刃的连接处相当少的一部分切削刃。

2)车刀切削部分的主要角度

刀具静止参考系是用于定义刀具设计、制造、刃磨和测量时几何参数的参考系,由三个相垂直的平面即基面、主切削平面和正交平面组成(图 5-8-2),从而确定三面二刃一尖的空间位置。

选择刀具静止参考有两点假设:

①运动假设:假定刀具的进给运动速度为零。

②安装假设:假设刀具安装时刀尖与工件的轴线等高,刀杆与工件的轴线垂直。

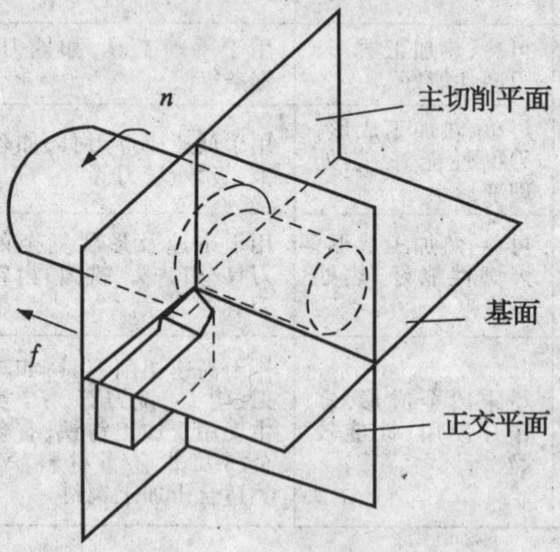

图 5-8-2　外圆车刀静止参考系

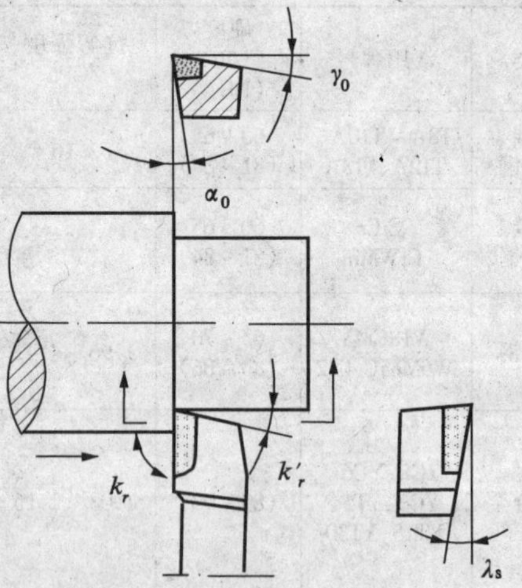

图 5-8-3　车刀的主要标注角度

基面 P_r　过切削刃选定点的平面,它平行或垂直于刀具,在制造、刃磨及测量时适合于安装或定位的一个平面或轴线，一般来说，其方位要垂直于假定的主运动方向。

主切削平面 P_s　通过主切削刃选定点与主切削刃相切并垂直于基面的平面。

正交平面 P_0　通过切削刃选定点并同时垂直于基面和主切削平面的平面。

车刀的主要角度有前角、后角、主偏角、副偏角和刃倾角(图 5-8-3)。

前角 γ_0　前面与基面的夹角，在正交平面上测量。增大前角，则刀具锋利，切削轻快。但前角过大，刀刃强度降低。硬质合金车刀的前角一般取 $-5° \sim +25°$。当工件材料硬度较低、塑性较好、刀头材料韧性较好及精加工时，前角可取大些；反之，前角取小些。

后角 α_0　后面与切削平面间的夹角，在正交平面中测量。增大后角，可以减小刀具主后面与工件间的摩擦，但后角过大，刀刃强度降低。粗加工时一般取 $6° \sim 8°$，精加工时一般取 $10° \sim 12°$。

主偏角 κ_r　主切削平面与假定工作平面(其方位平行于进给运动方向)间的夹角，在基面中测量。增大主偏角可以使进给力加大，背向力减小，有利于减小振动，但刀具磨损加快，散热条件变差。主偏角一般取 $45° \sim 90°$。工件刚度好、粗加工时取小值，反之取大值。

副偏角 κ_r'　副切削平面与假定工作平面间的夹角，在基面中测量。增大副偏角可减小副切削刃与工件已加工表面间的摩擦，但工件表面粗糙度值增大。副偏角一般取 $5° \sim 10°$。粗加工时取较大值，精加工时取较小值。

刃倾角 λ_s　主切削刃与基面间的夹角，在主切削平面中测量。以刀柄底面为基准，当刀尖处于主切削刃最高点时，λ_s 为正；反之，λ_s 为负；主切削刃与基面平行时，λ_s 为零。刃倾角主要影响切屑流向和刀体强度。刃倾角为正值时，切屑流向待加工表面，但刀体强度较低；刃倾角为负值时，切屑流向已加工表面，且有利于提高刀体强度。刃倾角一般取 $-5° \sim +10°$。粗加工以及断续切削时常取负值，精加工时常取正值。

5.9　切削过程

金属的切削过程实际上可以看作是切屑的形成过程。比较典型的切削过程是：被切削的金属层受到刀具挤压而产生弹性变形；随着刀具的切入，应力、应变逐渐加大，当剪应力达到材料的屈服点时，开始产生塑性变形；刀具再继续切入，当剪应力达到材料的抗拉强度时，金属层通过剪切滑移被挤裂而成切屑。

5.9.1　切屑的种类

根据切屑的形状不同，可将切屑分为带状切屑、节状切屑和崩碎切屑三种(图 5-9-1)。

带状切屑　用较大的前角、较高的切削速度和较小的进给量切削塑性材料时，容易得到带状切屑。形成带状切屑时，切削较平稳，表面较光洁，切屑对刀具前面的压力点距刃口较远，刀刃不易磨损，但前面易磨损，并由于连绵不断的切屑易伤人和刮伤工件，生产上常需采取断屑措施。

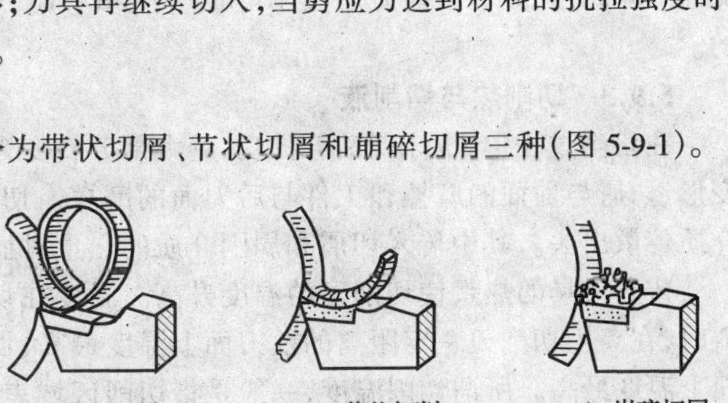
a) 带状切削　b) 节状切削　c) 崩碎切屑

图 5-9-1　切屑的种类

节状切屑　采用较低的切削速度和较大的进给量切削中等硬度的钢材时，容易得到节状切屑。形成节状切屑时切削力波动大,工件表面较为粗糙。

崩碎切屑　加工铸铁、青铜等脆性材料时,易形成崩碎切屑。形成崩碎切屑时,切削不连续,易产生振动,影响表面质量,且由于切削力和切削热都集中在主切削刃和刀尖附近,易形成刃口的崩刃和磨损。

5.9.2　切削力

刀具在切削工件时,必须克服材料的变形抗力,刀具与工件、切屑间的摩擦力,这些抗力就构成了切削力。为了便于设计和工艺分析,通常将总切削力 F 分解成三个互相垂直的分力(图 5-9-2)。

切削力 F_c　总切削力在主运动方向上的正投影。该分力的大小占 F 的 80% ~ 90%。F_c 是计算机床动力、设计主传动系统零件和夹具的依据,也是计算刀柄、刀体强度和选择切削用量的依据。

进给力 F_f　总切削力在进给运动方向上的正投影。它是设计、验算进给机构强度的依据。

背向力 F_p　总切削力在垂直于工作平面上的分力。在切削过程中 F_p 不做功,但易使刚性差的工件发生变形,有时还产生振动,影响加工质量。

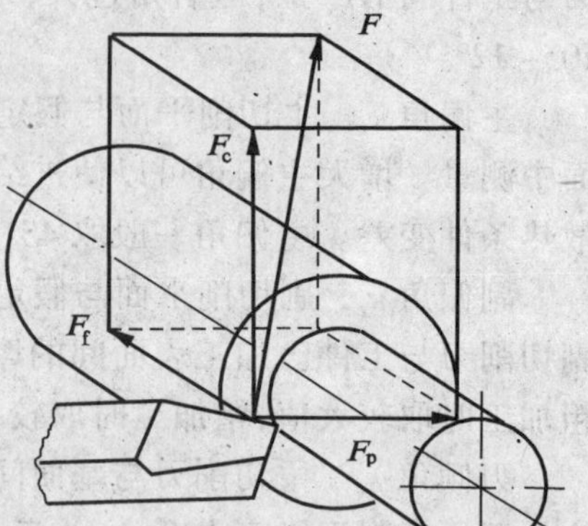

图 5-9-2　切削力

在切削过程中,切削力能使工艺系统变形,影响加工精度,因此要设法减小切削力。影响切削力大小的因素主要是工件材料和切削用量。

(1)工件材料的影响　工件材料的强度、硬度越高,韧性、塑性越好,越难切,切削力也越大。但切削力增大的幅度与材料的强度增大幅度不成比例。它是影响切削力的最基本因素。

(2)切削用量的影响　切削用量中影响切削力的主要因素是背吃刀量(α_p)与进给量(f)。当 α_p 或 f 加大时,被切削的金属增多,因而切削力会明显地加大。但实验表明,当 α_p 加大一倍(f 不变)时,切削力增大一倍;而 f 加大一倍(α_p 不变)时,切削力只增加 68% ~ 86%。为此,从减小切削力而又不降低生产率考虑,取大的进给量和小的背吃刀量是适宜的。

5.9.3　切削热与切削液

在切削过程中,机床所消耗的功,绝大部分转变为切削热。切削热主要来源于被切层的变形、切屑与前面的摩擦和工件与后刀面的摩擦。切削热可以通过切屑、刀具、工件和周围介质传散出去。其中传入切屑和周围介质的热量对加工无直接影响。

传入刀具的热量使切削区的温度升高。温度在切削区呈不均匀状态分布,切削塑性材料时,在离主切削刃一定距离的前刀面上温度最高;切削脆性材料时,在靠近刀尖处的后刀面上温度最高。所谓切削温度,一般是指切削区域表面的平均温度。切削温度有时可高达 800℃,甚至 1000℃以上。刀具温度升高,磨损加剧,将影响刀具的使用寿命。切削时的高温是刀具磨损的主要原因。

切削热传入工件,工件温度升高,产生热变形,也将影响加工精度。

切削温度的高低取决于切削热的产生和传出情况,它受切削用量、工件材料、刀具材料、刀具角度和冷却条件等因素的影响。

工件材料的强度、硬度愈高,切削时消耗的功愈多,切削温度也愈高;工件材料的导热性愈好,传走的切削热愈多,切削温度也就愈低。

切削用量增大,单位时间内金属被切除量增多,切削热相应增多,切削温度上升。但切削用量三要素对切削温度的影响程度各不相同。其中,切削速度影响最大,进给量次之,背吃刀量影响最小。因此,在保证生产率的前提下,为了有效地控制切削温度,选用大的背吃刀量比选用大的切削速度要有利得多。

切削液在切削过程中起到冷却、润滑、防锈和洗涤作用。常用的切削液有:

水溶液　主要成分是水,并加入一定量的防锈剂、活性物质或油类组成。其冷却性能好,但润滑性能较差,主要用于磨削。

乳化液　由乳化油(由矿物油、乳化剂及其它添加剂配成)加水稀释而成。它有良好的流动性和冷却作用,也有一定的润滑作用,是一种应用最广泛的切削液。低浓度的乳化液用于粗车、磨削等;高浓度的乳化液用于精车、钻孔、铣削等。

切削油　主要是矿物油,少数也采用动植物油或混合油。它的润滑性能好,但流动性差,冷却作用小,一般用于低速精加工,如铣削、车螺纹、齿轮加工等。

5.9.4 刀具磨损及其使用寿命

刀具切削工件在工件上形成已加工表面的同时,刀具本身也遭到了磨损。刀具磨损到一定程度后(通常以后刀面磨损到一定高度)就需要刃磨,否则就会产生振动及工件加工质量下降。在实际生产中,不可能经常测量刀具的磨损程度,而是规定刀具的使用时间为限定刀具磨损量的标准。我们把刀具两次刃磨之间实际进行的切削时间称为刀具的使用寿命。

粗加工时,多以切削时间(min)表示刀具的使用寿命。例如,硬质合金车刀使用寿命大致为60min,高速钢钻头使用寿命大致为80~120min,硬质合金铣刀使用寿命大致为90~180min。精加工时,常以走刀次数或加工零件个数表示刀具使用寿命。刀具使用寿命与刀具总寿命不是同一概念,后者表示一把新刀从投入切削起,到报废为止总的切削时间,其中包括该刀具的多次重磨,因此刀具总寿命等于这把刀的刃磨次数乘以刀具的使用寿命。通常,T大,表示刀具磨损得慢。

5.9.5 常用材料的切削加工性

材料的切削性是指材料被切削加工成合格零件的难易程度。由于切削加工的具体情况和要求不同,所以切削加工难易程度的内容也有所不同,故切削加工性是一个相对的概念。

切削加工性作为一项综合性指标,不同的加工情况有其不同的评定标准,概括起来有以下主要方面:加工某种材料时,若切削力小,刀具使用寿命长,或允许的切削速度高,加工表面质量易于保证,切屑问题便于解决等,则认为这种材料的切削加工性好;反之,切削加工性差。

材料的可切削性主要取决于材料本身的力学性能和物理性能。若材料的硬度低、强度小、塑性差、热导率大,则可切削性好;反之,可切削性差。

生产中常用热处理方法来改善材料的可切削性。例如高碳钢和工具钢采用球化退火降低硬度,改善可切削性;低碳钢采用正火适当降低塑性,提高硬度,改善可切削性;原不能切削加工的白口铸铁进行石墨化退火,使硬而脆的渗碳体转变为团絮状石墨,能使切削加工较易进行。

5.10 机械加工工艺过程的基本知识

5.10.1 机械加工工艺过程

生产过程中直接改变原材料(毛坯)的性能、尺寸、形状或零件相互位置关系(装配)使之变为成品的过程,称为工艺过程。

机械加工工艺过程是由一系列的工序、装夹、工位、工步和走刀等组合而成的。机械加工工艺过程的内容及步骤一般是:

(1)对加工零件图纸进行工艺分析;

(2)选择毛坯;

(3)选择定位基准;

(4)拟定零件加工工艺路线;

(5)选择各工序所用设备和专用设备,或提出改装设备的设计任务书;

(6)选择或设计各工序的刀具、夹具、量具及其它辅助工具;

(7)确定各工序(或工步)的加工余量、工序尺寸及其公差;拟定主要工序的技术要求或绘制工序简图;

(8)确定切削用量;

(9)估算时间定额和填写工艺文件等。

5.10.2 装夹与定位

工件从定位到夹紧的全过程称为装夹。装夹对零件的加工精度和生产率都有直接的影响。生产中工件的装夹主要有找正装夹和夹具装夹两种。找正装夹比较麻烦,找正精度差,生产率低,适用于单件小批生产。夹具装夹方便、迅速,定位准确,夹紧可靠,生产率高,工人劳动强度低,但由于夹具制造成本较高,故一般适用于成批或大量生产。

使工件在机床上或夹具中占有正确位置的过程称为定位。位于空间的任意一个刚体,相对于三个互相垂直的坐标平面,共有六个自由度,即 OX、OY、OZ 轴的移动 $\vec{X}$、$\vec{Y}$、$\vec{Z}$ 和绕着 OX、OY、OZ 轴的转动 $\overset{\curvearrowright}{X}$、$\overset{\curvearrowright}{Y}$、$\overset{\curvearrowright}{Z}$。根据零件加工要求,需要用定位支承来限制全部六个自由度,或其中几个自由度,通称为六点定位,凡影响加工精度的自由度均应加以限制。例如在铣床上铣削一批工件上的沟槽时,为了保证每次安装中工件的正确位置,保证加工尺寸 X、Y、Z,就必须限制六个自由度(图 5-10-1),这种情况称为完全定位。有时,保证工件加工尺寸并不需要完全限制六个自由度,如图 5-10-2 所示铣削一批工件的台阶面,为保证两个加工尺寸 Y 和 Z,只需限制 $\vec{Y}$、$\vec{Z}$、$\overset{\curvearrowright}{X}$、$\overset{\curvearrowright}{Y}$、$\overset{\curvearrowright}{Z}$五个自由度,像这种没有完全限制六个自由度的定位,称为不完全定位。

5.10.3 基准种类与选择

零件上根据指定的点、线或面来确定另一些点、线或面的位置,这些作为根据的点、线或面就称为基准。基准分为设计基准和工艺基准两大类。工艺基准又分为定位基准、测量基准和装配基准。

选择定位基准是装夹工件的一个重要问题,它不仅影响加工质量,而且与装夹的可靠性和加工费用有很大关系。定位基准是指工件在机床或夹具中装夹时,用以确定它在机床或夹具内位置的基准，如图 5-10-3 所示，图 a)中的中心孔圆锥面是定位基准；图 b)中圆柱面 A 为定位基准。

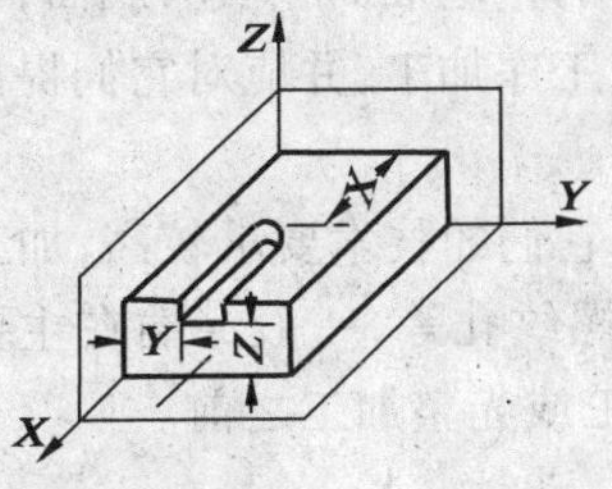

图 5-10-1　完全定位

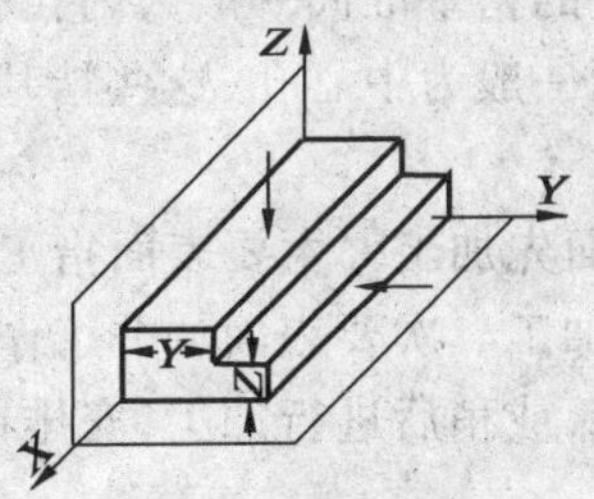

图 5-10-2　不完全定位

定位基准有粗基准和精基准两种。以毛坯表面作为定位基准的粗基准一般选用不需加工的面或加工余量小的面或尺寸足够大又比较平稳、无浇冒口的面。粗基准在加工过程中只能用一次。图 5-10-4a)所示零件应选择不加工的表面“1”为粗基准；图 5-10-4b)所示零件，应选择加工余量较小的 ϕ55 的外圆为粗基准；图 5-10-4c)所示的阶梯轴不能以 B 面作为定位基准去分别加工 A 面和 C 面，否则将会使 A 面和 C 面产生较大的同轴度误差。

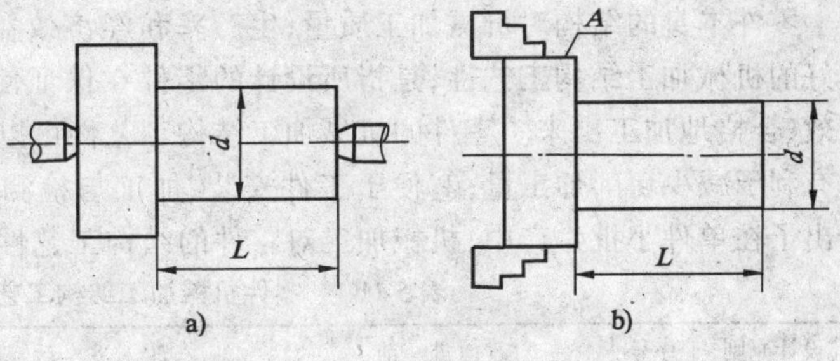

图 5-10-3　定位基准

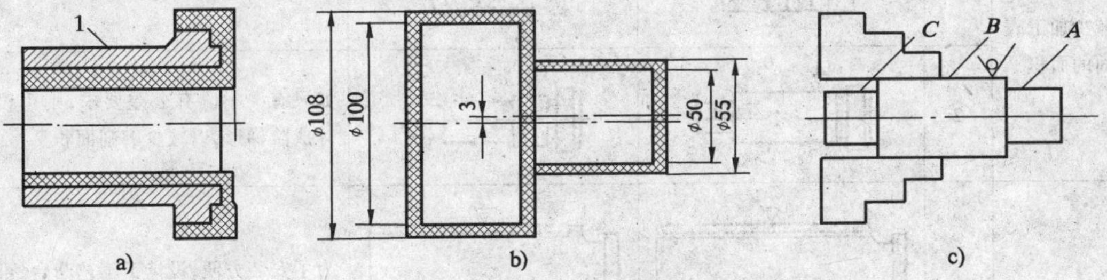

图 5-10-4　粗基准的选择

精基准是以加工过的表面作为定位基准的。最好与设计基准一致(称为基准重合原则)，以免不一致而产生定位误差。另外，最好用同一定位基准去加工其它表面(称为基准同一原则)，以保证加工面的位置精度。例如轴类零件通常采用中心孔作定位基准来加工其它表面，既符合基准重合原则，又符合基准同一原则，加工出来的零件误差最小、精度最高，是比较理想的一种选择。

但是，在实际工作中，定位基准的选择要完全符合上述原则，有时很困难。应根据具体情况进行分析，选出最有利的定位基准。

5.10.4　安排工艺顺序的原则

安排机械加工工艺顺序应遵循的原则是：

(1)粗、精加工分开　能保证零件加工质量，提高生产效率和经济效益。

(2)基准面先加工　精基准面应在一开始就加工，因为加工其它表面时，要用它定位。例如齿轮类零件的精基准面一般为内孔和一端面，箱体类零件的精基准面一般为底面，轴类零件的精基准面一般为中心孔，这些精基准都应安排在第一道工序加工，并应对它们提出一定的精度要求。

(3)主要表面先加工　主要表面指工作表面、装配基面等，它们的技术要求较高，加工工作量较大，应先加工。次要表面如非工作表面、键槽、螺钉孔、螺纹孔等，一般穿插在主要表面加工工序之间，或稍后进行加工，安排在主要表面最后精加工或光整加工之前。

5.11　机械加工零件的结构工艺性

零件本身的结构对机械加工质量、生产率和经济效益具有重要的影响。所谓零件具有良好的机械加工结构工艺性，是指所设计的零件在保证使用性能要求的前提下，能够经济、高效、合格地加工出来。零件的机械加工结构工艺性可以概括为对零件结构三方面的要求：①有利于减少切削加工量；②便于工件安装、加工与检测；③有利于提高生产率。表 5-11-1 列出了在单件小批生产中，机械加工对零件的结构工艺性要求的一些实例，可供参考。

表 5-11-1　零件机械加工结构工艺性实例

设计原则	序号	改　进　前	改　进　后	说　　明
减少加工表面的面积	1	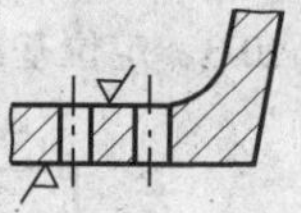	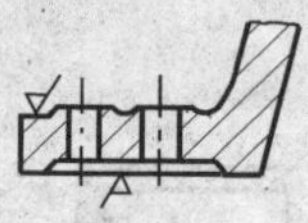	铸出凸台，以减少切除金属的体积
	2	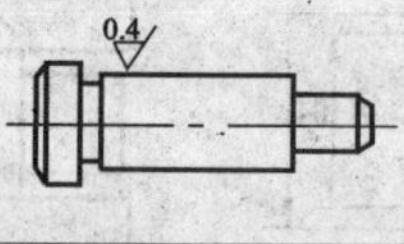	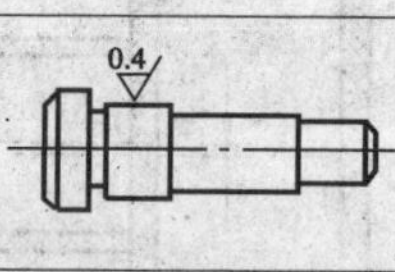	如只有一小段有公差要求，则可设计成阶梯形，以减少磨削面积
便于工件在机床或夹具上安装	1	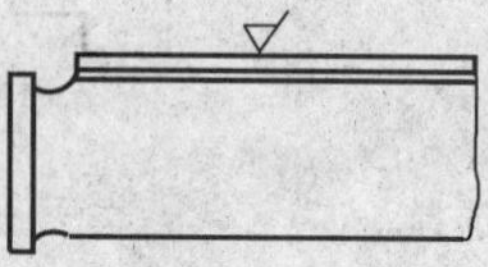	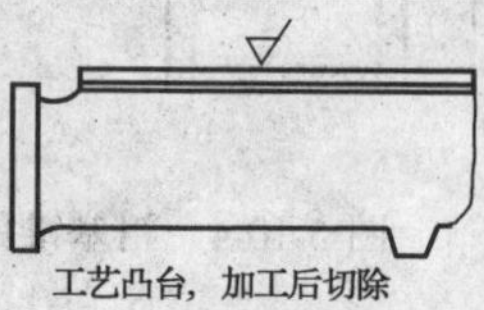工艺凸台，加工后切除	为了安装方便，设计了工艺凸台，可在精加工后切除
	2	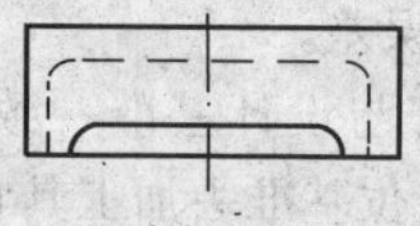	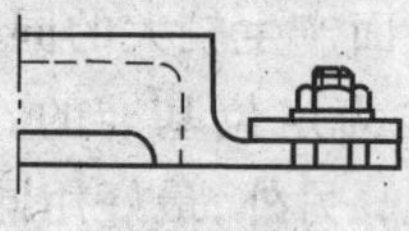	增设夹紧边缘
减少工件的安装次数	1	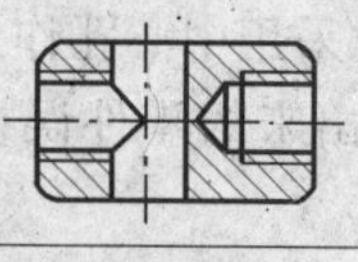	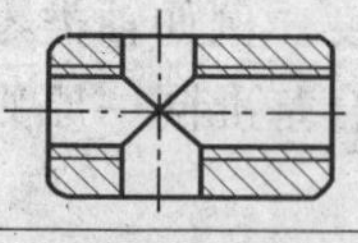	盲孔改为通孔，可减少安装次数，保证孔的同轴度
	2	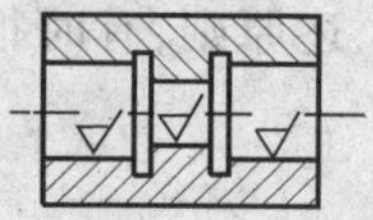	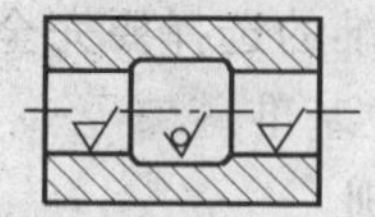	原设计须从两端进行加工，改进后可省去一次安装

续表 5-11-1

设计原则	序号	改 进 前	改 进 后	说 明
孔与槽的形状应便于加工	1	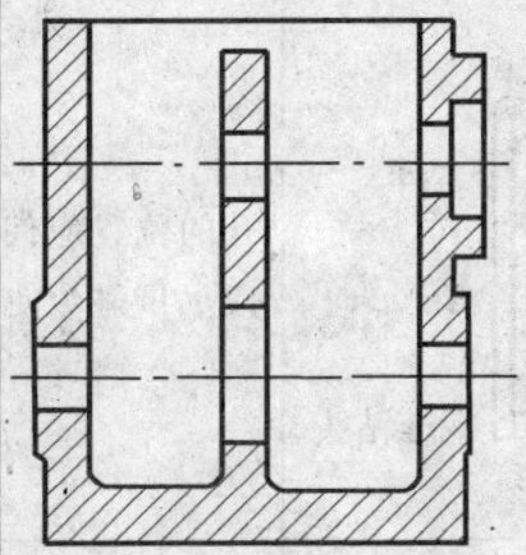	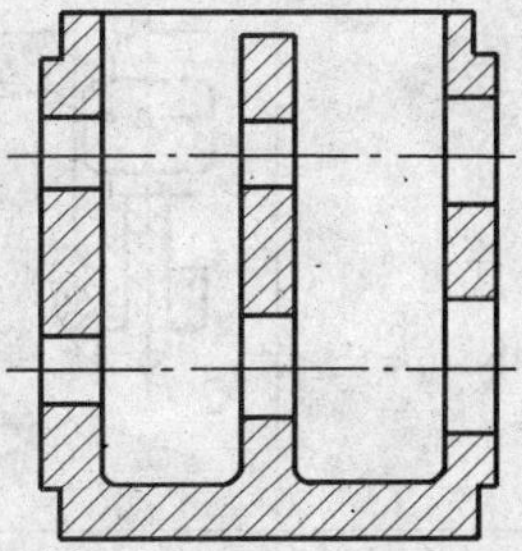	箱体上同一轴线各孔应都是通孔，无台阶；孔径向同一方向递减或从两边向中间递减；端面应在同一平面上
	2	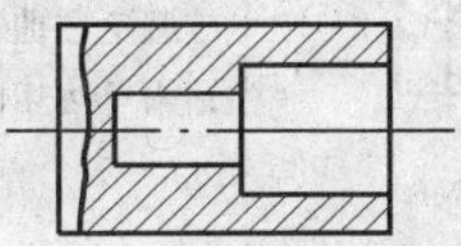	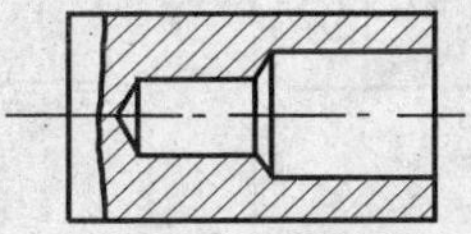	不通孔或阶梯孔的孔底形状应与钻头形状相符
	3	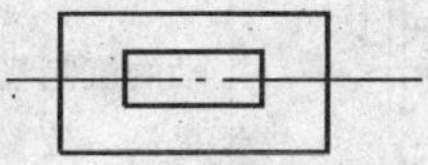	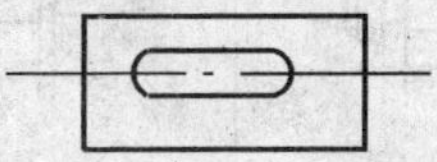	槽的形状与尺寸应与立铣刀形状相符
加工时应便于进刀和退刀	1	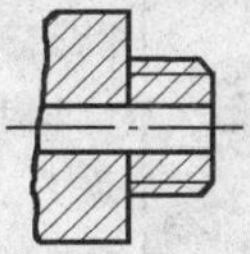	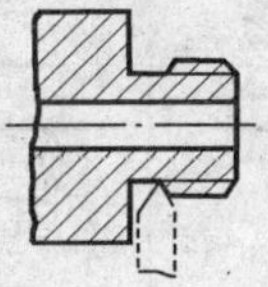	对车到头的螺纹，应设计出退刀槽
	2	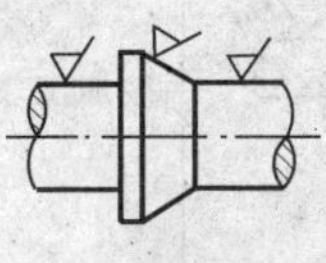	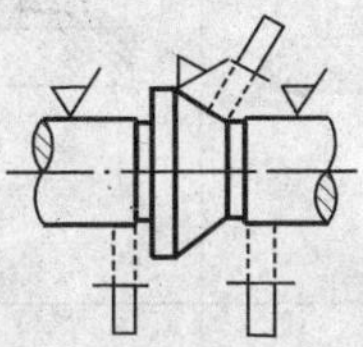	磨削时，各表面间的过渡部位应设计出越程槽
	3		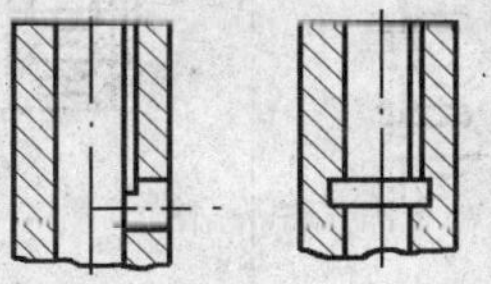	孔内中断的键槽，应设计出退刀孔或退刀槽

续表 5-11-1

设计原则	序号	改进前	改进后	说明
提高钻头的刚性和寿命	1	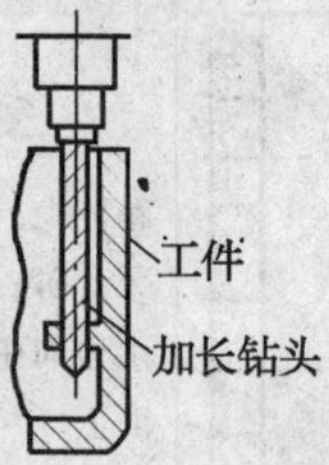	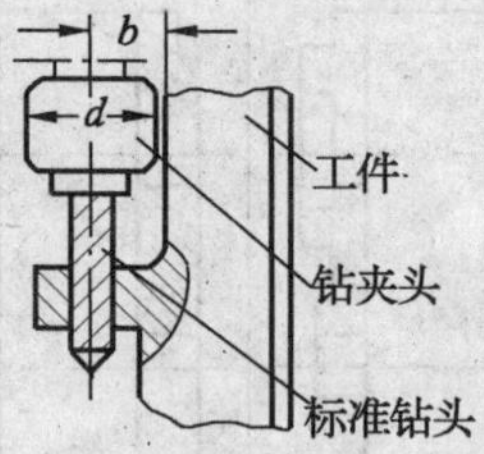	孔的位置应使标准钻头能够加工，应尽量避免使用加长钻头
	2	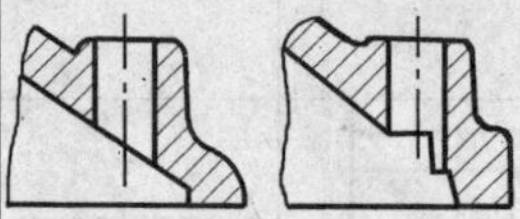	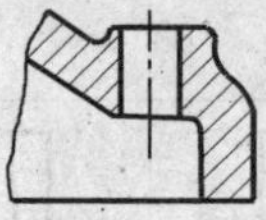	应避免在曲面或斜壁上钻孔，以免钻头单边切削
采用标准刀具，减少刀具种类	1	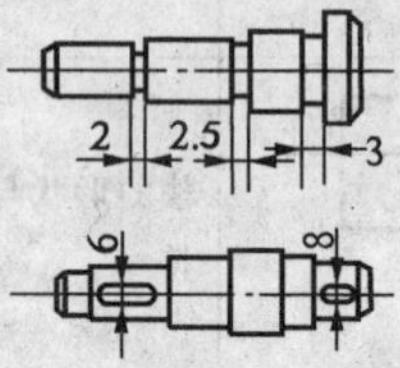	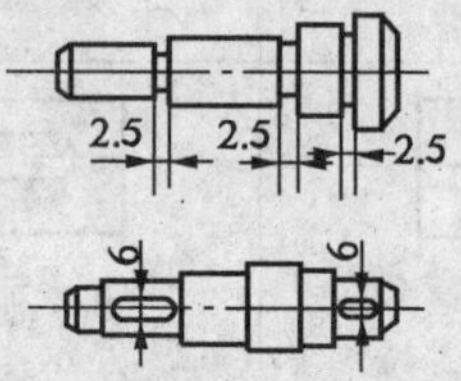	轴的沉割槽或键槽的形状与宽度应尽量一致
	2	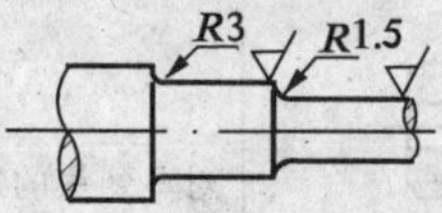	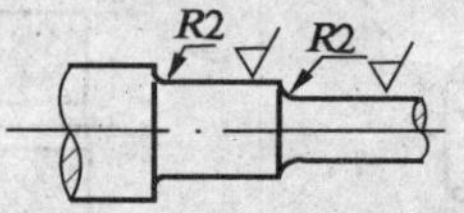	精车时，轴上的过渡圆角应尽量一致
减少刀具的调整次数及空程时间	1	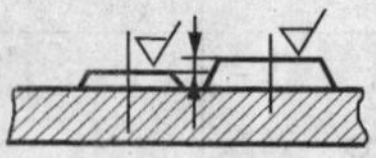	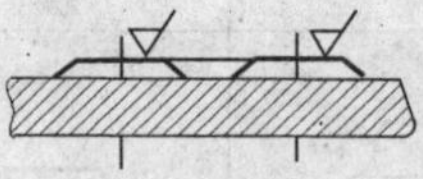	被加工表面应尽量设计在同一平面上
	2	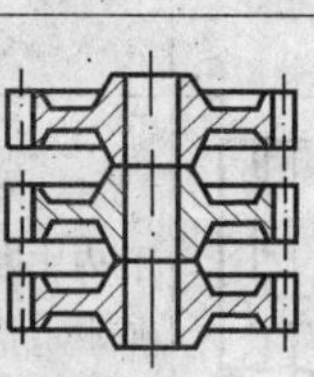	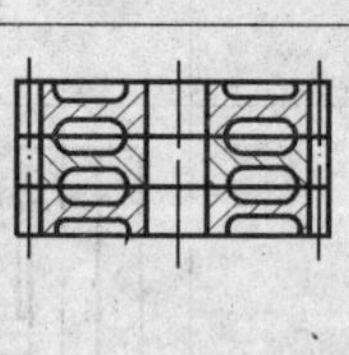	改进后，减少了刀具的空程时间，提高了工件的刚度，可采用较大的切削用量加工

复习思考题

1.什么是切削运动？它由哪两部分组成？分别指出车外圆、刨平面、铣平面、钻孔、磨外圆、滚齿加工的切削运动。

2.以外圆表面的成形说明切削三要素所起的作用。

3.什么是加工精度？包括哪些内容？

4.什么是表面粗糙度？试说明车削、铣削、刨削、磨削、铣削所能达到的表面粗糙度。

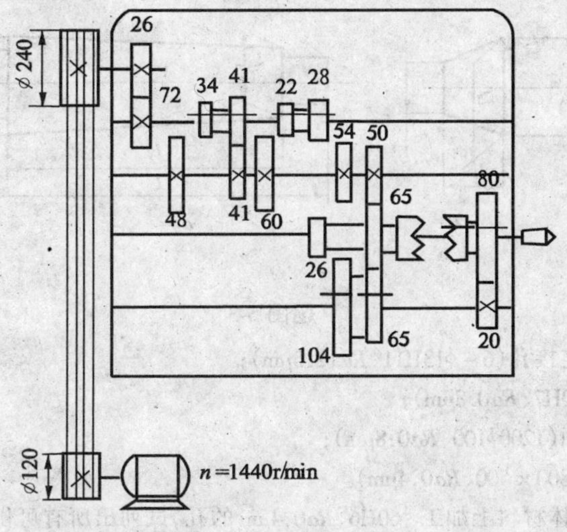

题图 5-1

5.写出题图 5-1 所示的传动路线并计算：

(1)主轴共有几种转速；

(2)计算主轴的最大转速 n_{max}和最小转速 n_{min}。

6.三爪定心卡盘和四爪单动卡盘装夹工作时有何不同特点？

7.试切的目的是什么？结合实际操作说明试切步骤。

8.镗孔时内孔出现椭圆，试分析产生的原因，进一步指出预防方法。

9.中心架和跟刀架的作用是什么？分别在何场合使用？

10.螺纹车刀安装时应注意些什么问题？

11.用中拖板手柄进刀时，如果刻度盘的刻盘多转了 3 格，能否直接退回 3 格？为什么？应如何处理？

12.题图 5-2 所示工件用什么方法加工？如何装夹？

13.题图 5-3 所示零件上的锥面各用什么方法加工？若 $D=20$mm、$d=10$mm、$l_1=12$mm、$l_2=200$mm、$L=220$mm。则工件的半锥角 α 各是多少？应当怎样调整机床？

14.在铣床上铣一齿数 $z=32$ 的直齿圆柱齿轮，试用简单分度公式计算每铣过一齿后，分度盘应转过多少圈？若已知分度盘的某面孔数依次为 24、25、28、30、34、37，则选用哪种孔数合适？

15.铣斜面时常用的方法有哪几种？

16.铣削和刨削相比有何异同？

17.砂轮的硬度和磨料的硬度有何不同？

18.磨内圆与磨外圆相比，有什么不同之处？为什么？

19. 下列零件磨削时，选用哪种磨床？采用什么装夹方法？

(1)中、小型矩形件；

(2)齿轮轴；

(3)衬套(内、外圆均需磨削，且同轴度要求较高)。

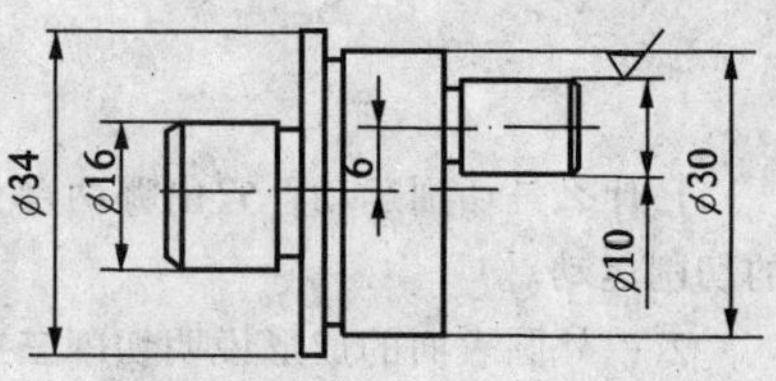

题图 5-2

20. 选择在单件小批生产条件下加工下列表面的加工顺序及应采用的机床名称：

(1)车床主轴箱体上的轴承孔(φ120H7、$Ra1.6\mu m$)；

(2)盘状齿轮坯的内孔(φ80H6、$Ra0.8\mu m$)；

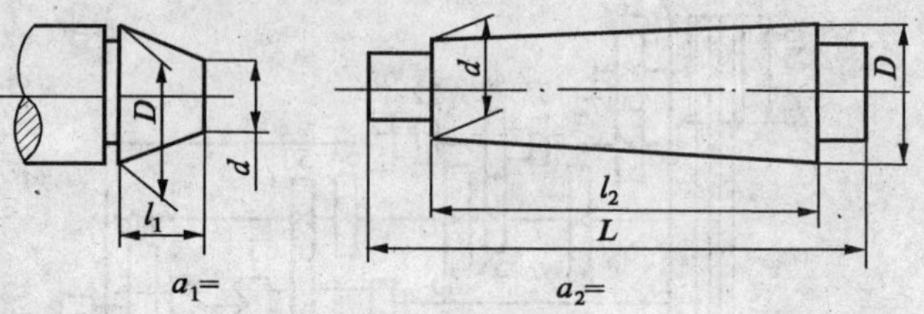

题图 5-3

(3)轴承盖上的螺钉连接孔(6 – φ13H11、$Ra12.5\mu m$)；

(4)黄铜衬套内孔(φ30H7、$Ra0.8\mu m$)；

(5)机床床身导轨平面(1200φ100、$Ra0.8\mu m$)；

(6)检验平板工作面(800×500、$Ra0.4\mu m$)。

21. 成批生产中，在实体材料上加工 φ60H6、$Ra0.4\mu m$ 的孔，试列出所有可供选择的加工方案。

22. 刀具常用几何角度是哪些？

23. 工件(题图 5-4)所示加工面(有符号者)应如何加工？工件如何装夹？

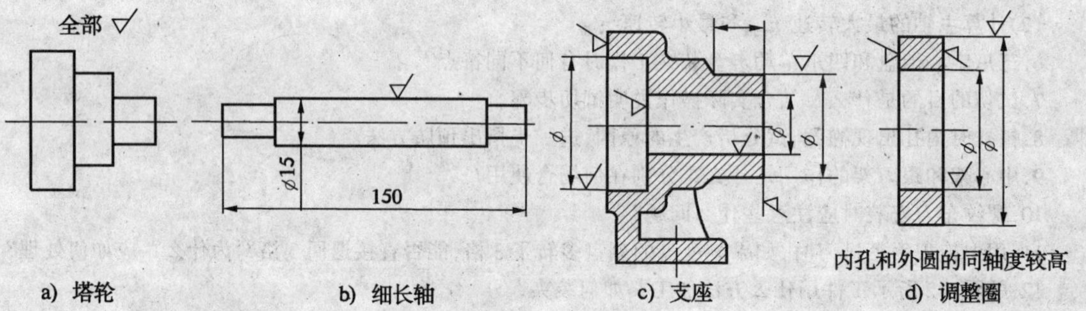

题图 5-4

24. 题图 5-5 所示，零件有两种不同的结构，试分析比较哪一种结构工艺性较好，并说明理由。

25. 分析题图 5-6 所示零件的结构，找出结构工艺性不恰当的部位，为什么？给出改进后的图形。

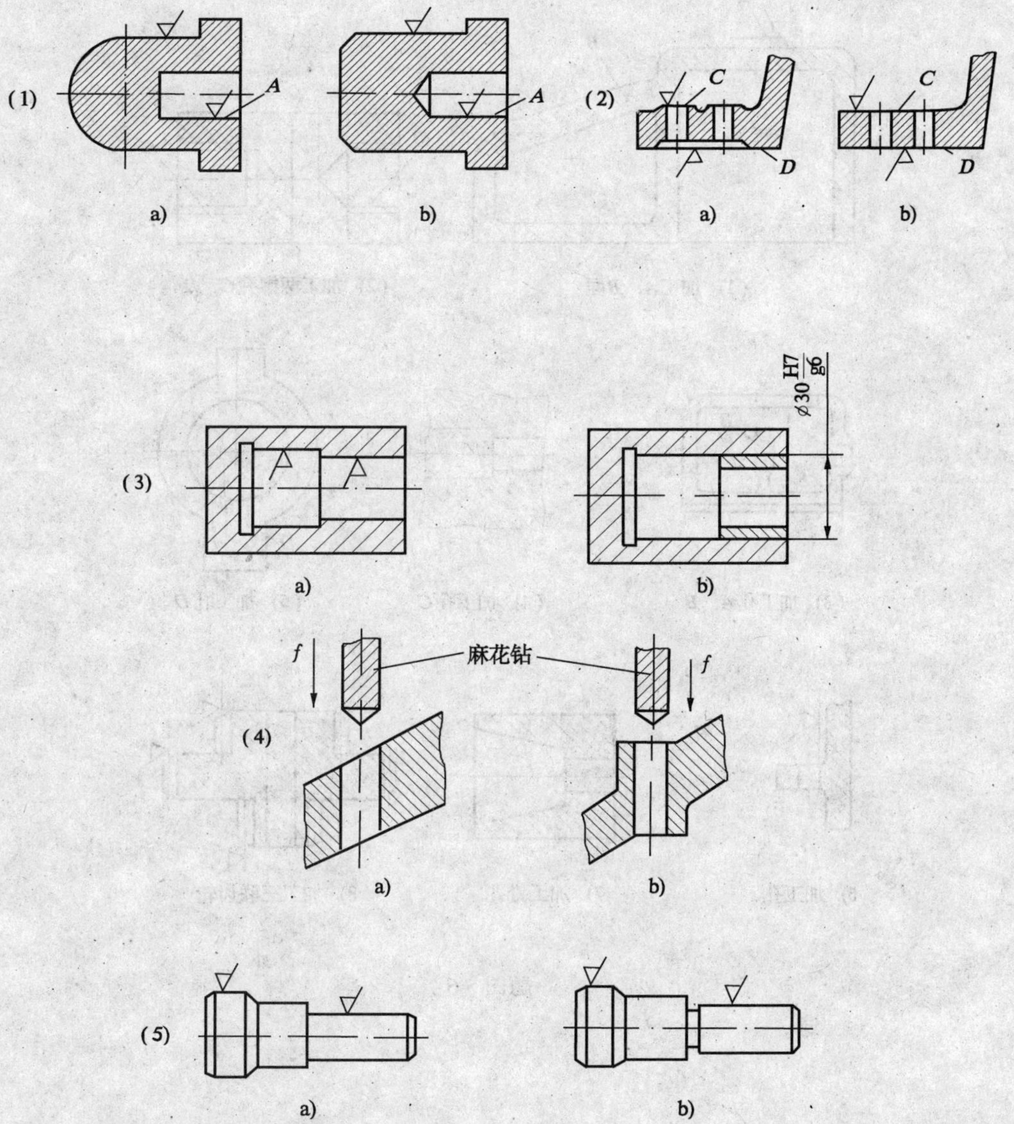

题图 5-5

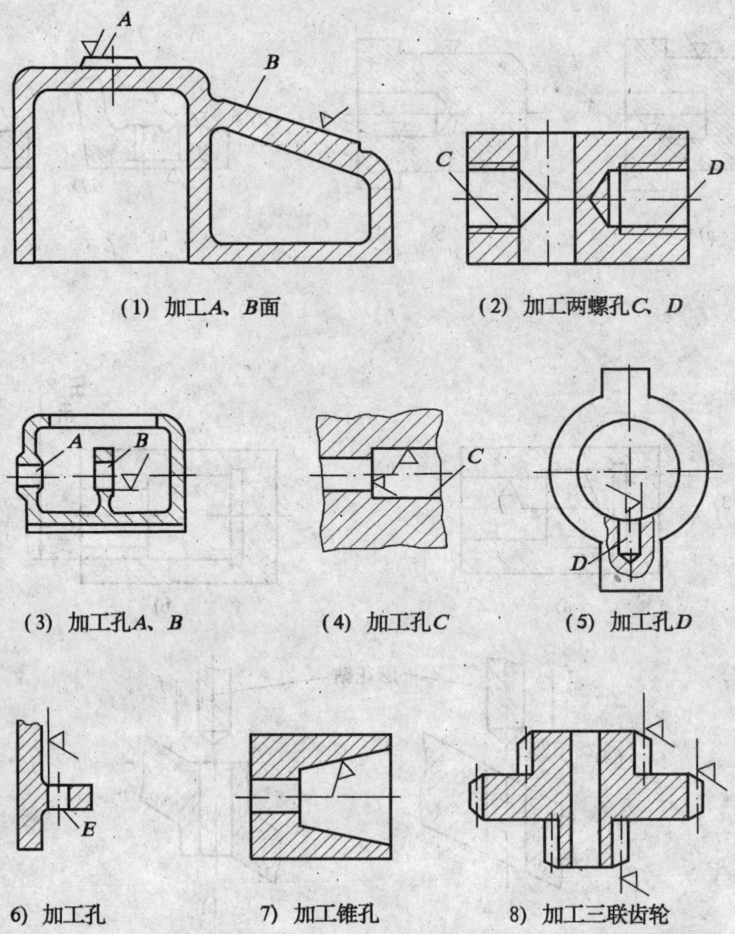

(1) 加工A、B面　(2) 加工两螺孔C、D

(3) 加工孔A、B　(4) 加工孔C　(5) 加工孔D

6) 加工孔　7) 加工锥孔　8) 加工三联齿轮

题图 5-6

6 钳工

实 习 部 分

钳工是以手工操作为主来完成零件的加工、装配和修理的工种。其劳动强度大、生产率低,但所用设备和工具简单,操作灵活方便,故应用很广。

钳工常用设备有:钳工工作台、虎钳、砂轮和钻床等。

钳工的基本操作有划线、錾削、锯削、锉削、刮削、研磨、钻孔、扩孔、铰孔、攻螺纹、套螺纹和装配等。

6.1 钳工基本操作方法

6.1.1 划线

根据图纸要求,在毛坯或半成品上划出加工界线的操作,称为划线。

1) 划线的作用

(1) 划出加工界线。

(2) 检查毛坯的形状和尺寸是否符合图纸要求。

(3) 合理分配加工余量。

2) 划线的分类

划线有平面划线和立体划线。

(1) 平面划线

在工件的一个平面上划线称为平面划线。如图 6-1-1a)所示,其方法类似平面作图。

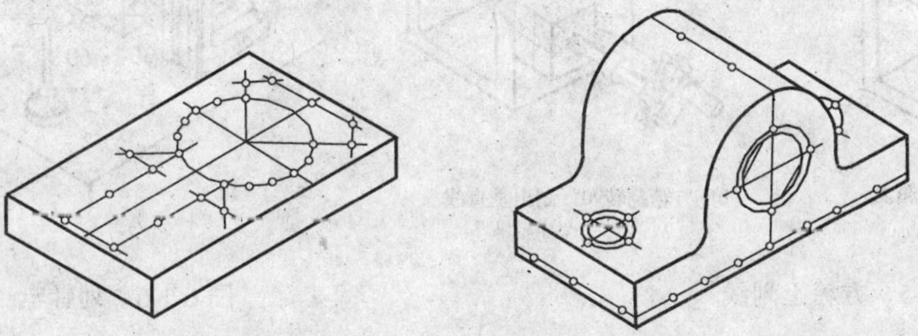

a) 平面划线　　b) 立体划线

图 6-1-1 平面划线和立体划线

(2) 立体划线

在工件的长、宽、高三个方向上划线称为立体划线。如图 6-1-1b)所示。

3) 划线工具

(1) 划线平板

划线平板由铸铁制成,并经时效处理,上表面经精刨和刮削,非常平整和光洁, 是划线的基准平面(图 6-1-2)。

(2) 千斤顶和 V 形铁

千斤顶和 V 形铁都是在平板上用以支承工件的工具。工件的平面用千斤顶支承(图 6-1-3);工件的圆柱面则用 V 形铁支承(图 6-1-4),使其轴线与平板平行。

(3) 划线方箱

划线方箱用于夹持小而加工面多的工件。翻转方箱,可在工件表面上划出互相垂直的线(图 6-1-5)。

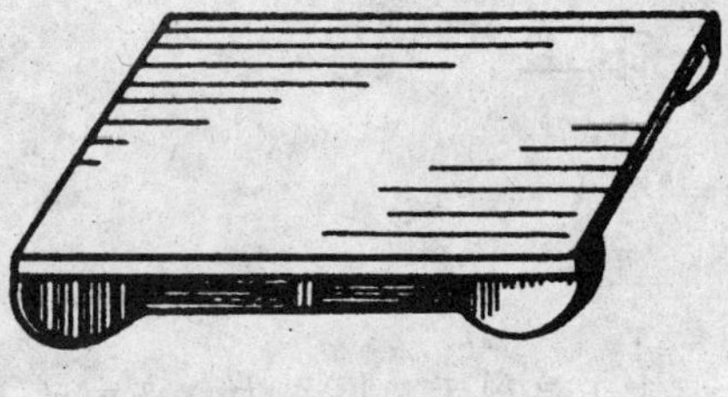

图 6-1-2 划线平板

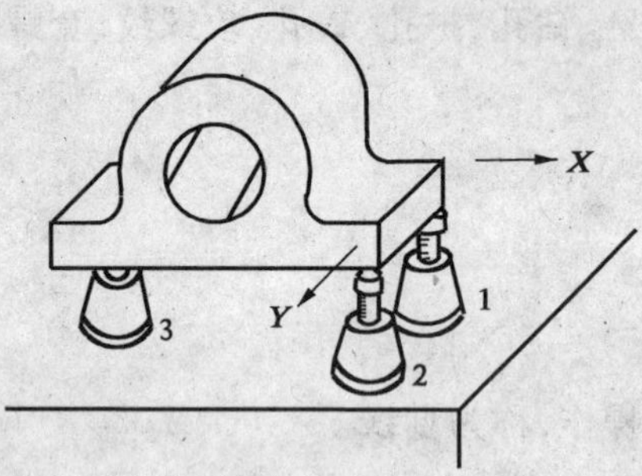

图 6-1-3 千斤顶支承工件

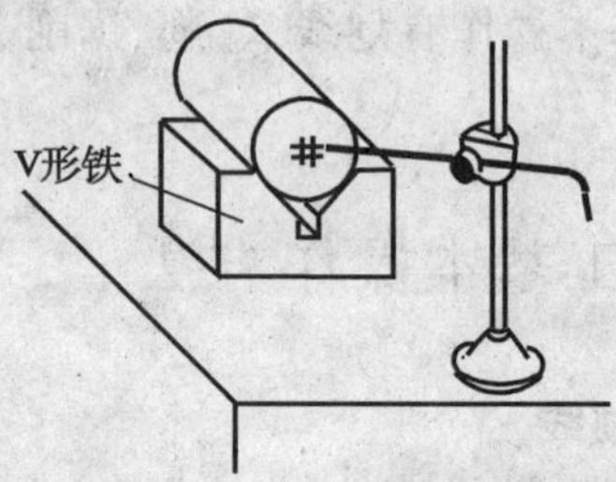

图 6-1-4 V 形铁支承工件找中心

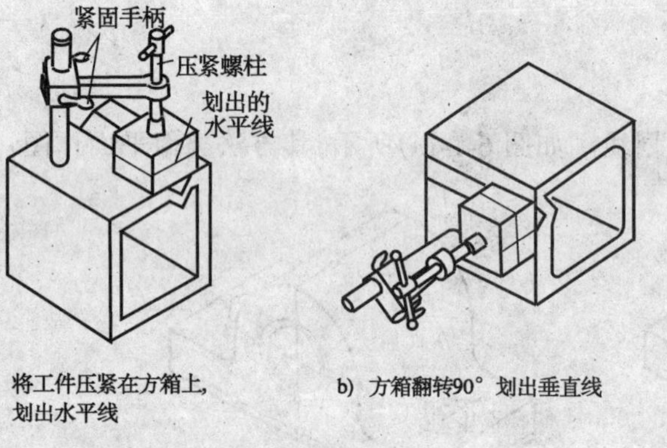

a) 将工件压紧在方箱上,划出水平线

b) 方箱翻转90° 划出垂直线

图 6-1-5 方箱上划线

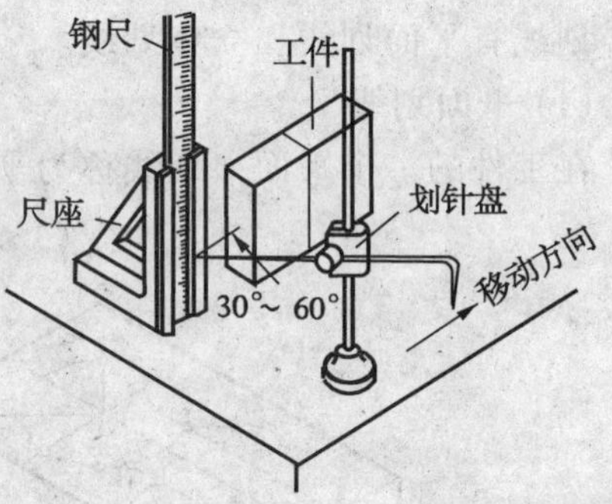

图 6-1-6 划针盘

(4) 划针及划针盘

划针是在工件上划线的工具，用碳素工具钢制成。划针盘是安装划针的可调划线工具(图 6-1-6)。

(5)划规及划卡

划规就是圆规,用于划圆、量取尺寸和等分线段。划卡又称单脚规,用于确定轴和孔的中心位置,也可用来划平行线(图 6-1-7)。

(6)高度游标尺

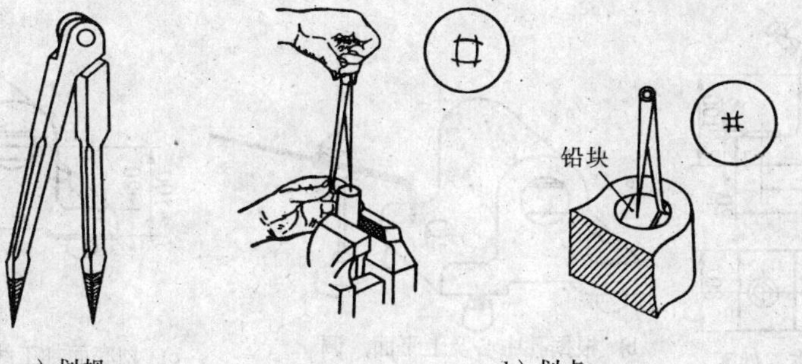

a) 划规　　b) 划卡

图 6-1-7　划规及划卡

高度游标尺是高度尺和划针盘的结合，如图 5-3-2b)所示。用于半成品零件上已加工表面的划线，但不允许在毛坯上划线，以免损坏划线量爪。

(7)直角尺

直角尺是检验直角的非刻线量尺，也可用于划垂直线。

(8)样冲

用来在划好的线段和圆心上打样冲眼，以防擦去所画线段，便于钻头定位，避免将孔钻偏。

4) 划线基准

基准是零件上用来确定点、线、面位置的依据。作为划线依据的基准称为划线基准。一般已加工面或重要孔的中心线都可以作为划线基准(图 6-1-8)。

5) 轴承座立体划线步骤(图 6-1-9)

6.1.2　锯削

锯削是用手锯锯断工件或锯出沟槽的操作。

1) 手锯

手锯由锯弓和锯条组成。

(1) 锯弓

用来夹持和拉紧锯条。锯弓分为固定式和可调式两种。图 6-1-10 所示为可调式锯弓。

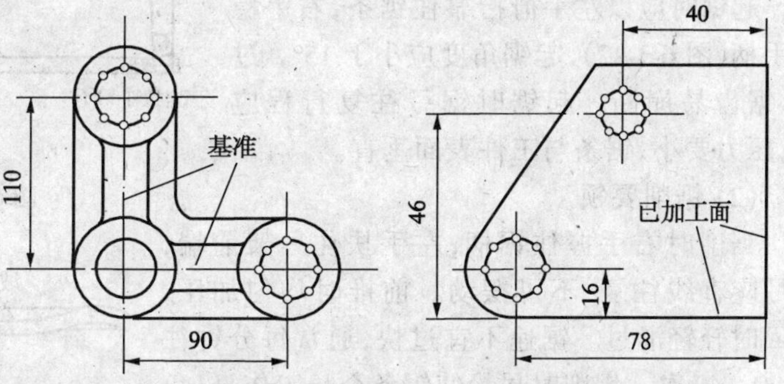

a) 以孔的中心线为基准　　b) 以已加工面为基准

图 6-1-8　划线基准

(2) 锯条

锯条用 T10A 制成。常用锯条长 300mm，宽 12mm，厚 0.8mm。锯条制造时，锯齿左右错开，排列成一定形状，如图 6-1-11 所示，以减小锯条与锯缝的摩擦，并使排屑顺利。

锯齿按齿距大小可分为：粗齿($t = 1.6$mm)、中齿($t = 1.2$mm)及细齿($t = 0.8$mm)三种。粗齿容屑空间大，适用于锯铜、铝等软金属及厚的工件。锯硬材料及薄壁工件时应用细齿锯条，使同时参与锯削的齿数增加，每个锯齿承受的力减小，不易崩齿。锯切普通钢、铸铁及厚壁工件则多用中齿锯条。

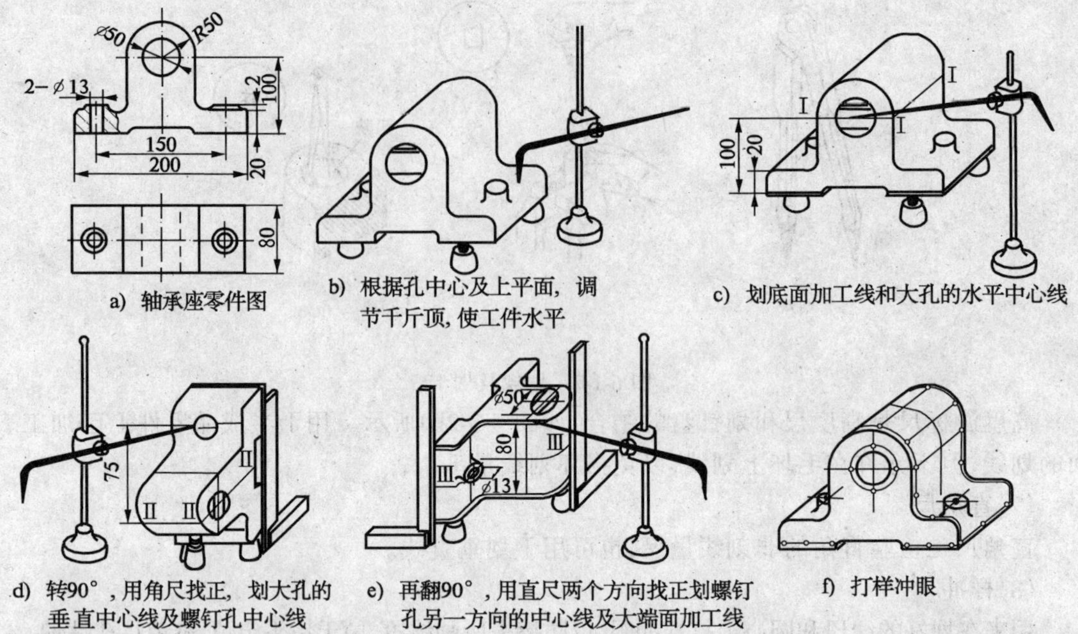

a) 轴承座零件图　b) 根据孔中心及上平面，调节千斤顶，使工件水平　c) 划底面加工线和大孔的水平中心线

d) 转90°，用角尺找正，划大孔的垂直中心线及螺钉孔中心线　e) 再翻90°，用直尺两个方向找正划螺钉孔另一方向的中心线及大端面加工线　f) 打样冲眼

图 6-1-9　轴承座零件图及立体划线示例

2）锯削方法

（1）起锯

起锯时应以左手拇指靠住锯条，右手稳推手柄（图 6-1-12），起锯角度应小于 15°。过大，锯齿易崩断。起锯时锯弓往复行程应短，压力要小，锯条与工件表面垂直。

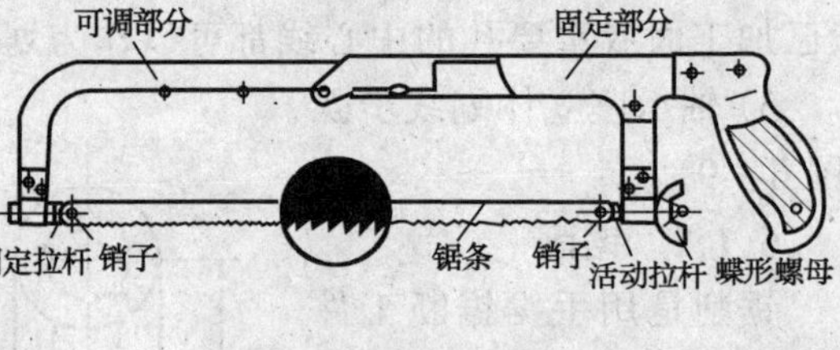

图 6-1-10　可调式锯弓

（2）锯削要领

锯削时右手握住锯柄，左手扶住弓架前端，锯弓应直线往复，不可摆动。前推时均匀加压，返回时轻轻滑过。锯速不宜过快，通常每分钟往复 20 ~ 40 次。锯削时尽量使锯条全长工作，以免锯条中部迅速磨损。快锯断时，用力应轻，以免碰伤手臂。

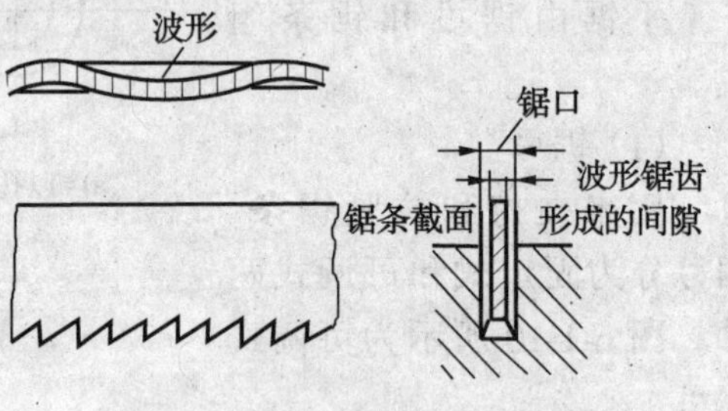

图 6-1-11　锯齿波形排列

6.1.3　锉削

锉削是用锉刀对工件表面进行切削加工的方法。锉削多用于錾削或锯削以后，以及在部件、机器装配时用来修整工件，是钳工中最基本的操作。

1）锉刀

（1）锉刀的构造

锉刀用 T12A 制成。经热处理后硬度可达 60 ~ 62HRC。锉刀由锉刀面、锉刀边和锉柄组成，其规格用工作部分的长度表示，一般有 100mm、150mm、200mm、250mm、300mm、350mm 和

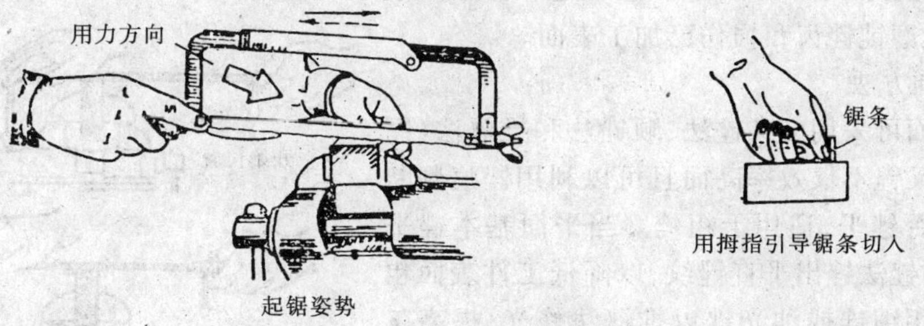

a）姿势

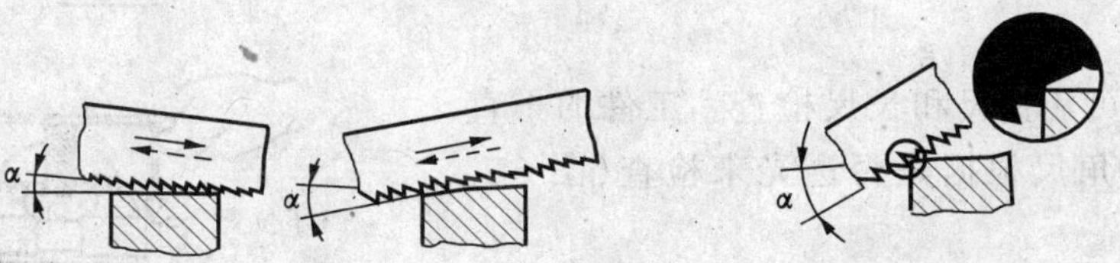

b）起锯角度

图 6-1-12　起锯

400mm 等七种。锉刀的锉齿是在剁锉机上剁出来的，其锉纹多制成双纹，以便锉削省力，锉屑碎断，不易堵塞。

锉刀按每 10mm 长度上锉齿的多少可分为粗齿锉、中齿锉、细齿锉和油光锉。粗齿锉（4 ~ 12 齿）齿间大，不易堵塞，适用于粗加工或锉铜、铝等软金属；细齿锉（13 ~ 24 齿）适用于锉钢或铸铁等；油光锉（30 ~ 40 齿）适用于最后修整表面。锉刀愈细，锉出的工件表面愈光。

(2)锉刀的分类及其用途

锉刀按用途可分为普通锉、整形锉和特种锉三种。普通锉用于一般工件表面的锉削。整形锉用于修整工件上细小部位和精密工件的表面。特种锉用于加工各种工件的特殊表面。普通锉刀按截面形状的不同可分为平锉、方锉、圆锉、半圆锉、三角锉（图 6-1-13）等，应根据工件的不同形状选择相应的锉刀，其中平锉用得最多。

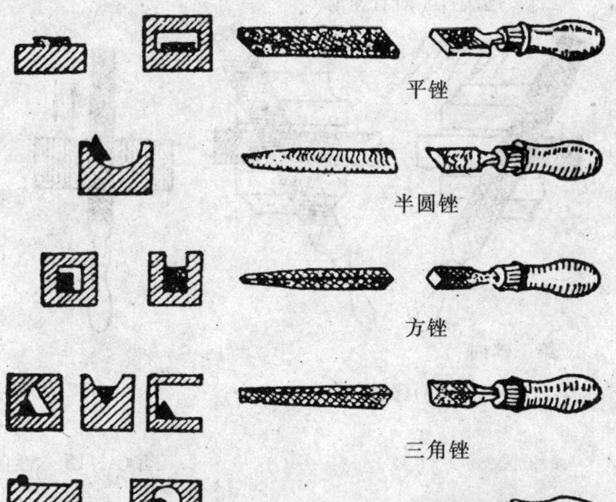

图 6-1-13　普通锉刀的种类

2）锉削要领及方法

(1) 锉削要领

锉削时用力要得当。由于锉刀两端伸出工件的长度随时都在变化，因此两手压力大小必须随着变化，使两手压力对工件中心的力矩相等，这是保证锉刀平直运动的关键。锉平面时的施力变化如图 6-1-14 所示。锉刀返回时不要紧压工件,以免磨钝锉齿和损伤已加工表面。

(2) 锉削方法

锉削平面可采用交叉锉法、顺锉法和推锉法(图 6-1-15)。交叉锉不仅效率高而且可以利用锉痕判断加工表面是否锉平,适用于粗锉。当平面基本锉平后,可用顺向锉法锉出平直锉纹,以降低工件表面粗糙度。最后用细锉或油光锉以推锉法修光,提高工件表面光整度和修正尺寸。

(3) 检验

工件的尺寸可用钢尺和长尺检查。工件的平直度和直角可用直角尺根据是否透光来检查(图 6-1-16)

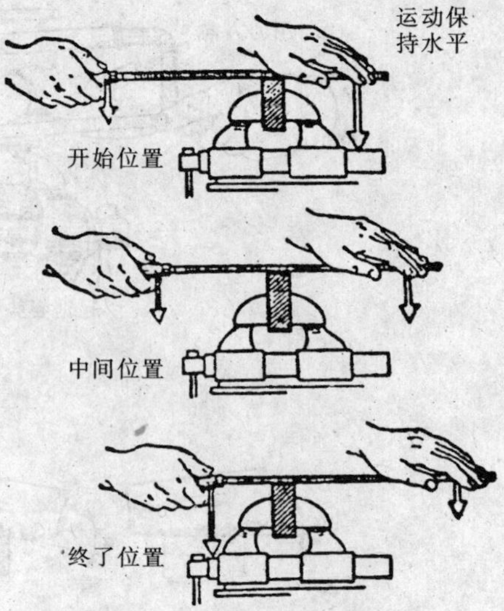

图 6-1-14 锉刀施力变化

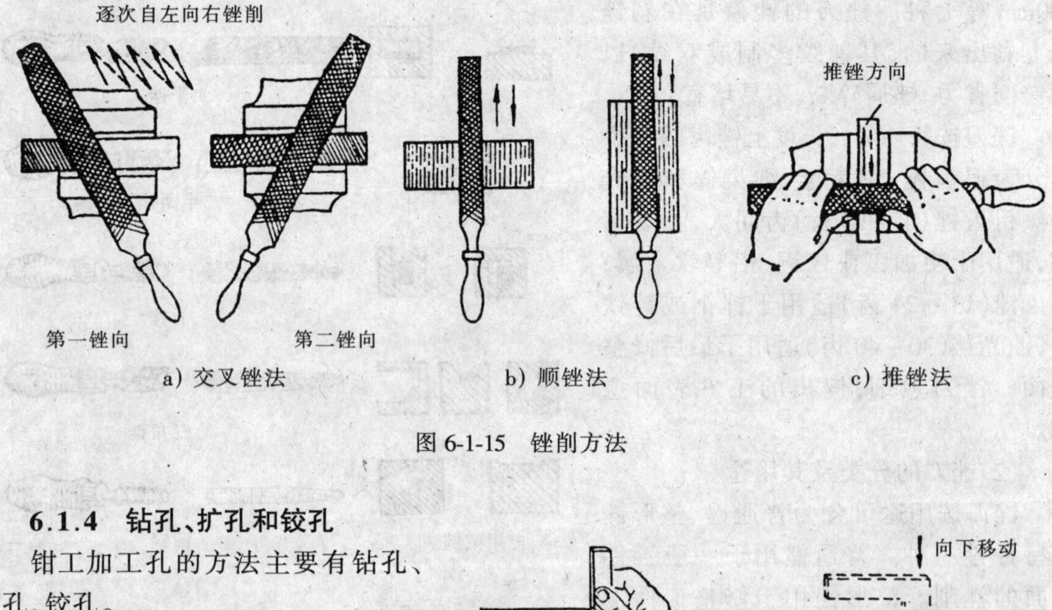

a) 交叉锉法　　b) 顺锉法　　c) 推锉法

图 6-1-15 锉削方法

6.1.4 钻孔、扩孔和铰孔

钳工加工孔的方法主要有钻孔、扩孔、铰孔。

1) 钻孔

钻孔是用钻头在实体材料上加工孔的操作方法。零件上一些数量多、直径小、精度不很高的孔,都是用钻床来加工的。

(1) 钻床

钻床种类很多,常用的有台式钻

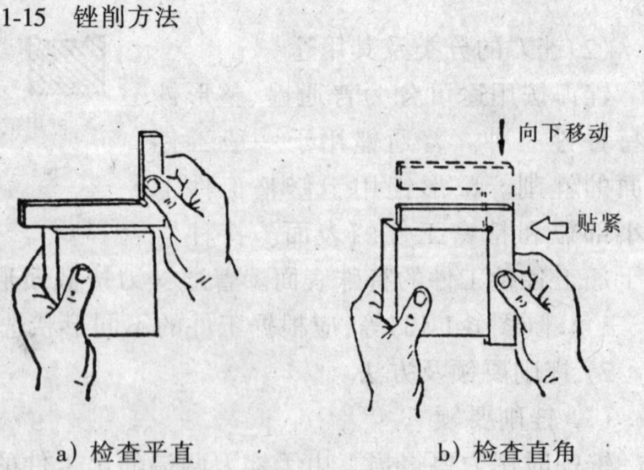

a) 检查平直　　b) 检查直角

图 6-1-16 检查直线度和直角

床、立式钻床和摇臂钻床。台式钻床简称台钻，是放在台桌上使用的小型钻床。主要加工小型零件的各种小孔，钻孔直径一般小于 13mm。工件装夹在工作台或虎钳内固定不动，钻头旋转并轴向移动。

(2) 麻花钻

麻花钻(图 6-1-17)是钻孔的主要工具。两条主切削刃的夹角称为顶角，通常为 118°～160°。导向部分有两条刃带和螺旋槽。刃带用来引导钻头，螺旋槽用来输送切削液和排屑。钻尾有直柄和锥柄两种。直径小于 12mm 时为直柄，大于 12mm 时为锥柄。

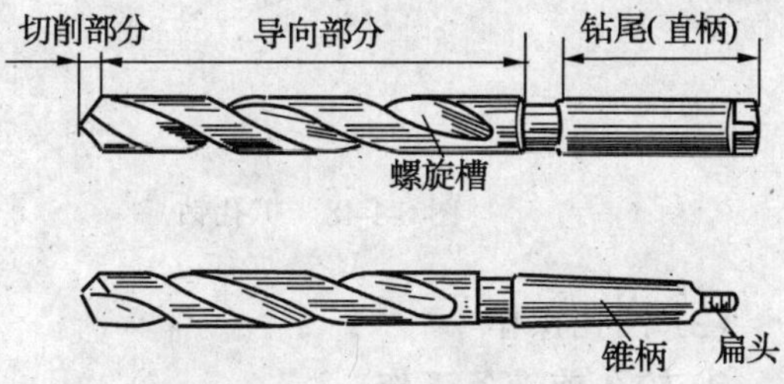

图 6-1-17　麻花钻

(3) 钻孔操作方法

① 钻孔准备工作

划线、打样冲眼。孔中心样冲眼应冲大些，这样钻孔时钻头不易偏离中心。

② 工件装夹

为保证工件的加工精度和操作安全，钻孔时工件必须牢固地装夹在夹具或工作台上，并使中心线与钻床工作台面垂直。

③ 钻孔操作

钻孔时，钻头对准样冲眼，轻轻钻一小窝，检查是否偏心。如有偏斜，应校正后再钻。孔即将钻通时，进给量要小，以免折断钻头。

在斜面上钻孔时，必须先用中心钻钻出定心坑或用立铣刀铣出一个平面再钻孔。

工件材料较硬或孔较深时，在钻孔过程中要经常退出钻头以排出切屑和加速冷却，否则易造成切屑堵塞使钻头折断或因过热而加快钻头磨损。

2) 扩孔

用扩孔钻(图 6-1-18)对已经钻出的孔作扩大加工称为扩孔。它可作为终加工，或作为铰孔前的预加工。扩孔所用刀具是扩孔钻，其结构与麻花钻相似，但有 3～4 个切削刃，前端是平的，无横刃，螺旋槽较浅，钻体粗大结实，切削时刚性好，不易弯曲。故加工质量较钻孔高，扩孔尺寸公差等级可达 IT10～IT9，表面粗糙度可达 $Ra3.2\mu m$。扩孔时的切削运动与麻花钻相同。

3) 铰孔

铰孔是用铰刀对孔进行精加工的方法之一。

(1) 铰刀

铰刀有手铰刀和机铰刀两种，机铰刀如图 6-1-19 所示，多为锥柄，装在钻床或车床上铰孔；手铰刀用于手工铰孔，柄部为直柄，工作部分较长。铰刀的工作部分为切削部分和校准部分。切削部分呈锥形，担负主要切削工作；校准部分起校准孔径和修光孔壁的作用。铰刀的刃齿数较多，有 6～12 个，修光部分有刃边。这些因素使铰孔精度较高，表面粗糙度较低。

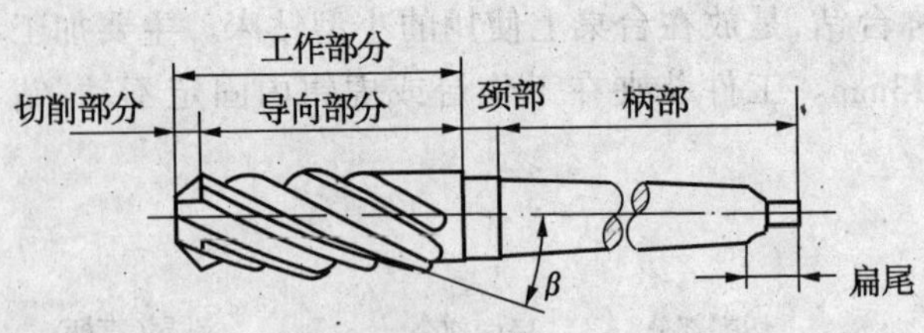

图 6-1-18　扩孔钻

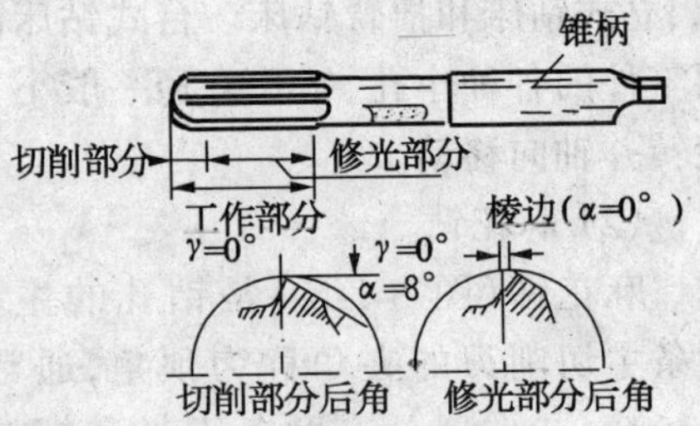

图 6-1-19　机铰刀

(2) 铰孔操作

① 铰孔前准备工作。

② 检查铰刀直径　要保证孔的尺寸精度必须用合格的铰刀,如铰刀磨损过大，就不能采用。

③合理选择切削用量　铰孔余量要合适。余量过大，孔壁粗糙,铰刀易磨损;余量太小,则不能纠正上道工序的加工误差,不能达到铰孔要求。一般粗铰时径向余量约为 0.15～0.35mm,精铰时为 0.05～0.15mm。采用较低的切削速度,以避免产生积屑瘤。

④铰孔注意事项　铰刀在孔中绝对不能倒转,否则铰刀和孔壁之间易于挤住切屑,造成孔壁划伤或刀刃崩裂。机铰刀要在铰刀退出孔后再停车,否则孔壁有拉毛痕迹。铰通孔时，铰刀校准部分不可全部露在孔外,否则出口处要划伤。铰铜制工件时，应经常注意清除刀刃上的切屑,并应加切削液进行润滑、冷却,以改善孔的表面粗糙度。

6.1.5　攻螺纹和套螺纹

攻螺纹是用丝锥加工出内螺纹,套螺纹是用板牙在圆柱外表面加工出外螺纹的操作。

1) 攻螺纹

(1) 丝锥

丝锥是用来攻螺纹的工具,其结构如图 6-1-20 所示。丝锥一般有头锥、二锥。两种丝锥的区别在于切削部分的锥度不一样,如图 6-1-21 所示。

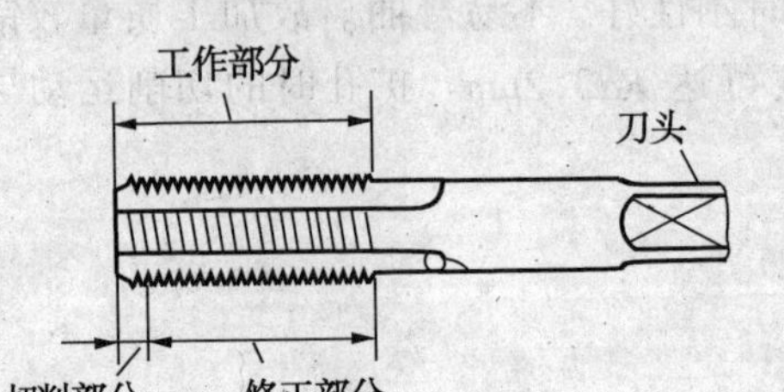

图 6-1-20　丝锥

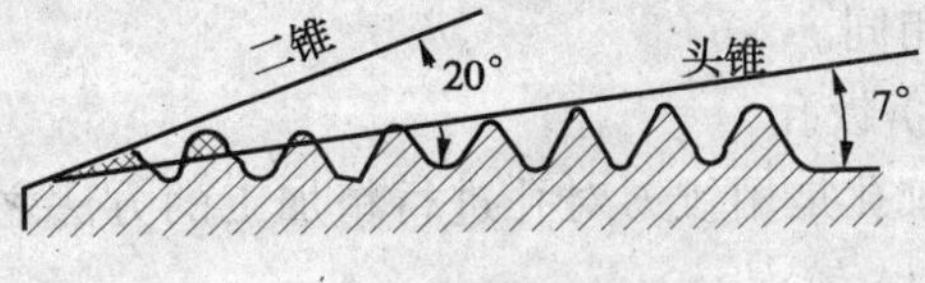

图 6-1-21　头锥和二锥的锥度

丝锥由工作部分和尾柄两部分组成。尾柄用来装铰杠,以传递扭矩。工作部分由切削部分和校准部分组成。切削部分担负主要切削工作,校准部分的作用是修光螺纹和引导丝锥。

(2) 攻螺纹步骤及注意事项

① 钻孔　攻螺纹前需钻孔。钻头直径可查表 6-1-1 或根据下面经验公式确定。

加工韧性材料如钢、紫铜、可锻铸铁等,钻头直径:

$$d_1 = D_1 - P$$

加工脆性材料如灰口铸铁、青铜等,钻头直径:

$$d_1 = D_1 - (1.05 \sim 1.1)P$$

式中 d_1——钻头直径(mm);

D_1——内螺纹大径(mm);

P——螺距(mm)。

攻盲孔(不通孔)的螺纹时,因丝锥不能攻到底,故钻孔深度要大于螺孔深度,一般取钻孔深度等于所需螺孔深度加内螺纹大径的 70%。为了使丝锥开始切削时容易切入,并防止孔口螺纹牙崩裂,所以螺纹底孔的孔口要倒角。

表 6-1-1　钢材上钻螺纹底孔的钻头直径 d_1

螺纹直径/mm	2	3	4	5	6	8	10	12	14	16	20	24
P/mm	0.4	0.5	0.7	0.8	1	1.25	1.5	1.75	2	2	2.5	3
d_1/mm	1.6	2.5	3.3	4.2	5	6.7	8.5	10.2	11.9	13.9	17.4	20.9

② 头攻　用头锥攻螺纹,开始时,必须将丝锥垂直地放在工件孔内,然后用铰杠轻压旋入。当丝锥切削部分已经切入工件即可只转动不加压。每转 1 周应反转大于 1/4 周,如图 6-1-22 所示,以便断屑。攻塑性材料的螺纹时,要加切削液,以减少摩擦,提高螺纹光滑度,延长丝锥寿命。

③ 二攻　先把丝锥放入孔内,旋入几扣后,再用铰杠转动。转动时不需加压。

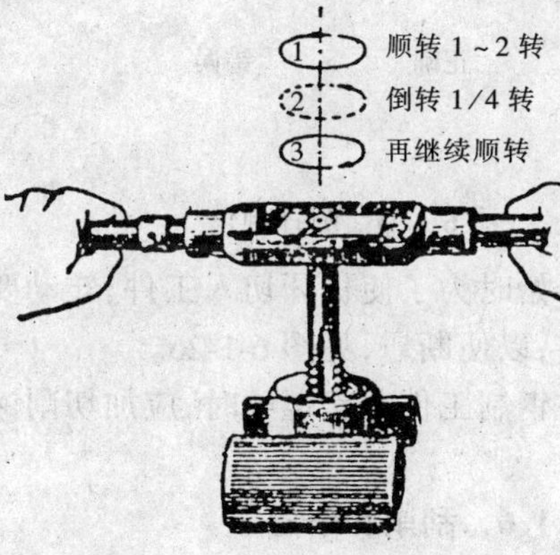

图 6-1-22　攻螺纹方法

2)套螺纹

(1)板牙

板牙是加工外螺纹的刀具,有固定式和开缝式(可调式)两种,图 6-1-23 为开缝式板牙。

(2)板牙架

图 6-1-24 所示板牙架用来夹持板牙,并带动板牙旋转的工具,放入板牙后用螺钉固紧。

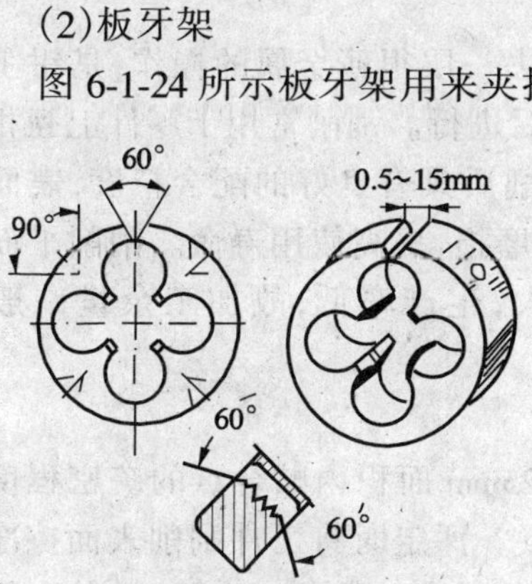

图 6-1-23　开缝式板牙

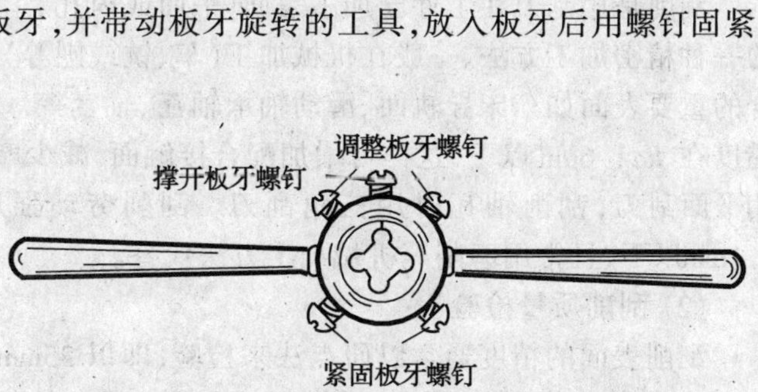

图 6-1-24　板牙架

(3) 套螺纹步骤及注意事项

① 检查圆杆直径　套螺纹时，如圆杆直径太大，则板牙难以套入；太小，则螺纹牙型不完整。圆杆直径可用下面的经验公式计算：

$$d_2 = D_2 - 0.13P$$

式中　d_2——圆杆直径(mm)；

D_2——外螺纹直径(mm)；

P——螺距(mm)。

② 圆杆端部倒角　倒角作用是使板牙容易对准工件中心(图 6-1-25)，且容易切入。

③ 套螺纹及注意事项　套螺纹时应保持板牙端面与圆杆轴线垂直，否则切出的螺纹深浅不一。

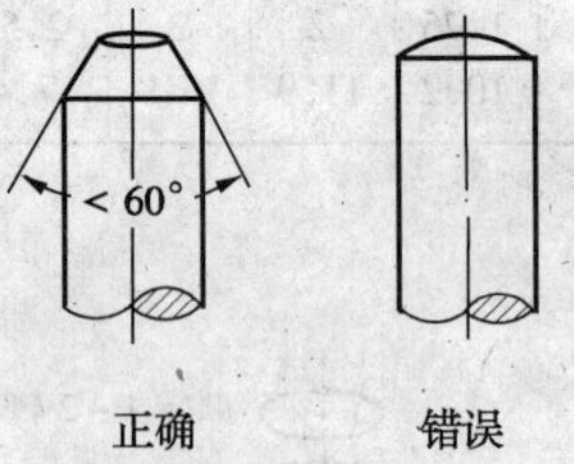

图 6-1-25　圆杆倒角

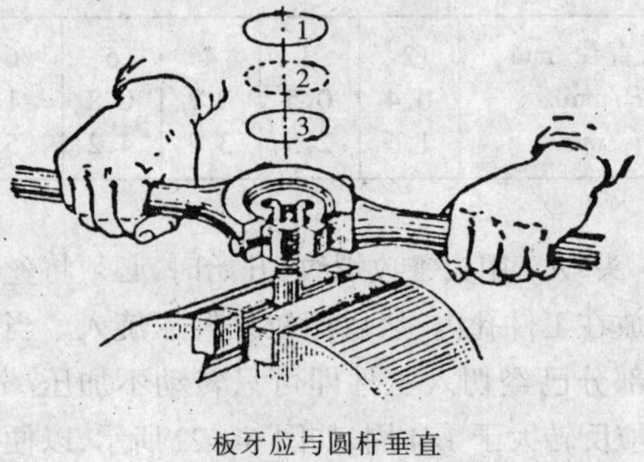

图 6-1-26　套螺纹方法

开始时为了使板牙切入工件，转动要慢，压力稍大；套入三四扣后即可不加压转动；且经常反转，以便断屑，见图 6-1-26。

在钢制工件上套螺纹时，应加切削液冷却、润滑，以改善螺纹表面粗糙度并延长板牙寿命。

6.1.6　刮削和研磨

1) 刮削

(1)刮削方法

刮削是用刮刀在工件已加工表面(平面或内孔)上刮去一层很薄金属的操作，是钳工中的一种精密加工方法，一般在机械加工(车、铣或刨等)以后进行。刮削常用于零件上互相配合的重要表面如车床导轨面、滑动轴承轴瓦、轴套等。刮削后具有良好的配合精度，表面粗糙度在 $Ra1.6\mu m$ 以下，这样可增加配合接触面，减少摩擦磨损，提高使用寿命。刮削平面时用平面刮刀，刮削轴瓦时用三角刮刀。刮削劳动强度大，生产率低，故加工余量一般在 0.1mm以下，且常用磨削等机械加工方法代替。

(2) 刮削质量检验

刮削表面的精度通常以研点法来检验，即以 25mm × 25mm 面积内贴合点的疏密程度来表示。普通机床导轨面 8 ~ 10 点，精密机床则为 12 ~ 15 点。评定时将工件刮削表面擦净后均匀涂一层很薄的红丹油，然后与标准工具(如标准平板等)配研(图 6-1-27a))，工件表面上凸起点被磨出亮点(即贴合点)(图 6-1-27b))，由此检查 25mm × 25mm 范围内贴合点数量及分布情况(图 6-1-27c))。

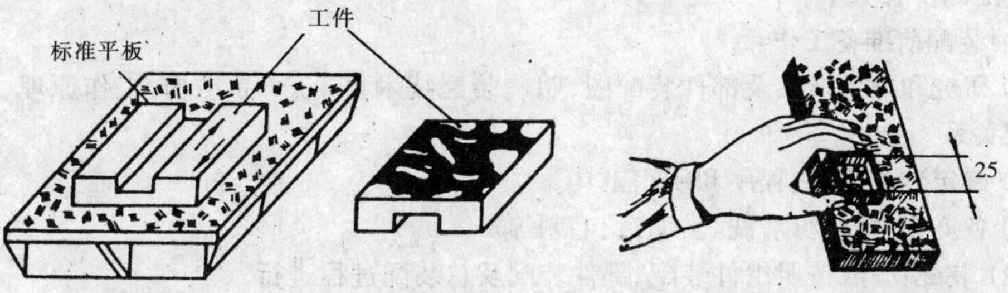

a）配研　　b）显出的贴合点　　c）精度检验

图 6-1-27　研点法

2）研磨

用研磨工具和研磨剂从工件已加工表面上磨去极薄的加工痕迹称为研磨,它是一种精密加工方法。尺寸精度达 0.05 ~ 0.01μm,表面粗糙度达 Ra0.1 ~ 0.08μm。可研磨平面、外圆及内孔。研磨平面时将工件放在研磨平板上按"8"字形轨迹移动或作直线往复移动。研磨外圆面时将工件装在车床两顶尖之间,然后套上研磨套,研磨时工件转动,手持研磨套作往复移动,研磨前在工件研磨表面与研具(如平板、研磨套)之间涂上研磨剂,研磨剂由磨料和研磨液混合而成。磨料常用的有刚玉类和碳化硅类,按工件材料及加工精度选用。研磨液用以调和磨料,并起一定的冷却作用和加速研磨过程中的化学作用。常用的研磨液有机油、煤油等。目前,工厂大都用研磨膏,它是在磨料中加入粘结剂和润滑剂调制而成,使用时用油稀释。

6.2　装配

6.2.1　装配的基本概念

1）装配

装配是将合格零件按装配工艺过程组装起来,并经调整、试验,使之符合产品质量要求的过程。

2）装配的作用

装配是产品制造过程的最后环节,也是机器制造的重要阶段。装配质量好坏直接影响产品性能和使用寿命。如果装配工艺不正确,即使零件加工质量很好,也不能获得高质量的产品。在新产品试制中,装配过程也是对产品设计质量全面考核的过程。

3）装配的组合形式

一部复杂的机器,很少由许多零件直接装配而成。为了使装配工作有序进行,一般分为组件装配、部件装配和总装配。

① 组件装配　将若干个零件装配在基准零件上的装配过程。

② 部件装配　将几个组件与零件装配在另一基准零件上的装配过程。

③ 总装配　将若干个零件、组件、部件装配在产品的基准零件上构成产品的装配过程。

6.2.2 装配步骤

装配的步骤如下:

(1)装配前准备工作:

① 研究和熟悉产品及部件装配图,明确装配技术要求、产品结构、工作原理、零件作用和装配关系。

② 确定装配方法、程序和所用工具。

③ 备齐零件,进行清洗、去油污、毛刺等。

(2) 装配:一般按照组件装配、部件装配及总装配过程进行。

(3) 对机器进行调整、检验和试车,使产品符合质量要求。

(4) 油漆、涂油、装箱。

6.2.3 装配方法

各种机器用途不同,零件种类繁多,结构各异,但有许多类似的基本装配结构,下面就常见的形式予以介绍。

1) 轴、键、传动轮的装配

传动轮(如齿轮、皮带轮、蜗轮等)与轴一般采用键连接来传递扭矩,其中又以普通平键连接尤为常见,见图 6-2-1。键与轴槽、轴与轮孔多采用过渡配合,键与轮槽则采用间隙配合。装配时,在键与轴槽配合面处加机油,然后将键压入轴槽,并使轴槽底面接触良好。将传动轮装入后键与轮槽底面应留有间隙。

2)滚动轴承的装配

滚动轴承一般由外圈、内圈、滚动体和保持架组成。滚动体有球形、短圆柱形、圆锥形等形状。滚动轴承种类很多,有向心短圆柱滚子轴承和向心推力球轴承等。一般其内圈随轴转动,外圈在与之相配零件的支承孔内固定不动。内圈与轴的配合比外圈与支承孔的配合要紧一些。装配时,为了使轴承圈受到均匀压力,常通过垫套使用手锤或压力将轴承压入,见图 6-2-2。如轴承与轴的配合过盈较大时,则将轴承悬吊在 80 ~ 90℃热油中加热后进行热装。

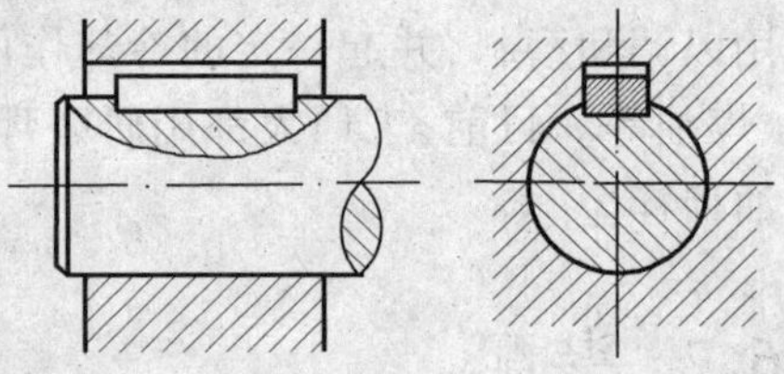

图 6-2-1 普通平键连接

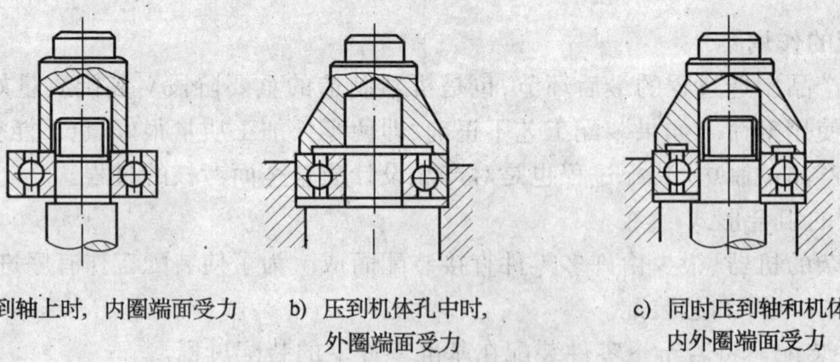

a) 压到轴上时,内圈端面受力　b) 压到机体孔中时,外圈端面受力　c) 同时压到轴和机体孔时,内外圈端面受力

图 6-2-2 用垫套压装滚动轴承

3)螺钉与螺母的装配

螺纹连接具有装配简单、调整更换方便、连接可靠等优点，在机械中应用广泛。螺纹装配时应注意以下几点：

① 松紧要适宜，螺纹配合时先用手自由旋入，不能过紧或过松，然后用扳手拧紧。

② 零件与螺母贴合面应平整光洁，否则螺纹连接容易松动。为了提高贴合质量，在其间可加垫圈。

③ 应按图纸要求采用规定的防松措施，并正确安装（见图 6-2-3），以免在机器使用过程中螺母松动。

④ 按一定顺序拧紧螺钉、螺母（见图 6-2-4）。装配一组螺钉、螺母时为了保证零件贴合面受力均匀，应按一定顺序拧紧，且要按顺序分两次或三次拧紧。

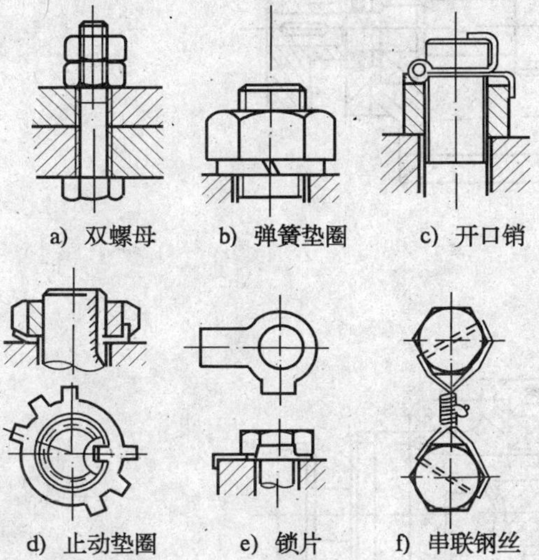

a) 双螺母　b) 弹簧垫圈　c) 开口销

d) 止动垫圈　e) 锁片　f) 串联钢丝

图 6-2-3　螺纹连接防松措施

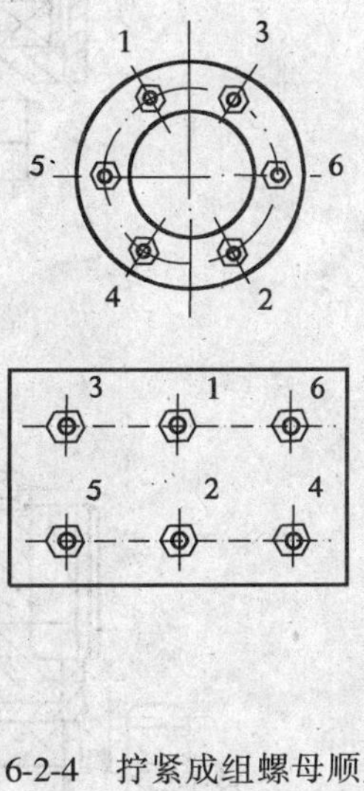

图 6-2-4　拧紧成组螺母顺序

6.2.4　销钉的装配

销钉在机器中多用于定位连接。常用的有圆柱销和圆锥销（图 6-2-5a））。圆柱销与孔一般采用过盈配合。被连接件的两孔（图 6-2-5c））应配钻、配铰。装配时，销钉表面可涂机油，用铜棒轻轻敲入。圆锥销装配时，两连接件的销孔也应一起钻、铰（图 6-2-5b））。铰孔时用试装法控制孔径，以圆锥销能自由插入 80% ~ 85% 为宜，最后用手锤敲入。销大头可稍露出，或与被连接件表面平齐。

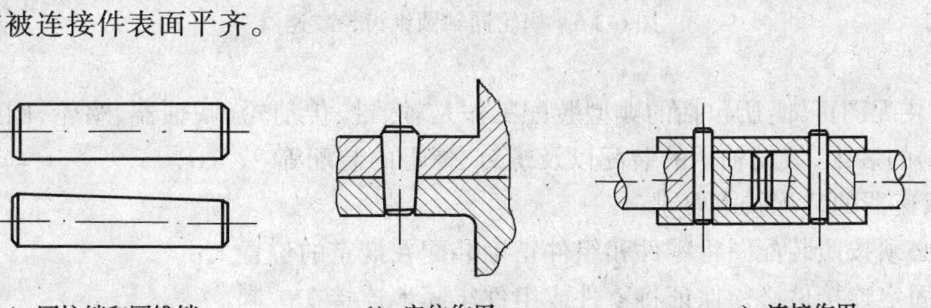

a) 圆柱销和圆锥销　b) 定位作用　c) 连接作用

图 6-2-5　销钉及其作用

6.2.5　装配举例

图 6-2-6 为蜗轮同轴圆锥齿轮减速器，它具有结构紧凑、工作平稳、噪声小、传动比大等特点。减速器的传动路线为：联轴器及其同轴的蜗杆轴→蜗轮及其同轴的圆锥齿轮→圆锥齿轮及其同轴的圆柱齿轮。

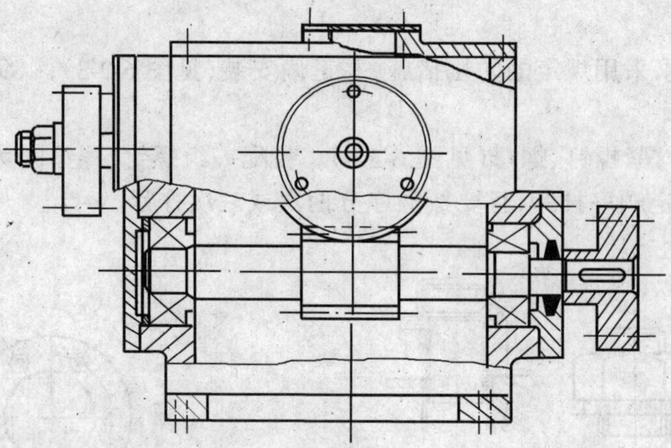

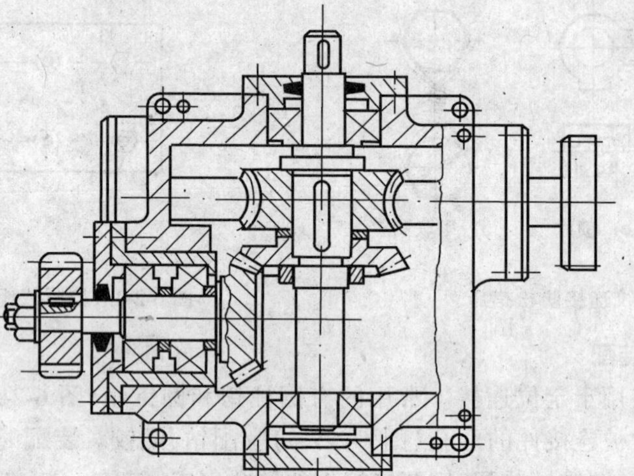

图 6-2-6　蜗轮同轴圆锥齿轮减速器

由该装配图可知：所包括的典型装配工作是轴、键、传动轮（联轴器、蜗轮、圆锥齿轮、圆柱齿轮等）的装配，滚动轴承的装配以及螺钉、螺母的装配等。

1）减速器的装配技术要求

(1) 必须按照装配图将零件和组件正确装配在规定的位置上。

(2) 固定连接件必须保证将零件或组件牢固地连接在一起。

(3) 旋转机构必须能灵活转动，轴承间隙合适，润滑良好。

(4) 各轴线之间应有正确的相对位置。

(5) 传动副如蜗轮副、齿轮副必须符合图样规定的技术要求。

2) 减速器的装配步骤

装配工作主要有:零件的清洗、整形和补充加工;零件的预装、组装和调整等。下面以减速器装配为例作简要说明:

(1) 零件清洗、整形和补充加工

零件清洗主要是清除零件表面的防锈油、灰尘、切屑等污垢。

零件的整形主要是修锉箱盖、轴承盖等铸件的不加工面,使其外形与箱体外形一致或修锉零件上锐角、毛刺等。

装配时的补充加工主要是配钻、配攻和配铰箱体与箱盖、轴承盖与箱体盖的连接螺孔、销孔等。

(2) 零件的预装

为了保证装配工作顺利进行,某些相配零件应先试装,待配合达到要求后再拆下。试装过程中有时要进行修锉、刮削、调整等工作。

(3) 组件的装配

为了提高装配效率,应尽量将零件先进行分组件及组件的装配。减速箱中蜗杆轴、蜗轮轴和轴承套组件为三个独立组件,但只有轴承套组件(图 6-2-7)能事先单独装配,因为该组件能整体装入箱体孔。图 6-2-8 是轴承套组件装配顺序图。

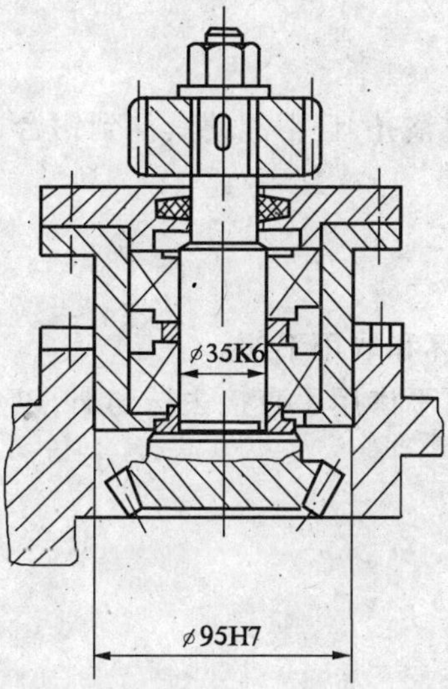

图 6-2-7 轴承套组件

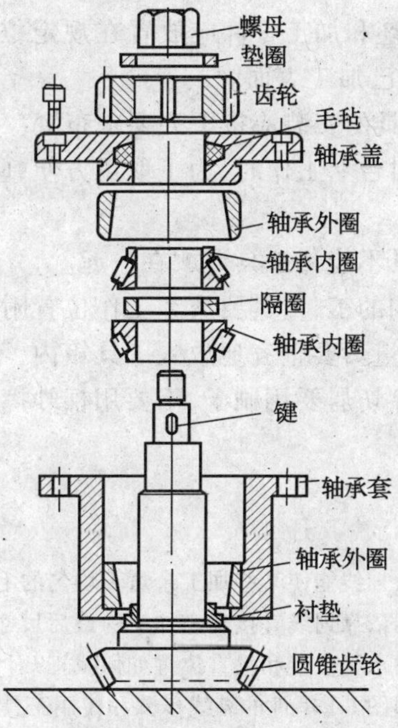

图 6-2-8 轴承套组件装配顺序

(4) 减速器总装配和调整

总装配时的基准零件是箱体,依次将蜗杆、蜗轮轴及轴上零件、联轴器及箱盖组件装到箱体上。

① 蜗杆组件的装入与调整。蜗杆与两端轴承内圈组合→装入箱体→从箱体孔两端装入两轴承外圈→装轴承盖组件,拧紧螺钉。蜗杆装配后要保证技术要求规定的轴向间隙。

② 蜗轮轴与轴上零件装入箱体与调整。这项工作是该减速器装配的关键,先试装再最后装配。其装配顺序为:将蜗轮轴从大轴承孔方向装入箱体,然后依次装入键、蜗轮、锥齿轮等轴上零件,调整两锥齿轮轴向位置使其正确啮合,再从箱体轴承孔两端分别装入轴承和轴承盖,拧紧螺钉。总装配后,要保证蜗杆、蜗轮正确啮合。

③ 安装联轴器及箱盖组件。

④ 试车前各项准备工作。

⑤ 试车。先用手盘动联轴器,符合要求后空载试车,运转30min左右,观察运转情况,要求齿轮无明显噪声,轴承温升及装配后各项技术要求均达标。

钳工实习安全技术

(1) 钳台要放在便于工作和光线适宜的地方;钻床和砂轮一般应安放在场地的边缘,以保证安全。

(2) 使用机床、工具(如钻床、砂轮机、手电钻等)要经常检查,发现损坏不得使用,需修好后再用。

(3) 使用电动工具时,要有绝缘防护和安全接地措施。使用砂轮时,要戴好防护眼镜。在钳台上进行操作时要有防护网。

(4) 毛坯和加工零件应放置在规定位置,排列整齐,安放平稳,要保证安全,便于取放,并避免碰伤已加工表面。

(5) 工具的安装应按下列要求布置:

① 在钳台上工作时,为了取用方便,应按一定顺序排列整齐,且不能使其伸到钳台边以外。

② 量具不能与工具混放在一起。

③ 常用的工、量具要放在工作位置附近。

④ 工、量具要整齐地放入工具箱内,不应乱放,以防损坏和取用不便。

⑤ 清除切屑要用刷子,不要用棉纱擦或用嘴吹切屑,更不许用手直接去抹切屑,以免伤人。

复习思考题

1.为什么划线能使某些加工余量不均匀的毛坯免于报废?

2.能不能依靠划线直接确定加工的最后尺寸?为什么?

3.工件的水平位置和垂直位置如何找正?

4.写出题图6-1零件的划线步骤和使用工具,并指出划线基准(已加工粗糙度 $Ra6.3\mu m$)。

5.什么叫锯条的锯路?起什么作用?

6.当锯条折断后,换上新锯条,能不能在原锯缝中继续锯削?为什么?

7.试分析锯削时锯条崩齿和折断的原因。

8.怎样锯削薄壁管件?为什么?

9.根据什么原则选用锉刀的粗细、大小和形状?

10.怎样正确采用顺锉法、交叉锉法和推锉法?

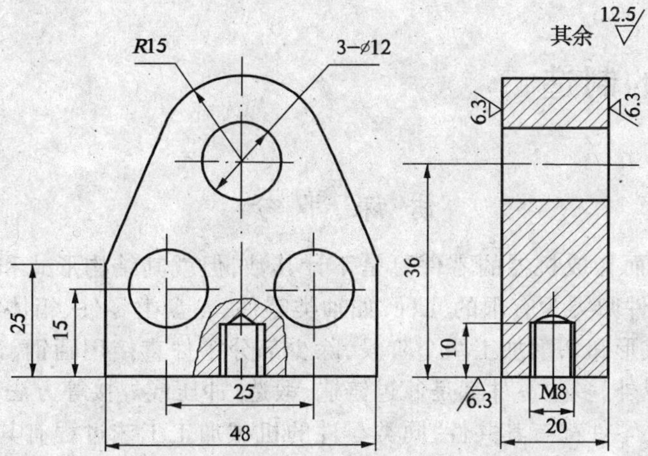

题图 6-1

11. 从施力情况看,为什么锉削的平面经常产生中凸的缺陷？应如何克服？

12. 试述配键的步骤。

13. 对塑性材料和脆性材料攻螺纹前孔径为何不一样？

14. 为什么将孔钻通时容易产生钻头卡住不转或折断的现象？

15. 为什么钻头在斜面上不好钻孔？应采用哪些办法解决？

16. 试钻后,发现浅坑中心偏离准确位置,应如何纠正？

17. 为什么直径大于 30mm 的孔多采用先钻小孔后扩大成大孔的办法,而不用大钻头一次钻孔？

18. 攻不通孔螺纹时，为什么丝锥不能攻到底？怎样确定孔的深度？

19. 攻通孔与不通孔螺纹时是否都用头锥、二锥？为什么？如何区别丝锥的头锥、二锥？

20. 装配螺母应注意哪些问题？

7 典型零件的制造

讲 课 部 分

机器种类繁多,而构成机器的零件更是不计其数,但就其结构形式和主要加工要求来看,可以把无数种零件归类为有限的几种,如轴类零件、轮盘类零件、箱体类零件 。机械零件的制造包括毛坯成形和切削加工两个阶段,除少部分零件直接用圆钢、钢管、钢板或其它型材经切削加工制成外,多数零件都是通过铸造、锻造、冲压或焊接等方法制成毛坯,再经过切削加工而成。每类零件都有其共性,同类零件的机械加工工艺过程有其相似性。正确地选择毛坯的材料、类型和制造方法是机械设计与制造中的重要任务。

7.1 毛坯选用的原则与依据

7.1.1 选择毛坯的原则

选择毛坯的原则也和生产任何产品的原则一样,应在满足使用要求的前提下,努力降低生产成本,即适应性和经济性原则。

1) 适应性原则

适应性原则就是满足零件的使用要求。零件的使用要求体现在对其形状、尺寸、加工精度、表面粗糙度等外部质量,和对其化学成分、金属组织、力学性能、物理性能和化学性能等内部质量的要求上。即使同一类零件由于使用要求不同,从选择材料到选择毛坯类型和加工方法,可以完全不同。例如,机床的主轴和手柄,都是轴类零件,但主轴是机床的关键零件,尺寸、形状和加工精度要求很高,受力复杂,在长期使用过程中只允许发生很微小的变形,因此,要选用 45 钢或 40Cr 钢等具有良好综合力学性能的材料,经过锻造制坯及严格的切削加工和热处理制成;而机床手柄则采用低碳钢圆棒料或普通灰铸铁为毛坯,经简单的切削加工即可完成,不要热处理,并且精度要求不高但表面粗糙度要小。再如,燃气机轮上的叶片和风扇叶片,虽然同是具有空间几何曲面形状的叶片,但前者要求采用优质合金钢,经过精密锻造和切削加工及热处理,并且,需要经过严格的检验,其制造尺寸的微小偏差,将会影响工作效率,而某些内部缺陷则可能造成严重的后果;而一般的风扇,采用低碳钢薄板冲压成形就基本完成了。

2) 经济性原则

一个零件的成本包括其本身的材料费以及所消费的燃料、动力费用、工资和工资附加费、各项折旧费及其它辅助性费用等分摊到该零件上的份额。因此,在选择毛坯类型及其具体的制造方法时,应在满足零件使用要求的前提下,把几个可供选择的方案从经济上进行分析比较,从中选择成本低廉的。这里,首先要把满足使用要求和降低制造成本统一起来。脱离使用要求,对零件材质和加工质量提出过高的要求,会造成无谓的浪费;相反,一台包含有不合格零件组装的机器,虽然制造成本有所降低,但其后果或者是达不到原设计的工作要求,或者大大缩短使用寿命,甚至造成严重的生产事故,这是不允许的。考虑经济性,不能只从选材和选择毛坯成形方法的角度考虑,而应从降低整体的生产成本考虑。例如,手工造型的铸件和自由锻件,毛坯的制造费用一般较低,但原材料消耗和切削加工费用都比机器造型的铸件和模锻的锻件高,零件的整体生产成本不一定合算。此外,某些单件或小批量生产的零件,采用焊接件代替铸件或锻件,有时可能成本较低。

7.1.2 选择毛坯的依据

1)零件的类别、用途和工作条件及形状、尺寸和设计技术要求

根据这些条件就可以知道零件工作时的运动、受力情况、工作温度和接触的介质等周围环境及对其内部和外部的质量有哪些要求。根据这些就可基本确定选用什么材料和何种类型的毛坯。例如,汽车和拖拉机曲轴,它们是具有空间弯曲轴线的轴类零件,在常温下工作,承受交变载荷,应具有良好的综合力学性能,这类零件选用40、45等中碳钢或40Cr、35CrMo等中碳低合金高强钢的锻钢毛坯或QT600—2、QT700—2等牌号的球墨铸铁毛坯。机床床身一般都是形状复杂并带有内腔的零件,在大多数情况下,机床床身应选用HT150或HT200铸铁件为毛坯,少数重型机械,如轧钢机、大型锻压机的机身,可选用中碳铸钢件或合金铸钢件,个别特大型的还可采用铸钢—焊接结构。

2)零件的生产批量

生产批量对于选定毛坯的制造方法影响很大。一般的规律是,单件、小批量生产时,铸件选用手工砂型铸造方法,锻件采用自由锻或胎模锻造方法,焊接件则以手工或半自动的焊接方法为主,薄板零件则采用钣金钳工成形的方法;在批量生产时,则分别采用机器造型、模锻、埋弧自动焊或自动、半自动的气体保护焊以及板料冲压的方法制造毛坯。

在一定的条件下,生产批量也可影响毛坯的类型。如上述的机床床身,一般情况下都采用铸件为毛坯,但在单件生产的条件下,由于其形状复杂,造型、制芯等工作耗费材料和工时很多,经济上往往并不合算。若采用焊接件,则可能大大降低生产成本,缩短生产周期,但焊接件的减振、耐磨性能不如铸铁件,大型零件应退火处理。

3)生产条件

生产必须与有关企业部门的具体生产条件相结合,才能兼顾适用性和经济性的原则,才是合理和切实可行的。生产条件是指一个特定的企业部门(例如一个工厂)的设备条件、工程技术人员与工人的数量、技术水平以及管理水平等等。在一般的情况下,应充分利用本企业的现有条件完成生产任务。当生产条件不能满足产品生产的要求时,可供选择的途径有三:第一,在本厂现有的条件下,适当改变毛坯的生产方式或对设备进行适当的技术改造,以采用合理的生产方式;第二,与外厂进行协作;第三,扩建厂房,更新设备,这样做有利于提高企业的生产能力和技术水平,但往往需要较多的投资。例如,一个规模不大的机械工厂,承接了每年生产2000台左右某机床附件的生产任务,该产品由10多个小型锻件、几个铸件及一些标准件组成,总重量约150kg。这些锻件如能采用锤上模锻的方法生产最为理想,但该厂无模锻锤。经过技术分析,认为采用胎模锻,对于这些小型锻件和这样的生产批量以及本厂的技术水平,都是切实可行和经济合理的,把有限的资金用于对铸造生产进行技术改造,增置了相应型号的造型机,使铸件生产全部采用机器造型,并实现了型砂处理和铸件清理的半自动化,不仅使该产品铸件的质量得到保证,也使该厂铸造生产的能力大大提高。究竟采取何种方式,需要结合生产任务的要求、产品的市场需求状况及远景、本企业的发展规划和外企业的协作条件等,进行综合的经济分析,从中选定经济合理的方案。

7.2 轴类零件毛坯的选择及加工工艺

轴类零件是机械加工中经常遇到的典型零件之一,它的结构特点是其轴向(纵向)尺寸远大于径向(横向)尺寸,主要由外圆、螺纹、花键和键槽等组成。根据结构形状的不同,可分为光轴、阶梯轴、空心轴和异型轴(曲轴、凸轮轴、偏心轴等)四大类(图 7-2-1)。

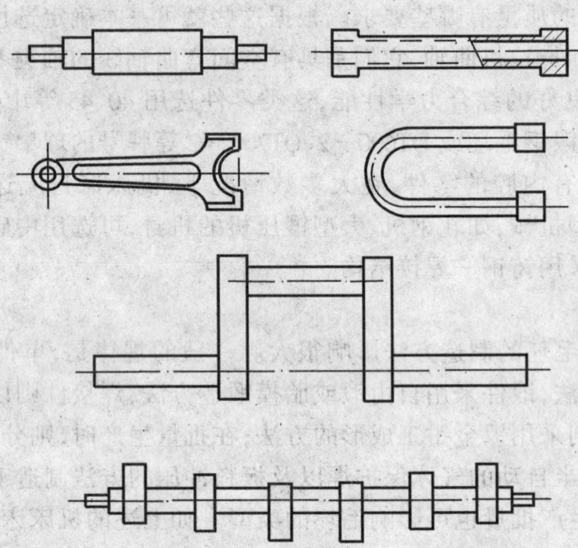

图 7-2-1 轴杆类零件

7.2.1 轴类零件毛坯的选择

轴类零件主要用来支承传动零件(如齿轮、皮带等)和传递扭矩。轴类零件最常用的毛坯是圆棒料和锻件。光轴直径相差不大的阶梯轴可使用热轧棒料和冷拉棒料,一般比较重要的轴,大多采用锻件。材料常用 30~50 中碳钢,其中以 45 钢使用最多,经调质处理后,具有较好的综合力学性能。合金钢具有比碳钢更好的机械性能和淬透性能,可以在承受重载并要求减轻零件重量和提高轴颈耐磨性等情况下采用,常用的合金钢材料有 40Cr、40CrNi、30CrMnTi 等。在满足使用要求的前提下,某些具有异型截面或弯曲轴线的轴,如凸轮轴、曲轴等,也可采用 QT450—10、QT500—5、QT600—2 等球墨铸铁毛坯,以降低制造成本。在有些情况下,也采用锻焊或铸焊结合的方式制造轴类零件毛坯,图 7-2-2 所示是焊接的汽车排气阀,合金耐热钢的阀帽与普通碳素钢的阀体接成一体,节约了合金耐热钢材料。图 7-2-3 所示为我国 20 世纪 60 年代初期制造的 120000kN 水压机立柱采用铸焊结构的实例,该立柱每根净重大约 80t,在当时的生产条件下,采用整体铸造或整体锻造都是不可能的,采用 ZG35 分段铸造,粗加工后拼焊(电渣焊)成整体毛坯。

图 7-2-2　焊接的汽车排气阀

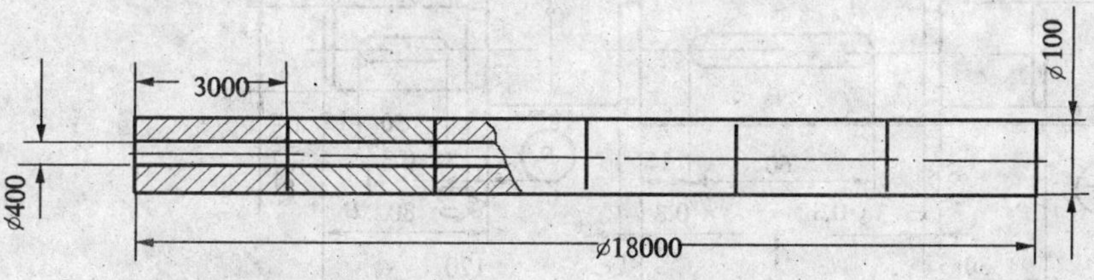

图 7-2-3　铸焊结构的水压机立柱毛坯

7.2.2　轴类零件加工工艺

轴的失效方式主要是疲劳断裂和轴颈磨损，因此要求轴的材料应具有优良的综合力学性能、高的疲劳强度、局部承受摩擦的部位具有高硬度和耐磨性。

1）机床主轴

机床主轴是同时受弯曲和扭矩作用的零件，冲击载荷不大。大多选用 45 钢制造，经调质处理后轴颈及锥孔处再进行表面淬火。载荷较大时则选用 40Cr 钢制造。高精度、高速传动的主轴，则常选用 38CrMoAl 钢制造，经调质处理后再进行氮化处理。

用 45 钢制造机床主轴的加工工艺路线为：

下料→锻造→正火→粗加工→调质→精加工→局部表面淬火 + 低温回火→精磨→成品

2）内燃机曲轴

曲轴在工作时也同时受到弯曲和扭矩的作用，但同时还受到冲击的作用。曲轴的主要失效形式是轴颈磨损和轴颈的疲劳断裂。

我国中小功率内燃机曲轴最常用的材料是 45 钢和球墨铸铁。高速大功率内燃机曲轴常采用合金钢如 35CrMo、40CrNi 等制造。

球墨铸铁曲轴的加工工艺路线为：

铸造→正火→高温回火→机加工→轴颈表面淬火 + 低温回火→磨加工

轴一般都有两个（极少数是两个以上）支承轴颈。支承轴颈是轴的装配基准，它们的精度和表面质量要求较高。除表面粗糙度和尺寸精度外，重要的轴还规定了圆度、圆柱度等形状公差的要求及两个轴颈之间的同轴度要求等。对于安装齿轮等传动件的其它轴颈，除了本身尺寸精度和表面粗糙度外，其轴线的垂直度也有要求。

轴类零件上有位置精度要求的，表面粗糙度 $Ra1.6\mu m$ 的外圆和台阶面，一般在半精加工后进行磨削,这与盘套类零件是不同的。这样,不仅容易保证质量,生产率也较高。

轴类零件的车削和磨削均在双顶尖上进行。轴加工时应体现精基面先行原则和粗、精分开原则。

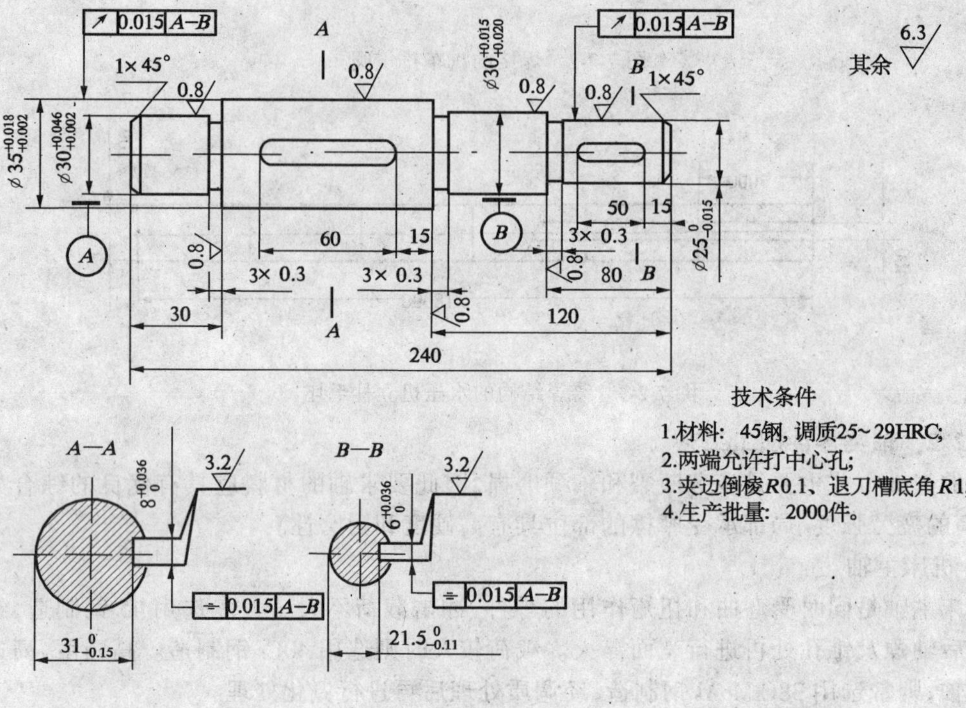

图 7-2-4　齿轮传动轴

图 7-2-4 为典型的轴类零件,该零件是一齿轮传动轴,它的表面由外圆、轴肩、键槽及砂轮越程槽等组成。其外圆表面为主要工作表面,分别与齿轮和轴承内圈等配合,这几段外圆表面精度要求和表面粗糙度要求较高,与齿轮相配的外圆表面和与轴承内圈相配的外圆表面有径向跳动要求。几段外圆表面应以磨削作为终加工。由于轴类零件需要有良好的综合性能,应进行调质处理。

工件粗车时,切削力大,而精度要求不高,采用卡盘和后顶尖装夹;精车和磨削加工采用双顶尖装夹,统一加工基准,提高各表面的位置精度。

齿轮传动轴工艺路线如下:

下料→锻造(若该零件传递扭矩不大时允许直接选用棒料)→光两端端面 + 打中心孔→粗车→粗车(调头)→检验→热处理:调质 25 ~ 29HRC→研磨顶尖孔→精车→精车(调头)→铣键槽→检验→磨外圆→去毛刺(钳工)→洗涤→总检→油封与入库

该齿轮传动轴的工艺规程设计如表 7-2-1 所示。

表 7-2-1　齿轮传动轴工艺规程

工序号	工序名称	工序内容	工　序　图	机床	夹具	备注
0	下料		45 钢 ø45 × 145 棒料(图略)	锯床		
5	锻造		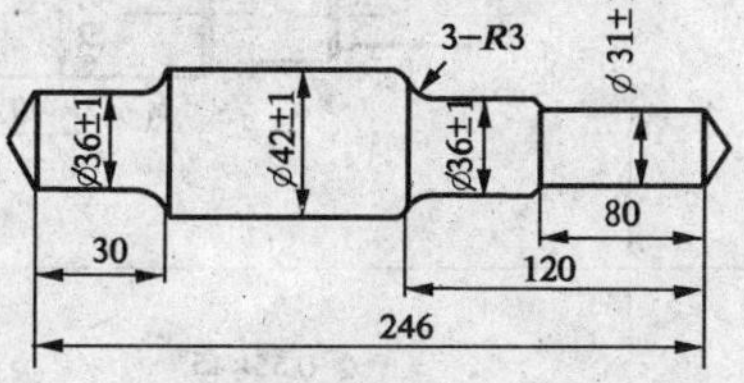 技术条件 1.未注锻造圆角 $R2$; 2.退火	空气锤		
10	车	(1)以左端 ø36 ± 1 外圆面定位,加工 ø40 × 50、光右端面(保持有效总长 243)、打中心孔 (2)以 ø40 × 50 外圆面定位,加工 ø29 × 22、光左端面、打中心孔	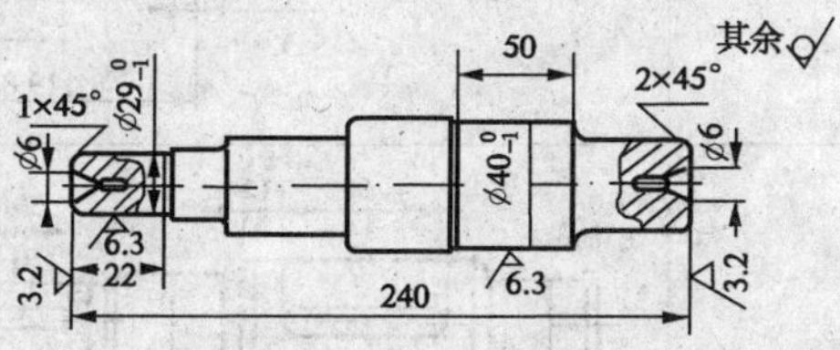	C6140 - 1	三爪定心卡盘	
15	粗车	(见图)	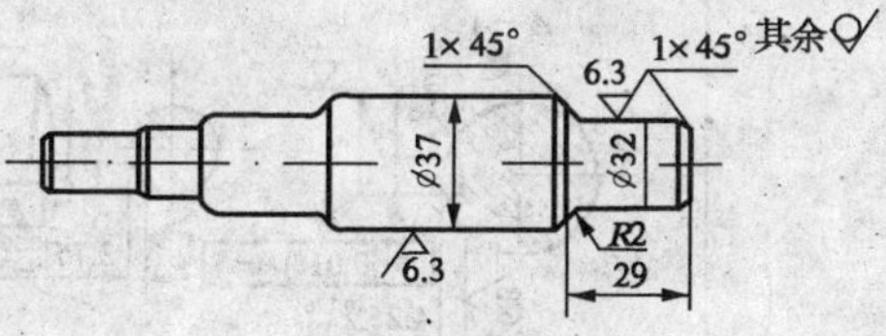	C6140 - 1	三爪定心卡盘尾顶尖	
20	粗车(调头)		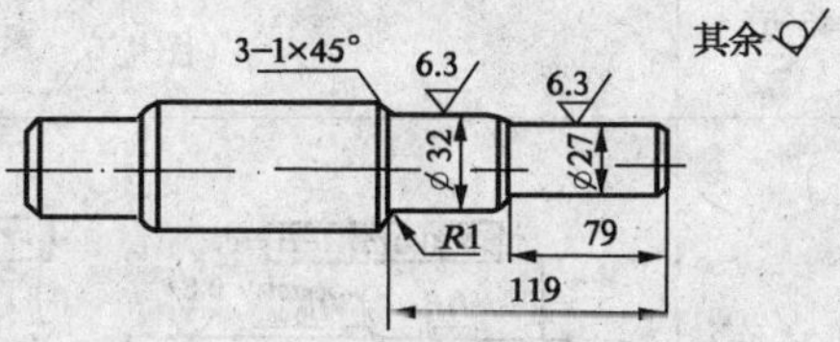	C6140 - 1	三爪定心卡盘尾顶尖	
25	检验		(图略)			
30	热处理	调质 25 - 29 HRC	(图略)	箱式电炉		
35	研磨顶尖孔	研去两端 60° 锥面的氧化皮	(图略)	C6132	三爪定心卡盘	60°锥面铸铁研具

续表 7-2-1

工序号	工序名称	工序内容	工序图	机床	夹具	备注
40	精车		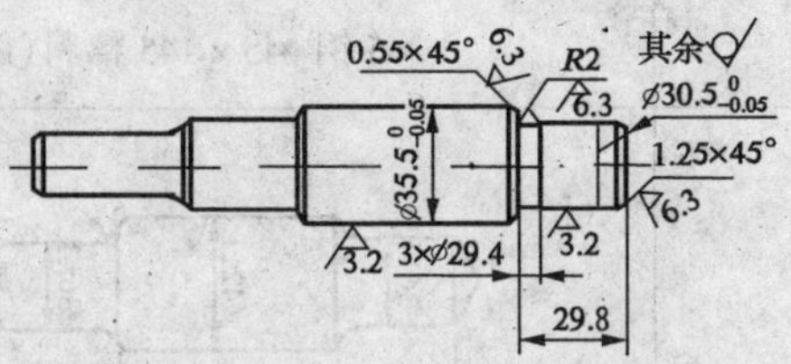	C6140－1B	卡箍、双顶尖	
45	精车(调头)		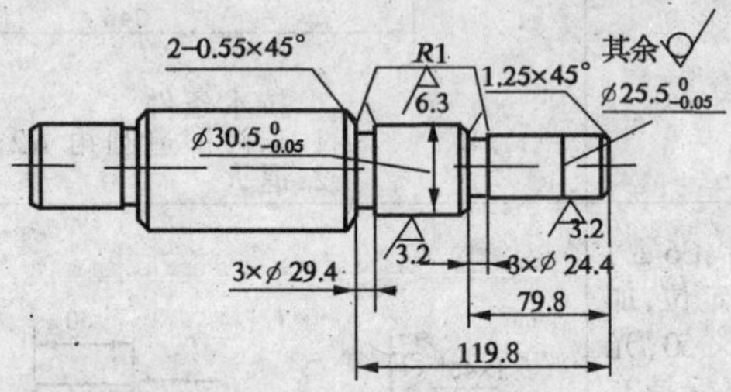	C6140－1B	卡箍、双顶尖	
50	铣	铣两处键槽	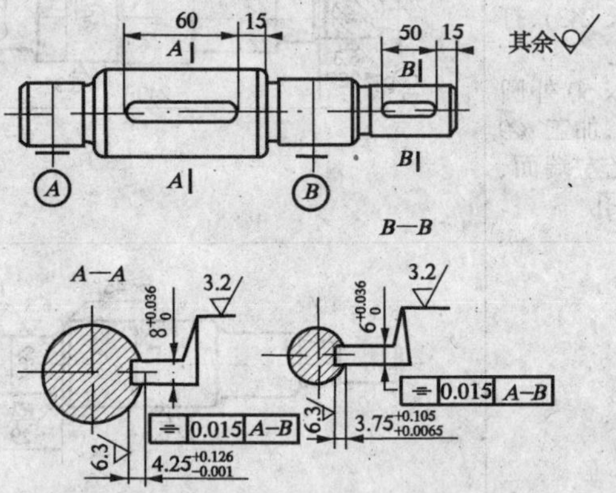	X52K	铣床机用抱钳或V形铁	
55	检验	检验35、40、45道工序尺寸	(图略)			
60	磨	磨四处外圆柱面，同时靠平三处台阶面	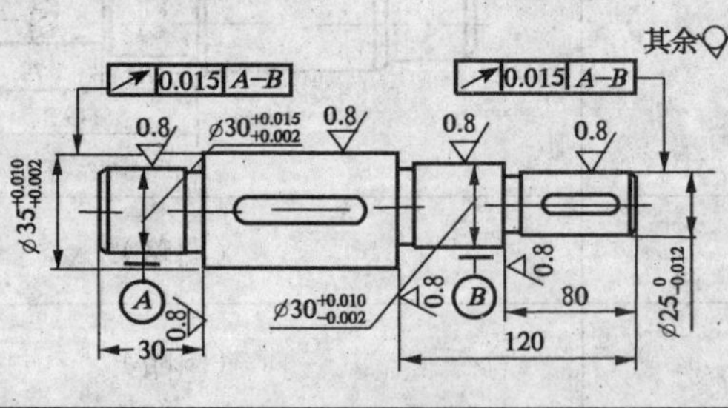	M1432A或M1332	卡箍、死顶尖	
65	钳	去两键槽周边毛刺	(图略)			
70	洗涤		(图略)			
75	总检	(按零件图)	(图略)			
80	油封入库		(图略)			

7.3 盘套类零件毛坯的选择及加工工艺

盘套类零件种类繁多,常见的有模具、带轮、轴承套、齿轮、法兰盘、皮带轮、轴套以及螺母、垫圈(如图 7-3-1)。这类零件的轴向(纵向)尺寸一般小于径向(横向)尺寸,或者两个方向的尺寸相差不大。由于这类零件在各种机械中的工作条件和使用要求差异很大,因此,它们所用的材料和毛坯也各不相同。

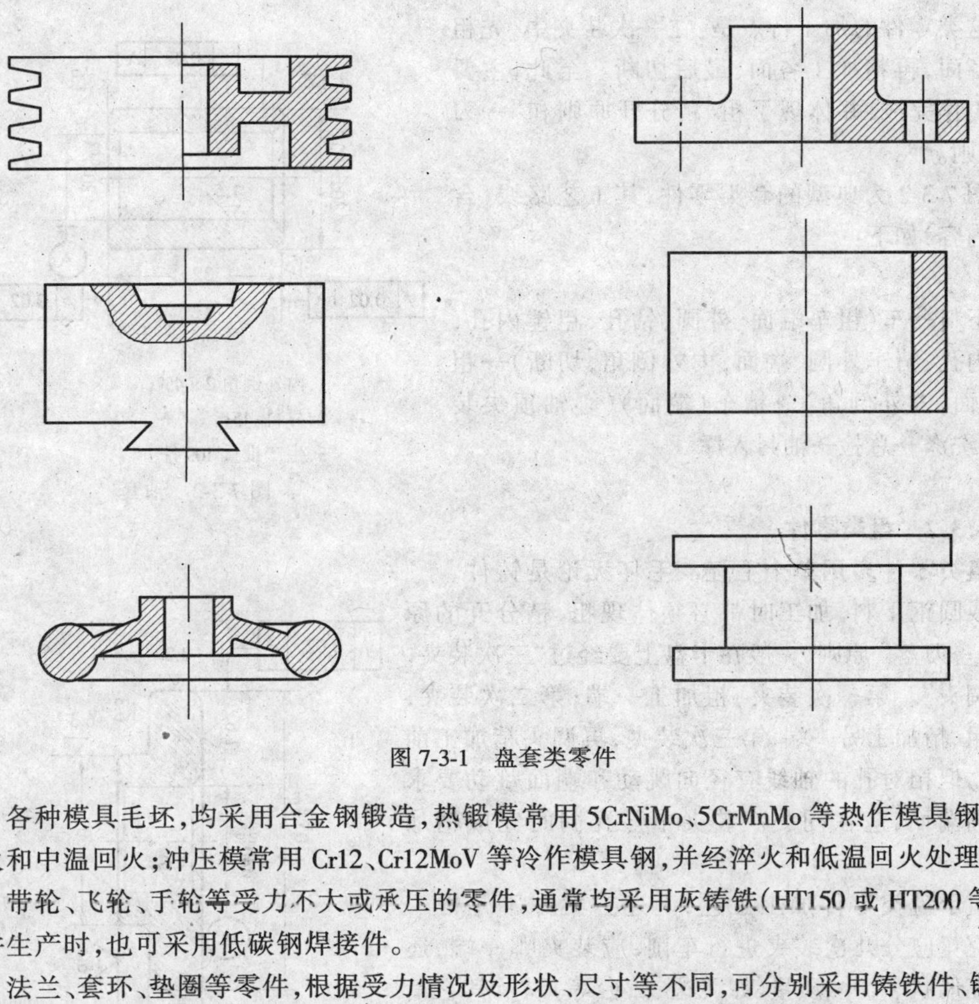

图 7-3-1 盘套类零件

各种模具毛坯,均采用合金钢锻造,热锻模常用 5CrNiMo、5CrMnMo 等热作模具钢,并经淬火和中温回火;冲压模常用 Cr12、Cr12MoV 等冷作模具钢,并经淬火和低温回火处理。

带轮、飞轮、手轮等受力不大或承压的零件,通常均采用灰铸铁(HT150 或 HT200 等)件;单件生产时,也可采用低碳钢焊接件。

法兰、套环、垫圈等零件,根据受力情况及形状、尺寸等不同,可分别采用铸铁件、锻钢件或冲压件为毛坯;厚度较小的,单件或小批量生产时,也可直接用圆钢或钢板下料。

盘套类零件一般由孔、外圆、端面和沟槽等组成,其中孔和外圆为主要加工面。工作时一般以内孔和一个端面为基准装夹,设计时也以这个孔和端面为设计基准,所以一般情况孔的精度要求较高,表面粗糙度值要求较低。内外圆大多有同轴度或径向圆跳动要求,如果端面在工件中承受轴向载荷,或作为装配基准和定位基准,端面与孔的轴线有垂直度要求或端面圆跳动的要求。

盘套类零件有关表面的粗糙度 *Ra* 值如不小于 3.2~1.6μm,尺寸公差等级不高于 IT7,

一般均用车削完成，其中保证径向圆跳动则是车削的关键。因此，单件小批量生产的盘套类零件加工工艺必须体现粗、精分开的原则和“一刀落”的原则。如果在一次装夹中不可能全部完成有位置精度要求的表面，一般是先精加工孔，以孔定位上心轴再精车外圆或端面。有时也可在平面磨床上以一个端面定位，磨削另一个端面。

各类盘、套类零件的加工工艺均有共同规律。

7.3.1 套类零件

光套或直径悬殊不大的台阶套，一般用圆钢作毛坯。若圆钢直径小于主轴通孔，可将若干件坯料合在一起，锯成一根棒料，插入主轴孔内，由三爪定心夹盘夹持，逐个加工。

这类零件的加工特点是：在一次装夹中，先粗加工各面，再精加工各面，最后切断。至此，主要切削工作完成，并体现了粗、精分开原则和“一刀落”原则。

图 7-3-2 为典型的套类零件，其工艺路线（含工序内容）如下：

下料→车（粗车端面、外圆，钻孔，粗镗内孔，精镗内孔，精车外圆、端面，内外倒角，切断）→粗车（端面，内外倒角）→精车（端面）（心轴顶尖装夹）→洗涤→总检→油封入库

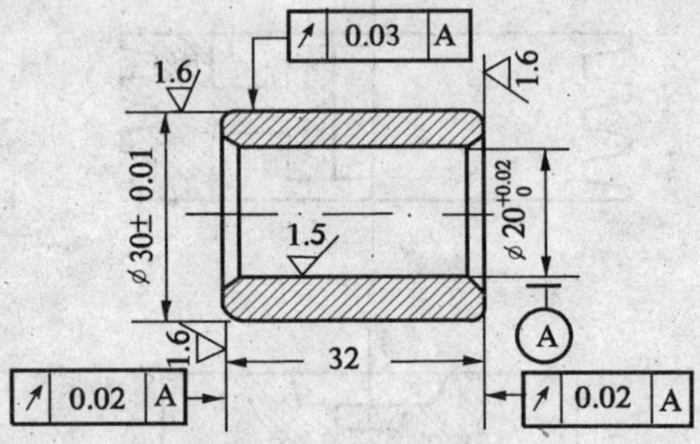

1. 内外倒角 2×45°；
2. 材料：45；
3. 生产批量 100 件

图 7-3-2 轴套

7.3.2 盘类零件

盘类零件多用单个毛坯。毛坯无论是铸件、锻件或圆钢下料，加工时都必须体现粗、精分开的原则和“一刀落”原则，一般在卡盘上要经过“三次装夹，两次调头”。第一次装夹，粗加工一端；第二次装夹，调头粗、精加工另一端；第三次装夹，再调头精加工前一端。但相对孔的轴线有径向跳动和端面跳动要求的外圆端面，应在同一次装夹中与孔同时完成精加工。

对于盘类零件加工工艺，上述方案并不是惟一的。究竟应分几次装夹进行车削，应装夹哪一端，还与毛坯形状、尺寸、质量（如飞边、凸台等）以及其它情况有关，应综合分析，灵活掌握。

图 7-3-3 所示齿轮坯的工艺规程设计列于表 7-3-1 中。

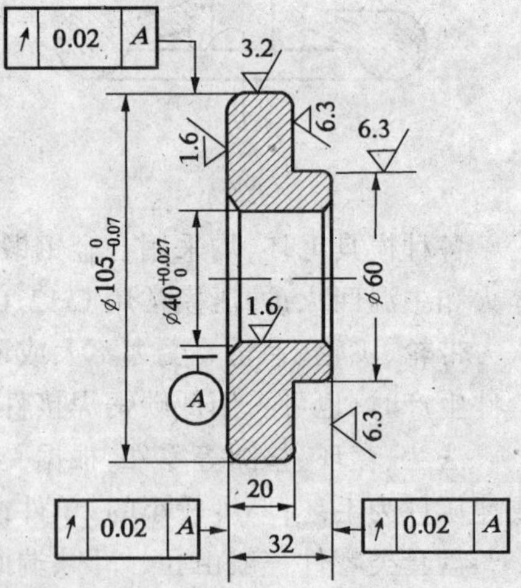

图 7-3-3 齿轮毛坯

表 7-3-1　齿轮坯加工工艺规程

工序号	工序名称	工序内容	工　序　图	机床	夹具	备注
0	下料		圆钢下料 ø110×36	锯床		
5	车	夹持 ø110 外圆，长 20； 车小端面见平； 粗车 ø60 外圆至 ø62； 粗车大台阶端面，至长度 12	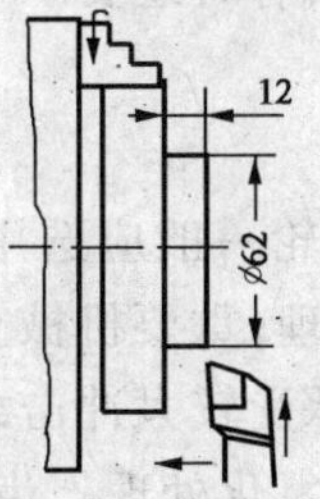	车床	三爪定心卡盘	
10	车	夹持 ø62×12 外圆； 粗车端面，使厚度为 22； 粗车外圆至 ø107； 钻孔 ø36； 粗、精镗孔 $ø40^{+0.027}_{0}$ 至尺寸； 精车外圆 $ø105^{0}_{-0.07}$ 至尺寸； 精车端面，至厚度 21； 内外倒角	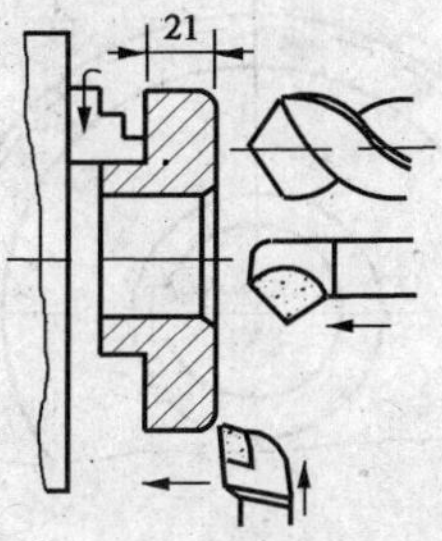	车床	三爪定心卡盘	
15	车	夹持 ø105 外圆，垫铜皮，端面找正； 精车小外圆至 ø60； 精车大台阶面至厚度 20； 精车小端面至长度 12.3； 内外倒角	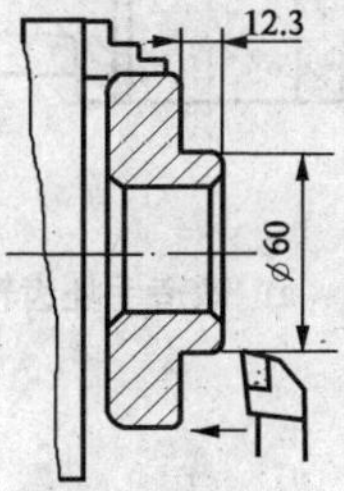	车床	三爪定心卡盘	
20	磨	以大端面定位，用电磁吸盘安装； 磨小端面，保总长 32	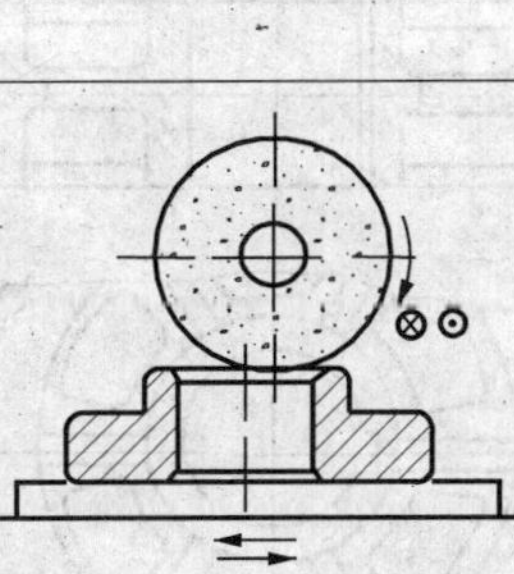	平面磨床	电磁吸盘	
25	检	检验				

7.3.3 齿轮零件

齿轮是各类机械中的重要传动零件,运转时,主要的受力部位是轮齿,两个相互啮合的轮齿之间通过一个狭小的接触面来传递力和运动,因此,齿面上要承受很大的接触应力和摩擦力。这就要求轮齿表面要有足够的强度和硬度,同时,齿根部分要能承受较大的弯曲应力;齿轮在运转过程中,有时还要承受冲击力的作用,因此,轮齿心部也要有一定的强度和韧性。

1)毛坯选择

根据以上分析,齿轮一般应选用具有良好综合力学性能的中碳结构钢(如 40、45 钢)制造,采用正火或调质处理;重要机械上的齿轮,可选用 40Cr、40CrNi、40MnB、35CrMo 等合金结构钢,采用调质处理;承受较大冲击载荷的齿轮,可选用 20Cr、20CrMnTi 等合金渗碳钢,轮齿部分进行渗碳或氰化、氮化处理。齿轮一般应选用锻造毛坯(图 7-3-4-a)),其中以大批量生

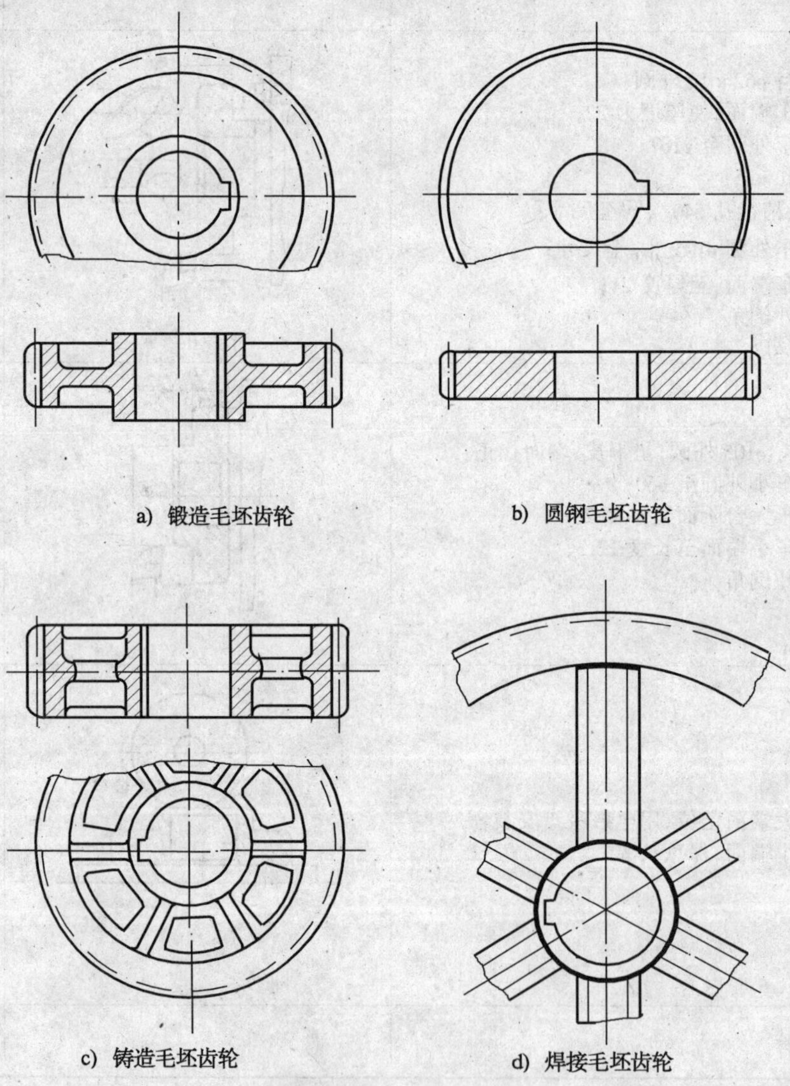

a) 锻造毛坯齿轮　　b) 圆钢毛坯齿轮

c) 铸造毛坯齿轮　　d) 焊接毛坯齿轮

图 7-3-4 不同类型的齿轮

产条件下采用的热轧齿轮性能最好;在单件或小批量生产的条件下,直径 100mm 以下的小齿轮也可用圆钢为毛坯(图 7-3-4-b));直径 500mm 以上的大型齿轮,锻造比较困难,可用铸钢或球墨铸铁件为毛坯,铸造齿轮一般以辐条结构代替锻钢齿轮的辐板结构(图 7-3-4-c));在单件生产的条件下,也可以焊接方式制造大型齿轮的毛坯(图 7-3-4-d));在低速运转且受力不大或者在多粉尘的环境下开式运转的齿轮,也可用灰铸铁件为毛坯;仪器仪表中的齿轮则可采用冲压件。

2)加工工艺

图 7-3-5 为一齿轮零件图,其齿轮坯的加工与盘类零件相似,下面简要介绍齿形的加工,最后给出齿轮加工的完整工艺路线。

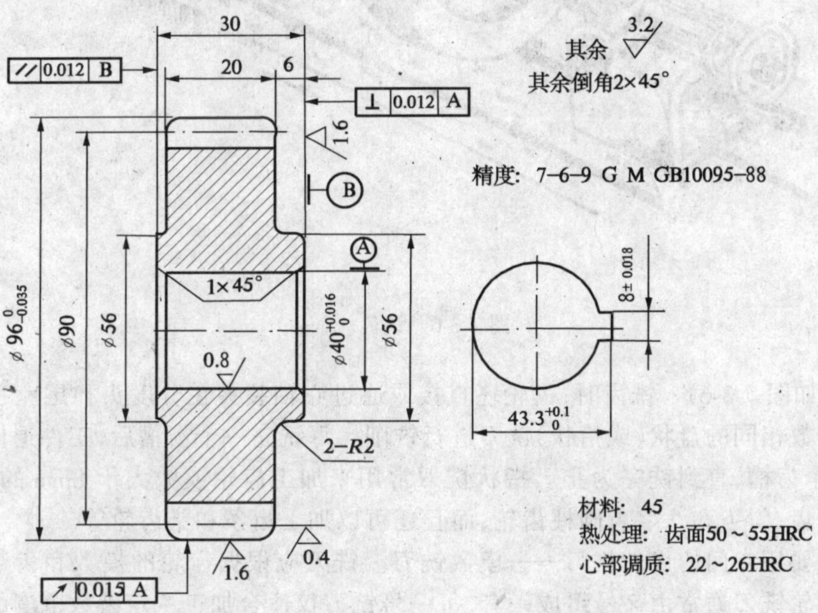

图 7-3-5 齿轮

(1) 齿轮的主要技术要求

① 齿轮的尺寸精度为 7 级,齿面粗糙度 *Ra* 值为 1.6μm。

② 齿轮键槽孔的尺寸精度为 7 级,表面粗糙度 *Ra* 值为 0.8。

③ 齿部高频淬火,硬度 50~55HRC。

④ 齿轮两端面必须平行,其平行度误差为 0.012mm;齿轮端面与轴心线必须垂直,其垂直度误差为 0.012mm。

⑤ 齿轮顶圆对键槽孔的圆跳动误差为 0.015mm。

(2) 齿轮的加工方法

按加工齿形原理可以分为两大类:

成形法(仿形法):使用与被切齿轮齿槽相符的成形铣刀加工齿轮的方法,如铣齿。

展成法(俗称范成法):利用齿轮刀具与被切齿轮的互相啮合运动(或展成运动)而切出齿形的方法,如滚齿、剃齿、插齿和展成法磨齿。

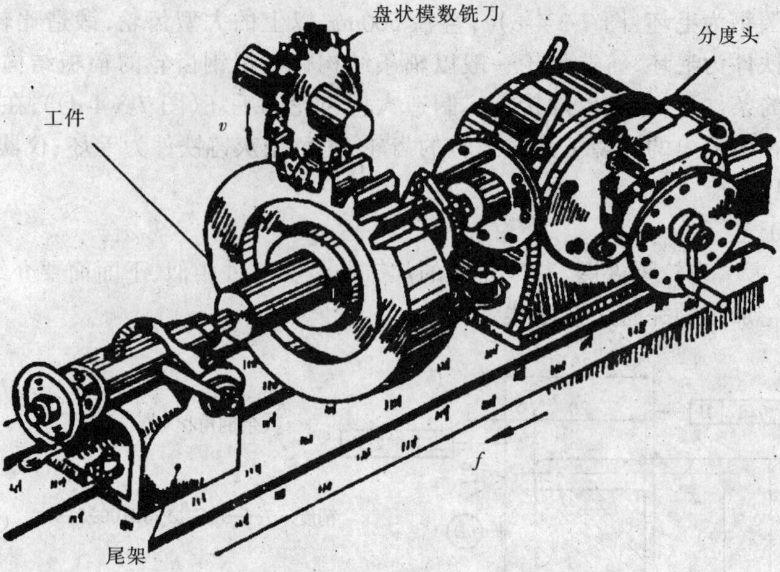

图 7-3-6　铣齿

① 铣齿(如图 7-3-6)　铣齿时,齿轮坯直接或通过心轴装夹在分度头和尾座顶尖上,用与被切齿轮模数相同的盘状(或指状)铣刀进行铣削。每铣完一个齿槽后,工件退回,进行分度,再铣下一个齿槽,直到铣完为止。指状铣刀常用来加工齿轮模数大于 8mm 的齿轮。铣齿可以加工直齿、斜齿和八字齿圆柱齿轮,而且还可以加工齿条和锥齿轮等。

铣直齿轮要用专门的齿轮铣刀——模数铣刀。铣刀应根据齿轮的模数和齿数来选择。同一模数的齿轮铣刀通常由 8 号组成一套,每一号铣刀仅适合加工一定齿数范围的齿轮,如表 7-3-2 所示。

表 7-3-2　铣刀号数与齿轮齿数的关系

铣刀号数	1	2	3	4	5	6	7	8
能铣制的齿轮齿数	12 ~ 13	14 ~ 16	17 ~ 20	21 ~ 25	26 ~ 34	35 ~ 54	55 ~ 135	135 以上

铣齿加工精度低,生产率也低,主要应用于修配或单件生产。铣齿精度为 11 ~ 9 级,齿面表面粗糙度为 Ra 6.3 ~ 3.2μm。

②插齿(图 7-3-7)　在插齿机上利用插齿刀加工齿轮的方法称为插齿。插齿所用刀具叫插齿刀。根据齿轮啮合原理,一个齿轮可以与同一模数的任何齿轮相啮合。如果把一个齿轮的轮齿作出前角和后角以形成刀刃,就成为一把插齿刀。插齿刀和齿坯强制的啮合运动(即插齿刀转一齿,被切齿坯也转一齿),并使插齿刀作上下往复运动,就能在齿坯上切出齿形来。插齿的基本运动如图 7-3-7 所示。

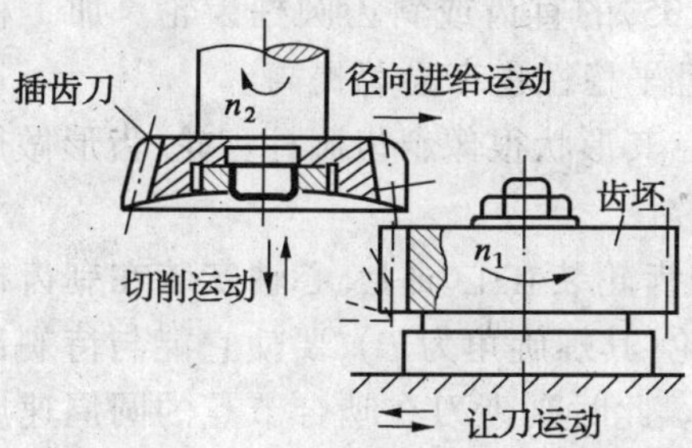

图 7-3-7 插齿

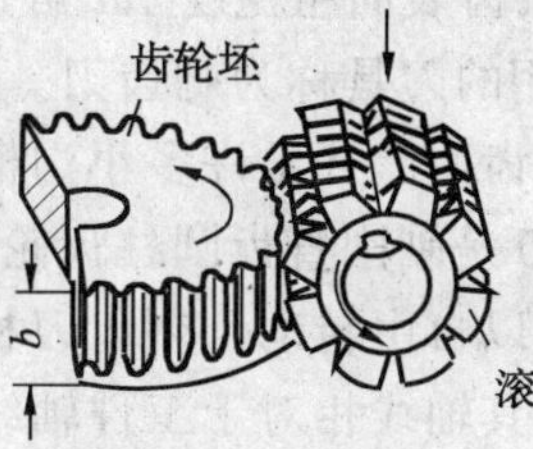

图 7-3-8 滚齿

主运动 插齿刀的直线往复运动。

分齿运动 插齿刀和被切齿轮之间强制地保持着一对齿轮的啮合运动关系。

径向进给运动 为了使齿刀逐渐切入全齿深,插齿刀应有一个向工件中心的径向进给运动。

让刀运动 插齿刀上下往复运动中,向下是切削行程,向上是退刀行程。插齿刀在退刀行程中,为了保证其后刀面不和已加工的齿面接触,避免擦伤齿面和减少插齿刀的磨损,工件要作径向移动以让开插齿刀,而当插齿刀开始切削行程前,工件又恢复原位,这种运动称为让刀运动。

插齿应用很广,不但广泛应用于加工直齿圆柱齿轮,还可以加工内齿轮和多联齿轮以及螺旋齿轮和齿条。

插齿精度一般为 8~7 级,齿面表面粗糙度 $Ra1.6\mu m$ 左右。插齿一般用于加工直齿圆柱齿轮。

③滚齿 滚齿是用齿轮滚刀在滚齿机上按展成法加工齿轮的方法,其加工原理相当于一对螺旋齿轮的啮合原理,如图 7-3-8。滚刀可以看成齿数很少的螺旋齿轮,它可以和同一模数齿轮相啮合,因此用同一把滚刀可以加工任意齿数的齿轮。与铣齿相比,滚齿加工精度高,生产效率高,齿表面粗糙度数值小,滚齿精度一般可达 8~7 级。由于连续切削生产率高,应用很广,不但能加工直齿圆柱齿轮,还可以加工斜齿圆柱齿轮和蜗轮;但不能加工内齿轮和多联齿轮。

插齿和滚齿后的精度不高,经热处理后还会产生附加的变形。因此,在 7 级精度以上的齿轮还需要进行精加工。齿形精加工的方法有:剃齿、珩齿和磨剃齿等。

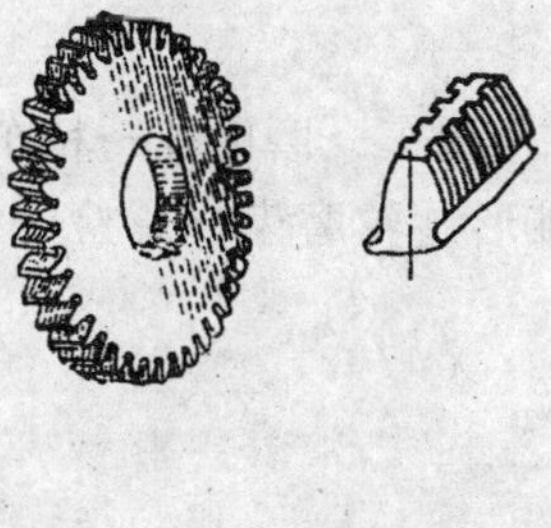

图 7-3-9 剃齿刀

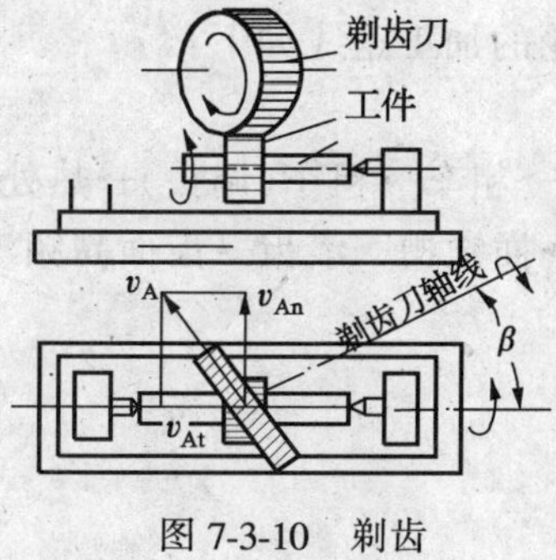

图 7-3-10 剃齿

剃齿主要适用于滚齿、插齿后未经淬火（HRC≤35）的直齿或斜齿圆柱齿轮。加工精度可达6～5级，齿表面粗糙度 *Ra* 可达0.8～0.1μm，且平稳性也有显著提高。

剃齿所用的刀具称为剃齿刀。如图7-3-9所示。其形状很像斜齿圆柱齿轮，齿形做得非常准确，并在齿面上开出许多小沟槽，以形成切削刃。

图7-3-10是剃削直齿圆柱齿轮的简图。待剃的齿轮装在心轴上，心轴安装在剃齿机的两顶针间，可以自由转动。剃齿刀相当于一个斜齿轮（其螺旋角为 β），要使它能与待剃齿轮啮合，必须使其轴线相对于工件轴线倾斜一个 β 角。此时剃齿刀在啮合节点的圆周速度可以分解为两个分速度：沿工件圆周切向的分速度 v_{An} 和沿工件轴线的分速度 v_{At}。v_{An} 使工件旋转，而 v_{At} 即为齿面相对滑动速度，亦即剃齿速度。剃齿刀旋转，带动工件旋转。由于齿面间有相对滑动，剃齿刀齿面上为数很多的切削刃即可产生切削作用，从齿轮齿面上剃下一层厚约0.007～0.03mm的细丝状切屑。为了能沿齿的全长进行剃削，工件还应由工作台带动作直线往复运动。在工作台的一次往复行程终了时，工件相对于剃齿刀还要作径向进给，以便继续进行剃削。剃削过程中，应时而正转，时而反转，这样才能使被加工轮齿的两个齿面的剃削均匀。

珩齿的加工原理与剃齿完全相同。珩齿所用的珩齿轮，是由金刚石磨料与环氧树脂浇注或热压而成，具有很高的加工精度。珩齿过程具有磨、剃、抛光的综合性质，所以当珩齿轮高速旋转时，就在被加工齿轮齿面上切除一层很薄的金属层。

珩齿适用于加工淬火后齿面硬度较高的齿轮，其齿面粗糙度 *Ra* 为0.4μm。由于加工余量小于0.08μm，故珩齿对轮齿形状精度改善不大，主要是降低齿面的表面粗糙度。

磨齿的优点是有效地消除滚齿、插齿时产生的误差及热处理所引起的变形；磨齿精度可达6～4级，齿面粗糙度可达 *Ra*0.4μm。但这种方法生产率低、成本高，一般低于6级精度的齿轮不进行磨削。

(3) 基准选择

齿轮的加工包括齿坯加工和齿形加工两个阶段。

在齿坯加工阶段，以模锻齿轮坯的外圆作为粗基准，在一次安装下加工出端面和内孔，不仅可保证端面与孔的垂直度，而且可保证在后续工序中以内孔作精基准加工键槽和外圆时，余量均匀。

在齿部加工阶段，为了增强刚性，均采用齿轮内孔与端面定位。采用齿轮内孔作齿轮加工的精基准，不仅使设计基准与工艺基准一致，符合“基准重合”的原则，而且在齿轮加工的整个过程中（如滚、磨）均采用齿轮内孔定位，也符合“基准统一”的原则。

(4)齿轮加工过程

图7-3-5齿轮的加工路线如下：

下料→锻造→粗车→粗车（调头）→热处理：调质22～26HRC→粗车→磨内孔→精车（心轴装夹）→检验→插键槽→滚齿→齿面高频淬火：50～55HRC→锥形砂轮磨齿→总检→油封及入库

7.4 箱体零件毛坯的选择及加工工艺

箱体零件是机器的基础零件,它将轴、套、传动元件连接成一个整体,使各零件之间保持正确的相对位置,完成必须的运动。不同机器中的箱体形状虽有较大差别,如有整体式、分离式等,但各种箱体仍有一些共同特点,如结构形状复杂,体积较大,壁薄且不均匀,内部呈腔形,有若干精度要求较高的平面和孔系,还有较多的紧固螺钉孔等。因此,一般说来,箱体的主要技术要求,除了对毛坯的要求外,还有主要孔的尺寸、几何形状精度;主要平面的平面度、表面粗糙度;孔与孔之间的同轴度等。箱体零件需要加工的部位较多,加工难度较大。图 7-4-1 为一整体式箱体零件。

1)毛坯选择

一般箱体材料采用铸铁,只有在单件小批量生产的情况下,为了缩短生产周期,有时采用钢板焊接。在某些特定条件下,为了减轻重量,也可采用镁铝合金或其它铝合金,如航空发动机上的箱体。

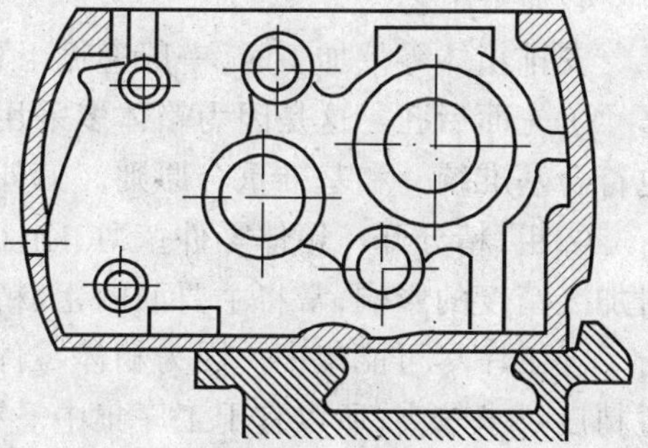

图 7-4-1 箱体零件

一般箱体采用 HT200。毛坯余量视铸件精度而定。当生产批量不大时,一般采用木模手工造型,毛坯精度较低,毛坯余量大。而大批量生产时,通常采用金属模机器造型,毛坯精度较高。

2)主要技术要求

箱体零件的主要技术要求应包括下列几个方面:

①支承孔的尺寸精度、形状精度和表面粗糙度　箱体上轴承孔的尺寸精度、形状精度和表面粗糙度都有严格要求,如果达不到这些要求,会使轴承和箱体上的配合不好,工作时引起振动和噪声。支承孔的公差等级一般为 IT6 ~ IT7 级,粗糙度 $Ra1.6 \sim 0.8\mu m$。几何形状精度要求高时,应不超过孔公差的 1/2 ~ 1/3。

②支承孔之间的孔距尺寸精度及相互位置精度　箱体上有齿轮啮合关系的相邻孔之间应有一定的孔距尺寸精度及平行度要求,否则会影响齿轮的啮合精度。箱体上同轴线的孔应有同轴度要求,孔系位置度也必须有一定的要求。如果同轴线孔的同轴度、孔系位置度误差超差,不仅会给箱体中轴的装配带来困难,且使轴的运转情况恶劣,轴承磨损加剧,温度升高,影响机器的正常运转。

③主要平面的形状精度、相互位置精度和粗糙度要求　箱体的主要平面大多是装配基面或加工时的定位基面,其加工质量直接影响箱体与其它零部件总装时的定位精度,因而对主要平面有较高的平面度和较低粗糙度要求。另外,箱体上其它平面对装配基面也有平行度、垂直度要求。

④支承孔与主要平面的尺寸精度和相互位置　箱体上各支承孔对装配基面有一定的尺寸精度与平行度要求,对端面有垂直度要求。

3)基准选择

(1)粗基准的选择

箱体加工通常以箱体上的重要孔(如主轴孔)作为粗基准,因为这样可以保证箱体上重要孔加工余量均匀。此外,由于铸造箱体毛坯时,形成重要孔、其它支承孔和箱体内壁的泥芯,是装成一个整体放入的,因此以重要孔作粗基准,还能保证其它支承孔的加工余量均匀,保证装入箱体内部的齿轮、轴套等与箱体各表面有足够的间隙。

(2)精基准的选择

箱体各支承孔轴心线和支承孔两端面对底面(装配基准)有一定的位置精度要求,应以底面为精基准,使工艺基准与设计基准重合。在加工支承孔时,仍然以底面作为主要的定位基准。这样既符合基准重合原则,又符合基准统一原则,有利于保证箱体的加工精度。同时,为了消除工件绕 Z 轴转动的自由度,保证支承孔轴心线与箱体端面的垂直度,还应以底面上两销孔定位。

4)加工工艺

安排箱体零件加工时,一般遵循下列原则:

①先面后孔　这是因为箱体多采用平面作精基准,而精基准是应该先加工出来的。这也符合基准统一和基准重合原则。另外平面先加工可为随后孔的加工提供有利条件。

②粗、精分开　箱体零件壁薄、刚性差,而孔系加工精度要求一般都高,为了减少粗加工对加工精度的影响,常将主要面的粗、精加工分开。

③工序尽可能集中　因为箱体零件一般体积较大、较重,且孔与孔、孔与面之间相互位置精度要求较高,所以宜于工序集中。在大批量生产中,广泛采用组合机床、专用机床。近年来,由于加工中心使用越来越多,工件在一次装夹中,可以利用自动换刀,完成平面和孔的铣、镗、钻、扩、铰及螺纹加工等多道工序,为中小批量生产箱体零件的自动化提供了广阔的前景。

图 7-4-1 箱体零件工艺路线如下:

铸造→退火→钳工划线→粗刨顶面→粗刨底面(含 V 形导向槽)→粗刨两端面及侧面→粗镗轴承孔→时效→精刨顶面(至尺寸)→精刨底面(含 V 形导向槽,所有底面留刮研余量 0.1mm)→精刨两端面及侧面(至尺寸)→精镗轴承孔(至尺寸)→钳工划线(部位:底部固定孔与侧面观察孔,至于上部螺钉孔、轴承端盖固定孔、油面观察孔、密封固紧螺钉孔,可安排在装配时组合加工)→钻孔、锪孔口平面→去毛刺→清洗→总检→油封加工表面

复习思考题

1.在各类零件中分别举出 1~2 个零件,试分析如何选材和选择毛坯的制造方法。

2.为什么轴杆类零件一般采用锻件,而箱体类零件多采用铸件?

3.为什么齿轮多采用锻件,而带轮、飞轮多用铸件?

4.在什么情况下采用焊接方法制造零件毛坯?

5.试比较铣齿、插齿、滚齿的工艺特点。

6.安排箱体类零件机械加工工艺,为什么一般要依据“先面后孔”的原则?

7.试总结盘套类、轴类和箱体类零件加工工艺的基本规律。

8 现代制造技术

讲课部分

8.1 数控加工

数控加工是把加工零件的全部过程以数字带码形式记载在控制介质(穿孔带、穿孔卡或磁带)上,通过键盘输入数控机床的计算机中,计算机对输入的信息进行处理与运算,发出各种指令控制机床的伺服系统及其它执行元件,自动控制机床的动作顺序、运算速度、位移量及各种辅助功能(主轴转速、冷却液开关、换刀)等,加工出符合图纸要求的零件,实现加工过程自动化。其工作过程如下:

①加工准备 即编制数控程序,目前有手工编程和数控编程两种办法。编写的程序单中包括组成零件的图形数据,如圆心及圆弧终点坐标、直线起终点坐标、零件的加工顺序、主轴状态及进给量等。

②数控加工 将数据程序输入机床的数控装置,数控装置对输入的数字代码进行一系列的控制和运算,将结果输出到机床的相应伺服装置,驱动机床部件按规定的速度和位移量进行运动,自动地对零件进行加工。

8.1.1 数控机床

数控机床是综合应用计算机、自动控制、精密测量和机械设计等方面的最新成就而发展起来的一种典型的机电一体化产品。它由机床、伺服系统、数控装置三大部分组成,如果加上测量装置就成为闭合系统。如图 8-1-1 所示。

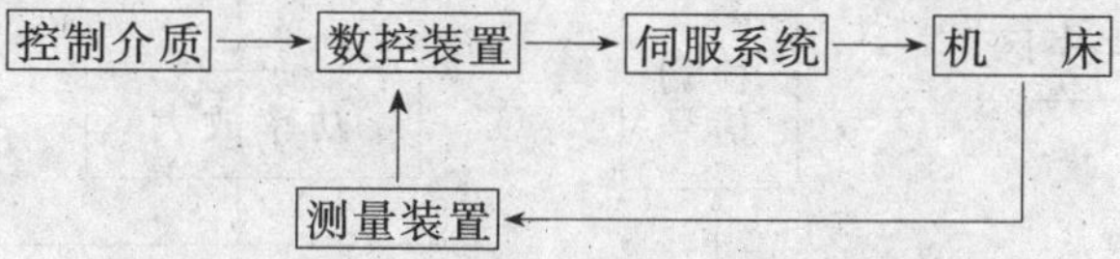

图 8-1-1 数控机床组成

1)控制介质

要对数控机床进行控制,就必须在人与机床之间建立某种联系,这种联系的中间媒介物即为控制介质。控制介质上存储着加工零件所需的全部操作信息和刀具相对工件位移的信息。常用的控制介质有磁盘、穿孔纸带和电子盘。

2)数控装置

机床数控装置由输入部分、控制运算部分(包括控制器及运算器)、输出部分组成。

数控装置的作用是接受各种指令信息,并经大量的信息处理和计算后,将其结果送到相应的伺服驱动机构中去,以指挥机床主体各部分的正确运动。

数控装置的神经中枢是主控制器,它的作用是指挥输入控制、运算器及输出控制等部分按一定的顺序协调地工作,同时它也是产生工作脉冲和各控制信号的部件。

现代数控机床多为磁盘直接读入。输入部分的作用是进行译码转换,将数字信息(与运动轨迹有关的数字)送入运算器进行插补运算,将开关信息(主轴启、停、变速;切削液电机启、停;换刀指令)送入控制器。

运算器(插补器)就是数字计算机,主要进行输入运算(四则运算、各进制数间的换算及加工程序执行中的插补运算)。如算出刀具作轨迹运动时所需要的一系列中间位置数值。插补算出的各点应在图形轨迹的附近,所形成的加工误差不超出允许值。这些运算工作都是在极短的时间(如每步工作运算所需时间小于千分之一秒)内完成的,从而保证了加工的连续进行。

输出部分的功能是将运算器计算出来的刀具运动轨迹信息,以脉冲或电压模拟量的形式顺序地输出。这些信息经功率放大后提供给机床的伺服装置,驱动刀具按计算的轨迹运动。输出部分的另一功能则是将指令的开关量输出给相应的装置,以控制机床的工作状态。

GICC－X 数控装置系统如图 8-1-2 所示。用户通过键盘输入程序在 CRT 上进行编辑运行。主计算机将用户程序分别转送给从计算机进行显示和执行输入输出操作,计算机输出信号通过功率放大来驱动步进电机或交、直流伺服电机,这样,输入的加工指令就可命令执行机构去完成工件的加工。

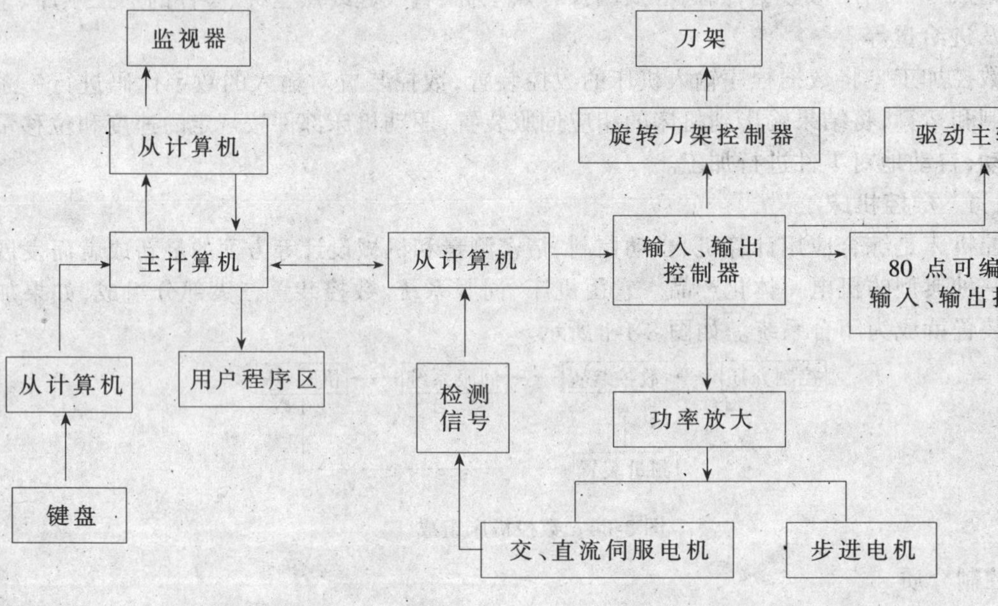

图 8-1-2　GICC-X 数控装置系统

3)伺服系统

从信息输出到执行元件的一系列装置称为伺服系统。伺服系统是以机械位移为直接控制目标的自动控制系统,所以又称为位置随动系统。伺服系统的作用是将经过处理后输出的位移信息转换成机床的进给运动。数控机床要求伺服执行部件准确、快速地跟随插补输出信息执行机械运动,这样数控机床才能加工出高精度的工件。数控机床常用的伺服驱动部件有步进电机、宽调速直流伺服电机和交流伺服电机等。伺服系统按控制方式分为以下四类:

(1)开环控制系统

开环控制系统没有对执行件位置检测结果的反馈装置，信息流是单向的，即进给指令信息发出后，执行件的实际移动值不再反馈回来。

开环控制系统的特点是结构较简单、成本较低和性能稳定。但其位移精度受伺服电机和传动件精度及动态特性影响，不能达到很高的精度。伺服电机常采用步进电机。一般适用于中、小型经济型数控机床，特别适用于旧机床改造的简易数控机床。

(2)闭环控制系统

闭环控制系统带有直线位移检测装置，在加工中随时对工作台的实际位移量进行检测并反馈回去，在位置比较电路中与位移指令值进行比较，用比较后得出的差值进行位置控制，直至差值为零为止。这类控制系统，因为把机床工作台纳入了控制环节，故称闭环控制系统。

闭环控制系统的特点是定位精度高，但调试和维修都较困难，系统复杂，成本高，一般适用于精度要求高的数控设备，如数控精密镗铣床。

(3)半闭环控制系统

半闭环控制系统采用角位移检测元件，检测伺服电机的转角，推算出工作台的实际位移量，将此值与指令值进行比较，用差值来实现控制。这类控制系统的伺服驱动部件通常采用宽调速直流伺服电机，目前已将角位移检测元件与电机设计成一个部件，使系统结构简单、方便。半闭环控制系统的性能介于开环和闭环之间，精度没有闭环高，调试却比闭环方便，因而得到广泛应用。

(4)混合控制系统

将以上三类控制系统的特点有选择地集中起来，在开环控制系统或半闭环控制系统的基础上，附加一个校正伺服电路，通过装在工作台上直线位移测量元件的反馈信号来校正机械系统的误差，便组成开环补偿型或半闭环补偿型混合控制系统。混合控制系统特别适用于大型数控机床，因为大型数控机床既需要较高的进给速度和返回速度，又需要高精度。

4) 机床

数控机床是一个系统，机床主体、数控装置及伺服系统等部分是有机联系在一起的，机床主体的设计应能保证数控装置和伺服系统的功能更好地实现。当前，数控机床主体的结构有以下特点：

①由于采用了高性能的主轴及伺服系统，数控机床的机械传动机构大为简化，传动链缩短。

②为适应连续地自动化加工，数控机床机械机构具有较高的动态刚度和阻尼精度，较高的耐磨性，而且热变形小。

③为减少摩擦，提高传动精度，更多地采用高效传动部件，如滚珠丝杠副和直线滚动导轨等。

5) 测量装置

测量装置用测速发电机、光电编盘等检测伺服电机的转角，间接测量移动部件的实际位移量，用此值与指令值比较，以通过差值来实现控制。移动部件不完全包括在测量回路内，称为半闭环。

如果测量装置用感应同步器、光栅尺等检测机床工作台或刀具的位移量，然后进行控制，就称为闭环。

8.1.2 数控编程

1) 编程过程

数控机床加工时所需全部信息是指零件的图样尺寸、工艺过程、工艺参数、刀具位移量与方向及其它辅助动作(换刀、冷却和夹紧等)的总和,这些信息再按规定的代码及格式编成加工程序单,然后将程序单的内容记录在控制介质上,输入到控制装置,从而控制机床的加工。这种从零件图样到制成控制介质的过程,称作数控加工程序编制。

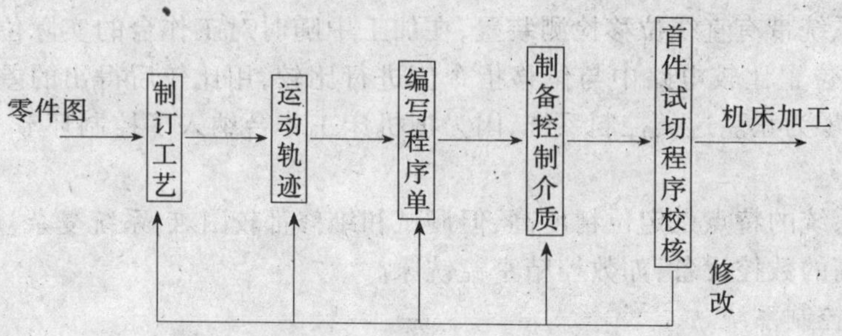

图 8-1-3 手工编程的一般过程

数控编程分为手工编程和计算机自动编程两种。手工编程的步骤见图 8-1-3,包括图样分析,制订工艺,运动轨迹的坐标计算,编写程序单,制备输入计算机,计算机经过翻译处理和刀具运动轨迹处理,生成刀具位置数据,再经后置处理,即可生成零件的加工程序。

2) 数控机床坐标系

统一规定数控机床坐标轴名称及其运动的正、负方向,有利于编程的统一和交流。国际上已统一了坐标系,我国也制定了《数控机床坐标和运动方向的命名》数控标准(JB3051-82),它与(ISO841)等效。

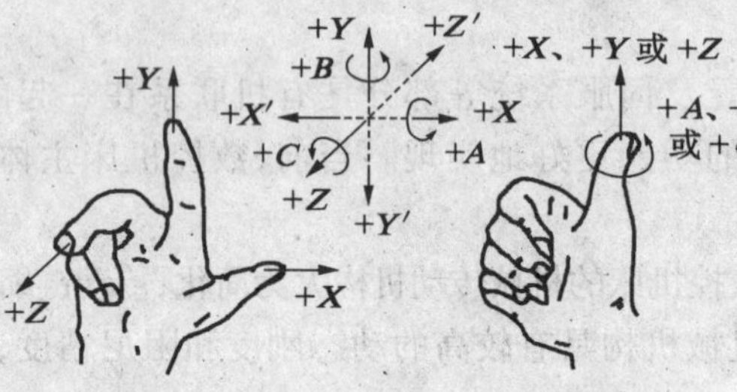

图 8-1-4 右手直角笛卡儿坐标系

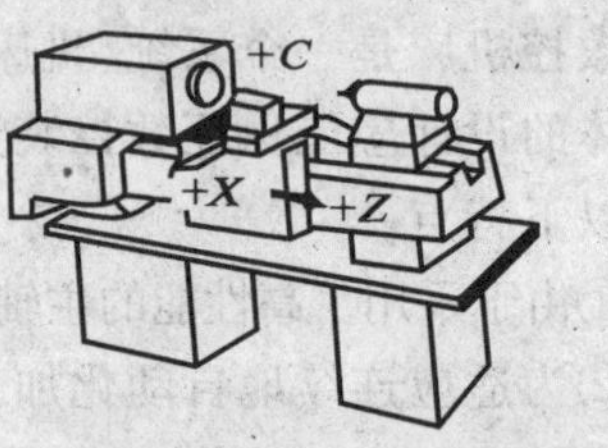

图 8-1-5 数控车床坐标系

标准中规定了以右手直角笛卡尔坐标系作为标准坐标系。该坐标系中,三坐标 X、Y、Z 的关系及其正方向用右手定则判定;围绕 X、Y、Z 各轴的回转运动及其正方向 $+A$、$+B$、$+C$,分别用右螺旋法则判断。与正方向相反的方向应用带“′”的 $+X'$、$+A'$ 等来表示,如图 8-1-4 所示。

图 8-1-5、图 8-1-6 分别表示了数控车床和数控铣床的标准坐标系。其规定的原则如下:

(1) 刀具相对静止的工件运动原则

编程人员能够在不知道是刀具移近工件,还是工件移近刀具的情况下就能依据零件图纸编程。

(2) 机床运动部件方向的规定

机床某一运动部件的正方向,是增大刀具和工件距离的方向。

X 坐标轴是水平的,它平行于工件的装夹表面,是刀具或工件定位平面内运动的主要坐标;*Z* 坐标轴与主轴平行,切入工件的方向为负方向;*Y* 坐标轴垂直于 *X* 及 *Z* 坐标轴,按右手定则确定方向。

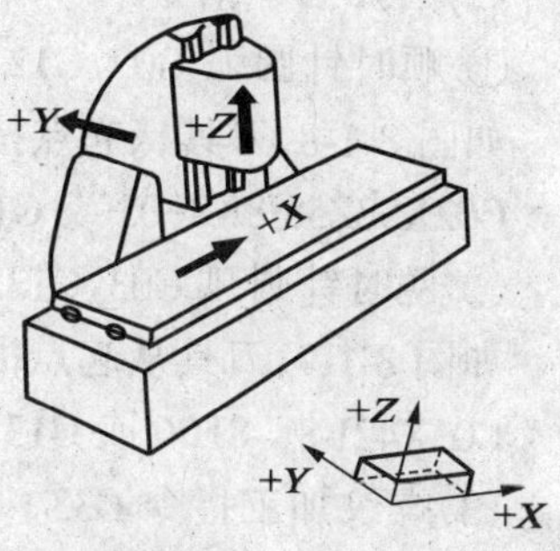

图 8-1-6　数控铣床坐标系

3)程序段格式

所谓程序格式,是指程序段书写规则,它包括机床所要求执行的功能和运动所需要的所有几何数据和工艺数据。一个零件加工程序是由若干以段号大小依次排列的程序段组成,程序段由以下代码组成:

%	程序号	000～999
N	程序段号	0000～9999
G	准备功能	00～99
S	主轴转速	00～99
T	刀具功能	00～48
M	辅助功能	00～99
F	进给速度	00～76
X、Z、Y	绝对坐标值	0～9999.9
U、W、V	相对坐标值	0～9999.9
I、K、J	圆心相对坐标值	0～9999.9
L	数据引导符	0～9999.9 或 00～99

(1)直线插补指令 G01

车削外圆、端面、倒角、锥面、挖槽等均使用 G01。

如图 8-1-7,刀具从起点 *A* 以 09 速直线运行到 *B* 点,指令为

G01X210Z120F09 或 G01U190W104F09

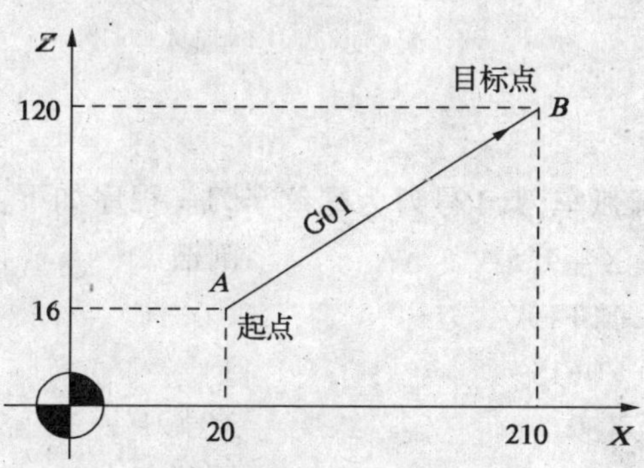

图 8-1-7

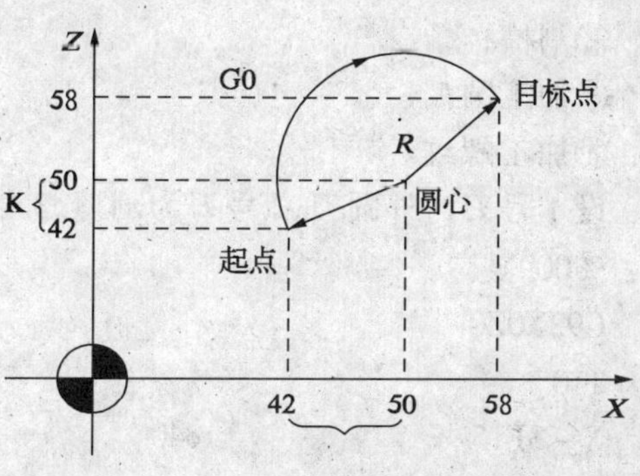

图 8-1-8

(2)圆弧插补指令

① 顺时针圆弧 G02、G12

如图 8-1-8,刀具从起点按顺时针以 05 速运行圆弧到目标点,指令为

G02X58Z58I8K8F05 或 G12U22.62W22.62I8K8F05

② 逆时针圆弧 G03、G13

如图 8-1-9,刀具从起点以 06 速逆时针运行圆弧到目标点,指令为

G03X42I-8K-8F06 或 G13U22.62W22.62I-8K-8F06

(3)螺纹加工指令 G33

如图 8-1-10,从 *A* 向 *B* 加工长 100mm、螺距为 3mm 的螺纹指令为

G33W-100J3

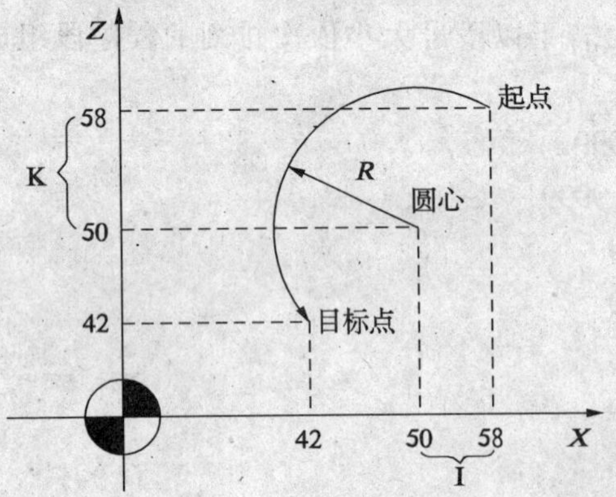

图 8-1-9

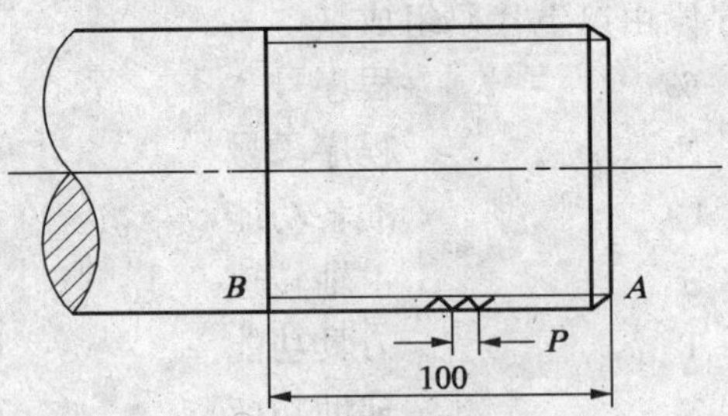

图 8-1-10

螺纹的深度通过 G01 指令移动起点 *A* 的位置而得到。对于英制螺纹,只要求出螺距即可。如加工螺距 1.23mm、长 35mm 的螺纹,指令为

G33W—35J1.23

8.1.3 编程举例

如图 8-1-11 为综合加工实例,工序安排为

①加工外圆及锥面;

②割槽;

③加工圆弧;

④加工螺纹。

设 1 号刀为外圆刀,2 号刀为割刀,3 号刀为圆弧车刀,4 号刀为螺纹车刀。程序如下:

%009		X-9F5	割槽
G92X0Z0		X0F15	
T10	1 号刀	Z0F15	
X-3F15	车 ø40	T30	3 号刀
Z-40.5F6G26		X-18F15	圆弧起点
X5.5F15	ø35×20	Z-0.5F6	

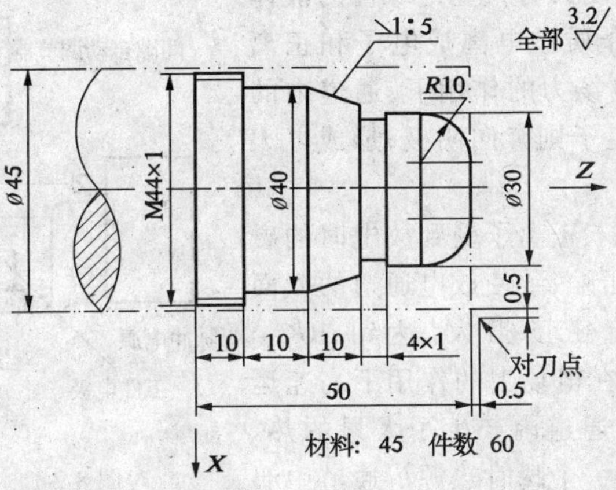

图 8-1-11

Z20.5F6		G12U10W10I0K－10F3	圆弧加工
X－3F15G26		X0Z0F14	
X－8F15	ø30×20	T40	4 号刀
Z－20.5F6		X－1.86F09	
X－5.5F15		Z－40F15	
X－3.5Z－30.5F6G26	锥面	G33W－10J1	螺纹
T20	2 号刀	G27	
Z－18.5F15		M02	

8.2 特种加工

“特种加工”是相对传统切削加工而言的。特种加工是直接利用电能、声能、光能和电化学能等能量形式进行加工的总称。特种加工与切削加工相比有两个特点：直接利用电能、声能、光能、电化学能等能量形式去除被加工工件上的多余部分，使其成为合格零件；在加工过程中，工件与工具之间没有明显的机械力作用，所用工具材料的硬度可以低于被加工工件的硬度。因此，特种加工能够解决一般刀具无法进行的切削加工。如高硬度及难切削材料的加工和形状复杂的特殊结构、细微结构的加工等问题。目前，特种加工已经得到广泛应用。

8.2.1 电火花加工

电火花加工是在一定的介质中，通过工具电极和工件电极之间的脉冲放电的电蚀作用，对工件进行加工的方法。

1）电火花加工原理

电火花加工过程大致分为液体绝缘介质被击穿电离、脉冲火花放电、金属热熔气化、金属被抛离电极表面等四个阶段。

电火花加工原理如图 8-2-1 所示。

工具电极和工件电极浸在油槽的液体介质中，液体介质多用煤油。脉冲电源不断发出一连串的脉冲电压在工具电极和工件电极上。由于电极的微观表面是凸凹不平的，极间某凸点处的电场强度最大,使具有一定绝缘性的液体介质最先被击穿,液体介质被电离成电子和正离子,形成放电通道。在电场力的作用下,通道内的电子高速奔向阳极,正离子则奔向阴极,形成电火花放电现象。

由于放电通道的电子、正离子受到放电时的磁场力和周围液体介质的压缩,致使放电通道的截面积很小,通道内的电流密度很大,达到 10^6 ~ $10^7 A/cm^2$。电子和正离子在电场力的作用下高速运动时,相互碰撞,在放电通道内产生了大量的热。这样,整个放电通道变成一个瞬时热源。通道中心的温度可达 10000℃左右,使电极上放电处的金属迅速熔化,甚至汽化。

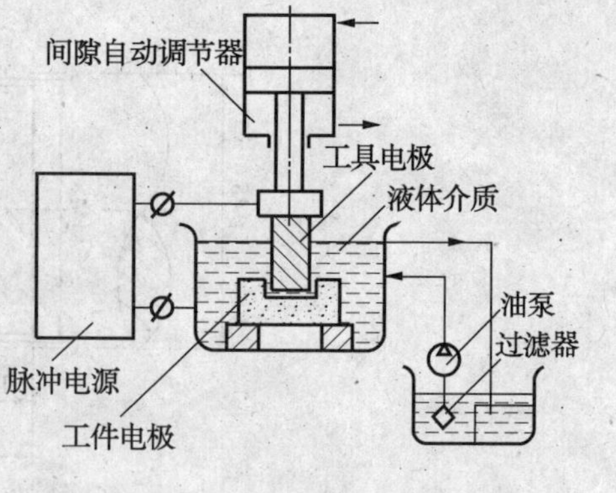

图 8-2-1　电火花加工原理

上述脉冲火花放电的过程极为短促,具有爆炸性质,加工时可以听到噼啪声。爆炸力把熔化和汽化了的金属微粒抛离电极表面。金属微粒被液体介质迅速冷却、凝固,继而从两极间隙中冲走,于是,每次火花放电后,工件表面形成一个小凹坑。随着工具电极在间隙自动调节器控制下不断进给,脉冲放电将不断进行。电蚀过程周而复始,无数个电蚀小凹坑将重叠在工件上,工具电极的轮廓形状就相当精确地"复印"在工件上,从而实现控制电蚀现象以满足一定形状和尺寸要求。液体介质中充满了细碎的电蚀产物,流回油箱后经过滤器和油泵再输入油槽,干净的液体不断从电极间冲走细碎的电蚀产物。

2)电火花加工的工艺特点

①对工件材料的适应性强　任何硬、脆、软的材料和高熔点材料,只要能导电,都可以进行电火花加工。

②对工件的结构形状适应性强　一些难装难夹难加工的薄壁、小孔、窄槽、各种复杂截面的型孔和型腔零件等,都可以较方便地实现加工。

③对工件的加工性质适应性强　在同一台电火花加工机床上可以连续地进行粗加工、半精加工和精加工。精加工以后表面粗糙度 $Ra1.6 \sim 0.8\mu m$。尺寸精度视加工方式而异,穿孔加工为 0.05~0.01mm,型腔加工为 0.1mm 左右。

3) 电火花加工的应用

①穿孔加工　电火花穿孔加工可用于加工各种型孔(圆孔、方孔、多边孔、异形孔等)、小孔(直径为 0.1~1mm)和微孔(直径小于 0.1mm)等。例如,冲压加工用的落料、冲孔凹模、拉丝模等。

工具电极的尺寸精度对穿孔的精度影响较大,要求工具电极的尺寸精度比微型孔尺寸精度高一级,工具电极的尺寸公差等级一般为 IT7,表面粗糙度 $Ra1.25\mu m$。

②型腔加工　电火花型腔加工主要用于锻模、挤压模、压铸模等的加工。型腔加工比穿孔加工要困难得多,关键是如何排除电蚀产物,如何降低工具电极的损耗和如何合理选择脉冲参数。

为了便于排除电蚀产物,常在工具电极上增设冲油孔,用压力油将电蚀产物强迫排除,如图 8-2-2 所示。为了提高加工精度,常选用耐蚀性好的工具电极材料(如石墨、紫铜等)以减少工具电极的损耗。采用多个电极分别对型腔进行粗加工、半精加工和精加工,便于合理选择脉冲参数，常用于精密型腔的加工。

8.2.2 数控线切割加工

数控线切割是在电火花成形加工的基础上发展起来的，它不是靠成形的工具电极“复印”在工件上，而是利用细金属丝(多用0.02～0.3mm的钼丝)作工作电极，按预先编制的数控程序运行轨迹进行切割加工。其加工原理如图8-2-3所示。

脉冲电源的一个极接工件，另一个极接电极钼丝。液体介质用油管喷射到切割部位(图中未画出)。储丝轮通过导轮使电极钼丝作正向或反向交替移动，实现切割工作。

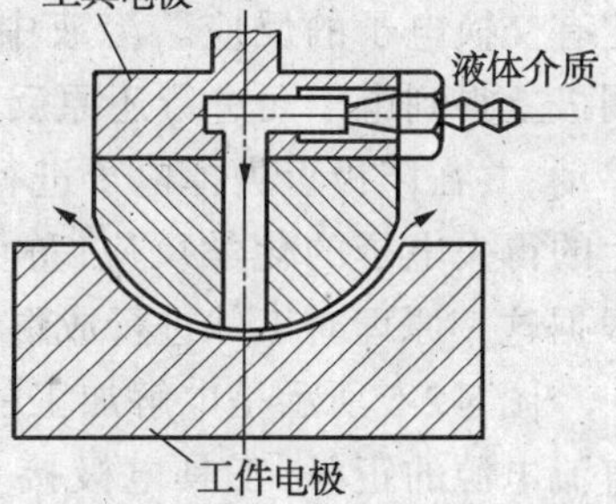

图 8-2-2 有冲油孔的工具电极

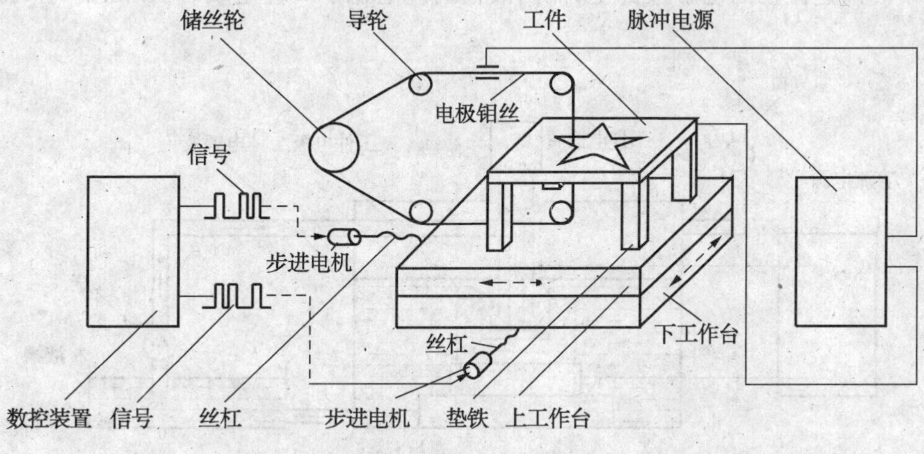

图 8-2-3 线切割原理

数控装置输出电脉冲信号控制步进电机工作。上工作台和下工作台在相应的步进电机带动下(通过丝杠)，在水平面内的两个坐标方向上各自作进给运动。合成运动的曲线轨迹受数控装置控制，自动地切割出所需要的工件形状。通常，工件需用垫铁支承，以利于电极钼丝穿过工件。

线电极切割加工省掉了成形的工具电极，缩短了生产周期，对新产品试制有重要意义。另外，由于作为电极的金属丝不断上下移动，电极丝基本上不受电蚀损耗的影响，故加工精度较高。其尺寸精度达0.02～0.01 mm，表面粗糙度 $Ra1.6\mu m$。但是，线切割不能加工盲孔类零件表面和台阶成形表面。

线切割广泛用于加工冲模、样板和形状复杂的细小精密零件。

8.2.3 电解加工

电解加工是利用金属工件在电解液中所产生的阳极溶解作用而进行加工的方法。

1)电解加工原理

把两金属片接在直流电源的两极上，并插进加入少量食盐的水溶液中，如图8-2-4所示，导线和溶液中就有电流通过。

导电溶液(即电介质溶液)是靠溶液中的正、负离子移动而导电的，例如图8-2-4中的NaCl溶液即为离子导体，其中有正离子 Na^+ 和负离子 Cl^-，还有少量的 H^+ 和 OH^- 离子。当这两类导体构成通路时，在金属片（电极）和溶液的界面上，必定有交换电子的反应。溶液中的正离子将向阴极移动，并在阴极上得到电子而进行还原反应。溶液中的负离子将向阳极移动，并在阳极上失掉电子进行氧化反应。在阳、阴极表面产生的得失电子的化学反应，称为电化学反应。电解加工就是根据这一原理对工件进行成形加工的。

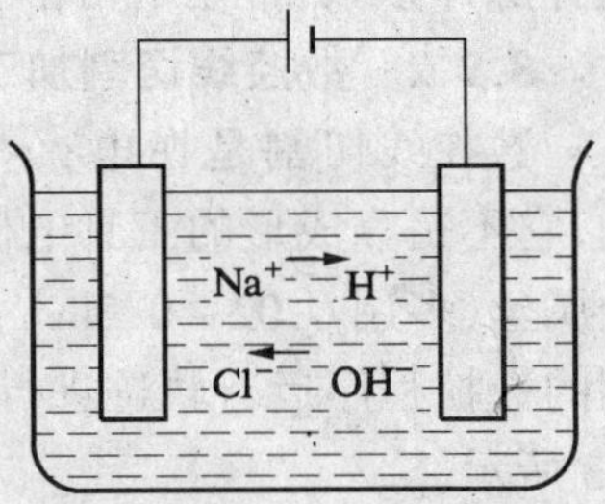

图 8-2-4　两类导体的导电过程

图 8-2-5 所示是电解加工的示意图。加工时，工件电极接直流电源的正极，工具电极接直流电源的负极。工具电极缓慢进给使两电极之间始终保持狭小的间隙（0.1～1mm）。当由电子导体和离子导体组成的电路接通后，工件电极表面的金属就被迅速地溶解，电解腐蚀物被泵供给的高速流动的电解液冲走，流向液槽内。电化学反应生成的 H_2 由氢气口排走。

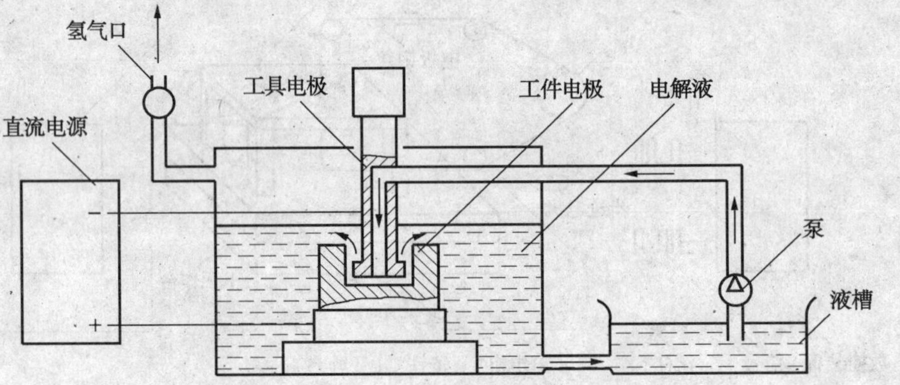

图 8-2-5　电解加工

电解加工的成形原理如图 8-2-6 所示。图中的细竖线表示通过工具电极（阴极）和工件电极（阳极）间的电流，竖线的疏密程度表示电流密度的大小。在加工开始时，两极距离较近的地方通过的电流密度较大，电解液的流速也较高，工件电极的溶解速度也比较快，如图 8-2-6a）所示。由于工具电极的不断进给，工件电极的表面不断被电解，直至工件表面形成与工具电极工作面的形状基本相似为止，如图 8-2-6b）所示。

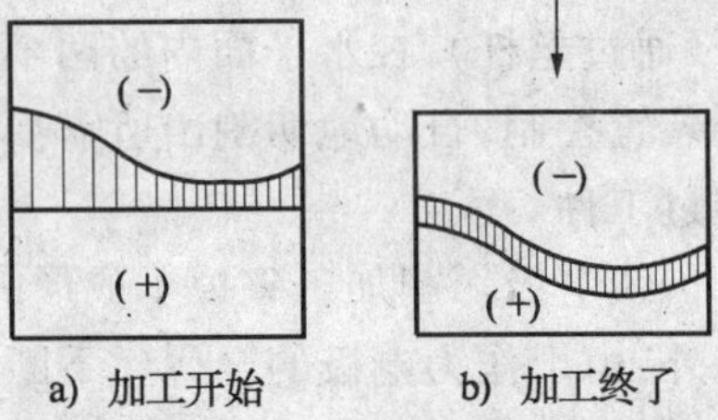

图 8-2-6　电解加工成形原理

电解加工使用的电源是直流稳压电源，采用低工作电压（6～24V）和大工作电流（500～20000A）。工具电极材料常用黄铜、不锈钢等。电解液常用 NaC1、$NaNO_3$ 的水溶液等。

2）电解加工的工艺特点

①对工件材料的适应性强　高硬度、高强度和高韧性的难切削的金属材料可以加工，并且，生产率高于电火花加工。

②表面加工质量较好　表面粗糙度值 *Ra* 可达 0.8～0.2μm，比电火花加工好。但尺寸精度不如电火花加工。其型孔加工尺寸精度为 0.06～0.01mm，型腔加工尺寸精度为 0.10～0.40mm。

③腐蚀作用较强　电解液对机床有腐蚀作用，电解加工机床需采用防腐措施，机床费用高。另外，电解物难以处理和回收，对环境污染严重。

3)电解加工的应用

电解加工主要用于深孔扩孔、型孔、型腔、套料、叶片、倒棱去毛刺和电解抛光加工等。

由于电解加工比电火花加工生产率高，加工精度较低，机床费用较高，故适应于大批量生产，而电火花加工则适于单件小批量生产。

电解磨削是电解加工的一种，加工原理也基本相同，不过它的腐蚀物(氧化膜)不是由液流冲刷掉，而是砂轮的磨料来刮除掉，如图 8-2-7 所示。

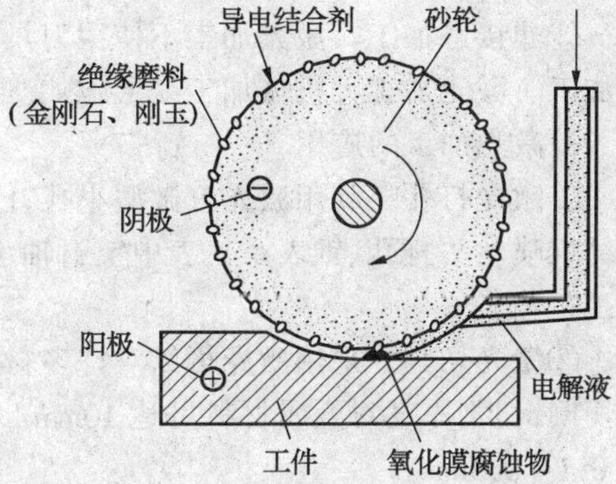

图 8-2-7　电解磨削的工作原理

电解磨削时由于几乎不会产生磨削力和磨削热，因而避免了裂纹、烧伤和变形等缺陷，可以高效率、高质量(表面粗糙度值 Ra 为 0.025～0.012μm，尺寸误差只有 1～2μm)地磨削各类硬质合金、高速钢等切削工具，以及磨削各种强度高、韧性大、脆性大、热敏感材料所制成的零件。但由于辅助设备多，故设备费用也比较高。

8.2.4　激光加工

激光加工是利用功率密度极高的激光束照射工件的被加工部位，使其材料瞬间熔化或蒸发，并在冲击波作用下，将熔融物质喷射出去，从而对工件进行穿孔、蚀刻、切割；或采用较小能量密度，使加工区域材料熔融粘合，对工件进行焊接。

1)激光加工原理

激光加工就是通过一系列装置，把光的能量高度地集中在一个极小的面积上，产生几万摄氏度的高温，从而使任何金属或非金属材料立即气化蒸发，并产生很强烈的冲击波，使熔化物质呈爆炸式喷射去除，从而在工件上加工出孔、窄缝以及其它形状的表面。

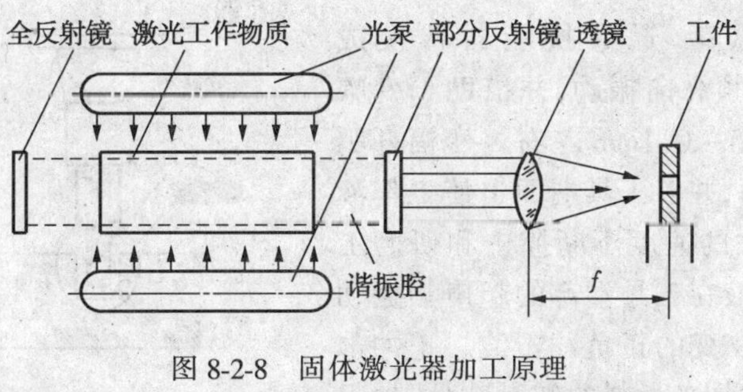

图 8-2-8　固体激光器加工原理

固体激光器的工作原理如图 8-2-8 所示。当激光工作物质受到光泵的激发后，会有少量激发粒子自发辐射出光子，于是会感应所有其它激发粒子产生受激辐射，造成光放大，并通过谐振腔(由两反射镜组成)的反馈作用产生振荡。由谐振腔的一端输出激光，并通过透镜聚焦到工件的待加工表面上,进行各种加工。

2)激光加工工艺特点

①对工件材料的适应性强　激光几乎对所有的金属材料和非金属材料都可以进行加工。特别是对坚硬材料、难熔材料可以进行微小孔(0.01～1mm)加工,最小孔径可达0.001mm,孔的深径比可达50～100。

②加工效率高　激光加工效率很高,打一个孔只需0.001秒。因此,激光加工易于实现自动化生产和流水作业。

③非接触加工　激光加工不使用刀具,并且可以通过空气、惰性气体或光学透明介质进行加工。激光加工无机械加工变形,热变形也很小。

3)激光加工的应用

①激光打孔　利用激光打微型小孔,已应用于火箭发动机和柴油机的喷油嘴加工。化学纤维喷丝头打孔、钟表及仪表中宝石轴承打孔、金刚石拉丝模孔的加工等,都可应用激光加工工艺。

②激光切割　采用激光可以对许多材料进行高效率的切割加工,切割速度一般超过机械切割,切割厚度对金属材料可达10mm以上,对非金属材料可达几十毫米,切缝宽度一般为0.1～0.5mm。

③激光焊接　激光焊接通常用减少激光输出功率的方法,将工件结合处(烧熔)粘合在一起实现焊接。焊接过程极为迅速,热影响区极小,没有焊渣,甚至能透过玻璃焊接和实现金属与非金属材料之间的焊接。

8.2.5 超声波加工

超声波加工是利用超声振动的工具,带动工件和工具间的磨料悬浮液,冲击和抛磨工件的被加工部位,使其局部材料破碎成粉末,以进行穿孔、切割和研磨等加工方法。

1)超声波加工原理

频率超过16000Hz的振动波,称为超声波。超声波的能量比声波大得多,超声波加工的原理如图8-2-9所示。加工时,在工件和工具之间加入液体(水或煤油)和磨料混合的悬浮液,并使工具以很小的力 F 轻轻压在工件上。超声波发生器产生的超声频振荡,通过换能器转换成16000Hz以上的超声频纵向振动,并借助于变幅杆把振幅放大到0.05～0.1mm左右。变幅杆驱动工具作超声频振动,并以工具端面迫使工作液中悬浮的磨粒以很大的速度不断撞击和研磨工件表面。此外,工作液在工具端部的超声频振动作用下,还产生高频交变的正负冲击波。正冲击波迫使工作液挤入被加工材料的细微隙处,加强了机械破坏作用;负冲击波造成局部真空,在工作表面形成液体的空穴。当液体空穴闭合时,引起极强的液压冲击,单位冲击力可达几千至几万个大气压,这样大大强化了加工过程。这些作用的综合结果,把工件加工区域的材料破

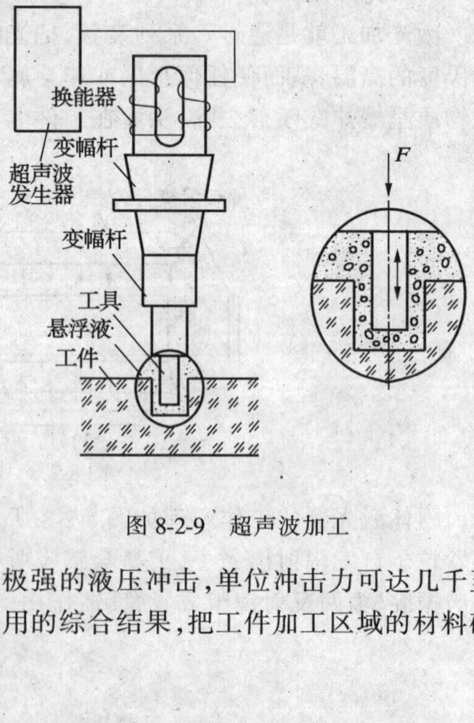

图8-2-9　超声波加工

碎成微粒从工件“敲”下,逐步使工件形成与工具端面形状相似的型腔,达到加工的目的。

2)超声波加工的工艺特点

①适应于加工各种硬脆材料　超声波加工是基于局部撞击作用,因此,越是硬脆的材料,受撞击作用遭受的破坏越大,越适宜超声波加工。

②加工质量较好　由于超声波加工是靠极小的磨料对加工表面瞬时局部撞击作用去除加工材料,故对工件表面的宏观切削力很小,切削力和切削热也很小,不会引起变形和烧伤。表面粗糙度值 Ra 为 1.0~0.1μm,加工精度可达 0.02~0.01 mm,而且能加工薄壁、窄缝、低刚度零件。

③操作方便　由于超声波加工使用的工具由较软的材料制成,故工具的形状可以较为复杂,从而使工件与工具之间的相对运动较为简单。机床结构简单,操作维修方便。

3)超声波加工的应用

超声波加工不仅能加工硬质合金、淬火钢等脆硬材料,而且更适合于加工玻璃、陶瓷、半导体锗和硅片等不导电的非金属脆硬材料。

超声波加工的生产率虽然比电火花、电解加工低,但其加工精度较高,加工后的表面粗糙度值较小。因此,常常安排超声波加工,以进一步提高加工质量。

超声波加工目前主要用于加工脆硬材料上的圆孔、型孔、套料、微细孔等,如图 8-2-10 所示。

超声波加工还用于清洗加工和焊接加工。

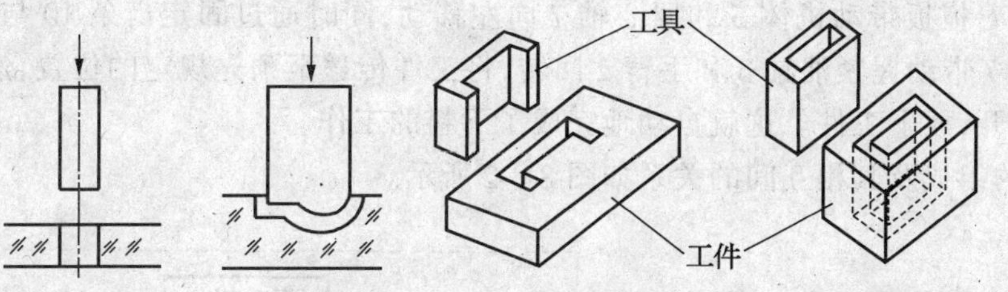

图 8-2-10　超声波加工举例

数控加工与特种加工实习安全技术

1.操作数控机床和数控线切割机床要遵守车工实习规范。

2.打开电源后应使计算机复位,关掉功放开关,检查系统参数。

3.输入程序,先以图形方式模拟运行,检查轨迹正确性,确认程序正确后方可加工零件。

4.加工过程中如遇紧急情况需停止加工,应按急停键,然后将刀具退回起点。

5.加工结束后,关闭电源,清扫导轨、刀架、滑板等部位切屑,擦净机床,在导轨和滚珠丝杠上加润滑油。

6.激光加工时眼睛勿直接观察激光工作点。

7.数控线切割加工时要正确安装电极丝与工件,调整钼丝至预定切入位置。钼丝接高频电源负端,工件接正端,钼丝不可接触工件。

8.严格按照设备使用说明和操作规程操作。

8.3 机械手与机器人

在机械制造自动化的发展进程中，机械手和工业机器人日益成为生产机械化和自动化的重要组成部分，它不仅能减轻人们的体力劳动，而且能代替人们在危险的、有毒、有害的条件下进行作业。在机械工业中，铸、锻、焊、冲压、热处理、机械加工、装配、检验、电镀等工种都有应用的实例，其它部门，如轻工业、建筑业、国防工业等工作中也均有所应用。通常所说的机械手，是一种专用的程序固定的自动机械；而机器人是由电子计算机控制的程序可变的通用自动机械。两者的差别在于计算机控制。

8.3.1 机械手

1)机械手及其组成

机械手是一种能按给定的程序或要求，自动地完成物件（如材料、工件、零件或工具等）传送或操作作业的机械装置，它能部分地代替人的手工劳动。较高级的机械手，还能模拟人的手臂动作，完成较复杂的作业。

图 8-3-1 所示为粗车活塞止口的下料机械手。该机械手臂具有两个运动，即臂部的左右转动和左右移动（通常手指的抓放动作不计入机械手的运动自由度数目之内）。它的两个手指不工作时，处于张开状态（下手指靠自重张开，上手指靠弹簧 11 的作用拉开）。工作时，握紧油缸 3 的活塞杆左移，通过活塞杆端部的斜面就使两个手指同时闭合，握紧机床上已加工好的工件；接着拖板带动机体 5 和回心轴 7 向左移动，同时通过固定齿条 10 与齿轮 8 的啮合，使回心轴 7 带动握紧油缸 3 和手臂 2 回转，将工件传送至预先规定的位置；然后，活塞杆右移，手指松开，放下工件。这就自动地完成了下料的工作。

机械手的组成及其相互间的关系如图 8-3-2 所示。

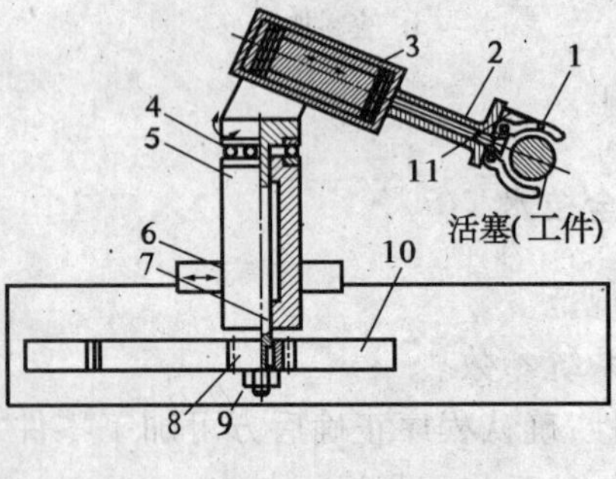

图 8-3-1 粗车活塞止口下料机械手

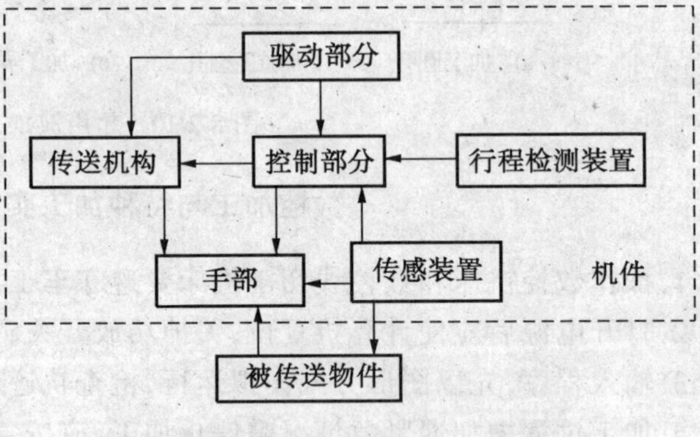

图 8-3-2 机械手的组成及其相互间关系

(1)手部（或称抓取机构）

包括手指、传力机构等，主要起抓取和放置物件的作用。

(2)传送机构（或称臂部）

包括手腕、手臂等，主要起改变物件方向和位置的作用。

(3)驱动部分

它是驱动前两部分的动力，因此也称动力源，常用的有液压、气压、电力和机械式驱动四种型式。

(4)控制部分

它是机械手动作的指挥系统,由它来控制动作的顺序(程序)、位置和时间(甚至速度与加速度)等。

(5)其它部分

如机体、行走机构、行程检测装置和传感装置等:

① 机体(也称机身)　是用以支承和连接其它零件、部件的基础件。

② 行走机构　是为了扩大机械手的使用空间而设置的。它本身又包括动力源、传动(减速)机构、滚轮或连杆机构等。目前大多数机械手还缺乏行走机构。

③ 行程检测装置　是检测和控制机械手各运动行程(位置)的装置。

④ 传感装置　传感器使手指具有敏感性和自控性,用以反映手指与物件是否接触,物件有无滑下或脱落,物件的方位是否正确,手指对物件的握紧力是否与物件的重量相适应等。

2) 机械手的分类

(1)按用途分

①专用机械手　一般只有固定的程序,而无单独的控制系统。它从属于某种机器或生产线,用以自动地传送物件或操作某一工具,例如"齿坯上下料机械手"、"曲拐自动车床机械手"、"油泵凸轮轴自动线机械手"等等。这类机械手机构较简单,成本较低,适用于动作比较简单的大批量生产的场合。

②通用机械手(也称工业机器人)　既具有可变程序和单独驱动的控制系统,又不从属于某种机器,能自动地完成传送物件或操作某些工具的机械装置。

通用机械手按其定位和控制方式的不同,可分为简易型和伺服型两种。简易型只能是点位控制,故属于程序控制类型;伺服型可以是点位控制,也可以是连续轨迹控制,一般属于数字控制类型。这类机械手,由于手指可换(或能调整),程序可变,适用于中小批生产。但因其运动较多,结构较复杂,技术条件要求较高。

(2)按驱动方式分

①液压传动机械手　是以油液的压力来驱动执行机构运动的机械手。其主要特点是:抓重可达几百公斤以上、传动平稳、机构紧凑、动作灵敏。但对密封装置要求严格,不然油的泄漏对机械手的工作性能有很大影响,且不宜在高温、低温下工作。若机械手采用电液伺服驱动系统,可实现连续轨迹控制,使机械手的通用性扩大,但是电液伺服阀的制造精度高,油液要求严格,成本高。

②气压传动机械手　是以压缩空气的压力来驱动执行机构运动的机械手。其主要特点是介质来源方便,气动动作迅速,机构简单,成本低。但是,由于空气具有可压缩的特性,工作速度的稳定性较差,而且气源压力较低,抓重一般在30kg以下,适用于高速、轻载、高温和粉尘大的环境中进行工作。

③机械传动机械手　由机械传动机构(如凸轮、连杆、齿轮和齿条、间隙机构等)驱动的机械手。它是一种附属于工作主机的专用机械手,其动力是由工作机械传递的。它的主要特点是运动准确可靠,动作频率高,但结构较大,动作程序不可变。它常被用于为工作主机上、下料。

④电力传动机械手　由特殊结构的感应电动机、直线电机或功率步进电机直接驱动执

行机构运动的机械手,因为不需要中间的转换机构,故机械结构简单。其中直线电机机械手的运动速度快和行程长,维护和使用方便。

(3)按控制方式分

①点位控制　它的运动为空间点到点之间的移动,只能控制运动过程中几个点的位置,不能控制其运动轨迹。若欲控制的点数越多,则必然增加电气控制系统的复杂性。目前多数机械手属于点位控制。

②连续轨迹控制　它的运动轨迹为空间的任意连续曲线,其特点是设定点为无限的,整个移动过程处于控制之下,可以实现平稳和准确的运动,并且使用范围广,但电气控制系统复杂。

8.3.2　机器人

机器人技术是在控制工程、计算机科学、人工智能和机构学等多种学科的基础上发展成的一种综合性技术。这项技术已逐渐形成一门新兴的学科——机器人学。

研制机器人的目的在于为人类服务。在社会生产和科学实验等活动中,人们可以将那些单调、繁重以及对健康有害、对生命有危险的劳动(如水下深处、宇宙空间、瓦斯污染的矿井、核能辐射等场所的作业)交给机器人去完成,借以改善人们的工作条件。

工业机器人是以多品种、小批量生产自动化为服务对象的,因此,它在柔性制造系统(FMS)、计算机集成制造系统(CIMS)和其它机电一体化的系统中获得了广泛的应用,成为现代生产中不可缺少的组成部分。图 8-3-3 是一般工业机器人的主要组成部分示意图。

一般给机器人下定义都着重于从功能方面考虑,而不是看它是否具有与人相似的外形。因此可将机器人定义为是一种具有智能、具有类似于人的手和脚的运动功能,并能完成给定工作任务的机器。目前的机器人不一定都能满足这些条件,多数工业机器人往往还只有简单的功能,即使说具有智能,也仅仅是指那些学习、记忆、再现等简单的初级智能。

智能指的是感觉、知觉、运算、学习、鉴别、综合和判断等能力;机能指的是变通性、通用性和空间占有性等;物理能指的是力、速度、耐用度、平稳性和可靠性等。如果以智能度、机能度和物理能度为坐标,便可以构成一个三坐标的"生物空间",生物人、机器人、工程机械以及信息处理机械在生物空间所占有的位置是各不相同的,如图 8-3-4 所示。工程机械是具有机能和物理能的二元机械;信息处理机械是具有智能和物理能的二元机械;而工业机械人则与生物人相仿,是具有智能、机能和物理能的三元机械。

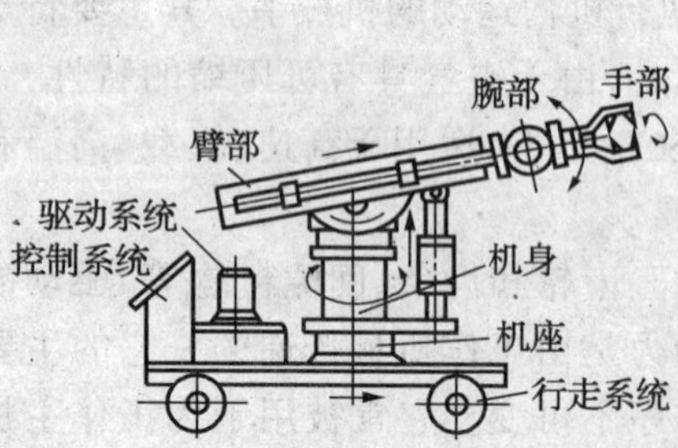

图 8-3-3　工业机器人的组成

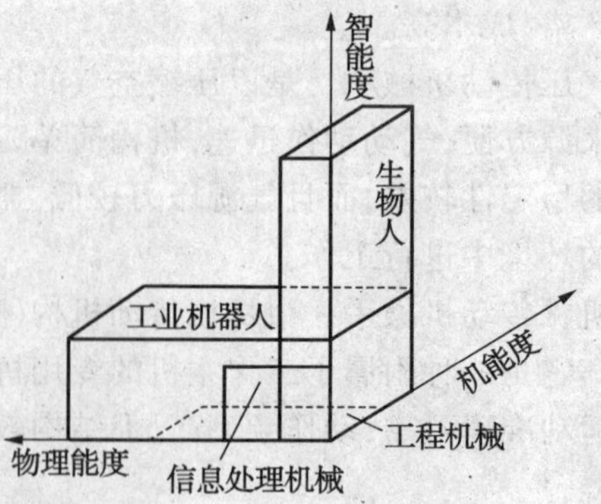

图 8-3-4　三坐标"生物空间"

8.3.3 机器人的分类及应用

1)按其用途分

①工业机器人　它用于焊接、喷漆、组装、搬运、密封等作业。

②医疗福利机器人　它用于护理、帮助病员和残疾人。

③教育、电子游戏机器人　它用于教育、研究、电子游戏等。

④特殊工作机器人　它用于擦窗、建筑、宇宙开发、海洋开发、原子能发电站的维护和检修等。

⑤其它机器人　它用于办公和家庭服务。

2)按输入信息分

① 手控机器人　它具有与人的上肢相同的功能,由人操纵,依靠人的视觉进行工作。严格来讲,这是一种机械人。

② 固定顺序机器人　它按照预先给定的顺序和条件依次完成各个阶段的动作,工作顺序一般不容易改变,往往被作为某种装置的一个自动化部件而组装在该装置中,如加工中心的换刀机械手便是。

③ 可变顺序机器人　它与固定顺序机器人相反,其工作顺序可以根据需要随时改变,这种类型的机器人适用在多品种、小批量的生产服务中,再现式机器人就是其一,它的工作分两个阶段:

(a)示教阶段　此时由操作者握着机械手或通过拨动示教盒上的按钮和开关控制机械手完成各种动作,而机械手在完成动作的同时便记住操作者教给它的动作顺序、移动距离以及其它信息;

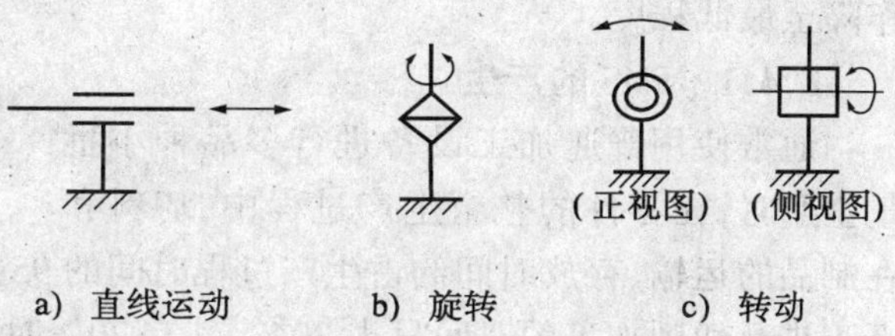

图 8-3-5　工业机器人的基本运动形态

(b)再现阶段　机器人逐次读出在示教阶段所记忆的各种信息,并严格完成(再现)操作者所教给它的动作。

④ 数字控制机器人　首先以数字程序形式给出机器人的动作顺序、位置以及其它信息,然后再由阅读装置逐段读出程序,控制机器人严格按照程序工作。

⑤ 智能机器人　这种类型的机器人不仅能重复预先记忆的动作,还具有能按照环境变化随时修正或改变动作的自律功能。因此,智能机器人为了能感觉环境状态并作出正确的反应,需要有各种感觉器官(视觉、听觉、触觉等传感器)和处理复杂信息的计算机硬件与软件。

工业机器人手臂和关节运动的最基本形态有三种:直线运动、旋转运动和摆动(转动),以上三种运动可以用图形符号表示,如图 8-3-5 所示。图中直线运动用直线表示;旋转运动用棱形和一条直线轴表示;转动则以圆和一条直线表示。根据三种运动形式的不同组合可构成机器人的多种运动形态。

3)按照动作形态分

①直角坐标机器人　其机械手主要按直角坐标移动,如用于进行汽车点焊的直角坐标机器人。

②圆柱坐标机器人(图 8-3-6a)) 其手和臂主要按圆柱坐标移动,如用于进行机械加工的圆柱坐标机器人。

③极坐标机器人(图 8-3-6b)) 其手和臂主要按极坐标转动,如用于喷漆的极坐标机器人。

④多关节机器人(图 8-3-6c)) 它的动作主要依靠转动各个关节来完成。

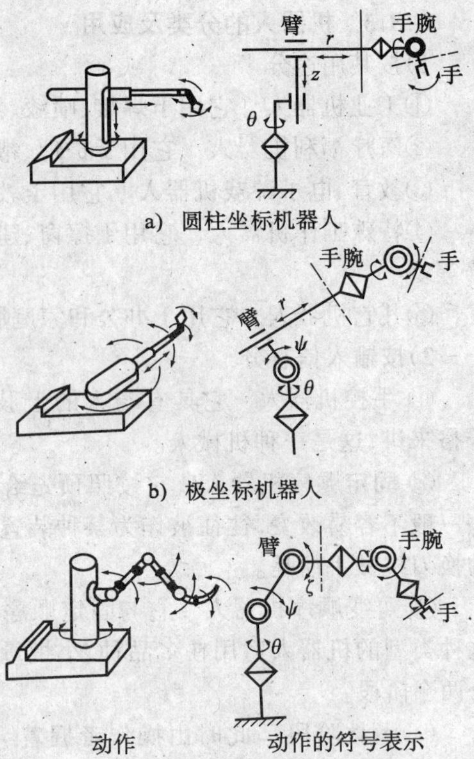

图 8-3-6 机器人的动作原理

8.4 柔性制造系统 FMS

柔性制造技术(FMS: Flexible Manufacturing System)是由统一的计算机控制系统(信息流)、物料(工件、刀具)和输送系统(物料流)连接起来的一组加工设备,能在不停机的情况下实现多品种、小批量零件的加工,并具有一定管理功能的自动化制造系统。这里柔性是指时间和空间的灵活性,而自动化是指将手工操作降至最低程度。

8.4.1 FMS 的产生

通常使用普通加工设备进行多品种小批量生产时,在零件的整个生产过程中,坯料和在制品的运输、存放时间约占生产过程时间的95%,花在机床上的时间仅为5%,而这5%中真正进行切削加工的时间只占30%,其它70%时间用于零件的定位、装夹、换刀、测量、机床的调整和维修以及清除铁屑、待料等。数控机床只是减少了在机床上的非切削时间和工序间加工设备更换时用于零件搬运、存放等的时间(由于能进行集中工序加工)。因此,为了进一步提高劳动生产率,缩短零件生产周期,充分发挥机床利用率,必须在中小批量生产领域里进一步提高自动化程度,即在上述各个环节尽量实现自动化,如工件输送和搬运自动化、工件装卸自动化、仓库的工件存取自动化、机床上刀具寿命管理自动化和刀具磨损的自动检测与自动补偿、刀具输送和交换自动化、刀具破损的自动检测与自动换刀、工件精度自动测量、自动清除切屑、机床运行状态和加工状态的自动监视和故障的自动诊断等,根据这些生产要求,一种新的制造系统——柔性制造系统(FMS)便出现并迅速发展起来。

FMS 自 20 世纪 60 年代问世以来,就显示出了强大的生命力。它克服了传统的刚性生产线只适用于大量生产的局限性,表现出了对多品种、中小批量生产制造自动化的适应能力。现在世界上已有大量的 FMS 系统在运行,国际上以柔性生产方式生产的产品产值,已占制造总产值的75%以上,其中美国为78%,日本为80%,且有不断增长的趋势。在 21 世纪,FMS 直接影响企业的竞争实力和维持企业的自身生存。FMS 集高效、高质量及高柔性,解决了中小批量和中大批量多品种生产自动化之技术难题,可以说 FMS 是机械制造业生产及管理上的历史性变革。

8.4.2 FMS 的一般组成

FMS 系统的具体组成随待加工工件及其它条件而变化，但系统的扩展必须以模块结构为基础，FMS 主要由加工系统(数控加工设备，一般是加工中心)、物料系统(工件和刀具运输和存储)以及信息流系统(计算机控制系统)组成。如图 8-4-1 所示。

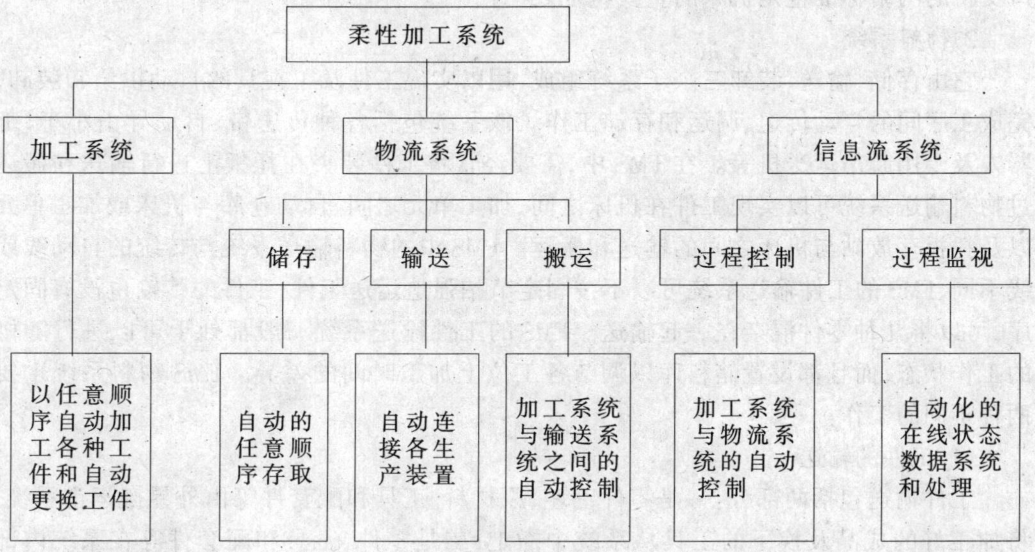

图 8-4-1 柔性制造系统的组成

1)加工系统

加工系统通常由数控机床加工中心或车削中心组成。待加工的工件类别将决定 FMS 所采用的设备型式。

加工中心(MC：Machining Center)，是由机械设备和数控系统组成的适用于复杂零件加工的高效自动化机床，也是一种本身带有刀库和自动换刀装置(ATC)的多工序数控机床。能在一次装夹中完成铣、镗、钻、扩、铰、攻螺纹等多种工序的加工，并且有多种换刀或选刀功能，从而使生产效率和自动化程度大大提高，它可用于加工各种箱体类、板类复杂零件。各种高精度加工中心可代替精密坐标镗床，也可用它作为基础组成柔性制造单元和柔性制造系统。

车削中心(TC：Turn Center)，由数控车床、配刀库和换刀机械手(自动换刀装置)就构成了车削中心。因此数控车床所具有的功能，车削中心都具备，还具有广泛的加工工艺性能，可加工圆柱、圆锥和各种螺纹，具有直线插补、圆弧插补及各种补偿功能。

加工系统的主要类型有：

①以加工箱体类零件为主的 FMS，配备有数控加工中心或数控铣床；

②以加工回转体类零件为主的 FMS，配备有车削中心，或数控车床，或数控磨床；

③适于混合零件加工的 FMS，即能够加工箱体类零件和回转体零件的 FMS。它们配备有加工中心、车削中心或数控车床；

④用于专门零件加工的 FMS。如加工齿轮等零件的 FMS，它除配备有数控车床外还需配备数控齿轮加工机床。

柔性制造系统的加工能力由它所拥有的加工设备的性能所决定。而 FMS 加工中心所需的功率、加工尺寸范围和精度都由待加工的零件族精度决定。从物料输送系统的连接方便性考虑,FMS 最好采用具有托盘装置的机床。同时,机床刀具库的容量也应能够满足加工的需要。从控制角度看,机床与外部环境的通讯能力,即信息交换的种类、数量以及通讯接口支持的网络标准也是机床的重要特性之一。

2)物料系统

它由存储、输送、装卸三个子系统组成,用以实现工件及工夹具的自动供给和装卸,以及完成工序间的自动传送、调运和存储工作。该系统包括各种传送带、自动导引小车、工业机器人及专用起吊运送机等。在 FMS 中,需要经常将工件装夹在托板上进行输送和搬运。通过物料输送系统可以实现工件在机床之间、加工单元之间、自动仓库与机床或加工单元之间以及托板存放站与机床之间的输送和搬运。FMS 中的物料输送系统与传统的自动线或流水线不同,FMS 的工件输送系统可以不按固定节拍强迫运送工件,工件的传输也没有固定的顺序,可以将几种零件混杂在一起输送。FMS 的工件输送系统一般都处于可以进行随机调度的工作状态,而且都设置储料库以调节各工位上加工时间的差异。FMS 物料系统主要完成两种不同的工作:

(1)工件的输送

工件输送包括两部分:一是零件毛坯、原材料、工具和配套件等由外界搬运进系统,以及将加工好的成品及换下的工具从系统中撤走;二是零件、工具和配套件等在系统内部的搬运。在一般情况下,前者需要人工干预(工件送入系统和夹具上装夹工件都是人工操作),而后者可以在计算机的统一管理和控制下自动完成。工件输送系统所用的运输工具为运输小车、辊式运送带、传输带和搬运机器人等。

(2)工件的存储

工件的存储包括物品在仓库中的保管和生产过程中在制品的临时性停放。这就要求 FMS 的物料系统中设置适当的中央料库和托盘库以及各种形式的缓冲储区,以保证系统的柔性。

在 FMS 中,中央料库和托盘库往往采用自动化立体仓库。在制造自动化系统中,以自动化立体仓库为中心组成毛坯、半成品、配套件或成品的自动存储。自动检索系统是物料系统的核心,它由库房、堆垛起重机、控制计算机、状态检测器、条形码扫描器等设备组成,是一个由计算机统一控制进行作业和管理的仓库系统。在该系统中,堆垛起重机将根据主计算机的控制指令动作,主计算机与各物料搬运装置的计算机联机并负责进行数据处理和物料管理工作。自动化立体仓库不仅因为对占地的立体使用,解决了地皮不足的难题,而且由于实现了出库作业的自动化和迅速处理库存信息的能力,克服了人手缺乏、库存管理复杂的困难。

3)信息流系统

它实施对整个 FMS 的控制与监督。这实际上是由中央管理计算机与各设备的控制装置组成的分级控制网络,它们组成了信息流。

该系统用于处理 FMS 的各种信息、输出控制 CNC 机床、物料搬运系统等自动操作所需的信息。计算机控制系统通过主控计算机或分级式计算机系统来实现制造自动化系统的主要控制功能。根据 FMS 的规模大小,系统的复杂程度将有所不同。通常大多采用 3 级分布式计算机控制系统。第一级为设备层控制系统,主要是对机床和工件装卸机器人的控制,包括对各种加工作业的控制和监测;第二级是工作站层控制系统,它包括对整个系统运转的管理、零件流动的控制、零件程序的分配以及第一级生产数据的收集;第三级为单元级控制系统,主要编制日程进度计划,把生产所需的信息如加工零件的种类和数量、每批生产的期限、刀夹具种类和数量等送到第二级系统。FMS中的单元级控制系统,即单元控制器是FMS控制系统的核心,也是实现FMS柔性的主要组成部分。

FMS的系统软件用以确保FMS有效地适应中小批量多品种生产过程的管理、控制及优化工作。一般包括设计规划软件、生产过程分析软件、生产计划调度软件与系统管理及监控软件。

FMS还有刀具监视和管理系统、切屑排除系统以及零件的自动清洗和自动测量设备。

8.4.3 FMS应具有的功能

1)自动完成多品种、多工序工件的加工功能

这是依靠计算机控制的数控机床群来实现,其中包括自动更换刀具、自动安装工件、切削液的自动供应和切屑的自动处理等。

2)自动输送和储料功能

这是由各种自动输送设备如环形输送托板、传输装置、无轨小车、工业机器人等和自动化储料仓库如毛坯仓库、中间仓库、零件仓库、夹具仓库、刀具仓库等来实现的。

3)自动诊断功能

这是由系统工况监视功能、指令和恢复功能组成。监视功能又称为监控功能,它是通过各种类型的传感器来测量工件的加工精度,从而控制加工尺寸;监视刀具的磨损或破损以便及时换刀等,以保证加工的顺利进行。指令、恢复功能就是计算机发出工作指令来补偿加工精度、更换磨损刀具的功能。

4)信息处理功能

即对所需信息进行综合、控制,包括以下几个方面:

①编制生产计划及生产管理程序,实现可变加工而又均衡生产。

②编制数控机床、输送装置、储料装置及其它设备的工作程序,从而实现自动加工。

③生产、工程信息的论证及其数据库的建立。

8.4.4 FMS的分类

按FMS的规模大小可分为以下4类:

1)柔性制造单元(FMC:Flexible Manufacturing Cell)

FMC在生产中比FMS晚6~8年出现,它由1~2台加工中心、工业机器人、数控机床及物料运送存储设备构成,具有适应加工多品种产品的灵活性。FMC可看成是一个规模最小的FMS,是FMS向廉价化及小型化方向发展的一种产物,其特点是实现单机柔性化及自动化,目前已进入普及应用阶段。

2)柔性制造系统(FMS: Flexible Manufacturing System)

通常包括4台或更多全自动数控机床(加工中心和车削中心等),由集中的控制系统及物料搬运系统连接起来,可在不停机的情况下实现多品种、中小批量的加工及管理。

3)柔性制造线(FML: Flexible Manufacturing Line)

它是处于单一或少品种大批量非柔性自动线与中小批量多品种FMS之间的生产线。

其加工设备可以是通用的加工中心、CNC机床；也可采用专用机床或NC专用机床，对物料搬运系统柔性的要求低于FMS，但生产率更高。它以离散型生产中的柔性制造系统和连续性生产过程中的分散型控制系统(DCS)为代表，其特点是实现生产线柔性化及自动化，其技术已日臻成熟，目前已进入实用化阶段。

4)柔性制造工厂(FMF：Flexible Manufacturing Factory)

FMF是将多条FMS连接起来，配以自动化立体仓库，用计算机系统进行联系，采用从订货、设计、加工、装配、检验、运送至发货的完整FMS。它也包括了CAD/CAM，并使计算机集成制造系统(CIMS)投入实际使用，实现生产系统柔性化和自动化，进而实现全厂范围的生产管理、产品加工及物料储运过程的自动化。

8.4.5 FMS的相关技术

计算机辅助设计技术——未来CAD技术发展将会引入专家系统，使之具有智能化，可处理各种复杂的问题。CAD在设计、质量、效率和成本方面皆显示出其优越性。

机电一体化技术——机电一体化(Mechatronics)技术的含义是：在现代微电子技术的基础上，将机械和电子技术有机地结合在一起，相互协调配合，以便在技术上获得“总体大于各部分之和”的效能，使设计出的产品更为“灵巧轻便”。

模糊控制技术——模糊数学在工业中的实际应用始于20世纪70年代初。进入20世纪80年代时曾掀起一股研究热潮，目前模糊控制技术正处于稳定发展的阶段。模糊数学的实际应用是模糊控制器。最近开发出的高性能模糊控制器具有自学习功能，可在控制过程中不断获取新的信息并自动地对控制量作调整，使系统性能大为改善，其中尤以基于人工神经网络的自学习方法更引起人们极大的关注。

人工智能、专家系统及智能传感器技术——对未来智能化FMS具有重要意义的一个正在急速发展的领域是智能传感器技术。该项技术是伴随计算机应用技术和人工智能而产生的，它使传感器具有内在的“决策”功能。

人工神经网络技术——人工神经网络(ANN)是模拟智能生物的神经网络对信息进行并行处理的一种方法，故人工神经网络也就是一种人工智能工具。在自动控制领域，神经网络不久将并列于专家系统和模糊控制系统，成为现代自动化系统中的一个组成部分。

虚拟现实及计算机仿真技术——虚拟现实(VR)技术是利用计算机并借助相应的传感装置(如头盔和数据手套)及传感媒体(各种信息传输通道及其接口)，使操作人员在远离现场的工作环境中仍具有身临其境之感觉的技术。借助虚拟现实技术能使操作人员“如实”地操纵各种设备或进行“现场”培训。计算机仿真技术亦具有与此相类似的功能。这样，不仅能获得可观的经济效益，节省大量资金与时间，并可避免发生生产中的各种工伤事故。随着高新技术的发展，FMS已渗透、扩散至制造业的各个领域，将对生产方式产生深远的影响。当今世界动态多变的市场要求计算机集成制造(CIM)具有高度柔性。制造系统的柔性是衡量制造系统对变化中的市场、技术及生产条件适应性的重要尺度。显然，制造业的柔性是企业竞争力的一个主要动力，制造柔性是由企业的长期战略考虑而产生的生产与经营决策，故制造柔性不仅是个技术问题，而且也涉及到企业自身的具体情况和条件。就发展中国家的企业而言，以首先提高人力资源和企业结构资源的柔性为最佳。目前日趋增多的人已经认识到，高效益企业的一个显著特征是，在设计和开发适用的软件时，将人的因素充分考虑进去，以驱动现代的计算机集成制造系统(CIMS)。

8.5 计算机集成制造系统(CIMS)

8.5.1 CIM与CIMS的概念

随着计算机在企业的产品设计、产品制造、经营管理领域中深入、广泛的应用及其相互联系,在工业生产方式中产生了新的概念。1974年,美国约瑟夫·哈林顿(Joseph Harrington)博士在《Computer Integrated Manufacturing》一书中首先提出了计算机集成制造(CIM:Computer Integrated Manufacturing),哈林顿提出的CIM概念中有两个基本观点:

①企业生产的各个环节,即从市场分析、产品设计、加工制造、经营管理到售后服务的全部生产活动是一个不可分割的整体,要紧密连接,统一考虑。

②就其本质而言,整个生产过程实质上是一个数据的采集、传递和加工处理的过程。最终形成的产品可以看作是数据的物质表现。

CIM这一概念不仅包含与产品生产有关的工艺、库存、加工和计划等活动,而且包括从产品需求分析开始到销售服务之间全过程的一切活动。制造的过程可看作是一个从原料加工、装配到产品的物料转换过程,也是一个复杂的信息转换过程,在制造中发生的相关活动都是信息处理整体中的一部分。哈林顿的这种关于制造的新观点指出了在企业组织生产的总体优化中,信息技术与制造过程相结合是制造业在信息社会中发展的新模式,也是企业发展的必然。但是,由于当时计算机应用尚不普遍,市场竞争还未达到迫切发展计算机集成制造系统(CIMS:Computer Integrated Manufacturing System)的程度,因此,这一概念当时并未引起人们的足够重视,直到20世纪80年代初,它才逐渐为人们广泛接受。

综上所述,CIM可定义为:"通过计算机实现信息集成,实现现代化的生产制造,求得企业的总体效益,使企业能够持续稳定的发展。"即以计算机作为工具,制造为其内容的CIM,其哲理的核心为信息的"集成",而CIMS定义为:"CIMS是基于CIM哲理构成的优化运行的企业制造系统。"在CIMS的研究和实施中必须强调"信息流"和"系统集成"这两个最基本观点。

CIM哲理只有一个,而CIMS则由于企业的类型、规模、需求、目标和环境不同而有很大的差别——例如,在类型上,企业有单件生产和多品种、中小批量生产或大批量生产的区别;在生产过程上,企业有离散型(如机械制造、汽车)、流程型(如钢铁、石化)和混合型(如造纸)的分类,如此等等的诸多因素使实现CIMS的过程与结果必然是不同的,但就技术而言,CIMS的许多相关技术具有共性,按CIM概念改造企业,整个实施过程的方法和规范也应是一致的。总的说来,CIM是组织现代化生产的"制造哲理",而CIMS则应理解为是一种工程技术系统,是CIM的具体实施,可以把CIMS看成是未来生产自动化系统的一种模式。

8.5.2 CIMS的集成

CIMS不仅是一个技术系统,它更是一个企业整体集成优化系统。因此,它的核心是"集成",其集成特性主要包括:

①人员集成　管理者、设计者、制造者、保障者(负责质量、销售、采购、服务等的人员)以及用户应集成为一个协调整体。

②信息集成　产品生命周期中各类信息的获取、表示、处理和操作工具集成为一体,组成统一的管理控制系统。特别是产品信息模型(PIM:Product Information Model)和产品数据管

理(PDM:Product Data Management)在系统中应得到一体化的处理。

③功能集成　产品生命周期中企业各部门功能集成以及产品开发与外部协作企业间功能的集成。

④技术集成　产品开发全过程中涉及的多学科知识以及各种技术、方法的集成,形成集成的知识库和方法库,以利 CIM 的实施。

8.5.3　CIMS 的构成

在 CIMS 应用工程实现中,将 CIMS 划分为 4 个功能分系统和 2 个支撑分系统。图 8-5-1 中表示了各个分系统之间以及它们与外部的信息联系。

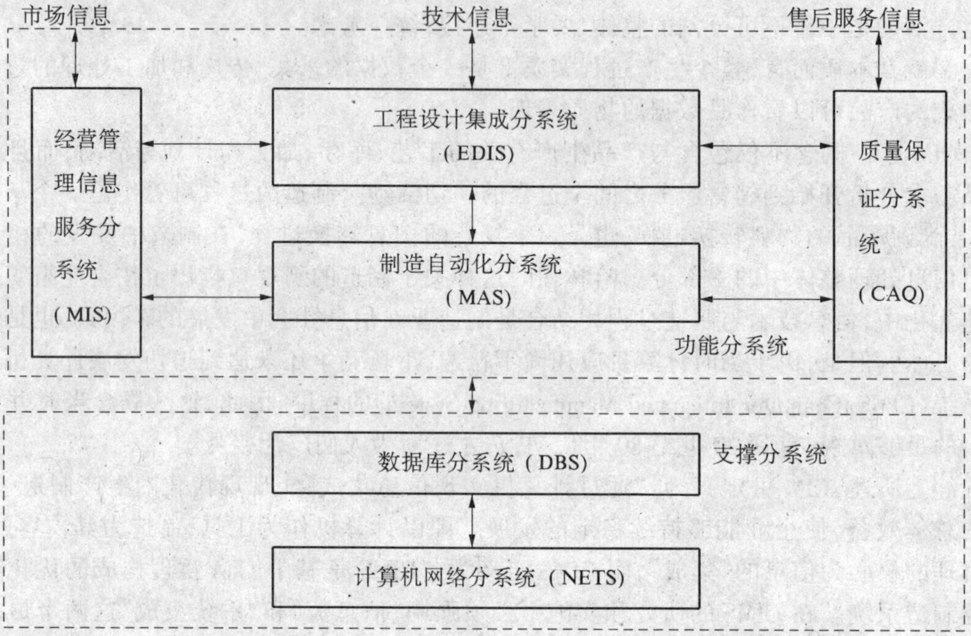

图 8-5-1　CIMS 分系统逻辑关系

1) 4 个功能系统

(1)管理信息系统(MIS: Management Information System)

目标是通过信息集成,缩短产品生产周期,降低流通资金占用,提高企业应变能力。其主要功能是进行信息处理,提供决策信息,其具体工作是进行信息的收集、传输、加工和查询等,处理的信息包括经营计划管理、物料管理、生产管理、财务管理、人才资源管理、质量管理以及辅助事务管理等,并根据决策支持模块产生决策信息。

CIMS 中经营管理主要应用制造资源计划(MRP II)、准时生产(JIT:Just In Time)等技术。MRPII 根据用户订单、库存状态、生产能力平衡等数据制定年、月或周生产计划,并同成本核算、库存管理等结合起来形成闭环控制管理系统。经营管理还包括市场预测及制定企业长期发展战略规划。

(2)工程设计集成系统(EDIS:Engineering Design Integrated System)

主要功能是进行工程设计、分析和制造,使产品开发活动能够高效、优质、自动地进行。该系统包括下面几个部分:

①计算机辅助设计(CAD)　在 CIMS 中,产品设计需调用各种不同的数据,如管理数据、加工测试数据、质量数据等,故 CIMS 中的 CAD 是与其它模块紧密联系并带有反馈的模块。CAD 的输出通过通信媒体直接送到其它功能模块。

②计算机辅助工程(CAE)　包括对零部件的各种结构分析和优化设计等功能。

③计算机辅助工艺过程设计(CAPP)　对产品制造进行合理的工艺设计。

④计算机辅助制造(CAM)　按照零件的外形及 CAPP 生成的数控(NC)代码,在考虑刀具补偿等因素的情况下进行后处理。

在 CIMS 中,CAD/CAPP/CAM 是局部集成的分系统。工程设计自动化系统在接到管理信息系统下达的产品设计指令后,进行产品设计、工艺过程设计和产品数控加工编程,并将设计文档、工艺规程、设备信息、工时定额送给管理信息系统,将 NC 加工等工艺指令送给制造自动化系统。

(3)制造自动化系统(MAS: Manufacturing Automation System)

其目标是使产品制造活动优化、周期短、成本低、柔性高,它是在计算机的控制与调度下,按照 NC 代码将毛坯加工成合格的零件并装配成部件或产品。主要组成部分有数控机床或加工中心、柔性制造单元(FMC)、柔性制造系统(FMS)等,包括立体仓库、缓冲站、运输车、刀具预调仪、装刀台、刀具库、清洗机、数控机床加工中心、三坐标测量机、夹具组装台、机器人及计算机控制管理系统等。

(4)质量保证系统(CAS:Computer Aided Quality System)

目标是保证从产品设计、制造、检验到售后服务整个过程的质量,提高企业竞争的能力。主要功能是制定质量计划,进行质量信息管理和计算机辅助在线质量控制等,其中包括产品质量决策、质量检测与数据采集、质量评价、控制与跟踪、量具质量管理、生产过程质量管理等。

2)两个支撑系统

(1)计算机网络系统(NETS:NETwork System)

它是支持 CIMS 各个系统的开放型网络通讯系统,采用国际标准和工业标准规定的网络协议(如 MAP,TCP/IP)等,可实现异种机互联,异构局域网及多种网络的互联,满足各应用分系统对网络支持服务的不同需求,支持资源共享、分布处理、分布数据库、分层递阶和实时控制。

(2)数据库管理系统(DBMS: Data Base Management System)

支持 CIMS 各分系统,覆盖企业全部信息,以实现企业的数据共享和信息集成。通常采用集中与分布相结合的 3 层递阶控制体系结构——主数据管理系统、分布数据管理系统、数据控制系统,以保证数据的安全性、一致性、易维护性等。

8.5.4　CIMS 发展的 3 个阶段

综观国内外 CIMS 研究和应用工程的开发,大致经历了 3 个发展阶段:

1)以信息集成为特征的阶段(20 世纪 70 年代~80 年代)

这一阶段企业发展的需求是产品生产的自动化,随着电子信息技术的发展,相应的各种单项技术,如 CAD、CAM、工业机器人、FMS、MRP II 得到了广泛的应用。这些自动化单元技术的集成,使企业各种生产要素之间的配置得到优化,制造资源能够充分利用,给企业带来了明显的技术和经济效益。

2)以过程集成为特征的阶段

进入 20 世纪 80 年代后,市场竞争的焦点集中到以更新更快的手段开发并上市新产品,以争取更多的用户。其制造需求是使产品设计和相关过程并行进行。显然,先前的以信息集成为特征的 CIMS 只可支持开发过程信息流向单一、固定的传统产品生产模式,而并行产品设计过程是并发的,信息流向是多方向的,只有支持过程集成的 CIMS 才能满足并行产品开发的需要,由此在 CIMS 中引入了“并行工程”的新思想和新技术。并行工程采用并行方法,在产品设计阶段,就集中产品研制周期中各有关工程技术人员,同步地设计并考虑整个产品生命周期中的所有因素,包括设计、分析、制造、装配、检验、售后服务等。支持并行工程的 CIMS 应用已在日本、美国和欧洲等国获得了成功,并有着广阔的应用前景。但由于产生历史较短,在体系结构、组成机理、支持环境(包括信息交换平台及数据交换标准)等多方面的关键技术尚需作深入研究,并不断予以完善。

3)以企业集成为特征的阶段

20 世纪 80 年代末到 90 年代初,CIMS 进入一个迅速发展的阶段,其内涵与概念都有了新的内容。“企业集成”是为 21 世纪企业将要采用“敏捷制造”新模式而提出的 CIMS 发展新阶段。其背景是:从现在起延续到下世纪的市场竞争将更为激烈,竞争中“个性化”的产品需求增大而批量生产的产品越来越少,必然使那些只适宜大批量生产的“刚性生产线”改变为适应新要求的“柔性生产线”,并进一步将企业的组织及装备重组,以对市场机遇作出敏捷反应。更进一步的情况是:当本企业不能对相关“个性化”产品作出敏捷反应时,应能通过高速信息公路的工厂子网与其它企业进行合作,或组建跨企业的开发组织或动态联合公司,来对机遇作快速响应。可见,敏捷制造企业较之并行工程阶段的制造企业有了进一步的发展,强调企业的集成。从运行集成技术来说,必须发展一种“高鲁棒性”的集成技术,可以在不中断系统运行的情况下修改软件系统,发展建立在网络基础上的集成技术,包括异地组建动态联合公司异地设计异地制造等有关的集成技术,通过信息高速公路建立工厂子网,最终形成全球企业网,作为动态集成的工具。所有这些思想和技术的实现,都将使 CIMS 应用推进到一个新的水平。

复习思考题

1.根据题图 8-1、8-2 编制数控精加工程序。

2.激光加工有哪些工艺特点? 与传统加工方法相比,激光打孔、切割、焊接各适用于何种场合?

3.说明超声波加工与电解加工的特点。

4.按题图 8-3 编制数控线切割加工程序。

5.简述电火花加工工艺的特点与应用。

6.电解磨削工艺的原理是什么? 它与机械磨削方法有何异同?

7.简述线切割加工工艺的特点与应用,并说出与电火花加工工艺之间的异同。

8.能否举出一二个例子来比较传统切削加工与特种加工的优缺点。

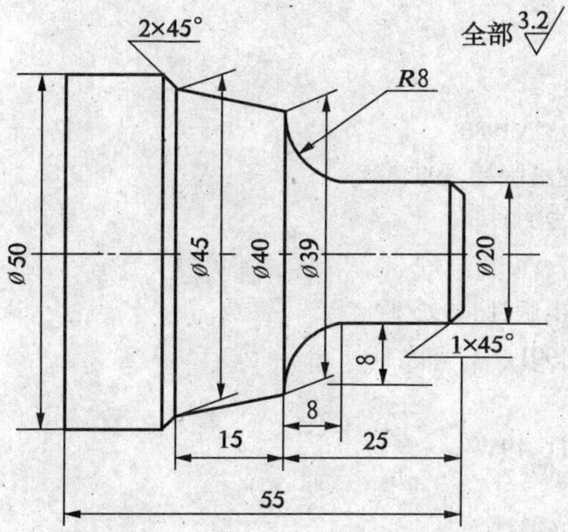

题图 8-1

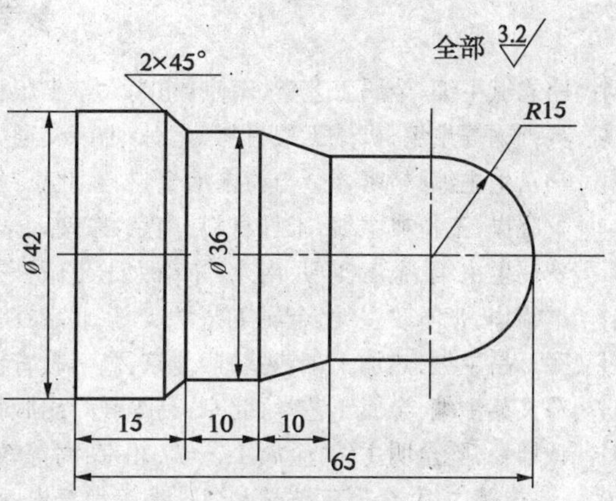

题图 8-2

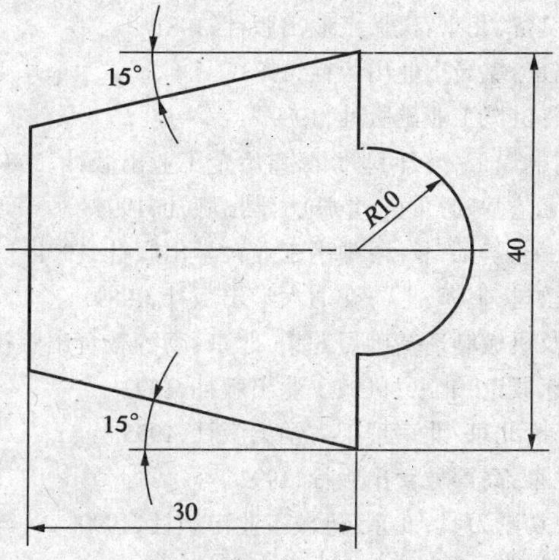

题图 8-3

参考文献

[1] 骆志斌主编.金属工艺学.南京:东南大学出版社,1994
[2] 吴维琍等主编.机械工程材料.上海:上海交通大学出版社,1988
[3] 马莒生主编.精密合金与粉末冶金材料.北京:机械工业出版社,1982
[4] 戈晓岚,王特典主编.工程材料.南京:东南大学出版社,2000
[5] 贺锡生主编.金工实习.南京:东南大学出版社,1996
[6] 严绍华,张学政主编.金属工艺学实习.北京:清华大学出版社,1992
[7] 张万昌主编.热加工工艺基础.北京:高等教育出版社,1991
[8] 邓文英主编.金属工艺学.北京:高等教育出版社,1987
[9] 钱增新,陈全明主编.金属工艺学.北京:高等教育出版社,1987
[10] 骆志斌主编.金属工艺学.北京:高等教育出版社,1990
[11] 张启芳主编.热加工工艺基础.南京:东南大学出版社,1996
[12] 任润刚主编.金工实习.北京:机械工业出版社,1989
[13] 周振丰主编.金属熔焊原理及工艺.北京:机械工业出版社,1981
[14] 王震澄,郝廷玺主编.气体保护焊工艺和设备.北京:国防工业出版社,1982
[15] 姜焕中主编.焊接方法及设备.北京:机械工业出版社,1981
[16] 常柏春主编.气焊技术.北京:煤炭工业出版社,1983
[17] 赵熹华主编.压力焊.北京:机械工业出版社,1989
[18] 孙相春,姜长荣主编.实用电焊工分级问答.北京:冶金工业出版社,1984
[19] 汪万清等主编.机械加工工艺基础.重庆:重庆大学出版社,1994
[20] 林兴光等主编.机械加工工艺基础.长沙:中南工业大学出版社,1991
[21] 卞铭甲等主编.金工实习教材.上海:上海交通大学出版社,1989
[22] 陈锡琦等主编.工程材料及机械制造基础习题集.北京:高等教育出版社,1995
[23] 贾亚洲主编.金属切削机床概论.北京:机械工业出版社,1993
[24] 孙希羚主编.机械工艺基础.北京:北京理工大学出版社,1995
[25] 金禧德主编.金工实习.北京:高等教育出版社,1992
[26] 崔永茂,叶伟昌主编.金属切削刀具.北京:机械工业出版社,1990
[27] 赵小东主编.金工实习(非机类).南京:东南大学出版社,1997
[28] 黄如林,樊曙天主编.金工实习(机类).南京:东南大学出版社,2004
[29] 秦鹏飞等主编.现代制造工程.上海:中国纺织大学出版社,1998
[30] 宋昭祥主编.机械制造基础.北京:机械工业出版社,1998
[31] 王承义主编.机械手及其应用.北京:机械工业出版社,1981
[32] 姚慧珠等主编.化工机械制造.北京:化工工业出版社,1990
[33] 吴桓文主编.机械加工工艺基础.北京:高等教育出版社,1987
[34] 袁国定,朱洪海主编.机械制造技术基础.南京:东南大学出版社,2000
[35] 何红媛主编.材料成形技术基础.南京:东南大学出版社,2004